Kritische Analyse zur globalen Klimatheorie

Falsifizierung der Basisstudie KT97 des IPCC,
atmosphärischer Treibhauseffekt von 33 K, mit Messwerten des ERBS Satelliten an einem neuen Modell

2. Auflage 2021

Erweiterung – Vertiefung - Prognose

A. Agerius

Es wurde nach bestem Wissen und Gewissen recherchiert. Der Autor übernimmt keine Verantwortung oder Haftung für Inhalte der zitierten Webseiten oder weiterführenden Links. Internetseiten sind Änderungen unterworfen. Aus diesem Grund wurde das Datum des Aufrufs ebenfalls angegeben.

Impressum:

© 2021 A. Agerius 2. Auflage

Verlag und Druck: tredition GmbH, Halenreie 40-44, 22359 Hamburg

ISBN	978-3-347-26268-3 (Hardcover)	Deutsch
ISBN	978-3-347-24749-9 (Paperback)	Deutsch
ISBN	978-3-347-24750-5 (e-Book)	Deutsch

Citation: Agerius, 2021, Kritische Analyse zur globalen Klimatheorie - Erweiterung, Vertiefung, Prognose, 2. überarbeitete Auflage, Hamburg, ISBN 978-3-347-26268-3

Bibliografische Information der Deutschen Nationalbibliothek: Die Deutsche Nationalbibliothek verzeichnet diese Publikation in der Deutschen Nationalbibliografie; detaillierte bibliografische Daten sind im Internet über http://dnb.d-nb.de abrufbar.

Vorwort

Bereits der schwedische Physiker Arrhenius hatte sich mit der erwärmenden Wirkung von Molekülen der Atmosphäre beschäftigt. Mit den damaligen Methoden wurde er 1909 vom amerikanischen Physiker Prof. Robert W. Wood an der John Hopkins University widerlegt. Der Erfinder des Treibhauseffektes von 33 Kelvin auf Satellitenbasis ist Bruce Barkstorm. Er war Chefingenieur beim Bau des ERBS-Satelliten. Die Strahlungsleistungen der Datensätze des Satelliten ERBS vom Earth Radiation Budget Experiment (ERBE) erfassten die von der Erde über den Beobachtungszeitraum abgestrahlte Energie über den gesamten Frequenzbereich. Er hatte für sein Strahlungsbilanzmodell, neben der üblichen Verteilung der solaren Einstrahlung nach „settled theory", jedoch nur Teile der vorhandenen Datenreihen seines eigenen Satelliten benutzt. Die Erde wäre im ersten Schritt mit seiner Modellierung heute tiefgefroren. Sie ist es nicht. Dieses Energiedefizit muss deshalb ein von ihm proklamierter sehr großer Treibhauseffekt von 33 K – ein Erklärungsmuster oder eine Hypothese – ausgleichen. Ihm war nicht bewusst, dass ein anderes energetisches Modell (basierend auf allen 11 gefunkten Datenreihen seines eigenen Satelliten) die globale durchschnittliche Temperatur der Erde von ca. 15 °C vollständig erklärt. Werden alle gefunkten Datenreihen in das neue Modell eingebunden, ist die Existenz eines Treibhauseffektes vom 33 K ausgeschlossen und die Hypothese widerlegt.

Die Wissenschaftler J. K. Kiehl und K. E. Trenberth übernahmen 1997 die Strahlungsverteilung und Treibhaustheorie von Barkstorm. Sie verfeinerten dieses Erklärungsmuster in ihrer Modellierung um die Zuordnung des „Effektes" auf einzelne atmosphärische Gase und veröffentlichten dies in ihrer Studie KT97. Auch das IPCC setzte auf die theoretischen Grundlagen von KT97 unter Vorsitz (2002-2015) des indischen Industrieingenieurs und Ökonoms Rajendra Pachauri. Einzelne Strahlungswerte der Studie von Kiehl und Trenberth wurden über die Zeit geringfügig verändert (Trenberth, Fasullo, Kiehl, 2009, Quelle 24). Bei Loeb, Dutton, Wild et altera, 2012 (Quelle 43) wird KT97 aufgeführt als Ausgangspunkt für eine leicht veränderte Weiterentwicklung hin zu 22 zentralen Modellen, die in ihren Strahlungsleistungen bei Loeb et altera untereinander verglichen werden. Der Hauptmechanismus der Treibhaustheorie von rund 33 Kelvin mit seiner großen Gegenstrahlung blieb aber bestehen. Er bildet bis heute die zentrale physikalische Grundlage der Arbeitsgruppe I des IPCC. Auf dieser Arbeitsgrundlage beruhen die verschiedenen Computersimulationen der CMIP5-/6 IPCC-Modelle und die in Szenarien errechnete zukünftige Entwicklung der Globaltemperatur.

Die nachfolgende Arbeit stellt sich zur Aufgabe, einzelne Modellierungsfehler der Treibhaustheorie von 33 Kelvin und ihrer Zuordnung zu unsymmetrischen atmosphärischen Gasen in KT97 en détail herauszuarbeiten. Als Ergebnis wird KT97 widerlegt und diesem ein realistischeres Modell, das auf allen Datenreihen des Satelliten ERBS ruht, als *Evidenzbasiertes* entgegensetzt. Messwerte der Satelliten TERRA, AQUA und ERBS bestätigen eine neu formulierte atmosphärische Klimagleichung im neuen Modell 5. Mit diesem wird in die erdgeologische Vergangenheit geblickt und eine Prognose für den Verlauf der Globaltemperatur bis 2045 erstellt.

Wissenschaft als eine Geschichte von Irrungen und Wirrungen muss frei sein und Fehler machen dürfen. Jeder verstandene Fehler führt zu einer Katharsis, einem noch tieferen Verständnis von komplexen Zusammenhängen. Ignaz Semmelweis entdeckte durch *evidenzbasierte* Medizin die Ursache des Kindbettfiebers. Zu Lebzeiten wurde er von seinen Fachkollegen massiv abgelehnt. Ähnliches passiert heute im Bereich Klima mit Meteorologen, Ingenieuren und Wissenschaftlern oder sonstigen Personen, die zum IPCC Gegenthesen vertreten. Als Stichworte seien - am Rande erwähnt - der Aufruf von Prof. Richard Parncutt (Österreich) oder die Drohungen im Januar 2021 gegen Mick Morano (USA).

Klimawissenschaft möchte, wie Chemie oder Medizin, als Wissenschaft verstanden werden. Es ist deshalb wichtig, sich neuen wissenschaftlichen Erkenntnissen und neuen Erklärungsmustern zu stellen. Die Bundeskanzlerin und promovierte Physikerin **Frau Dr. Angela Merkel brachte dies 2020 auf den Punkt. „Das Kennzeichen von Wissenschaft ist, dass man immer wieder die neuen Erkenntnisse transparent macht"**[1]. Aus dieser übergeordneten Sichtweise folgt: Gibt es andere Zusammensetzungen der Ursachen für kurz- und langfristige Veränderungen der Globaltemperatur als die vom IPCC behaupteten, muss man sich diesem stellen. Es hätte erhebliche Konsequenzen für die Gesellschaft, Wirtschaft, unser Steuersystem, für postulierte Weltuntergangsszenarien und damit für die Begründung der Einschränkung von Freiheitsrechten der Bürger.

---

[1] Bundeskanzlerin Frau Dr. Angela Merkel, 2020, Pressekonferenz zur Coronakrise am 30.04.2020 in Berlin (Quelle 31).

Prof. Karl Lauterbach schrieb in seinem Beitrag „Klimawandel stoppen? …" auf der Webseite der Tageszeitung „Welt" am 27.12.2020: „Für mich bleibt der Eindruck, dass es uns in Deutschland und auch in Europa, geschweige denn in den Vereinigten Staaten, ohne die Entwicklung eines Impfstoffes nicht gelungen wäre, diese Pandemie zu besiegen. **Eine Impfung gegen CO_2 wird es allerdings niemals geben. Somit benötigen wir Maßnahmen zur Bewältigung der Klimakrise, die analog den Einschränkungen der persönlichen Freiheit in der Pandemie-Bekämpfung sind.** Ob das erreichbar ist, wage ich zunehmend zu bezweifeln." [Hervorhebungen hinzugefügt]

Wissenschaft und Forschung leben von der Vielfalt und dem Wettbewerb der Ideen. Wissenschaftlicher Fortschritt entsteht dadurch, dass etablierte Lehrmeinungen „settled" durch neue Erkenntnisse überholt werden müssen. **Nach Art. 5 Grundgesetz gilt: „Jeder hat das Recht, seine Meinung in Wort, Schrift und Bild frei zu äußern und zu verbreiten und sich aus allgemein zugänglichen Quellen ungehindert zu unterrichten. [...] Eine Zensur findet nicht statt. [...] Kunst und Wissenschaft, Forschung sind frei." Für meine Veröffentlichung nehme ich dies in Anspruch und stelle die Grundlagen des Treibhauseffektes von 33 °C durch eine neue Herangehensweise an die Modellbildung der Leistungsbilanz des Strahlenhaushaltes der Erde auf Basis von Satellitenmesswerten in Frage.**

Für die 2. Auflage wurden alle Kapitel/Abschnitte überarbeitet, präzisiert, thematisch vertieft, erweitert und durch mehr Abbildungen und einem Versuch ergänzt. Exemplarisch greife ich heraus:

Es wird nachgewiesen, wie sehr die geringe natürliche Emission von Strahlung bei CO_2-Molekülen nach langwelliger Anregung mathematisch künstlich durch einzelne Verstärkungsfaktoren zu einer mächtigen Gegenstrahlung aufgebläht wird. Ein CO_2-Versuch unter freiem Himmel bestätigt, wie vernachlässigbar winzig die Strahlungsemission der CO_2-Moleküle und damit die Gegenstrahlung ist. In Kap. 4.5 wird mit der Abbildung des Gases CLOOCL das für alle Gase typische Spektrum sichtbar: stehende Linien mit leeren, nicht strahlenden Zwischenräumen. Sie werden aber in der „settled theory" offensichtlich rechnerisch sehr stark mitberücksichtigt. In Kap. 4.6 wird dies anhand der Darstellung als grafische Integration zu $G_{tot} = 155\ W/m^2$ aufgezeigt. Der Strahlungsmessung der Gegenstrahlung in Messgeräten widmet sich Kap. 4.24. Das Modell 5 wurde noch stärker ausgearbeitet und mit weiteren Satellitenmesswerten von ERBS abgeglichen. Der Strahlungsverteilungsfaktor 2 wird mathematisch über verschiedene Integrationen bewiesen. Das Modell 5 wird auf Milankovitch-Zyklen übertragen und damit die Änderung der Globaltemperatur durch dauerhaftes Kippen der Erdbahn aus Obliquität und durch die Exzentrizität der Erdbahn in Kap. 7 nachgestellt. Den Themen, die den Kern der Widerlegung von KT97 nur indirekt berühren, widmen sich Kap. 9 und seine Unterkapitel. Eine kritische Betrachtung eines Klima-Layer-Modells erfolgt in Kap. 9.6. In Kap. 9.5 (Venus ohne Treibhauseffekt) wird auf ein Berechnungsverfahren zur Temperatur über die molare Masse nach Holms eingegangen. Berechnungen zur Snowball-Earth-Hypothesis ohne CO_2 folgen in Kap. 9.7. Hiermit kann gezeigt werden, dass die Erde in langfristigen, geologischen Zeiträumen einzufrieren und ohne Treibhauseffekt selbst aufzutauen vermag. Kap. 9.8 beschreibt Sonnenflecken als Einfluss auf die Globaltemperatur. Eine zukünftige Temperaturhypothese findet sich in Kap. 9.9. Anhänge ergänzen diese Arbeit, u. a. das Paradoxon Erde mit zwei Sonnen halber Leistung als Berechnung in überprüfbarer Form eines Hemisphären-Modells mit konzentrischen Mantelkreisen nach dem Vorschlag von U. O. Weber. Ein Anhang zu Modell 5 betrifft die Ein- und Abstrahlung mit Tag- und Nachtseite. Für weitere unerwähnte Punkte gegenüber der 1. Auflage wird auf das Inhaltsverzeichnis verwiesen.

Inhalt

Kritische Analyse zur globalen Klimatheorie

Falsifizierung der Basisstudie KT97 des IPCC, atmosphärischer Treibhauseffekt von 33 K, mit Messwerten des ERBS Satelliten an einem neuen Modell

Kurzzusammenfassung

Die wichtigsten Studien der letzten 15 Jahre oder Klimamodelle, wie die IPCC AR5 models 2, die die Existenz eines atmosphärischen Treibhauseffektes von 33 K befürworten, beziehen sich - mit kleineren Modifikationen - final auf eine Studie von J. H. Kiehl und Kevin E. Trenberth aus dem Jahr 1997, bezeichnet als KT973. Die Erderwärmung durch CO_2, der Treibhauseffekt, wurde in dieser (Ur-) Studie aus einer Gleichgewichtsberechnung von flächenbezogenen Energieflüssen abgeleitet, die durch die Sonne verursacht werden. Kapitel 1 dieses Textes formuliert die begrifflichen Grundlagen. Das Satellitenexperiment ERBE wird in Kapitel 2 vorgestellt. In Kapitel 3 wird das Modell der Studie KT97 dargestellt, das keine mehrfachen Rückkopplungseffekte betrachtet. In Kapitel 4 wird auf die schwerwiegenden mathematischen, physikalischen, thermodynamischen und bilanztechnischen Unstimmigkeiten bzw. Falschauslegungen der Physik hingewiesen und in 16 Kritikpunkten formuliert. In Kapitel 5 wird mit einer modifizierten Modellbildung, Strahlungsverteilung ½ 4, die von der Sonne emittierte Strahlung auf die Erde verteilt und neuerlich eine Budget- bzw. Gleichgewichtsbetrachtung vorgenommen. Die Gesetze der Mathematik, der Physik, der Thermodynamik und der Bilanzrechnung werden eingehalten. Im Gegensatz zu KT97 finden sich im Modell 5 alle 11 über fünf Jahre gemittelten ERBS-Satellitenmesswerte für die Fälle cloudy (FIG8a) und clear sky (FIG8b) im Gleichgewichtsmodell der Energiebeträge wieder. Es ist dort aber nicht möglich, für die Erde eine klimawirksame Gegenstrahlung abzuleiten. Ferner werden mehrfache Strahlungsecho-Rückkopplungseffekte am Modell von KT97 und am modifizierten Modell untersucht und abgeschätzt.

Mit dem Modell 5 wird der Treibhauseffekt von 33 K mit den Messwerten der Satelliten ERBS, TERRA und AQUA widerlegt. Kapitel 6 behandelt einen kühlenden, Sun-Umbrella-Effekt. In Kapitel 7 wird aufgezeigt, wie sich Strahlungs- und Albedo-Änderungen im Modell nach Kapitel 5 zu Änderungen der globalen Mitteltemperatur und damit zu Eiszeiten und zu Warmzeiten führen könnten – ohne CO_2-Einfluss. Für unsymmetrische Gase kann ein vernachlässigbarer Strahlungsecho-Rückkopplungseffekt aufgezeigt werden. Dieser stellt weder in seiner Größe noch in seinem Sinn ($T_s - T_e$) einen Treibhauseffekt dar. Zwischen 1850 und 2018 wird ein Anstieg von 1.2 °C der globalen Mitteltemperatur festgestellt. Das IPCC betrachtet nicht die Albedo-Änderung über die Zeitachse. **Eine um 3.6 % dauerhaft abgesunkene, globale durchschnittliche Bewölkung erklärt allein, ohne zusätzliche Sonnenaktivität und ohne Beteiligung von unsymmetrischen atmosphärischen Gasen, wie z.B. Methan und CO_2, den beobachteten globalen Temperaturanstieg von 1,2 °C zwischen 1850 und 2018. Dies entspricht einer dauerhaften relativ. Änderung der Albedo um 3.6 %.** Die Satelliten TERRA und AQUA zeigen für Dez. 2012 bis Nov. 2015 einen Abfall der Albedo nach 1989 auf, verglichen mit den Messwerten des Satelliten ERBS (1985-1989). Die Ergebnisse der Kapitel 1-7 und die Schlussfolgerung finden sich in Kapitel 8. Kapitel 9 thematisiert einen Zusammenhang von Wolkenentstehung, Albedo und Durchschnittstemperatur, einen kleinen historischen Rückblick in den Mai 1989 (mögliche Gründe für Modellfehler in KT97), den Planet Venus und die Snowball-Theory für die Erde - beide ohne Treibhauseffekt. Ein CO_2-Versuch in situ als experimentelle Falsifikation widerlegt den Treibhauseffekt von 33 K empirisch mit Messwerten (siehe Anhang 4).

---

2 Loeb, Dutton, Wild et altera, 2013, The global energy balance from a surface perspective, Clim Dyn (2013) 40:3107-3134, S. 3107 – 3108 und S. 3128, Kap. 5.4 Surface thermal fluxes, 1–3 Satz.

3 J. T. Kiehl and Kevin E. Trenberth, Earth's Annual Global Mean Energy Budget, veröffentlicht im Bulletin of the American Meteorological Socicty, Vol. 78, No. 2, February 1997, S. 197-208 und hier als KT97 bezeichnet.

4 Uli O. Weber, A Short Note about the Natural Greenhouse Effect, Mitteilungen der Deutschen Geophysikalischen Gesellschaft Nr.3/2016, S.19-22, „Approach C…on the day-side surface of the Earth with the half solar constant of 1367 W/m²…", S.21.

Critical analysis of the global climate theory

Refutation of basic study of IPCC, KT97, atmospheric greenhouse effect of 33 K, with measured values of satellite ERBS on a new model

Abstract

The most important studies of the past 15 years or climate models like the IPCC AR5 models[5] that say atmospheric greenhouse effect of 33 K exists are based with little modification explicitly on one single study from J.H. Kiehl und Kevin E. Trenberth in 1997, called KT97.[6] The global warming by CO_2, the greenhouse effect, was derived in this original study from an equilibrium of areas related to energy fluxes caused by the sun. Here, the atmosphere was considered as a model in an equilibrium state of energy fluxes, colloquially radiation. Chapter 1 formulates conceptual foundations. The ERBE satellite experiment is presented in chapter 2 and the study from Kiehl and Trenberth, KT97 in chapter 3, which does not consider multiple radiation echo feedback effects. In chapter 4, serious disagreements in mathematics, thermodynamics, physics, and equilibrium of balance sheet are pointed out and are formulated in 16 criticisms. In Chapter 5, a modified model called model 5 will be build, based on radiation distribution of a half.[7] The radiation emitted by the sun is distributed to the Earth and again made a budget balance consideration. The laws of mathematics, thermodynamic equilibrium and physics are respected. In contrast to KT97, in model 5, all 11 five-year averaged ERBS satellite measurements for the cloudy (FIG8a) and clear sky (FIG8b) cases are reflected in the equilibrium model of energy amounts. However, it is not possible to derive a climate-effective back radiation for the Earth. Furthermore, multiple radiation echo feedback effects on the model of KT97 and the modified new model are examined and estimated.

With this new model in chapter 5 it can also be proven, that a greenhouse effect for our Earth with measure values of the satellites ERBS, TERRA and AQUA (CERES) does not exist. In chapter 6 a cooling effect is discussed and called the sun umbrella effect. Chapter 7 shows how radiation and albedo changes in model 5 could lead to changes in the global mean temperature and thus to ice ages and warm periods - without any influence of CO2. For asymmetric gases, a negligible radiation echo feedback effect can be demonstrated. This does not represent a greenhouse effect in its size or sense ($T_s - T_e$). From 1850 to 2018 we can see an increase of global mean temperature of about 1.2 Kelvin. The IPCC model KT97 neglected the chance of albedo over time. **A 3.6% durable declined global cloudiness explains the observed rise of 1.2 Kelvin from 1850 to 2018 alone (without additional sun activity and without participation of asymmetrically atmospheric gases like methane and carbon dioxide). This corresponds to relative 3.6% reduction of albedo from 1850 to 2018.**

The satellites TERRA and AQUA (both Dec 2012 to Nov 2015) confirm another falling albedo after 1989, compared to the measurements of the satellite ERBS (1985–1989). Results 1-7 and the conclusion are listed in chapter 8. Chapter 9 thematizes a connection of cloud formation, albedo and global mean temperature, a small historical review, May 1989 (possible reasons for model errors in KT97) and lastly, the planet Venus and snowball earth hypothesis both without greenhouse effect. A physical CO_2 experiment as experimental falsification refutes the greenhouse effect of 33 K with measured values, appendix 4.

---

5 Loeb, Dutton, Wild et altera, 2013, The global energy balance from a surface perspective, Clim Dyn (2013) 40:3107-3134, p. 3107–3108 und p. 3128, chapter 5.4 Surface thermal fluxes, sentence 1–3.

6 J.T. Kiehl and Kevin E. Trenberth, Earth's Annual Global Mean Energy Budget, published in Bulletin of the American Meteorological Society, Vol. 78, No. 2, February 1997, p.197-208 and here referred to as KT97.

7 Uli O. Weber, A Short Note about the Natural Greenhouse Effekt, Mitteilungen der Deutschen Geophysikalischen Gesellschaft Nr.3/2016, p.19-22, „Approach C…on the day-side surface of the Earth with the half solar constant of 1367 W/m²…", S.21.

1. Grundlegende Begriffe und physikalische, thermodynamische Effekte

Da die nachfolgenden Betrachtungen Begriffe der Physik und der Thermodynamik verwenden, werden diese in Kapitel 1 kurz erläutert.

1.1 Treibhauseffekt

Die Verwendung des Wortes „Treibhaus" soll den Erwärmungseffekt der Atmosphäre durch Sonnenlicht bildhaft beschreiben. Hierbei werden die Sonneneinstrahlung und die Energieeinstrahlung auf die optisch transparente Atmosphäre mit der Energieeinstrahlung auf durchsichtiges Fensterglas eines Gärtnergewächshauses verglichen. „Es ist nicht die ‚eingefangene' Infrarot-Strahlung, welche die Erwärmungsphänomene in echten Treibhäusern erklärt, sondern die Unterdrückung der Luftkühlung.".8
Einen physikalischen Ursache-Wirkungszusammenhang von globaler Temperaturerhöhung und CO_2 formulierte Svante Arrhenius, basierend auf Gedanken von Jean Baptiste Fourier. Bruce R. Barkstorm transformierte diesen Mechanismus auf seine Auslegung von Daten des ERBS-Satelliten. Beim Bau des Satelliten war er Teamleiter. Im Mai 1989 veröffentlichte er mit zwei Kollegen die Theorie des atmosphärischen Treibhauseffektes von 33 K.[9] Die Wissenschaftler J. T. Kiel und Kevin E. Trenberth übernahmen den Modellansatz von Barkstorm und Kollegen in der Studie KT97.

1.2 Energiestrom, Leistung

„Will man angeben, in welcher Zeit ein bestimmter Energiebetrag ausgetauscht wird, d. h. eine bestimmte Arbeit verrichtet wird, so bedient man sich des Begriffes Energiestrom oder Leistung: Formelbuchstabe P; **Definition: Energiestrom = Leistung** [...]; Einheit der Leistung: Im Internationalen **Einheitensystem 1Joule / 1Sekunde = 1 Watt**". 10 Ferner: „Die auf die Empfängerfläche bezogene zu gestrahlte Leistung nennt man Bestrahlungsstärke."11 „Die Sonne strahlt ständig eine Leistung von $3{,}7 \times 10^{26}$ Watt ab. Ein sehr kleiner Teil trifft auf die Erde. Die je Fläche auftreffende Leistung wird ausgedrückt durch die Solarkonstante: Solarkonstante = 1.37 KW/m²."12 Aufgrund obiger Definitionen ist die Leistung der Sonne in Watt oder Joule/Sekunde mit einem Energiestrom physikalisch gleichzusetzen. Der flächenbezogene Wert, der Energiestrom pro Fläche, als Energiestrom in Watt je m² (ist gleich Bestrahlungsstärke bzw. Strahlungsflussdichte in W/m²) – wird vereinfacht nur **als „Strahlung" – bezeichnet.**

1.3 Konvektion oder Sensible Heat (SH)

Die Konvektion wird auch als Sensible Heat bezeichnet, hier mit „SH" abgekürzt. **Es ist die mit dem Thermometer in Gasen und Flüssigkeiten messbare, fühlbare Wärme, z. B. auch der Wärmetransport durch turbulente Luftbewegungen (Konvektion13).** „Definition: Die in Flüssigkeiten und Gasen durch Temperatur- und damit

---

8 Gerhard Gerlich und Ralf D. Tscheuschner, Falsifizierung der atmosphärischen CO²-Treibhauseffekte im Rahmen der Physik, deutsche Übersetzung Version 4.00 de11-A4 (11. Juni 2015) der englischen Version 4.00 (January 6, 2009), Kapitel 2.6. und DOI No:10.1142/S021797920904984X.

9 V. Ramanathan, Bruce R. Barkstorm and Edwin F. Harrison, CLIMATE AND THE EARTH´S RADIATION BUDGET, American Institute of Physics, in PHYSICS TODAY MAY 1989 S.22 folgende.

10 Dobrinski, Krakau, Vogel, Physik für Ingenieure, Stuttgart, 7. überarbeitete Auflage, ISBN 3-519-16501-5, Kap 1.3.4.3, S. 56.

11 Horst Kuchling, Taschenbuch der Physik, Thun und Frankfurt am Main, 12. Auflage, Kap 27.1 S. 383.

12 Kuchling, Taschenbuch der Physik, Kap 14.4.1 Sonnenenergie, S. 206.

13 Wikipedia: „Konvektion [...] oder Strömungstransport ist der Transport physikalischer Zustandsgrößen in strömenden Gasen oder Flüssigkeiten. Stand vom 17.11.2020

Dichteunterschiede verursachte Strömung heißt freie Konvektion. **Dabei wird Energie transportiert …".**[14] Konvektion ist **keine** Strahlung.

1.4 Wärmeleitung

In der Physik wird unter Wärmeleitung der Wärmefluss in oder zwischen einem Feststoff, einem Fluid oder einem Gas infolge eines Temperaturunterschiedes verstanden. Ein Maß für die Wärmeleitung in einem bestimmten Stoff ist die Wärmeleitfähigkeit. Die Wärmeleitfähigkeit verhält sich analog zur elektrischen Leitfähigkeit.[15] Die besten Wärmeleiter sind Metalle, z. B. Gold, die schlechtesten sind Gase, wenn ihre Konvektion behindert wird, wie z. B. in Styropor. „Da die Energieübertragung zwischen den Molekülen aller Stoffe möglich ist, tritt Wärmeleitung auch in allen Aggregatszuständen auf."[16]

1.5 Wärmetransport durch Strahlung

Definition: „Den Wärmeaustausch, der auch stattfindet, wenn mangels stofflicher Verbindung keine Wärmeleitung oder Konvektion zwischen den Körpern auftreten kann, nennt man **Wärmetransport durch Strahlung.** Jeder Körper strahlt, und zwar umso stärker, je höher seine Temperatur ist."[17] „Elektromagnetische Wellen im Frequenzbereich von 3 x 10 E11 Hz bis 3,8 x 10 E 14 Hz (Wellenlängenbereich 1 mm bis 790 nm) nennt man Infrarotstrahlung, gelegentlich auch ‚Wärmestrahlen'. Ihre Erzeugung durch Temperaturstrahler wird, z. B. durch sog. schwarze Körper, beschrieben."[18]

1.6 Latent Heat (LH) und Umwandlungsenthalpie

Als **latent heat** (latente Wärme („latens" lat. für „verborgen")) - hier mit LH abgekürzt - bezeichnet man vorwiegend in der Meteorologie und der Versorgungstechnik die bei einem Phasenübergang erster Ordnung aufgenommene oder abgegebene Enthalpie in der Einheit Joule. Der Begriff der latenten Wärme ist aus thermodynamischer Sicht inkorrekt, da die Wärme eine Energie und keine Enthalpie ist, also für Prozesse bei konstantem Volumen des Stoffs definiert wäre. Der richtige Fachbegriff lautet **Umwandlungsenthalpie**, da die Phasenübergänge isotherm sind und bei einem konstanten Umgebungsdruck ablaufen. Je nach Art des Phasenübergangs wird z. B. zwischen Sublimations-, Schmelz-, Verdampfungs- oder Kondensationsenthalpie unterschieden.[19]

1.7 Erster und zweiter Hauptsatz der Thermodynamik

„Der erste Hauptsatz […] ist einer der Grundpfeiler der gesamten Physik. Seine Aufstellung war für die Entwicklung der Physik, der Chemie und der gesamten Technik von entscheidender Bedeutung. Der Energiesatz sagt aus, dass bei Energieumwandlungen keine Energie verlorengeht."[20] „In einem abgeschlossenen System ist

---

14 Dobrinski, K., V., Physik für Ingenieure, Kap 2.6.1, Transportvorgänge, Konvektion, S. 190.

15 Für die Begriffe Wärmefluss, Feststoff, Gas und Wärmeleitfähigkeit siehe Wikipedia mit Stand vom 17.11.2020

16 Dobrinski, Krakau, Vogel, Physik für Ingenieure, Kap 2.6.2 Transportvorgänge, Wärmeleitung, S. 191.

17 Dobrinski, K., V., Physik für Ingenieure, Kap 2.6.3, Strahlung, S. 193.

18 Dobrinski, K., V., Physik für Ingenieure, Kap 5.2.5.5 Infrarotstrahlung, S. 423.

19 Zu den Begriffen Meteorologie, Versorgungstechnik, Phasenübergang erster Ordnung, Enthalpie Thermodynamik, isotherm, Sublimations-, Schmelz- Verdampfungs- und Kondensationsenthalpie siehe Wikipedia mit Stand vom 17.11.2020

20 Dobrinski, K., V., Physik für Ingenieure, Kap 2.4.2, Erster Hauptsatz der Wärmelehre, S. 170.

die Summe aller Energien konstant. **Daraus folgt, dass Energie weder aus dem Nichts entstehen noch vernichtet werden kann.**"[21] **(Erster Hauptsatz)**

„**Zweiter Hauptsatz der Wärmelehre**: Es gibt keine periodisch arbeitende Maschine, die mechanische Arbeit allein durch Abkühlung eines Energiespeichers erzeugt."[22]

Dieser Satz lässt sich im Folgenden besser veranschaulichen: In Ihrer Küche mit einem schwarzen Ceranfeld richten Sie einen Metalltopf her mit etwas kaltem Wasser (ca. 15 °C) und einem Thermometer. Erhitzen Sie nun das schwarze Ceranfeld Ihres Herdes, bis es rot glüht. Dann drehen Sie den Herd ab und stellen erst jetzt den Metalltopf mit dem 15 °C kaltem Wasser darauf. Was passiert nicht? Das Wasser im Topf wird von selbst nicht noch kälter und das Ceranfeld beginnt nicht von selbst wieder zu glühen. Was passiert also? Das Ceranfeld wird schwarz und das Wasser im Topf wird wärmer, was Sie messen können. Das 15 °C kalte Wasser im Topf und das abgeschaltete Kochfeld stellen in diesem Modell ein geschlossenes System dar, weil Sie durch Ausschalten des Herdes keine weitere Energie zuführen.

Der zweite Hauptsatz sagt, dass Wärme in einem geschlossenen System von warm nach kalt fließt und nicht umgekehrt. Soll Wärme von kalt nach warm fließen, muss dem geschlossenen System zusätzliche Energie zugeführt werden. Ihre Butter bleibt im Kühlschrank kalt, weil über den zugeführten Strom der Steckdose Energie dem Kühlschrank zugeführt wird. Diese zusätzliche Energie bewirkt die Kälte im Kühlschrank und die Wärme an den rückwertigen Lamellen. Schalten Sie die Energiezufuhr ab, weil Sie in den Urlaub fahren und aus Versehen alle Sicherungen ausschalten, nimmt der geschlossene Kühlschrank dann langsam über Tage über alle Prozesse des Wärmetransportes hinweg die Raumtemperatur wieder an. Die Butter wird dann warm und weich.

Wenn ein Modell geschlossen ist, darf keine zusätzliche Energie zu der bereits eingeschlossenen hinzugefügt werden. In einem solchen geschlossenen thermodynamischen Modell, das in sich in einem Gleichgewichtszustand ruht, kann kein Wärmestrom aus sich selbst heraus von kalt nach warm fließen und damit das Warme wärmer und das Kalte noch kälter machen. Genau das beschreibt der zweite Hauptsatz der Thermodynamik.

1.8   Absorption

Die Erdoberfläche und die Moleküle der Atmosphäre nehmen Strahlungsanteile der Sonne als Energiefluss in W/m² für bestimmte Wellenlängen auf. Wenn die Energie oder Anteile davon wieder abgegeben werden, erfolgt dies, je nach Stoff, in unterschiedlichen Anteilen von Strahlung oder Konvektion oder Wärmeleitung.

1.9   Modellbildung

Was ist für ein physikalisches Modell bzw. für ein Klimamodell wichtig? Die Modelle müssen die allgemeingültigen Gesetze der Physik einhalten, sonst kann man keine physikalische Aussage treffen oder etwas beweisen. Wie arbeitet ein Klima-Budget-Modell? Wenn eine Bilanzrechnung oder Budgetrechnung ausgeglichen ist bzw. sich im Gleichgewicht befindet, addieren sich nicht nur Input und Output zu Null. **Auch innerhalb der Bilanz müssen die Teilbilanzströme in sich geschlossen bleiben. Es darf keine Bilanzsprünge geben. Wenn ein energetisches System oder Modell abgeschlossen ist, kann keine Energie verlorengehen oder aus dem Nichts hinzugefügt werden. Energie oder Energieflüsse können nur umgewandelt werden.** Die Energieflüsse teilen sich deshalb in unterschiedlich große Anteile von Sensible Heat (SH), Latent Heat (LH) und Strahlung auf. Der Energiegehalt des Systems bleibt konstant. **Bei einem energetischen abgeschlossenen Gleichgewichtsmodell oder Budgetrechnung der Physik addieren sich deshalb die ein- und ausströmenden Energieflüsse zwingend zu Null.**

---

21 Kuchling, Taschenbuch der Physik, Kap 16.1, Erster Hauptsatz, S. 222.

22 Dobrinski, K., V., Physik für Ingenieure, Kap 2.7.2, Zweiter Hauptsatz der Wärmelehre, S. 206.

1.10 Schwarzkörper-Strahlung

Dieses Phänomen erkläre ich mit dem Beispiel, mit dem dieser Effekt entdeckt worden ist:
Wird ein Eisenstück beim Schmied bei normaler Raumluft (kein Vakuum, sondern mit H_2O, CO_2, O_3, CH_4) in der Esse gleichmäßig allseitig kontinuierlich stark erhitzt, erkennt der Schmied über die Farbe des Rotspektrums des glühenden Eisens die Temperatur. Bei konstanter Temperaturzufuhr stellt sich im Gleichgewichtszustand eine bestimmte Farbe bzw. Wellenlänge des ausgesandten Lichtes ein. Wird die Wärmemenge erhöht, das Eisen heißer, ändern sich die Farben von Dunkelrot, Orangerot, Hellrot bis zu Weiß. Das Eisen verhält sich hierbei wie ein schwarzer Körper. Damit ist gemeint, dass die konstant zugeführte Wärme im Gleichgewichtszustand zu einer definierten abgestrahlten Wellenlänge führt. Im folgenden physikalischen Gesetz für schwarze Körper ist dies festgehalten: **„Die pro Zeit von der Fläche A abgestrahlte Energie, die Strahlungsleistung P_s eines ‚schwarzen Körpers' ist der Fläche A und der 4. Potenz der absoluten Temperatur T proportional (Gesetz von Stefan und Boltzmann) $P_s = \sigma AT^4$** Die Proportionalitätskonstante ist $\sigma = 5{,}6704 \cdot 10^{-8}$ Wm^{-2} K^{-4}.**"** [23] **Es ist entscheidend, dass man die Wärmezufuhr nicht unterbricht, sondern konstant lässt, nur dann stellt sich ein Gleichgewichtszustand ein und nur dann gilt auch das Gesetz.** Nach Umstellen und Wurzelziehen erhält man den bekannten Ausdruck:

$$\text{Temperatur T in Celsius} = \sqrt[4]{Strahlung\ \frac{W}{m^2}\ \frac{m^2 K^4}{5.67040\ x\ 10^8\ W}}\ - 273.15\ K$$

oder verkürzt formuliert: T (Celsius) = √ √ (Strahlung in W/m² / 5,67040 /1E⁻8 W/m²) K – 273.15 K

„Auch die Absorption der Strahlung hängt von der Beschaffenheit der Oberfläche des absorbierenden Körpers ab. Definition: Wir bezeichnen einen strahlungsundurchlässigen Körper, der die gesamte auftreffende Strahlung absorbiert – also keine Strahlung reflektiert –, als „schwarzen Körper". [...] Als Absorptionsgrad α bezeichnet man das Verhältnis aus absorbierter Strahlungsenergie und auffallender Strahlungsenergie. **Für den „schwarzen Körper" ist α = 1 [...], für einen weißen α = 0 [...], für graue Körper liegt α zwischen 0 und 1 und der Emissionsgrad nimmt in gleichem Verhältnis zu; denn hier gilt, [...], daß diese Körper nicht mehr Energie aufnehmen können als sie emittieren. Der Emissionsgrad eines Körpers ist gleich seinem Absorptionsgrad (kirchhoffsches Strahlungsgesetz).** Da ein Körper nur den Anteil α der auf ihn eingestrahlten Energie absorbieren kann, muss der restliche Anteil $\varrho = 1 - \alpha$ reflektiert werden: Die Summe aus Absorptionsgrad und Reflexionsgrad ist demnach gleich 1. Definition: Als Reflexionsgrad ϱ bezeichnet man das Verhältnis aus reflektierter und auffallender Strahlungsenergie."[24]

1.11 Albedo

Die Atmosphäre der Erde reflektiert einen prozentualen Anteil der Sonneneinstrahlung (an Wolken, an Aerosolen, an der Atmosphäre, an der Erdoberfläche) der Bestrahlungsstärke in W/m² bzw. des Energieflusses oder als Strahlungsleistung in W/m² zurück in den Weltraum. Werden z. B. 40 % reflektiert, spricht man in der Meteorologie statt von ϱ = 0.4 von einer Albedo von 40 %. „Auch die Wolken beeinflussen die Albedo der Erde. Dort wo es viele Wolken gibt, wie zum Beispiel am Äquator und in den mittleren Breiten, ist die Albedo höher als über wolkenfreien Gebieten in den Subtropen."[25]

---

23 Dobrinski, Krakau, Vogel, Physik für Ingenieure, Kap. 2.6.3 Strahlung, S. 195.

24 Dobrinski, Krakau, Vogel, Physik für Ingenieure, Kap. 2.6.3, Strahlung, S. 194

25http://wiki/.bildungsserver.de/Klimawandel/index.php/Albedo_(einfach), Kapitel 2 Albedo der Erde, Stand vom 3. Dezember 2013.

1.12   Energie eines Gases

Gase können aus einem Atom bestehen, z. B. Edelgase, aus zwei Atomen, z. B. das Gas Wasserstoff H_2, oder aus mehr als zwei Atomen, wie z. B. Methan CH_4 oder Kohlendioxid CO_2. Einatomige Gase können nur Translationsbewegungen vollziehen. Gase mit zwei Atomen können noch um drei Achsen rotieren. Gase mit mehr als zwei Atomen besitzen weitere Freiheitsgrade. „Die mittlere kinetische Energie eines Moleküls in einem idealen Gas ist der absoluten Temperatur proportional. Sie ist unabhängig von Gasart oder Masse [...] Die Energie verteilt sich gleichmäßig im zeitlichen Mittel auf alle N Moleküle. Zu einem bestimmten Zeitpunkt lässt sich die Geschwindigkeitsverteilung mit der Maxwell-Boltzmann Verteilung berechnen."[26] „Die absolute Temperatur ist also nichts anderes als ein Maß für den Mittelwert der kinetischen Energie der Moleküle." [27] **Durch Stoßvorgänge der Gasmoleküle** untereinander **kann Energie übertragen werden**. Bezogen auf die Atomhülle, kann jedes Element gasförmig vorliegen, es muss nur auf genügend hohe Temperatur gebracht werden. Die Abgabe der zuvor zugeführten Energie, z. B. **auch aus Strahlung, kann** als **Gasentladung erfolgen**. „Diese Spektren sind Linienspektren, d.h. die Lichtenergie wird nur bei einigen bestimmten, **diskreten Frequenzen** emittiert, von jeder Atomsorte mit anderer Verteilung [...]. Im Gegensatz dazu emittieren genügende heiße Festkörper oder Flüssigkeiten, [...], fast immer alle Frequenzen."[28] **Festkörper haben gegenüber Gasen ein kontinuierliches Spektrum**.

1.13   Kriterien, die wissenschaftlichem Arbeiten widersprechen

Hierzu stellte der englische Gelehrte Charles Babbage (1791–1871) bereits 1830 folgende drei Kriterien auf, die bis heute gelten: Hierbei bezeichnet das Forging das Fälschen oder Erfinden von Ergebnissen, das **Trimming** die Datenmassage bzw. bewusste Manipulation von Messwerten und das **Cooking** die Schönung von Ergebnissen durch das Weglassen abweichender Messwerte.[29]

1.14   Validierung von physikalischen Rechenmodellen

Je besser eine Modellierung ist, desto mehr Messgrößen können mit möglichst geringer Abweichung zum echten Objekt simuliert (errechnet) werden. Ein Beispiel: Im Tunnelbau, bei der Planung einer Staumauer oder bei Brückenkonstruktionen müssen die auftretenden Kräfte, Verformungen und Belastungszustände nicht nur exakt vorausberechnet (simuliert) werden können. Mit Kraftmessdosen und lasergestützten Messverfahren werden die Ausführungen bereits im Bauzustand oder in der Nutzungsphase mit den Berechnungen auf Übereinstimmung überprüft. Auf die Klimamodellierung übertragen: Je stärker errechnete Modellwerte von den in der Natur gemessenen Temperaturen oder gemessenen Strahlungen abweichen, desto schlechter ist die Klimasimulation. Es gilt auch hier: Eine schlechte oder falsche Klimamodellierung lässt keine gesicherten, zukünftigen Prognosen (Fehlerabweichung und Fehlerfortpflanzung) zu oder anders ausgedrückt:
Die Klimawissenschaft betrachtet sich als naturwissenschaftlicher Teilbereich. Für die Prinzipien der Falsifikation eines Axiomensystems, für die Sicherung der Beweiskette und für die „**Korrektur wissenschaftlicher Ansichten (also Theorien!)**" verweise ich auf „**Logik der Forschung**" von Karl Popper: „Jene Theorie ist bevorzugt, die sich im Wettbewerb, in der Auslese der Theorien am besten behauptet, die am strengsten überprüft werden kann und den bisherigen strengen Prüfungen auch standgehalten hat. [...] Entscheidend für das Schicksal der Theorie ist aber doch das Ergebnis der Prüfung, d. h. die *Festsetzung der Basissätze*." (Quelle 88, S.73). Für die Klimawissenschaft *setzte* KT97 *die Basissätze* der Grundlagen der Modellierung von Klimamodellen der „settled theory" *fest*.

---

26 Dobrinski, Krakau, Vogel, Physik für Ingenieure, Kap. 2.3.1.3, Bewegungsenergie der Moleküle S. 158.

27 Dobrinski, Krakau, Vogel, Physik für Ingenieure, Kap. 2.3.2, Innere Energie S. 161.

28 Dobrinski, Krakau, Vogel, Physik für Ingenieure, Kap. 6.1.1.1, Emissionsspektren S. 470.

29 Charles Babbage, Reflections on the Decline of Science in England, 1830, Kapitel 5, Abschnitt 3, On the frauds of observers. siehe aber auch https://de.m.wikipedia.org/Betrug_und_Fälschung_in_der_Wissenschaft, Stand vom 24.4.2019.

2. Vorstellung des Satellitenexperimentes

Earth Radiation Budget Experiment (ERBE) und weiterer Satelliten

2.1 Einführung

1978 entwarf und entwickelte ein internationales Team von Wissenschaftlern das Erbe-Experiment. Ziel war es, Messdaten zu erhalten über die von der Sonne auf die Erde einwirkende Strahlung und die Bestandteile der zurückgeworfenen, reflektierten und absorbierten Energieanteile im Rahmen eines energetischen Gleichgewichtes. Hierbei wurden zwei Typen von Messinstrumenten gebaut: der Scanner und der Non-scanner.[30] Das Challenger Space Shuttle brachte den Forschungssatellit ERBS am 5. Oktober 1984 auf eine Umlaufbahn um die Erde zwischen 572 km und 599 km mit einer Bahnneigung von 56,9 Grad gegen den Äquator. Durch die gewählte Neigung der Umlaufbahn und der Umlaufzeit um die Erde ist sichergestellt, dass der Satellit an jedem Tag zur gleichen Uhrzeit die gleiche Stelle die Erde überfliegt. Dies hat zur Konsequenz, dass ERBS nicht die ganze Erde erfasst. Alles, was über 66 Grad nördlicher Breite oder unter 66 Grad südlicher Breite liegt, erfasst der Satellit nicht. Im ERBS-Satellit wurde für die folgenden Messungen ein Scanner mit drei Detektoren und ein Non-Scanner mit fünf Detektoren verbaut. [31] Auch andere Experimente wurden mit diesem Satelliten durchgeführt. Im Folgenden wird der Satellit ERBS vorgestellt.

Was hat der ERBS-Satellit für „top-of-atmosphere fluxes", Strahlungen von der Wolkendecke ↑ in Richtung Satellit oder, wenn keine Wolken da waren, für Strahlungen von der Erde ↑ in Richtung Satellit gemessen? Der EBBS-Satellit hat 13 Datenreihen (1985–1989) an die Erde gesendet, gemäß **CEDA** [32] , z. B. Index of/badc/CDs/erbe/erbedata/erbs/mean1987/data.txt. Hierbei steht die Reihe 1 für die geografische Breite und die Reihe 2 für die geografische Länge. Die Datenreihen 3 bis 13 enthalten neun gemessene Strahlungen und zwei Albedos. Bei den Jahresmittelwerten in Liste „global mean" haben die neun Strahlungstypen und zwei Albedos nur eine andere Reihenfolge als in Liste „data". Die Anordnung der Reihe data entspricht der Reihenfolge der direkten Satellitenübermittlung (siehe nachfolgende Tabelle).

Auszug aus den Messwerten gemäß data.ceda.ac.uk/badc/CDs/erbe/erbedata/erbs Jahresmittelwerte für die Jahre 1985 bis 1989: In der letzten Spalte sind die Mittelwerte aus diesen fünf Jahren ausgerechnet.

2.2 Globale Jahresmittel der elf Messwertreihen von 1985 bis 1989 des ERBS Satelliten (CEDA)

GLOBAL MEAN OF	1985	1986	1987	1988	1989	Mittelwert
SHORTWAVE RADIATION in W/m²:	101.4	100.6	100.8	101.3	100.3	100.9
LONGWAVE RADIATION in W/m²:	242.4	242.3	243.1	243.2	243.5	242.9
NET RADIATION in W/m²	21.3	21.0	19.9	18.3	19.1	19.9
ALBEDO in %:	**26.9**	**26.8**	**26.9**	**27.1**	**26.8**	**26.9**
CLEAR-SKY SHORTWAVE RAD. in W/m²:	50.2	50.4	50.5	50.5	49.7	50.3
CLEAR-SKY LONGWAVE RAD. in W/m²:	276.6	275.4	276.5	276.5	276.5	276.3
LONGWAVE CLOUD FORCING in W/m²:	31.0	30.9	30.9	30.8	30.3	30.8
CLEAR-SKY NET RADIATION in W/m²	44.1	43.4	41.1	41.3	39.5	41.9
CLEAR-SKY ALBEDO in %:	13.4	13.5	13.6	13.5	13.4	13.5
SHORTWAVE CLOUD FORCING in W/m²:	-48.0	-47.7	-48.2	-48.2	-48.2	-48.1
NET CLOUD FORCING in W/m²:	-17.8	-17.6	-18.3	-18.4	-18.5	-18.1

30 Rutgers, Earth Radiation Budget/Environmental Science/, The University of New Jersey, apr. 23.1998, siehe auch https://marine.rutgers.edu/cool/education/class/yuri/erb.html#resh Stand vom 28. März 2019.

31 Wikipedia, deutsche Ausgabe, Earth Radiation Budget Satellite, Autor RealJOJO Stand vom 18. Juli 2017.

32 CEDA, Centre for Environmental Data Analysis, United Kingdom, Oxford, http://data.ceda.ac.uk/badc/CDs/erbe/erbedata/erbs Stand vom 15. Feburar 2019.

Anmerkung:

Für die Albedo-Berechnung aus Strahlung gilt folgender Zusammenhang, hierbei sind die Strahlungen in W/m².

Albedo = SHORTWAVE RADIAT. / (SHORTWAVE RADIAT. + MAX. OUTGOING LONGWAVE RADIAT.)

Zum ERBE-Programm gehörten auch die Satelliten NOAA-9 und NOAA-10 mit ähnlicher Technik bezüglich der Radiation-Budget-Messung.

2.3   NOAA-9-Satellit (CEDA)

NOAA-9 war ein weiterer Satellit im Programm ERBE. Seine Bahnneigung betrug 99.17 Grad. Er überstrich 90S bis 90N zwar die gesamte Erdkugel. Jedoch gibt es unter 66S und über 66N auch sehr große Fehlbereiche an nicht vorhandenen Datensätzen. Die Messwerte sind analog zum Satelliten ERBS (Kap. 2.2) in CEDA aufrufbar. Im Datenpfad wird unter erbedata, statt erbs, noaa9 aufgerufen, danach der gewünschte Zeitraum und danach die Art des Messwertes. Nicht gefunkte Messwerte sind in den Grafiken mit „no data" und in Grau gekennzeichnet. Messwerte für 1986 sind in nachfolgender Tabelle 1 ohne Strichindex aufgeführt:

NOAA-9 2.5 DEG Scanner **global mean 1986**	60S - 60N	90S - 90N
sr = shortwave radiation, gemessen	**99.8**	**100.2**
cslr = clear sky longwave radiation, von NOAA9 gemessen	274.7	265.0 **?**
aus Strahlung gerechnete albedo a´	26.7´	27.4´
von NOAA9 gemessene albedo a	**26.7**	**26.9**
cslr´= sr / (a /100) - sr	274.0´	**272.3´**

Tabelle 1: Satellit NOAA-9 Mess- und Rechenwerte´ von Strahlung und Albedo

Alle Strahlung in W/m², Albedo in %, ohne Strich: Messwert, mit Strich: aus Messwert gerechnet.

Betrachtet man für das Jahr 1986 die zugehörigen drei Satellitengrafiken **NOAA-9 global mean**, stellt man Folgendes fest: Die Messwerte „data" zwischen 60S-60N sind für albedo und Shortwave Radiation komplett, für clear sky und longwave radiation eingeschränkt vorhanden. **Über 66 Grad nördlicher Breite und unter 66 Grad südlicher Breite** – obwohl dieser NOAA-9 den Bereich über und unter den Wendekreisen erfasst – **fehlen gefunkte Messdaten unterschiedlich stark.** Dies bedeutet: 265 W/m² kommen zustande durch eine Mittelwertbildung über einen Bereich über und unter 60 Grad, der nahezu gar keine Messwerte hat. **Deshalb repräsentieren 265 W/m² nicht den Durchschnitt für die gesamte Erde. 265 W/m² stellen einen verfälschten, deutlich zu niedrigem Wert dar.**

Wie man beim ERBS-Satelliten gesehen hat, ist die gemessene Albedo selbst ein sehr gering streuender Wert. Gleichzeitig schwankte die Shortwave-Radiation in obiger Tabelle über und unter 60 Grad Breite nur von 99.8 W/m² bis 100.2 W/m². Wie hoch wäre eine mögliche Clear-Sky-Longwave-Radiation für die gesamte Erde, errechnet aus diesen beiden im Verhältnis dazu sehr gering streuenden Strahlungsmesswerten für NOAA-9? 272.3 W/m² (Berechnung siehe Tabelle 1, 3. Zeile).
Der Wertbereich des ERBS-Satelliten, der im Vergleich hierzu eine sehr gute Datenlage hatte, lag für die Global Mean Clear Sky Longwave Radiation zwischen 275.4 und 276.6 W/m². Dies lässt 272.3 W/m² für NOAA-9 als sinnvoll erscheinen. **265 W/m² sind für eine weitere Berechnung nicht belastbar und somit kein Referenzwert.**

2.4   NOAA-10-Satellit (CEDA)

NOAA-10 war ein weiterer Satellit im Programm ERBE. Die Messwerte sind analog zum Satelliten ERBS in CEDA aufrufbar. Im Datenpfad muss unter „erbedata" statt „erbs" „noaa10" aufgerufen werden. Hieraus sind die folgenden Messwerte entnommen:

NOAA-10 2.5 DEG Scanner **global mean 1987**	60S-60N	90S-90N
sr = shortwave radiation, gemessen	96.6	96.7
cslr = clear sky longwave radiation, von NOAA10 gemessen	277.5	267.7 ??
aus Strahlung gerechnete albedo a´	25.8´	26.5´
von NOAA10 gemessene albedo a	25.5	25.5

Tabelle 2: Satellit NOAA-10 Mess- und Rechenwerte´ von Strahlung und Albedo

Alle Strahlung in W/m², Albedo in %, ohne Strich: Messwert, mit Strich: aus Messwert gerechnet.

Was für NOAA-9 mean of 1987 clear sky longwave radiation für 265.0 W/m² gilt, gilt für NOAA-10 mean of 1987 clear sky longwave radiation für 267.7 W/m². **Deshalb sind auch 267.7 W/m² nicht belastbar.** Auch die Albedo 1987 von 25.5 ist **nicht** belastbar (siehe nachfolgende Besonderheit):

Bei NOAA-10 clear sky longwave radiation (cslr) mean of **1987** sieht man noch eine Besonderheit: Dieser Satellit erfasst bestimmte Gebiete für das gesamte Jahr 1987 gar nicht = no data, Beispiele:

Nordamerika	no data	Russland	no data
Zentraleuropa	no data	Indien	no data
Südamerika	no data	Australien	no data
Zentralafrika	no data	China	no data
Südafrika	no data	Indonesien	no data
Arktis	no data	Antarktische See	no data
Bereiche des Nordpazifik	no data	Golf von Bengalen	no data
und weitere….	no data		

Für NOAA-10 clear sky longwave radiation mean of **1988** ist dies genauso festzustellen. Die Daten dieses Satelliten NOAA-10 sind deshalb nur in Teilen bedingt aussagekräftig. Die Albedo a berechnet sich aus der Clear-Sky-Longwave-Radiation (cslr) zu a = sr / (sr + cslr).
Diese ist durch die fehlenden Daten sehr stark verzerrt, auch wenn die Datenlage für sr viel besser ist. Der Wert von **NOAA-10 1988 für Albedo 25.5 % ist zu stark fehlerbehaftet und daher nicht belastbar.**

Kiehl und Trenberth machen einen Verweis auf eine Fehlerabschätzung bezüglich ERBE von Rieland und Raschke[33]: „More comprehensive error estimates were made by Rieland and Raschke (1991). Average root-mean-square (rms) sampling errors due to diurnal sampling for Outgoing Longwave Radiation, absorbed solar radiation, and net radiation were 0.9, 3.4, and 3.5 W/m^{-2}, respectively, **for the three satellites combined**. […] **NOAA-9, NOAA-10 and ERBS** satellites (the latter three were used for ERBE) … ".[34] [Hervorhebungen hinzugefügt]. ERBS und die beiden NOAA-Satelliten 9 und 10 unterscheiden sich bei vergleichbaren Messgeräten bezüglich ihrer Umlaufbahn. Der Jahres-Albedo-ERBS-Mittelwert aber, aus 12 Monaten von 60S bis 60N 1985 -

---

[33] Rieland, M. and E. Raschke, 1991: Diurnal variability of the earth radiation budget, Theor. Appl. Climatol., 44, 9-24.

[34] KT97, S. 199, linke Spalte.

1986, beträgt a = 26,9 %. Der 5-Jahres-Mittelwert schwankt hierbei von 26.8 % bis 27.1 % (Übersicht 2.2). Die direkt gemessene Global-Mean-Albedo 1986 NOAA-9: 60S - 60N 26.7 % und 90S-90N 26.9 % verglichen mit ERBS 1986 Global-Mean 60S-60N: 26.8 %. Damit entsprechen sich die Jahres-Albedo-Durchschnittswerte auf 0.01 % oder, anders formuliert, **der Jahres-Albedo-Wert der zwei Satelliten ERBS und NOAA-9 in unterschiedlicher Umlaufbahn hat eine Abweichung von nur 0.01 %.**

Zu NOAA-10 ist die Datenlage miserabel. Ganze Kontinente und riesige Bereiche fehlen. Deshalb hat die Global-Mean-Albedo für 12 Monate bei NOAA -10 z.B. 1987 25.5% und liegt damit weit unter NOAA9 und ERBS. Das Messsystem bei NOAA-10 **muss** systematische, technische Defekte aufgewiesen haben. Es ist nach Meinung des Autors nicht vertretbar, offensichtlich fehlerhafte Messungen (NOAA-10) und schlechte Datenlagen (NOAA-9 und NOAA-10) aus drei Satelliten zu überlagern, zu kombinieren oder hieraus neue Mittelwerte für Vergleiche zu generieren. Dies kommt einem Vermischen und Potenzieren von Fehlern gleich.

Anmerkung:
Die Albedo selbst ist eine sehr wichtige Größe. Wie oben gezeigt, ist der Einfluss über 60N und unter 60S für den Albedo-Mittelwert eines Jahres mit 0.01 % gering. Um Fehler durch Vermischungen, Kumulierungen verschiedener Satelliten zu vermeiden, basiert ein neues Modell nach Kapitel 5.3 nur auf der 5-Jahres-Daten-Reihe von ERBS.

2.5 Nimbus-7-Satellit

Dies ist eine Messung35 mit schlechteren Instrumenten als ERBS. Sie führt über eine Berechnung zu Albedo-Werten einzelner geografischer Regionen. FIG. 2 zeigt beispielsweise eine Albedo für die Sahara/Arabien 0.3 bis 0.4

2.6 ISCCP datasets

Rossow, W. B. und Y.-C. Zhang, 36 gehen ebenfalls von einer solaren Einstrahlung von 1.367 W/m²/4 = S= 341.75 W/m² aus. Zur Berechnung der Albedo im Global-Mean-Radiation-Budgets at Top of Atmosphere werden somit 341.75 W/m² herangezogen. Außerdem wird ein **durchschnittliches 3-Stunden-Einstrahlintervall** zugrunde gelegt (dort im Text S. 1171, rechte Spalte, Abschnitt **Shortwave (SW) fluxes**). Damit ist die Albedo FC (Flux-Cloud data set FC this work) = 0.33 = **0.3264** = 113.6 / (113.6 + **234.34**), auch Table 2., letzte Zeile, Spalte Source und ALBt). Als zweite Strahlung wird die niedrigere Messreihe *longwave rad.* benutzt und mit der höheren 3-Stunden-Einstrahlung verrechnet. Damit wird die Albedo aber anders berechnet und ist nicht vergleichbar mit ERBS, weil anders definiert. **Mit dem Wechsel der Berechnungsmethode ist ein Albedo-Vergleich nicht möglich.** Genau diese Arbeit zitiert KT97 als R und Z^l für die Albedo von 0.33 in seiner Table 1, KT97, S. 199, Quellen unter dieser Table 1. (Summary of the earth energy budget estimates,…)

---

35 Howard W. Barker and John A. Davis, final from 2 November 1988, Surface Albedo Estimates Nimbus-7 ERB Data and a Two-Stream Approximation of the Radiative Transfer Equation, Journal of Climate Volume 2 Mai 1989.

36 Rossow, W.B. und Y.-C. Zhang, 1995: Calculation of surface and top of atmosphere radiative fluxes from physical quantities based on ISCCP datasets: 2. Validation and first result, Journal of Geophysical Research, Vol 100, NO. D1, Pages 1167 – 1197, January 20, 1995, paper number 94JD02746, originale 1. Version abgedruckt im Journal, nach Table 2 (Text unter der Table 2. Page 1171)

Wie interpretiert man die Satellitenmesswerte für eine Bilanz der Erde durch die einstrahlende Sonne? Dies ist die zentrale Frage. Hierzu stellt nachfolgende Studie KT97 die Theorie einer „Gegenstrahlung" (engl. „Back Radiation") in den Raum.

3.   Vorstellung der Studie von Kiehl und Trenberth

Earth´s Annual Global Mean Energy Budget, **KT97**[37]

3.1   Kurze Zusammenfassung der Studie

Die Studie KT97 von Kiehl und Trenberth aus dem Jahr 1997 setzt sich zur Aufgabe, die wesentlichen Wirkmechanismen von Ein- und Abstrahlung auf das System Erde/Atmosphäre zu erfassen. Sie bilanziert die an der Erdoberfläche und in der Atmosphäre wirkenden, flächenbezogenen Energieströme als Leistungen in Watt/m^2. Sie sind in ihrem Ursprung verursacht von der Sonne. Kiehl und Trenberth bauen hierzu wie im Labor die echte Atmosphäre mit Modellatmosphären nach: „Using the *U.S. Standard Atmosphere, 1976* profile in the narrowband model yields a flux of 262 W m^{-2}, surprisingly to the observed flux. [...] To obtain the cloudy sky top-of atmosphere flux of 235 W m^{-2}, three levels of cloud are introduced into the model."[38] Ferner: „The model includes the absorbing effects of H_2O, CO_2, O_3 and O_2; ...".[39] Der Wasserdampfgehalt im Modell für niedrige, mittlere und höhere Wolkenlage wurde so festgelegt, dass sichergestellt ist, dass der absorbierte kurzwellige Strahlungsfluss 235 W/m^2 beträgt: „The above cloud properties are used to assure that the top-of-atmosphere absorbed shortwave flux is 235 W/m^2, which balances the outgoing longwave flux."[40] Die Bilder FIG. 1. bis FIG. 6. stellen Strahlungsverläufe in W/m^2 in Abhängigkeit von der Wellenlänge dar.

Die Studie vergleicht sich mit einem Teil der aus dem ERBE-Satellitenprogramm erhaltenen Messdaten. Der CO_2-Gehalt des Labormodells der Atmosphäre geht über einen Strahlungsvergleich (262 W/m^2 zu 265 W/m^2, KT97, Abschnitt 3b.) indirekt in die Strahlungsberechnung eines Bilanzmodells mit ein. Hierbei wird die Solarkonstante mit einem Wert von 1.367 W/m^2, eine Strahlungsverteilung mit ¼ und damit eine Einstrahlung von gerundet 342 W/m^2 dem Modell zugrunde gelegt.[41] Es wird folgende Hypothese aufgestellt: Der rechnerisch nach Abstrahlung von der Erdoberfläche verbliebene Teil der Sonneneinstrahlung und die aus einer im Labormodell unterstellten Gegenstrahlung errechnete, emittierte Strahlung der Bodenoberfläche (surface) des Labormodells korrespondieren mit der Strahlung eines idealen Schwarzkörpers bei 15 °C. Die Atmosphäre wirkt teilweise wie eine Reflexionsschicht oder Decke „blanket"[42]. Die vom Boden und der Atmosphäre zurückgeworfenen Strahlungsleistungen zuzüglich der am Oberrand der Atmosphäre emittierten Leistungen müssten dann im Modell 324 W/m^2 - die modellierte Einstrahlung - betragen. Temperaturmessungen von Wetterstationen, verteilt über den Globus, legen eine globale Durchschnittstemperatur (Surface-Ebene) in ähnlicher Größenordnung des idealisierten Schwarzkörpers bei 15 °C nahe. Dies lässt ein solches Modell in erster Stufe sinnvoll erscheinen. Hieraus wird abgeleitet, dass sich die Erde und das Labormodell synchron verhalten. Diese angenommene Synchronität dient als Rechtfertigung, die so modellierte Größenordnung dieser Strahlungsflüsse W/m^2 als Eingabe oder Kontrollparameter für Computer-Klimamodelle zu verwenden. Hierin liegt die Bedeutung dieser Studie und deshalb wurde sie vielfach in IPCC-Berichten als wichtige Basis zitiert. **Das Ergebnis der Klima-Budgetberechnung der Laborstudie KT97 selbst ist das Schaubild FIG. 7.**[43], mehrfach in IPCC-Berichten an prominenter Stelle direkt abgebildet. Sobald man sich mit dem Klimawandel beschäftigt und nach den physikalischen und thermodynamischen Grundlagen der letzten zehn bis fünfzehn Jahre recherchiert, gelangt man zu diesem Bild FIG. 7. oder zu Studien und Darstellungen, die bezüglich der Strahlungswerte in W/m^2 geringe

---

[37] **J. T. Kiehl and Kevin E. Trenberth, Earth´s Annual Global Mean Energy Budget, veröffentlicht im Bulletin of the American Meteorological Society, Vol. 78, No2, February 1997, S. 197–208, nun bezeichnet als KT97.**

[38] KT97, S. 200 b. 3. Absatz.

[39] KT97, S. 203 2. Absatz.

[40] KT97, S. 203 2. Absatz letzte Zeile.

[41] KT97, S. 199, rechte Spalte, letzter Satz.

[42] KT97, S. 198 Kapitel 2.

[43] KT 97, S. 206.

Abweichungen dazu aufweisen. Das Modell KT97 entspricht einer homogenen Kugeloberfläche. Jeder Punkt ihrer Oberfläche bildet die Leistungswerte des Durchschnittsquadratmeters von FIG.7. ab.

3.2 Bild FIG. 7. Schaubild des globalen Energiebilanzgleichgewichtes nach KT97 und IPCC[44]

Das Bild FIG. 7 der Studie von 1997 stellt die Energiebilanz als ein Global-Mean-Energy-Budget grafisch dar:

Die nicht reflektierten Anteile der Sonneneinstrahlung, die dann die Erde erreichen (linker Teil FIG. 7), gelangen energetisch durch *Sensible Heat (SH)*, *Latent Heat (LH)* und *Radiation (Strahlung)* wieder in die Atmosphäre (rechter Teil FIG. 7), Einheit in W/m². Hierbei sollen sie unsymmetrisch aufgebaute Gase (Greenhouse Gases), vor allem Wasserdampf, CO_2, Methan und O_3, zu einer Strahlung anregen, die auf die Erde zurückgeworfen wird. Diese Strahlung wird als „Back Radiation" oder „Gegenstrahlung" bezeichnet. Die Erde und die Atmosphäre selbst werden als schwarze Körper interpretiert. Für die von der Erde nach oben gerichtete Strahlung (Surface Radiation) wird eine globale Mitteltemperatur von 15 °C über das Gesetz von Stefan und Boltzmann errechnet.[45] Die einfallenden, reflektierten, umgewandelten und abgestrahlten Anteile von *Sensible Heat (Thermals)*, *Latent Heat (Evaporation)* und *Strahlung (Radiation)* erscheinen in einem geschlossenen System als Budgetgleichgewicht.

---

[44] IPCC. Climate Change 2007 (Cambridge University Press, Cambridge, 2007), IPCC Report 2001 und 1995.

[45] KT97 S. 205 Abschnitt 5, 2. Absatz.

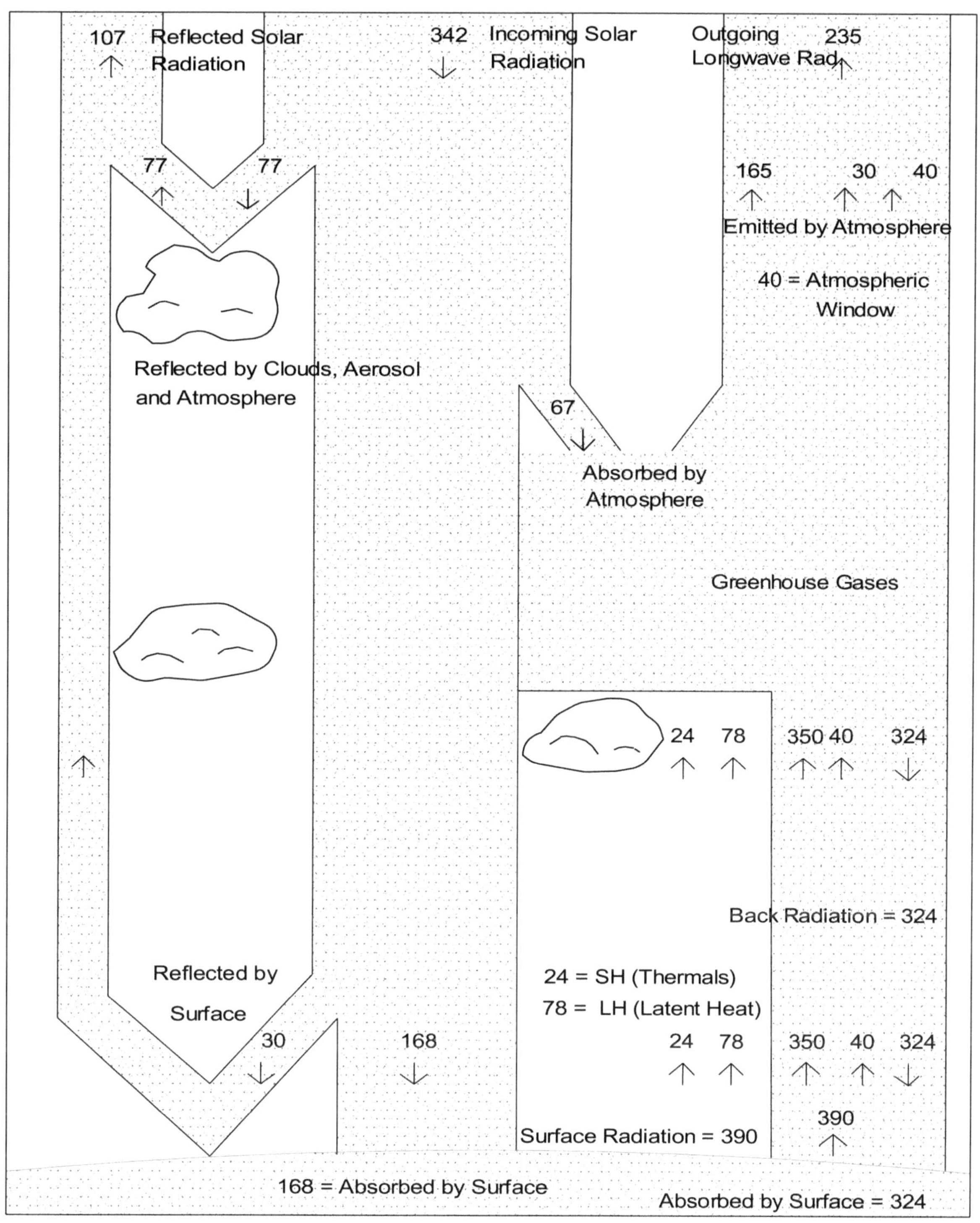

Grafik 1, erstellt von Verfasser A. Agerius, April 2019 (Diese basiert auf der Idee der Darstellung von T. Kiehl und E. Trenberth, 1997, Earth´s Annual Global Mean Energy Budget FIG.7.).
FIG.7. aus KT97 wurde auch vom IPCC veröffentlicht. [46]

---

[46] IPCC. Climate Change 2007 (Cambridge University Press, Cambridge, 2007), IPCC Report 2001 und 1995.

3.3   Differenzierte Betrachtung der Studie

Die Studie KT97 beginnt in ihrem Kapitel 1. „Introduction" mit einem kurzen historischen Rückblick und stellt Folgendes fest – trotz bedeutender Fortschritte im Verständnis des Wettergeschehens: „... a number of key terms in the energy budget remain uncertain, in particular, the net absorbet shortwave and longwave surface fluxes."[47] Die Unsicherheit besteht insbesondere bei der Abschätzung des netto absorbierten Kurzwellenenergieflusses (SH) und des netto absorbierten Langwellenenergieflusses (LW) an der Erdoberfläche.

Für den reflektierten Teil der einfallenden Strahlung der Sonne wurde ein Reflexionsfaktor von 0,31 bzw. 0,3129 (Albedo) gewählt und wie folgt begründet. In der Überschrift von TABLBE 1.[48] wird darauf hingewiesen, dass hierzu zum Vergleich nun: „... energy budget estimates ...", zu Deutsch „Schätzungen der Energiebilanz", aus anderen Studien herangezogen wurden, die für die Albedo in der Nähe von 30 % liegen, Schwankungsbereich der Albedo in TABLE 1. 30 % bis 33 %. Damit erscheint für den Leser der Studie 0,31, isoliert betrachtet, als sinnvoller Wert. 0,3129 = 107/(107 + 235) oder albedo = shortwave radiat. / (shortwave radiat. + max. outgoing longwave radiat.)

Anmerkung:

Die Darstellung FIG. 7 in der Studie KT97 zeigt die durchschnittlichen Verhältnisse eines Jahres, welches dann von einem Durchschnittsquadratmeter repräsentiert wird. In diesem wird das vom Satelliten erfasste Gebiet als krümmungslos, plan und eben und damit die Albedo der Erde als geometrische Albedo verstanden. Nach[49] gibt es andererseits verschiedene Albedo-Arten: „... Die geometrische Albedo ist das Verhältnis des von einer vollen bestrahlten Fläche zum Betrachter gelangenden Strahlungsfluss zu dem, der von einer diffus reflektierenden, absolut weißen Scheibe (ein sogenannter Lambertscher Strahler) gleicher Größe bei senkrechtem Lichteinfall zum Beobachter gelangen würde." Der Betrachter sei der Satellit. *Incoming solar radiation, reflected solar radiation* und *Outgoing Longwave Radiation* liegen für den gemittelten, ebenen, krümmungslosen Durchschnittsquadratmeter in einer Wirkungslinie. Es wird die gemessene kurzwellige Strahlung mit dem reflektierten Albedo-Anteil gleichgesetzt. Dieses Vorgehen könnte man als geometrische Albedo identifizieren. Mit Satm wird hier in KT97 TABLE 1 der von der Atmosphäre absorbierte Energiefluss in W/m² bezeichnet, der eine „...observational estimates of radiative fluxes..."[50], also eine beobachtete Abschätzung darstellt. K. und T. setzen den Wert mit 67 W/m² an. K. und T. zitieren Studien in TABLE 1., die für Satm einen Schwankungsbereich von 65 W/m² bis 89 W/m² aufweisen.

„The ERBE [...] provided nearly 5 yr of continuous data from the mid-1980s. The global annual mean of these data [...] indicate that the Outgoing Longwave Radiation is 235 W/m², while the mean absorbed shortwave flux is 238 W/m²."[51] Die Satellitenbeobachtungen ERBE weisen auf der Oberseite der Atmosphäre auf einen ausgehenden langwelligen Strahlungsfluss von 235 W/m² und einen absorbierten kurzwelligen Strahlungsfluss von 238 W/m² hin. Wegen der geringen Differenz wird im Modell für beide Werte mit 235 W/m² gerechnet. In FIG. 7 errechnen sich die 235 W/m² des kurzwelligen Strahlungsflusses als Summe der absorbierten Teile von 168 W/m², zuzüglich 67 W/m².

Die reflektierte Solarstrahlung ergibt sich zu: 342 W/m² x 0,3129 = 107 W/m². Diese unterteilt sich in den von Wolken und der Atmosphäre reflektierten Anteil von 77 W/m² und in den an der Erdoberfläche reflektierten Anteil von 30 W/m². Die ausgehenden Langwellen stehen hierzu im Gleichgewicht: 342 W/m² - 107 W/m² =

---

47 KT97, S. 197, 1. Introduction, rechte Spalte.

48 KT97, S. 199.

49 zu Albedo siehe http://de.m.wikipedia.org/wiki/Albedo#Albedoarten , Abschnitt 2, Stand vom 13 Februar 2019.
50 KT97, 2. Previous energy budget studies, dritter Absatz.

51 KT97, 3. Radiative energy budget, a. Top-of-atmosphere fluxes, S. 198, 1. Absatz.

235 W/m². Die Anteile von *Latent Heat* und *Sensible Heat* werden als weitere Arten der Übertragung in der Studie als „SH" und „LH" bezeichnet:

SH, als *Sensible Heat* bzw. *Thermals* in der Grafik bezeichnet, wird zu 24 W/m² beaufschlagt. LH, als *Latent Heat,* wird mit 78 W/m² festgelegt. Für LH und SH liegen Studien in ähnlicher Größenordnung der Werte vor. Von der Atmosphäre wird ein Strahlungsanteil von 67 W/m² aufgenommen bzw. absorbiert und als Satm bezeichnet (siehe auch TABLE 1 der Studie, Schwankungsbereich von 65 bis 86 W/m²).

Die von der Erdoberfläche absorbierte Strahlung errechnet sich somit zu 168 W/m² wie folgt:

342 W/m²	- 77 W/m²	- 67 W/m²	- 30 W/m²	= 168 W/m²
Einstrahlung	von Wolken reflektiert	von Atmosphäre absorbiert	vom Boden reflektiert	

Wie viel der vom Boden absorbierten Strahlung geht in die Atmosphäre zurück als langwellige Strahlung LW unter Berücksichtigung von Konvektion und Strahlung?

168 W/m²	- 24 W/m²	- 78 W/m²	= 66 W/m²	(a1)
Vom Boden absorbiert	Sensible Heat (SH)	Latent Heat (LH)	LW Long Wave	

Diese 66 W/m² sind explizit in der Studie in TABLE 1[52] erfasst, in Vergleich mit anderen Studien gestellt, wobei man sieht, dass die anderen Studien für ihre Bilanzmodelle zwischen 1975 und 1995 Werte für LW von 40 bis 72 W/m² angeben. In der Zeichnung FIG. 7 sind die 66 W/m² als Pfeil nicht dargestellt. (Sie ergeben sich aber aus der Subtraktion der Leistungen in W/m² in FIG. 7 „Surface Radiation – Absorbed by Surface" der rechten Bildhälfte.)

Der Langwellenanteil 66 W/m² spaltet sich nochmals auf in 40 W/m², die über das atmosphärische Fenster direkt in den Weltraum zurückstrahlen, und 26 W/m², die nach oben gerichtet bleiben. Gemäß K. und T. steigen aber nicht nur 26 W/m² auf, sondern der um 324 W/m² vermehrte Wert, nämlich 350 W/m². Eine parallel dazu gerichtete Strahlung von 324 W/m² wirkt gleichzeitig in diesem Bereich nach unten.

Anmerkung
Die Verrechnung von Strahlungssalden erfolgt mathematisch analog wie bei einer vektoriellen Kraftrechnung mit Wirkungsrichtung. Was im Bild zur besseren Darstellung auseinandergezogen ist, liegt während der solaren Einstrahlung auf einer Wirkungslinie (vgl. Kapitel 9.4, 1 Absatz).

Die aufwärts gerichtete Strahlung in W/m² der rechten Hälfte von FIG. 7 ergibt sich **im Bereich des Bodens**:
Surface Radiation 390 = 66 + 324 = 26 + 40 + 324

Die Wirkungsrichtung ist aufwärts positiv mit „+" und abwärts negativ mit „-" gekennzeichnet. Zu Strahlungen in der rechten Hälfte siehe FIG. 7, **im unteren Bereich Greenhouse Gases**:

24 + 78 + 66	= 168	(a1)
24 + 78 + 26 + 40	= 168	mit atmosphärischem Fenster
24 + 78 + 350 + 40 - 324	= 168	324 subtrahieren sich
24 + 78 + 390 - 324	**= 168**	**(b1)**

---

52 KT97, S. 199.

Die im Atomaufbau nicht symmetrischen Gase der Atmosphäre werden in bestimmten Wellenlängenbereichen durch elektromagnetische Strahlung angeregt und geben die Energie durch Strahlung wieder ab (FIG. 1).[53] Die durchgezogene Kurve, die einer Planck-Verteilung folgt, ist die kontinuierlich verlaufende Festkörperabstrahlung der Erde. Der gezackte Verlauf der darunter liegenden Kurve sind diskrete Linien – einzelne senkrechte Balken – der Strahlungsentladung unsymmetrischer Moleküle (Kap. 1.12). Diese an sich senkrechten Balken werden nun im Diagramm zu einer durchlaufenden Linie einfach verbunden. Beide Linien werden voneinander abgezogen. Dies ist im Bild FIG. 2 dargestellt.

Wenn man in Bild FIG. 2 die möglichen kurzwelligen Strahlungen (0–50 Mycrometer) der einzelnen Gase für diese definierte Gaszusammensetzung (H_2O = 60%, CO_2 = 26 %, Methan = 6 %, O_3 = 8 %) überschlägig grafisch integriert („Integrating over all wavelengths"[54]), erhält man den gesamten maximal möglichen **Strahlungsantrieb total Radiative Forcing (G_{tot}) von 155 W/m²** wie folgt, (siehe hierzu zum besseren Verständnis das Bild FIG. 2 und FIG. 2, Handskizze Kap. 4.6):

$$\sum 7*35/2+8*3/2+10*1/2+3*10/2 = 154,5 = 155 \text{ W/m}^2 = G_{tot}$$

Für bewölkten Himmel wird zur ausgehenden langwelligen Strahlung von 235 W/m² vom obersten Ende der Atmosphäre der technisch maximale Strahlungsantrieb aus der Integration der Atome von 155 W/m² hinzugerechnet. Damit erhält man einen hypothetisch rechnerischen Strahlungsmaximalwert von 390 W/m².

Dies ist ein rein hypothetischer Rechenwert: ↑390 W/m² = ↑235 W/m² + ↑155 W/m²

Gleichzeitig, weil die Bilanz erfüllt sein muss, soll eine von der Atmosphäre aus auf die Erde nach unten gerichtete Strahlung in Höhe von 324 W/m² wirken, **390 - 66 = 324**. Es ist eine Annahme, eine Hypothese, dass diese **Strahlung 324 Watt/m² von der Atmosphäre aus von oben nach unten wirkt.**

Hierzu in der Studie:
„**The longwave cloud forcing**, clear minus cloudy sky flux, **is 30 W m⁻², which agrees closely with the annual mean ERBE value,** as it should because both clear and cloudy sky top-of-atmosphere fluxes are tuned to the ERBE data. The downward flux at the surface depends strongly on the presence of clouds. **For the clear sky case the downward emission from the atmosphere to the surface is 278 W/m²,** while for cloudy sky case it increases by 46 W/m². This is mainly due to blackbody emission from the low cloud base, and it indicates why **it is so difficult to retrieve a longwave surface flux from satellite observations.** Due to the strong dependence of net longwave surface flux on cloud-base height and low cloud amount, **this term in the surface energy budget must be considered highly uncertain.**"[55] [Hervorhebungen hinzugefügt]

Der Strahlungsantrieb klarer minus bewölkter Himmel ist in Übereinstimmung mit den Satellitendaten. 324 W/m² errechnen sich auch aus von der Atmosphäre nach unten gerichteter Strahlung 278 W/m² zuzüglich 46 W/m² verstärkt bei Bewölkung. **Der Text verleitet zur folgenden Annahme: 278 W/m² und 46 W/m² stimmen mit Betrag und der Richtung mit den ERBE-Daten überein.** Dies wird aber explizit nicht gesagt. Stattdessen wird gesagt, man führe diese Strahlung auf die Schwarzkörperstrahlung der Atmosphäre zurück. Diese langwellige

---

[53] KT97, S. 201.

[54] KT97, S. 201, rechte Spalte, 2. Abschnitt, erster Satz.

[55] KT97, S. 201 linke Seite, 1. Abschnitt, ab zweiter Satz.

nach unten gerichtete Strahlung ist so schwer in den Satellitenbeobachtungen zu finden. Dieser Term ist als hoch unsicher im Bilanzgleichgewicht einzuschätzen.

$\downarrow$**324** = $\downarrow$**278** + $\downarrow$**46** von der Atmosphäre nach unten gerichtete Gegenstrahlung in KT97

Nach dieser Hypothese wird eine Strahlung von 324 W/m² im langwelligen Spektrum von der Atmosphäre auf die Erdoberfläche geworfen und als Gegenstrahlung oder „Back Radiation" bezeichnet. Die Atmosphäre selbst wird zu einem schwarzen Körper klassifiziert, der Langwellen nach unten aussendet.

Den Daten des ERBE-Experiments gemäß 56 wird als jährlicher langwelliger Strahlungsantrieb klarer minus bewölkter Himmel ein Wert von 30 W/m² (Messwert) angesetzt. Jetzt werden vom maximalen Strahlungsantrieb der Atome der Anteil bewölkter minus klarer Himmel des ERBE-Experiments von 155 W/m² (hypothetischer Rechenwert) abgezogen, was 125 W/m² ergibt. In TABLE 3 und 4 wird der Strahlungsantrieb von 125 W/m² der unsymmetrischen Gase über den prozentualen Gehalt in der Atmosphäre gewichtet und damit jedem einzelnen Gas ein Strahlungsantrieb in W/m² zugewiesen (KT97 TABLE 3) 57.

$$155 \text{ W/m}^2 = 30 \text{ W/m}^2 + 125 \text{Watt/m}^2$$

Mit dem Stefan-Boltzmann-Gesetz kann man einem idealen Schwarzkörper eine Temperatur zuordnen. Die Erde wird in dieser Studie als solcher interpretiert. 390 W/m² als Abstrahlung errechnen sich zu einer Oberflächentemperatur von 14,8 °C. Dies wird als globale Durchschnittstemperatur von diesem Modell auf die gesamte Erde übertragen. Die Berechnung dieser fiktiven Durchschnittstemperatur – ein auf der Erde vorkommender möglicher Wert – erscheint als indirekter Beweis für die Richtigkeit der Bilanzmodellbildung.

Anmerkung
*Im von der Atmosphäre absorbierten Anteil von 67 W/m² leistet das Kohlendioxid **keinen** Strahlungsanteil, CO_2 = 1 W/m² clear, 0 W/m² cloudy, nach TABLE 4, KT97. Das CO_2 wird nicht angeregt. **Damit zeigt diese Studie, dass das von oben auf die Lufthülle der Erde einfallende Sonnenlicht CO_2 die Atmosphäre nicht direkt erwärmt.***

3.4   Temperaturberechnungen

Wie hoch wäre die Temperatur in diesem Modell auf der Erde ohne Atmosphäre?

Es gäbe dann keine Gase, keinen Wasserdampf, keine Evaporation, ohne Wasserdampf auch kein Wasser. Es wären keine Treibhauseffekte möglich. Man könnte wie folgt rechnen: Wenn man von der einfallenden Solarstrahlung von 342 W/m² den von der Erde reflektierten Anteil von 30 W/m² abzieht, erhält man eine effektive temperaturwirksame Strahlung von 312 W/m² und mit der Formel von Stefan und Boltzmann:
√ (312 W/m² / 5,67040 /1E⁻8 W/m²) K – 273.15 K = - 0,80 °C. In der Literatur findet man für diesen Modellfall auch eine Temperaturangabe von -18 °C. Beispiel, Prof. Mojib Latif in „Globale Erwärmung" 2012, Eugen Ulmer Verlag, Stuttgart, S. 32: „Der Fall [...] einer komplett durchlässigen Erde ohne Atmosphäre [...] liefert [...] eine Temperatur von ca. -18 °C." Wie müsste man hierfür rechnen? Man verteilt die eintreffende Solarstrahlung von 1.367 W/m² mit einem Viertel (Fläche Erdkreis zur Kugeloberfläche), ergibt 342 W/m². Betrachtet man die Erde mit einer Albedo von 0,30, ergeben sich rechnerisch 239,40 W/m². √ (239,40 W/m² / 5,67040 /1E⁻8 W/m²) K – 273.15 K = - - 18,2 °C. Bei einer Albedo von 30 % ist jedoch der reflektierende Anteil der Atmosphäre mit

---

56 KT97, S. 201.

57 KT97, TABLE 3., S. 203.

eingegangen, was dem Ansatz-Modell ohne Atmosphäre widerspricht. Mit den -18 °C scheint eventuell etwas nicht zu stimmen.

Wie ist im Modell von K. und T. die Durchschnittstemperatur der Erde an den CO_2-Gehalt gekoppelt?

Die sogenannten Treibhausgase der Atmosphäre gehen in die 125 W/m² Strahlungsantrieb rechnerisch mit ein. Weil dieser Wert mit anderen verrechnet wird, wie oben gezeigt, ist dieser in FIG. 7 grafisch nicht dargestellt. Dieser Wert gilt bei festem CO_2-Anteil der Atmosphäre (TABLE 3, KT97). 2017 lag er, laut Umweltbundesamt, bei etwa 405 ppm.[58] Wie könnte man rechnerisch einen Anstieg von 353 ppm auf 405 ppm mit diesem Modell ermitteln?

Der individuelle Strahlungsbeitrag von mit überlappenden Effekten beträgt 32 W/m² und der Gesamtbeitrag aller Gase 125 Watt/m² nach TABLE 3, KT97. Die 125 W/m² sind hierbei in den temperaturwirksamen 390 W/m² enthalten und werden zunächst herausgerechnet, um den CO_2-Anstieg berücksichtigen zu können, 265 W/m² (= 390-125). Die Gesamtstrahlungen der Gase ohne CO_2-Mitwirkung betragen 93 W/m² (=125-32). Eine 1,15-fach erhöhte CO_2-Konzentration (1,15 = 405/353) liefert rechnerisch eine Strahlungsleistung von 130 W/m² = 93 W/m² + 405/353 x 32 W/m². Somit erhöht sich der Strahlungsantrieb aller Gase mit 1,15-fach gestiegenem CO_2 von 125 auf 130 W/m². Nun müssen aber noch die 265 W/m², die zuvor abgezogen wurden, wieder hinzugefügt werden. Dies ergibt eine rechnerisch temperaturwirksame Strahlung von 395 W/m² (395 = 130 + 265). Damit bestimmt sich die rechnerische Durchschnittstemperatur zu: *√√ (395 W/m² / 5,67040 /1E⁻8 W/m²) K – 273.15 K = 15,7 °C.* So kann man auch den Treibhauseffekt verstehen, der dann mit steigendem CO_2-Gehalt der Atmosphäre die Durchschnittstemperatur der Erde erhöht.

Damit sich in Modell 4 von Kiehl und Trenberth die Durchschnittstemperatur der Erdoberfläche von 14,8 °C nicht ändert, müssen die Gehalte von CO_2, Methan, Ozon und Wasserdampf in der Atmosphäre konstant bleiben oder die ihrer Summe. Verschieben sich einzelne Anteile, müsste die Summe ihres Strahlungsantriebes in W/m² konstant bleiben. Dies alles ist dem Postulat der Gegenstrahlung geschuldet.

Wie hoch wäre die errechnete Temperatur in diesem Modell, wenn es die Gegenstrahlung nicht gäbe?

Gibt es diese Gegenstrahlung nicht, errechnen sich unter der Beibehaltung einer Atmosphäre im Modell von K. und T. mit der Stefan-Boltzmann-Formel Werte für die globale Durchschnittstemperatur, die der Erde klimatisch nicht zugeordnet werden können, da nur 66 W/m² temperaturwirksam vorhanden sind. √√ (66 W/m² / 5,67040 /1E⁻8 *W/m²*) K – 273.15 K = -88,44 °C oder, wenn man die Werte von SH und LH zur langwelligen Strahlung hinzunimmt, 24 + 78 + 66 = 168 W/m², √√ (168 W/m² / 5,67040 /1E⁻8 *W/m²*) K – 273.15 K = -39,85 °C.
Das Labormodell beruht auf der Hypothese der Gegenstrahlung, der „Back Radiation". **Mit der Gegenstrahlung, die mit der Anregung der unsymmetrischen Gase gekoppelt ist, generiert man für jeden m² Erdoberfläche eine fiktive Heiz-Kühlschlange. Das Drehrad dieses Thermostaten ist der Gasgehalt und die Verteilung von temperaturwirksamen Anteilen auf H_2O, CO_2 und Methan.**

3.5   Echo-Rückkopplungseffekte

Dies sind Effekte durch mehrfache Reflexionen der Strahlung zwischen der Unterseite der Atmosphäre und der Erdoberfläche. Diese werden in der Studie KT97 **nicht** betrachtet.

---

[58] Umweltbundesamt, Wörlitzer Platz 1, 06844 Dessau-Roßlau, Fachbereich Presse Öffentlichkeitsarbeit, Atmosphärische Treibhaus Konzentrationen, Kohlendioxid, bzw. hierzu der Link zum Diagramm https//www.umweltbundesamt.de/daten/klima/atmosphaerische-treibhausgas-konzentrationen#textpart-1, Stand vom 14.06.2019.

4. Kritische Betrachtung der Studie von Kiehl und Trenberth

Earth´s Annual Global Mean Energy Budget, KT97

4.1 Wenn man die Studie genau liest, was fällt auf?

Welche Messwerte des ERBS-Satelliten von Kapitel *2 gehen in FIG. 7 von KT97 wie ein, welche nicht und warum nicht? Welchen physikalischen Gesetzen unterliegt dieses Modell? Werden die Anwendungsgrenzen der verwendeten physikalischen Gesetze eingehalten? Ist das Bilanzgleichgewicht eingehalten?*

4.1.1 *Longwave cloud forcing* und *Shortwave Radiation*

Die Strahlungsdifferenz, *Longwave Cloud Forcing*, der Satellitenmessung 30.8 W/m² (Mittelwert Kapitel 2) passt mit dem Messergebnis aus dem Labor von FIG. 3[59] zusammen. Labormessung grafisch integriert: 30,4 W/m²= 1,8 x 4 + 4, 9 x 2 + 4, 0 x 2.8 + 0,3 x 4 + 0,2/2 x 10 W/m²

„...The longwave cloud forcing, clear minus cloudy sky flux, is 30 W/m², which agrees closely with the anual mean ERBE value ...".[60] Die *Shortwave Radiation* aus ERBE beträgt im Mittel 101 W/m². Im Gegensatz dazu beträgt die einzig nach oben gerichtete kurzwellige Strahlung in FIG. 7, KT97, die *Reflected Solar Radiation*, 107 W/m². Dies ist der Anteil, der durch diffuse Zerstreuung (Reflection by surface and clouds) so verteilt wird, dass er nach allen Richtungen abgelenkt wird. Wäre die kurzwellige Strahlung an dieser Stelle im Modell richtig bzw. das Modell richtig, beträge die Abweichung 6 W/m².

4.1.2 Ausgehende langwellige Strahlung 235 W/m² und ERBE-Satelliten-Messung

KT97 legt dar, Zitat: „The ERBE [...] provided nearly 5 yr of continuous data from the mid-1980s. The global annual mean of these data [...] indicate that the Outgoing Longwave Radiation is 235 Wm^{-2}"[61] und weiter: **„Therefore, we use the ERBE outgoing longwave flux of 235 W/m²[...]"**[62] von der Erde in Richtung All mit einer langwelligen Strahlung von 235 W/m²[63]. Die Studie KT97 beruft sich hierbei auf die ERBE-Satellitendaten, die aber **auch einen Wert von 243 W/m²** ergeben (Kap. 2.2). 5 W/m² machen bei der Temperaturberechnung etwa 1 °C aus (Kap. 7 „globale Mitteltemperatur"). Der Unterschied von 8 W/m² macht einen Unterschied von ca. 1,6 °C für die globale Mitteltemperatur aus. **235 W/m² widersprechen den ERBS-Messwerten des ERBE-Programms von 1985 bis 1989** (Kap. 2.2).

Oder auch eine andere Interpretation zulassen:	**FIG. 7, KT97**	korrespondiert mit	**ERBS Satellit**
Outgoing Longwave Radiation	235 W/m²		**276 W/m²**
abzüglich Longwave Cloud Forcing[64]	30 W/m²		31 W/m²
Longwave Radiation	205 W/m²		243 W/m²
emitted by Atmosphere + atm. window	165 W/m² + 40 W/m²		

---

59 KT97, S. 202.

60 KT97, S. 201, 1. Absatz.

61 KT97, S. 198, 3. Radiative energy budget, a. Top-of-atmosphere fluxes, 2. Satz.

62 KT97, S. 199, rechte Spalte 1. Satz.

63 KT97, S. 198, Kapitel 3, a. Top-of-fluxes, 1. Absatz

64 KT97, S. 201, linke Spalte 2. Satz.

Im zweiten Fall entspräche die ausgehende Strahlung *Outgoing Longwave Radiation* 235 W/m² der *Clear Sky Longwave Radiation* des ERBS-Satelliten. Das Modell KT97 begrenzt durch die gewählte ¼-Verteilung die größtmögliche langwellige Abstrahlung von der Erde in das Orbit auf maximal 235 W/m². Dadurch kann von den Satelliten, NOAA9 (274.7 W/m²), NOAA10 (277.5 W/m²) und ERBS (276.3) die bis zu über 40 W/m² höher gemessene mittlere Abstrahlung der Erde nicht im Modell abgebildet werden.

4.1.3 Welche Mittelwerte der Strahlungsmesswerte des ERBS-Satelliten gehen in KT97 ein?

(ERBS nach CEDA siehe Kap. 2.2)

GLOBAL MEAN OF Satellitenmesswerte (in W/m²)	1985	1986	1987	1988	1989	Mittelwert	KT97
SHORTWAVE RADIATION	101.4	100.6	100.8	101.3	100.3	100.9	107
LONGWAVE RADIATION	242.4	242.3	243.1	243.2	243.5	242.9	235
NET RADIATION	21.3	21.0	19.9	18.3	19.1	19.9	-
CLEAR-SKY SHORTWAVE RAD.	50.2	50.4	50.5	50.5	49.7	50.3	-
CLEAR-SKY LONGWAVE RAD.	276.6	275.4	276.5	276.5	276.5	276.3	-
LONGWAVE CLOUD FORCING	31.0	30.9	30.9	30.8	30.3	30.8	30
CLEAR-SKY NET RADIATION	44.1	43.4	41.1	41.3	39.5	41.9	-
SHORTWAVE CLOUD FORCING	-48.0	-47.7	-48.2	-48.2	-48.2	-48.1	-
NET CLOUD FORCING	-17.8	-17.6	-18.3	-18.4	-18.5	<u>-18.1</u>	<u>-</u>
Summe (W/m²)						696.8	372

(Für die Summe wird der Fall unterstellt, dass sich die Net-Strahlungen unter Berücksichtigung des Vorzeichens gegenseitig nahezu aufheben. In Kapitel 5 wird hierzu noch näher eingegangen.)

Satellitenmesswerte (in %)							
ALBEDO:	26.9	26.8	26.9	27.1	26.8	26.9	31.3
CLEAR-SKY ALBEDO :	13.4	13.5	13.6	13.5	13.4	13.5	8.8

Anmerkung für KT97 wurde die CLEAR-SKY ALBEDO mit 30 W/m²/342 W/m² = 8.8 % bestimmt.

Das Modell KT97 mit FIG. 7 berücksichtigt mit drei (*SHORTWAVE RADIATION, LONGWAVE RADIATION* und *LONGWAVE CLOUD FORCING*) von neun Strahlungsmesswerten etwa die Hälfte der von der Erde in Richtung Orbit abgegebenen und dann vom Satelliten gemessenen Energie zu 53 % (372/697x100). Betrachtet man die gemessene Strahlungsenergie mathematisch als Betrag, also vorzeichenlos (siehe Kap. 5.3 und 5.11.1), dann bildet KT97 weniger als die Hälfte 45 % (372/829) ab. Zählt man die zwei Albedos in % auch als Messwerte, dann verwendet KT97 fünf von 11 Messwertreihen, also knapp die Hälfte der gefunkten Satellitenmesswerte.

Wenn von der Sonne nur 66 W/m² in KT97 für 390 W/m² Wärmewirkung bzw. 14.8 °C vorhanden sind, fehlen genau 324 W/m² (390-66) und diese entsprechen ziemlich genau den 324.8 W/m² (696.8 W/m²-372 W/m²) der fehlenden 6 Messwerte aus 11 Messwerten (Kap 1.14 „Validierung von physikalischen Rechenmodellen").

Kiehl und Trennberth haben die langjährig vom Satelliten gemessene, aber in ihrem Modell nicht abgebildete Leistung von 324.8 W/m² ersetzt, in dem sie stattdessen eine nicht messbare Gegenstrahlung von 324 W/m² proklamieren.

Im Modell KT97 wirken für 14.8 °C globale Erdmitteltemperatur für das Jahr 1990 390 W/m² erwärmend. Die Wärmewirkung von 390 W/m² wird durch die direkte, unmittelbare Sonneneinstrahlung zu ca. 17 %

(66 W/m²/390 W/m²x100) generiert und indirekt durch Wärmewirkung unsymmetrischer Moleküle zu ca. 83 % (324 W/m²/390 W/m²x100). Die temperaturerhöhende Wirkung von unsymmetrischen Gasen, die es in physikalischen Versuchen in bescheidenem Umfang gibt- ja CO_2 strahlt wirklich-, wird nach Meinung des Autors bei einem Treibhauseffekt von 33 °C in falscher Weise erheblich, nämlich in KT97 um den Faktor 4,9 (83/17), übergewichtet.

4.1.4   Absenkung der Feuchtigkeit im Einsäulen-Labormodell

Man hat die Feuchtigkeit der US-Standard-Atmosphäre von 1976 um 12 % reduziert. Man nimmt in der Zusammensetzung um 12 % weniger H_2O-Moleküle. Somit übergewichtet man aber alle anderen Moleküle. Die ist geschuldet, um den „... mean clear sky outgoing longwave flux of nearly 265 W/m²..." anzupassen an das „... 1976 profile in the narrowband model yields a flux of 262 W/m²...“[65] mit 262 W/m² des Einsäulen-Labormodells.

4.1.5   *Clear sky outgoing longwave flux* von 265 W/m² und ERBE-Satellitenmessung

Im Text KT97 ist zu lesen: „**The ERBE data imply a global mean clear sky outgoing longwave flux of nearly 265 W/m².".** [66] Dies passt wiederum nicht um ca. 11 W/m² zu den veröffentlichten Satellitendaten von 276 W/m² ERBS Satellit[67]. Der Unterschied von 11 W/m² macht einen Unterschied von ca. 2,2 °C für die globale Mitteltemperatur aus. Diese wird auf **zehntel Grad – entspricht bei 15 °C 0,5 W/m²** – zum Beispiel bei Klimazielen angegeben, wofür diese Studie eine zentrale Grundlage ist (Aufnahme mit FIG. 7 in mehrere IPCC-Berichte). 265 W/m² sind jedoch **nicht** belastbar (vgl. Kapitel 2.3 „NOAA-9-Satellit").

4.1.6   Auswirkung von 265 W/m² als falscher Referenzwert auf die CO_2-Konzentration

Wenn man für 3 W/m² Strahlungsanpassung bereits 12 % der H_2O-Moleküle entfernt, wie viele H_2O-Moleküle müsste man entfernen, um von 276 W/m² auf 262 W/m² (Laborwert) zu kommen, ein linearer Zusammenhang sei unterstellt: (276 - 262)/3 x 12 % = 56 %. Ist das der Grund, warum nicht 276 W/m² der Satellitenmessung, sondern **nur 265 W/m² als Referenzwert** genau an dieser Stelle angegeben werden? Dieser ERBE-Referenzwert ist aber nicht belastbar. Der englische Gelehrte Charles Babbage hatte Kriterien aufgestellt, die wissenschaftlichem Arbeiten widersprechen. Der Leser soll sich sein eigenes Urteil bilden. CO_2 wurde für Laborversuche mit 353 ppm, dem Wert von 1990, zugrunde gelegt.[68] Bei 56 % Erhöhung, um 276 W/m² den Satellitenmesswert zu erreichen, ein linearer Zusammenhang sei wieder unterstellt, müsste die CO_2-Konzentration 1,56 x 353 = 551 ppm betragen. Druck, Volumen und Temperatur der Labormessung sollen sich nicht ändern. Hintergrund: Bei gleicher Temperatur und gleichem Druck enthalten gleiche Volumina verschiedener Gase gleich viele Moleküle (Gesetz von Avogadro).[69]

4.1.7   Luftdruck im Einsäulen-Labormodell

Für das Profil der Laboratmosphäre wurde von der U.S.-Standard-Atmosphäre 1976 die vertikale Verteilung von Temperatur, Wasserdampf und Ozon herangezogen. Gase mit einem Anteil von unter 1 W/m² Strahlungsanteil wurden weggelassen. Für Methan und CO_2 wurde die Konzentration von 1990 zugrunde gelegt. Die Luftdruckverteilung über die Höhe wurde oder konnte nicht berücksichtigt werden.

---

65 KT97, S. 200 linke Spalte, letzter Absatz.

66 KT97, S. 200 b, 3. Absatz.

67 CEDA, Centre for Environmental Data Analysis UK, Werte siehe im Kapitel 2.2 Vorstellung des Satellitenexperimentes.
68 KT97, S. 200, linke Spalte 2. Abschnitt.

69 Dobrinski, K., V., Physik für Ingenieure, 2.2.3 Gase, S. 154.

4.1.8 Berechnung des atmosphärischen Fensters

Zum atmosphärischen Fenster mit 40 W/m²: „The value assigned in FIG.7. of 40 W/m² is simply 38 % of clear sky case, corresponding to the observed cloudness of about 62 %."[70] Für den Fall klarer Himmel (clear sky case) wird das atmosphärische Fenster mit 99 W/m² [71] angegeben. Für den bewölkten Fall „cloudy case" sinkt der Wert auf 80 W/m². 80 W/m² sind die minimale untere Grenze. Sie errechnen sich aus der Planckverteilung der Strahlung. 38 % klarer Himmel entsprechen 62 % bedecktem Himmel.

Ein zu 38 % klarer Himmel befindet sich zwischen klarem und bedecktem Himmel.

		in W/m²
100 % klarer Himmel:		99
zu 38 % klarer Himmel:	80 + 38/100 x 19	87.2
0 % klar = bedeckter Himmel:		80

Setzt man den bedeckten Himmel zu 0 W/m²

100 % klarer Himmel:		99
zu 38 % klarer Himmel:	0 + 38/100 x 99	37.6
0 % klar = bedeckter Himmel:		**0**

Statt 37.6 W/m² werden 40 W/m² „simply" dem atmosphärischen Fenster zugewiesen. Dies ist aber rechnerisch nur möglich, wenn der bedeckte Himmel mit 0 W/m² Strahlung im Fenster angesetzt wird. Der bedeckte Himmel hat aber 80 W/m² und   nicht 0. Das ist ein **Rechenfehler bei der Interpolation**. Bei bedecktem Himmel gäbe es dann kein atmosphärisches Fenster. Dies ist physikalisch falsch.

Was würde in der Gleichung a mit SH = 24 und LH = 78 in Kapitel 2.3 passieren?

24 + 78 + 66	= 168	(a1)	
24 + 78 + 26 + 40	= 168	mit 40 W/m² atmos. Fenster	

zum Beispiel

13 + 49 + 26 + 80	= 168	mit 80 W/m² atmos. Fenster
oder		
20 + 68 + 0 + 80	= 168	mit 80 W/m² atmos. Fenster

Damit verändern sich plötzlich die Werte für SH und LH! **Das bedeutet, den Wert von SH=24 W/m² und LH=78 W/m² gibt es nur mit obigem Rechenfehler bei der Interpolation.**

4.1.9 Auswirkung im Modell von KT97 mit dem Satellitenmesswert Albedo = 0.27 statt des aus Energiebilanzschätzungen stammenden Wertes Albedo = 0.31

Die Erwähnung des Satelliten-**Messwerts der Albedo, 26.9/100** (Bandbreite 26.8 % bis 27.1 %, Kap. 2.2), hätte man in der Studie KT97 erwartet. Dieser Wert, der über fünf Jahre fast den Anschein einer Konstanten für unser gegenwärtiges Klima hat, **Streuung weniger als drei Tausendstel**, 3 = (0.271 - 0.268) x 1000, aus fünf Jahren täglicher ERBE-Erdbeobachtung von ERBS-Satellit oder von NOAA-Satelliten, findet **in KT97 keine einzige**

---

[70] KT97, S. 206, 1. Abschnitt.

[71] KT97, S. 205, Kap. 5, 2. Absatz, letzte Zeile.

Erwähnung, obwohl sich KT97 auf ERBE-Satellitendaten im Vergleich stützt. Der englische Gelehrte Charles Babbage hatte Kriterien aufgestellt, die wissenschaftlichem Arbeiten widersprechen, z. B. **Cooking** (Kap. 1.13). Der Leser möchte sich sein eigenes Urteil bilden. Die Albedo von 0,31 bei KT97 wird aus ganz anderen Studien genommen, die lediglich auf Energiebilanz**schätzungen**[72] beruhen, obwohl Messwerte vorliegen!

4.1.10 Welche Durchschnittstemperatur errechnet sich mit dem Modell von K. und T. mit einer Albedo von 0.27 unter sonst gleichen Bedingungen?

24 W/m²	Sensible Heat
78 W/m²	Latent Heat
67 W/m²	Absorption durch die Atmosphäre (Absorbed by Atmosphere)
324 W/m²	Gegenstrahlung (Back Radiation)
405 W/m²	Langwellige Abstrahlung der Erde (Surface Radiation)
250 W/m²	Langwellige Abstrahlung der Atmosphäre (Outgoing Longwave Radiation)

Zahlen in W/m²:

Reflection by Surface and Clouds = 92 = 342 x 0.27;   342 − 92 = 250

Absorbed by Surface = 183 = 342 − 67 − 92;   Back Radiation = 324;   183 − 24 − 78 = 81

Surface Radiation = 405 = 81 + 324 und Outgoing Longwave = 250 = 405 − 324 + 24 + 78 + 67

Oder Outgoing Longwave Radiation:

250 W/m² = 405 W/m² − 324 W/m² + 24 W/m² + 78 W/m² + 67 W/m²

$$T = \sqrt[4]{\left[\frac{405\,\frac{W}{m^2}}{5{,}67040 \; x \; 10^{\,8}\,\frac{W}{m^2}}\right]} \; K - 273.15\,K = \mathbf{17.6\ \textit{Grad Celsius}}\ \textit{für}\ 1990$$

Die bereits erwähnte Mittel-Temperatur für 1990 soll aber ca. 14,1 °C[73] betragen haben und nicht 17,6 °C. Bei Verwendung des Satellitenmesswertes, Albedo von 0.27, errechnet also das Modell mit Treibhauseffekt unter Einbeziehung einer Gegenstrahlung von 324 W/m² eine globale Mittel-Temperatur von 17,6 °C. Die muss falsch sein, wenn man unterstellt, dass die Mitteltemperatur der Erde tatsächlich bei 14,1 °C gelegen hat, wofür es allerdings kaum Messdaten gibt.

Der Satellitenmesswert führt, wenn 324 W/m² als Gegenstrahlung stimmen sollten, zu einer ganz anderen Oberflächentemperatur von 17.6 °C. Außerdem würde das Pariser-1,5/2-Grad Temperaturziel bereits für 1990 ad absurdum geführt sein. Der Albedo-Satellitenmesswert von 0.27 hat erhebliche Auswirkung und führt letztlich zu einem ganz anderen Bilanzmodell.

4.1.11 Vergleich von Differenz-Temperatur und Absolut-Temperatur

Eine Vorbemerkung zu lasergestützten Messverfahren:

---

72 KT97, S. 199 TABLE 1.

73 Prof. S. Rahmstorf und Prof. H.J. Schellnhuber, Der Klimawandel, München, 7 Auflage 2012, ISBN 978-3-406-63385-0, S.37, Abb. 2.3

Was früher im Vermessungswesen Tachymeter- (Entfernung) und Theodolit- (Winkel) Messungen waren, ist heute den kombinierten computergestützten Messverfahren einer Totalstation gewichen. Die Positionierung z. B. in einem historischen Kirchenraum oder vor einer Fassade zur Erstellung von 3D-Bauplänen durch automatisches Abtasten der Oberfläche ist allseits bekannt. Hier reicht die geringe Genauigkeit von einem Millimeter auf 200 m Entfernung völlig aus. Im Tunnelbau dagegen werden erheblich höhere Anforderungen gestellt: 2019 erreichten hier Totalstationen auf 3.500 m Entfernung eine Genauigkeit von 0.6 mm[74]. 2020 sind es bereits 0.5 mm mit einer Streuung von 1 ppm. Bei einer Million Messungen wird einmal die Genauigkeit von 0.5 mm auf 3.5 Km Entfernung nicht erreicht. Geht die rasante technische Verbesserung weiter so voran, wird man in wenigen Jahren auch noch 0.3 mm auf 3.500 m mit 1 ppm Streuung erreichen.

Differenzmessungen von Temperaturen (als B bezeichnet) stammen selbst stets aus Absolut-Messungen durch Thermometermessungen (als A bezeichnet) beispielsweise mit 0 °C als festem Bezugspunkt. Es ist von der Einheit, wie °C, Fahrenheit, Kelvin, Rankine oder Réaumur[75], natürlich unabhängig. Beim Übergang von A nach B treten statistisch Informationsverluste auf. Die Differenzmessung der Temperatur kann daher nicht genauer sein als die Absolut-Messung des Thermometers. Auch hohe statistische Korrelationen von Kurven im Allgemeinen lassen keinen Rückschluss auf die Amplituden zu. [76] Durch den Informationsverlust entsteht eine Art zusätzlicher Freiheitsgrad. In Gegensatz dazu, **kann** bei Entfernungsmessung die Differenzmessung genauer sein als die Absolut-Messung, **muss aber nicht. 1.** Es ist deshalb nicht möglich, die Entfernungsdifferenzmessung mit der Temperaturdifferenzmessung zu vergleichen oder sie auf diese zu übertragen. **2.** Die Aussage, die Differenzmessung ist stets genauer als die Absolut-Messung, gilt nicht einmal uneingeschränkt innerhalb der Entfernungsdifferenzmessung, da die Genauigkeit hierin **stets** vom verwendeten Messgerät und Messverfahren abhängig ist. Beispiel: Man positioniert einen Hochleistungslaser (Es muss hierzu nicht das Lunar-Laser-Ranging Erde-Mond-Erde sein. Ein einfacherer reicht auch.) im Bereich der Fußplatte (fester Bezugspunkt) des Eifelturms und misst Ober- und Unterkante eines beliebigen Stahlträgers. Man misst von Ober- zur Unterkante des gleichen Trägers mit einem Maßband. Die Differenzmessung wird stets ungenauer sein als die Absolut-Messung. **3.** Es gelten für alle Arten von Messungen zusätzlich die Fehlerfortpflanzungsgesetze. Der Ingenieur Willis Eschenbach zeigt, dass unterschiedliche Verläufe von Differenztemperaturen (Anomalien) in statistischen Auswertungen (selbst bei hohen Korrelationen) offenlassen, ob diese selbst ihrem Temperaturtrend ähnlich sind: „Hansen and Lebedeff[77] were correct that the annual temperature datasets of widely seperated temperature stations tend to be well correlated. **However, they were incorrect in thinking that this applies to the trends of well correlated temperature datasets. Their trends may not be similar at all.**" [78] [Hervorhebungen hinzugefügt] Es ist von A (Absolut-Messungen) nach B (Differenzmessungen von Temperaturen) statistisch Information verlorengegangen und damit ein Freiheitsgrad entstanden. Eschenbach beweist dies darin, dass der Trend der Temperaturanomalien beliebig sein kann. In welche Richtung sich jetzt der Mittelwert bewegte, dazu konnte im Nachgang keine Aussage mehr getroffen werden. Der Mittelwert konnte steigen oder fallen. Eine gesicherte Aussage von B nach A ist nicht möglich. Dies weist Eschenbach zweifelsfrei nach. Nicht mehr und

---

74 Leica Geosystems-Totalstationen, Leica Nova TM50 und Leica Nova TS60 (nach Herstellerangaben).

75 Bei der Einheit Réaumur (keine SI- Einheit, vielmehr historisch) sind die festen Bezugspunkte ebenfalls der Schmelzpunkt von Eis 0 °Ré und der Phasenübergang des Wassers in Dampf bei 1013,25 hPa. Für 1 °Ré wurden aber diese beiden Bezugspunkte auf einer Skala nun durch 80 geteilt.

76 Beispiel für Informationsverlust: Prof. Rahmstorf in Antworten auf Leserzuschriften: „Zweitens lässt sich diese Empfindlichkeit (und die Stärke einer Wirkung) prinzipiell nicht aus einer Korrelation ableiten, **da Korrelationen unabhängig von der Amplitude sind.**" [Hervorhebung hinzugefügt] https://www.pik-potsdamm.de/~stefan/leser_antworten.html. Stand vom 28.06.20.

77 Hansen, James Lebedeff, Sergej, 1987, Global Trends of Measured Surface Air Temperature. JOURNAL OF GEOPHYSICAL RESEARCH 92:13345 13373.

78 Willis Eschenbach, 2010, GISScapades, https://whattsupwiththat.com/2010/03/25/giscapades/#more-17728,Figure 5. und 6.

nicht weniger. Übertragen und anders formuliert, folgt: **Eine 1.5/2-Grad-Begrenzung der Pariser Übereinkunft lässt daher keinen Schluss auf die zukünftigen Entwicklungen der Globaltemperatur aus Betrachtung von Differenzmessungen zu. Damit ist die bewusste Beeinflussung, die Temperatur kontrollieren zu wollen, aus genannten statistischen Gründen dem Menschen nicht nur entzogen. Es ist statistisch nicht möglich.** Darüber hinaus zeigt es, wie schlecht Peer-Review -Studien sein können.

4.1.12 Globaltemperatur für die Jahre 1985, 1987, 1990 und 2018

Mit diesem Ergebnis errechnet sich eine globale Erdmitteltemperatur von 17,6 °C. Vergleicht man diese 17,6 °C mit den Werten in „Der Klimawandel", 7. Auflage[79] (Abb. 2.3 „Verlauf der global gemittelten Temperaturen 1850–2010, gemessen von **Wetterstationen [Thermometer]**)":

global gemittelte Temp. für das Jahr **1990: 14.1 °C** aus Wetterstationen 1850-2010:
global gemittelte Temp. für das Jahr 1850: 13.6 °C aus Wetterstationen 1850-2010:
Vergleicht man diese 17,6 °C mit den Werten in „Der Klimawandel", 8. Auflage[80] (Abb. 2.3 „Verlauf der global gemittelten Temperaturen 1880-2017, gemessen von Wetterstationen und Satelliten)", sind nun stattdessen Temperaturabweichungen angegeben, bezogen auf eine Nulllinie.

Nulllinie der Temperaturabweichung	1900	: 0.0 °C
Temperaturabweichung	1985	: +0.5 °C
Temperaturabweichung	1990	: +0.6 °C
Temperaturabweichung	2018	: +1.2 °C

Damit entsprechen 13.6 °C in Abb. 2.3 in der **7. Auflage von 2012** der Nulllinie in Abb. 2.3 der **8. Auflage von 2018**. Die auf den Stand von 2018 geänderte Globaltemperatur für das Jahr 1990 errechnet sich somit zu:

global Temp. für das Jahr **1985:** 13.6 °C + 0.5 °C = **14.1 °C** aus Wetterstationen und Satelliten:
14.1 °C = √√ (386.1 W/m² / 5,67040 /1E⁻8 *W/m²*) K − 273.15 K, (386.06 W/m²)
global Temp. für das Jahr **1987:** 13.6 °C + 0.5 °C = **14.15 °C** aus Wetterstationen und Satelliten:
14.1 °C = √√ (386.3 W/m² / 5,67040 /1E⁻8 *W/m²*) K − 273.15 K
global Temp. für das Jahr **1990:** 13.6 °C + 0.6 °C = **14.2 °C** aus Wetterstationen und Satelliten:
14.2 °C = √√ (**386.6 W/m²** / 5,67040 /1E⁻8 *W/m²*) K − 273.15 K
global Temp. für das Jahr **2018:** 13.6 °C + 1.2 °C = **14.8 °C** aus Wetterstationen und Satelliten:
14.8 °C = √√ (390 W/m² / 5,67040 /1E⁻8 *W/m²*) K − 273.15 K

Anmerkung:
In „Der Klimawandel" von Rahmstorf und Schellnhuber, **7. Auflage, 2012,** wird auf Seite 38, 2. Absatz, genau erklärt, welche Probleme bei Satellitenmessungen bei der Bestimmung von oberflächennahen Temperaturen auftreten. Diese Messreihen beginnen erst Ende der 1970er Jahre. „Um die Lufttemperatur zu bestimmen, nutzt man dabei die von den Sauerstoffmolekülen der Luft abgegebene Mikrowellenstrahlung (sog. MSU-Daten). Allerdings kann man so **nicht** die für uns Menschen vor allem interessante oberflächennahen Temperaturen bestimmen, da der Satellit Strahlung aus der ganzen Luftsäule misst [...] Die Interpretation der Satellitendaten ist daher schwierig."[81] [Hervorhebung hinzugefügt]

Was bedeutet dies?

---

[79] S. Rahmstorf und H. J. Schellnhuber, Der Klimawandel, München, **7. Auflage 2012**, S. 37 Abb. 2.3.
[80] S. Rahmstorf und H. J. Schellnhuber, Der Klimawandel, München, **8. Auflage 2018**, S. 36 Abb. 2.3.
[81] S. Rahmstorf und H. J. Schellnhuber, Der Klimawandel, München, **7. Auflage 2012**, S. 38.

1990 ist das Referenzjahr zur Einsparung der Treibhausemissionen (Umweltbundesamt Internetauftritt, Treibhausemissionen in Deutschland, Stand vom 25.04.2019). Die CO_2-Einsparung soll die Erderwärmung, 2 °C-Ziel, begrenzen. **Unter sonst gleichen Werten errechnet sich bei KT97 mit dem Satelliten-Albedo-Messwert von 0.27 eine um 3,4 °C (17,6 – 14.2) höhere globale Durchschnittstemperatur, nämlich 17,6 °C, bezogen auf 1990 mit 353 ppm CO_2.**[82]

4.1.13 Kritikpunkt 1, 2 und 3

Kritikpunkt 1

Der Satellitenmesswert der Albedo 26.9/100 (Bandbreite 26.8 % bis 27.1 %), Streuung weniger als drei Tausendstel aus fünf Jahren täglicher ERBS-Erdbeobachtung oder Albedo-Wert der NOAA-Reihe, findet in der gesamten Studie KT97 keine ansatzweise Erwähnung, obwohl sich KT97 auf ERBE-Satellitendaten im Vergleich stützt (vgl. 1.12).

Sind die Messwerte der Albedo vom Satellit 0,27 und die global gemessene Thermometer-Temperatur von Wetterstationen 14,2 °C für 1990 richtig und das Labormodell KT97 würde die Erde richtig abbilden, dann müsste das Labormodell eine Messwerttemperatur von ebenfalls 14,2 °C erzeugen. Wenn es aber eine um etwa 3,4 °C zu hohe globale Durchschnittstemperatur von 17,6 °C errechnet, dann ist etwas am Modell KT97 falsch: entweder an den übrigen eingegangenen Schätzwerten oder an der Modellstruktur KT97 oder an beidem.

Kritikpunkt 2

Die Studie KT97 gibt für die ERBE-Daten der *Global Mean Clear Sky Outgoing Longwave Flux* mit 265 W/m² einen falschen Wert an (vgl. 2.3 und 1.12). Der ERBS-Wert beträgt 276 W/m². Die Differenz zum Laborvergleichswert von 262 W/m² der U.S.-Standard-Atmosphäre beträgt damit statt 3 W/m² nun 14 W/m². Wie oben gezeigt, müsste die Feuchtigkeit statt 12 % um 56 % reduziert werden. Eine Entfernung von 56 % der H_2O-Moleküle bedeutet eine Übergewichtung der anderen Moleküle (Gesetz von Avogadro). Damit müsste der CO_2-Gehalt des Einsäulen-Modells von 353 ppm auf 551 ppm erhöht werden (551 ppm = 1.56 x 353 ppm). Dies bedeutet, 551 ppm liefern 14,8 °C. Oder diese Laboratmosphäre ist so nicht auf unsere echte Erdatmosphäre übertragbar. 276 W/m² können durch die gewählte ¼ Strahlungsverteilung und damit durch die 235 W/m² Modellbegrenzung nicht dargestellt werden. Es fehlen danach im Modell KT97 41 W/m² (276 W/m²-235 W/m²). **Kiehl und Trenberth benutzen nur die Hälfte der vorhandenen langjährigen Satellitenmesswerte und bilden damit auch nur die Hälfte der von der Erde in das Orbit abgestrahlten und vom Satelliten gemessenen Strahlungsleistungen in W/m² ab. Somit wird in KT97 eine unvollständige Modellierung die Ursache der Gegenstrahlung von 324 W/m².**

Anmerkung:
In „Earth`s Global Energy Budget" von 2009 beschäftigen sich Trenberth, Fasullo und Kiehl mit Fehlerabschätzung ihres Modells KT97 auf Basis von Satellitenmessungen und mit anderen Studien. „They estimate, based on comparisons with ERBE,…,that the errors are of the order of 5-10 W m⁻² at TOA and 10-15 W m⁻² at the surface".[83] Auf die obigen im Modell fehlende, aber von ERBE gemessenen um 41 W/m² höhere Abstrahlung von der Erde wird nirgends eingegangen.

---

[82] KT97, S. 200, b. 2. Absatz.
[83] Trenberth, Fasullo, Kiehl, 2009, Earth`s Global Energy Budget in American Meteorological Society, DOI:10.1175/2008BAMS2634.I, S.313, rechte Spalte, 2 Absatz, 4 Satz.

Kritikpunkt 3

Der Strahlungswert des atmosphärischen Fensters für 38 % klarer Himmel beträgt 87.2 W/m² und nicht 40 W/m² – ein Interpolationsfehler. 80 W/m² sind die untere Grenze für das atmosphärische Fenster bei bedecktem Himmel. Rechnet man mit dem richtigen Wert von 80 W/m², dann stimmen SH = 24 W/m² und LH = 78 W/m² nicht.

4.2   Verteilung der Einstrahlung und Kritikpunkt 4

In der Studie von K. und T. wird als Solarkonstante 1367 W/m² und die auf die Erde ankommende einstrahlende Energieflussdichte oder Leistung mit 342 W/m² [84] angesetzt. Dahinter steckt folgende Idee eines Strahlungsgleichgewichts in der Modellbildung: Die Sonne strahlt auf die Erde in jeder Sekunde 1.367 W/m². Die Sonnenstrahlen erreichen die Erde auf einer Kreisfläche mit dem Erdradius R, Fläche dieses Kreis A = R² x Pi. Die Erde rotiert und hat eine Tag- und Nachtseite. Die Atmosphäre befindet sich auf der gesamten Kugel. Die Sonnenstrahlen durchdringen die ganze Atmosphäre einmal in 24 h und 1.367 W/m² sind der Jahresdurchschnitt der eintreffenden solaren Einstrahlung. Deshalb wird angenommen, die eintreffende Sonnenstrahlung nun auf die atmosphärische Kugeloberfläche S mit dem Erdradius R verteilen zu können - mit S = 4 x R² x PI.

ankommende Sonnenstrahlung x A   = auf der Erdoberfläche auftreffende Strahlung x S   **(GL.1)**

auf der Erdoberfläche auftreffende Strahlung   = ankommende Sonnenstrahlung x A / S

oder von der Sonne ausgehend betrachtet und mit A/S = ¼

ankommende Sonnenstrahlung / 4   = auf der Erdoberfläche auftreffende Strahlung   **(GL.2)**

1.367 (W/m²)   / 4   = 342 (W/m²), (exakt 341.75 W/m², auf ganze Zahl gerundet 342 in KT97 FIG.7.)

Die in einem Kreis mit Erddurchmesser auf die Erdkugel einstrahlende Sonne war demnach aufgrund ihrer täglichen Rotation und wegen des Flächenfaktors Kugel zur Kreisfläche von 4:1 auf die Erdkugeloberfläche gleichmäßig verteilt worden. Mittlere Abstrahlung 235 W/m² und mittlere Reflektion 107 W/m² erfolgen auf der gesamten Kugeloberfläche, auf 360 Grad und werden mit der Einstrahlung 342 W/m² auf der gesamten Kugeloberfläche, wieder auf 360 Grad, in der Leistungsbilanz miteinander gleichgesetzt. Diese Beziehung gilt für das Jahr, den Tag **und für T gegen Null, also im Augenblick der Einstrahlung.**

Erläuterung: Die solar eingestrahlte Leistung, auch Solarkonstante TSI genannt, trifft mit 1.367 W/m² nur am Zenit senkrecht auf die Erdoberfläche. Zu den Polen hin wird der Einfallwinkel nach dem Cosinus des Winkels kleiner. Dieselbe   Leistung bestrahlt also mit größer werdender Entfernung zum Äquator, also größerem Breitengrad, eine immer größer werdende Fläche. Damit sinkt die Einstrahlleistung je m² und damit über die Erwärmung auch die langwellige Abstrahlungsleistung pro m² der Erde. Diese misst der Satellit auf seiner Bahn stets senkrecht zur Erde. Diesen Effekt der sinkenden Global Mean Longwave Radiation and clear Sky Longwave Radiation vom Äquator in Richtung Pole bestätigen auch die Satellitenmessungen gemäß CEDA.

---

84 KT97, S. 199, rechte Spalte, letzter Satz.

Kritikpunkt 4

Die Strahlungsverteilung aus (GL.2) ist in der Formel selbst unabhängig von Radius und Rotationsgeschwindigkeit. Halten wir nun gedanklich den Erdkörper fest. Die Solareinstrahlung erfolgt nur am Tag zu 100 %. Für T gegen Null: **Im Augenblick wird nur die halbe Kugeloberfläche bestrahlt.** Es sei die Erde im Augenblick gedanklich festgehalten, so wird die aus der Solarstrahlung errechnete Einstrahlung auf der beschienenen Tagseite **zu gering** errechnet, da der andere Einstrahlungsanteil im Modell rechnerisch ja auch die kalte dunkle Nachtseite mitbestrahlt.

Jetzt betrachten wir die Erde nur einen Sekundenbruchteil lang: Die Sonneneinstrahlung kommt mit Lichtgeschwindigkeit. Was passiert in diesem Sekundenbruchteil? Man kann sich dieses **Modell von Kiehl und Trenberth** auch wie folgt vorstellen: Wenn in Bordeaux, geograf. Breite 44, geograf. Länge -0, tagsüber die Sonne scheint und man sticht mit einer Nadel durch die Erdachse, dann scheint zeitgleich auch in Neuseeland Christchurch, geograf. Breite 43, geograf. Länge 172, ebenfalls die Sonne. In Wirklichkeit ist aber dort zur exakt gleichen Sekunde Nacht. **Dies gilt für jeden Punkt auf der Erde** und für jeden Sekundenbruchteil (1 Watt = 1 Joule/1 sec und 342 Watt = 342 Joule/1 sec).

4.3 Betrachtung als Schwarzkörper und Anwendung Stefan-Boltzmann-Formel sowie Kritikpunkte 5 und 6

Kritikpunkt 5

Der ideale von Strahlung angeregte Schwarzkörper (1.10) wird nicht halbseitig bestrahlt. Im Gegenteil: Es ist eine physikalische Notwendigkeit, dass dieser **permanent ohne Unterbrechung und ohne Zwischenabkühlung** bestrahlt wird. Das Strahlungsgleichgewicht von Ein- und Ausstrahlung darf auf **keinen Fall** unterbrochen werden. Gerade Tag- und Nachtseite des Erdkörpers bewirken dagegen den ständigen Wechsel von Aufheizen und Abkühlen. Das hier so gewählte Modell entspricht überhaupt nicht dem Modell des Schwarzkörpers, es widerspricht diesem vielmehr zu 100 %.

Wenn das diesem Modell widerspricht, darf man konsequenterweise auch nicht die physikalische Formel von Stefan-Boltzmann verwenden und man darf damit auch keine Temperatur ausrechnen. Oder anders formuliert: **Die mathematische Zahl in °C ist bei dieser Vorgehensweise dann ohne physikalische Aussagekraft.**

Anmerkung

*Die obige Aufteilung in (Gl.1) kann man auch als Gleichgewichtsbetrachtung deuten. Größere Bestrahlungsstärke mal kleinere Fläche ist gleich kleinere Bestrahlungsstärke mal größere Fläche. Die solare Einstrahlung ist ein Bündel Sonnenstrahlen. Wie könnte man Sonnenstrahlung oder Strahlung grafisch darstellen? Man könnte sich Linien oder Pfeile vorstellen. Wie könnte man eine Gleichgewichtsbetrachtung grafisch darstellen? Eine austarierte Waage mit zwei Waagschalen wäre denkbar. Jetzt stellen wir uns vor, die Pfeile der Sonnenstrahlen zeigen nach unten gerichtet auf die Schalen und beschweren diese wie eine Flächenlast. Stellt man sich nun vor, der Strahlungsdruck auf die Schale drückt wie eine Flächenlast auf die Schale, ergäbe sich eine Kraft (Kraft/m² mal m² = Kraft). Kräfte werden in der Physik mit Pfeilen dargestellt. Die Analogie der Gewichtskraft ist in dem gedanklichen Bild der Pfeil, der nur ein Symbol für die Bestrahlstärke (Leistung) ist und der Strahlung bleibt! Das Verschmieren der physikalischen Aussage durch **die Eingängigkeit der optischen Erfassung in der grafischen Darstellung führt leicht dazu, Strahlung mit Kraft zu verwechseln.** Man rechnet wie mit physikalischen Kräften. Im Modell hat die Strahlung eine Richtung und eine Kraft ist ebenfalls eine gerichtete Größe. (Es ist vergleichbar mit einem Tensor erster Stufe.) Das Vorzeichen gibt hier die Richtung an: + nach oben, - nach unten. Dies spielt mit, wenn man die Zahlenwerte von TABLE 2 und 1, KT97, in ein plakatives Schaubild gießt.*

+24 +78 + 390   - 324   = +168   siehe **(b1)** Kapitel 3.3 und FIG. 7 KT97

*Was ist der physikalische Unterschied zwischen Strahlung und Kraft, da dies für die schematische Darstellung und ihre Folgerungen wichtig ist? In einem System mit zwei gleich großen, entgegengerichteten Kräften heben sich die Kräfte auf. Das System bleibt in Ruhe. Ist eine Kraft der beiden größer als die andere, ziehen sie sich voneinander ab. Bsp. zur Kraft: Zwei gleichstarke Hirsche in der Paarungszeit drücken mit ihren Geweihen gegeneinander. Erst wenn beim Schwächeren die Kräfte schwinden, drückt ihn der Stärkere weg. Es gilt das Subtraktionsgesetz. Beispiel zur Strahlung: Sie gehen mit Streichhölzern und zwei Teelichtern in einen dunklen Keller. Sie stellen die Teelichter einen Meter voneinander mitten im Raum auf und schalten das Kellerlicht aus. Jetzt zünden Sie das erste Teelicht an. Die Flamme des Teelichtes ist die Energie – elektromagnetische Welle – und damit die Bestrahlungsstärke, ist gleich Energiefluss. **Strahlung breitet sich kugelförmig allseitig im Raum aus** (z. B. Reaktorstrahlung). Jetzt zünden Sie das zweite Teelicht an. Was passiert nicht? Es passiert nicht, dass sich das Licht der beiden Teelichter in der Verbindungslinie aufhebt und ein dunkler Bereich zwischen den Teelichtern entsteht. Man macht das Gleiche mit sechs Teelichtern, aufgeteilt in Gruppen zu zwei und vier Stück mit einem Meter Abstand. Die Gruppe der zwei Teelichter schwächt auch nicht das Licht der Gruppe mit vier Teelichtern. Es strahlen sechs Teelichter, der Raum wird mit der Energie der sechs Teelichter entsprechend hell.*

Wie man im Modell sieht, heben sich gleich große, aber entgegengerichtete Strahlungen in W/m² eben deshalb nicht auf, weil Strahlungen keine Kräfte sind. Wenn diese sich physikalisch nicht aufheben, dann ist es verboten, die mathematischen Rechenarten der Kraftrechnung (Vektorrechnung) für Strahlungsrechnung anzusetzen. Die Energie (Joule = Watt sec) als Produkt aus <u>flächenbezogener Strahlung</u> mal Fläche mal Zeit kann sich in verschiedene (Leistungs-) Formen aufspalten (z. B. *<u>Sensible Heat, Latent Heat, Radiation</u>*) mal Fläche mal Zeit. Deren Leistungsbeträge in W/m² kann man voneinander abziehen. Innerhalb der Form „Strahlung" können entgegengerichtete Strahlungen nicht voneinander subtrahiert werden.

Kritikpunkt 6

Weil die Pfeile in den Bildern nur Symbole für Strahlung sind und selbst keine Kräfte, können entgegengerichtete Strahlungen nicht mathematisch voneinander subtrahiert werden. Genau das macht man in Gleichung (b1) mathematisch mit der Gegenstrahlung. Man verletzt das Subtraktionsverbot für entgegengerichtete Strahlung. *Dies ist auch keine kleine Betragsgröße, die untergeordnet ist. Es ist eine Größenordnung, die der einstrahlenden Energie der Sonne entspricht.*
Wie oben am Beispiel der Hirsche angemerkt, heben sich zwei gleich große, aber entgegengesetzt wirkende Kräfte auf. Weil diese sich zu Null addieren, verändern sie ein im Gleichgewicht stehendes System nicht. Man kann auch physikalisch, mathematisch (Vektorrechnung) andersherum vorgehen. Man denke sich eine Null und spaltet diese in zwei gleich große, aber entgegengesetzte Kräfte auf, die auf der gleichen Wirkungslinie liegen.

4.4 Anregung der unsymmetrischen Gase und Kritikpunkt 7

Kiehl und Trenberth summieren die physikalisch maximal mögliche Anregbarkeit unsymmetrischer Gase der Atmosphäre über die Wellenlängen und ihre jeweilige Strahlung zu 155 W/m². Hierbei hatten sie die diskontinuierlichen stehenden Linien bzw. Bälkchen der Gase, die einfach miteinander grafisch verbunden worden waren, von der kontinuierlichen Planck Line der Festkörperabstrahlung der Erde bei durchschnittlich 15 °C abgezogen. Diskontinuierlich heißt aber, zwischen den stehenden Fingerprints bzw. stehenden Bälkchen findet keine Abstrahlung statt.
Die atmosphärischen, unsymmetrischen Gase werden in Vorstellung von K. und T. gedanklich von einer von unten kommenden Strahlung angeregt. Deshalb muss diese von unten wirkende Strahlung um 155 W/m² in der Atmosphäre größer sein als die langwellige Strahlung, die die Atmosphäre nach oben verlässt. Die 155 W/m² werden zur Atmosphäre verlassenden langwelligen Strahlung (*Outgoing Longwave Radiation*) von 235 W/m²

hinzugerechnet und ergeben somit 390 W/m² (TABLE .4. KT97). Diese 390 W/m² findet man auch im Schaubild FIG. 7. **Dass alle unsymmetrischen Gase zu 100 % angeregt werden, ist eine Hypothese.**

Ist diese von unten nach oben wirkende Strahlung vorhanden? Was ist nach oben wirkend vorhanden, wenn man den Weg der solaren Einstrahlung von der Sonne ausgehend auf die Erde verfolgt? Erst einmal ist am Boden das, was von der umgewandelten, nicht schon reflektierten Strahlung übrig ist, nämlich 168 W/m² in der linken Bildhälfte nach unten gerichtet. Dieser Strahlungsbetrag wird nach dem Auftreffen auf dem Boden gemäß 1. HS Thermodynamik (Kap. 1.6) umgewandelt in die Beträge von *Sensible Heat, Latent Heat* und in langwellige, nach oben gerichtete Strahlung: 168 W/m²-24 W/m²-78 W/m² = 66 W/m²

Da dies unterschiedliche Beträge umgewandelter Energieformen (Joule) bei Betrachtung der gleichen Zeiteinheit und Fläche sind als W/m² x m² x sec = Joule, darf hier das Minuszeichen stehen. Streng genommen müsste man die mathematische Schreibweise als Betrag verwenden:

$$|\,168\,| - |\,24\,| - |\,78\,| = |\,66\,| \qquad \text{(Einheit in W/m²)}$$

Damit stehen aber nur 66 W/m² für die Anregung nach oben zur Verfügung. Es gibt jedoch noch ein thermisches Fenster mit 40 W/m². Dieser Strahlungsanteil geht ungehindert, <u>ohne etwas</u> anzuregen, in den Weltraum. Deshalb heißt es thermisches Fenster. Damit verbleiben nur noch maximal 26 W/m², die von unten nach oben gerichtet den errechneten Maximalwert der Gase von 155 W/m² (*Total Longwave Radiative Forcing*) anregen könnten. Satm selbst ist kurzwellig und fällt für diese Betrachtung weg. Es fehlen immer noch 129 W/m² = 155 − 26 oder es können statt 100 % dann nur 17 % der unsymmetrischen Gase angeregt werden (0,17 = 26/155).

Kritikpunkt 7

Berücksichtigt man, dass das thermische Fenster nicht 40 W/m² sondern mindestens 80 W/m² beträgt (Kritikpunkt 3), ist keine Strahlung da, die überhaupt angeregt werden kann. Es wird aber mit 100 % Anregung der unsymmetrischen Moleküle gerechnet. Die Wärmewirkung, also 390 W/m², wird direkt durch die unmittelbare Sonneneinstrahlung zu ca. 17% generiert und indirekt durch Wärmewirkung unsymmetrische Moleküle zu ca. 83 %. Die temperaturerhöhende Wirkung von unsymmetrischen Gasen, mit den Faktor 4,9 (= 83/17) (über)gewichtet.

4.5 Absorptionsspektren von Festkörpern, Flüssigkeiten und mehratomigen Gasen

Bei einer Abkühlung emittieren Festkörper und Flüssigkeiten in Abhängigkeit ihrer Temperatur fast immer über alle Frequenzen.[85] Hierbei bildet sich ein kontinuierliches Linienspektrum über dem Frequenzbereich aus. Unsymmetrische, atmosphärische Gase können dagegen nur in diskreten, also bestimmten Frequenzen, angeregt werden. Damit gelangen sie auf ein höheres inneres Energieniveau. Bei der Strahlungsabkühlung emittieren diese Gase in exakt denselben diskreten Frequenzen und senken damit ihr inneres Energieniveau wieder ab. Der Abkühlvorgang bei Gasen kann aber auch durch Ausdehnung erfolgen. Ebenso können Gasmoleküle durch Stoßvorgänge Energieportionen an andere Moleküle abgeben, damit im Energieniveau sinken und hierbei abkühlen. **Unsymmetrische, mehratomige, atmosphärische Gase** wie das CO_2 können durch verschiedene Schwingungen einzelner Atome in einem für sie charakteristischen, diskreten, **diskontinuierlichen** Linienspektrum Strahlung (Energie) absorbieren und emittieren. **Hierbei bilden sich viele enge, diskret stehende Linien aus.** Einatomige Edelgase, wie z.B. atmosphärisches Argon, werden nicht gar nicht angeregt. Sie verhalten sich daher in dieser Hinsicht neutral. Durch die Erforschung des Verhaltens von Ozon in großen Höhen ist die

---

[85] Dobrinski, Krakau, Vogel, Physik für Ingenieure, 7. überarbeitete Auflage, Stuttgart, Teubner Verlag, ISBN 3-519-16501-5, Kap. 6.1.1.1., Emissionsspektren, S. 470.

vieratomige Molekülverbindung CLOOCL (Chlorine Peroxid) bekannt. In der molekular spektroskopischen Datenbasis HITRAN2012 wurde es untersucht. Im nachfolgenden Bild FIG.10. wird **das Prinzip** eines derartigen diskontinuierlichen Linienspektrums aus einzelnen, diskreten Linien mit Zwischenraum besonders gut sichtbar.

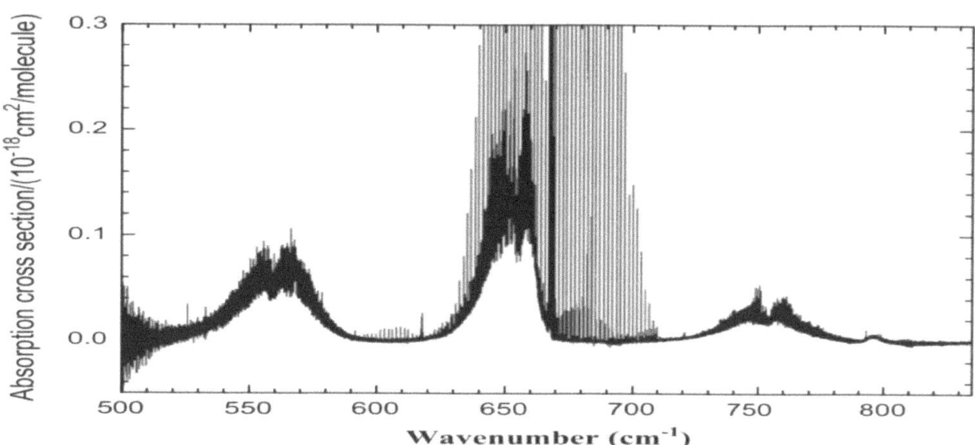

FIG. 10. Absobption cross sections of CLOOCL at 213 K and 20 hPa 86

Die Gase CO_2 und CH_4 zeigen, ähnlich wie CLOOCL, dass für alle Gase typische Spektrum, stehende Linien mit leerem, **nicht strahlendem** Zwischenraum.

4.6 Wie wird in KT97 die diskontinuierliche Abstrahlung unsymmetrischer, mehratomiger Moleküle, z.B. CO_2 und CH_4, behandelt?

Kiehl und Trenberth nutzen für ihr Einsäulen-Modell „...a single columm model to represent the average flux conditions of the atmosphere..."87 das normierte U.S. Standart Atmosphären Profil 1976. In diesem wird der Wasserdampfgehalt aber anschließend abgesenkt und dann erst werden weitere Modellierungen vorgenommen. **Ziel dieser Modellierungen ist: „To obtain the cloudy sky top-of-atmosphere flux of 235 W m^{-2} ..."88**

+15 °C entsprechen nach dem Stefan-Bolzmanngesetz 390 W/m² Abstrahlung des Erdbodens in Richtung Orbit. Dem gegenüber stehen 235 W/m² im Modell KT97 Abstrahlung (in FIG.7. in der rechten Bildhälfte). Sie entsprechen aber nur ca. -18 °C. Diese Temperaturdifferenz wird der Wirkung des Treibhauseffektes, gemessen in Grad oder Kelvin zugeschrieben. Die Strahlungsdifferenz aus 390 W/m² - 235 W/m² = 155 W/m² bezeichnet in KT97 den sog. Strahlungsantrieb der atmosphärischen, unsymmetrischen Moleküle, H_2O, CO_2 CH_4, etc.

Das Strahlungsgesetz von Planck beschreibt in mathematischer Form die Strahlungsleistung P in W/m² eines schwarzen Körpers als Funktionszusammenhang mit den Variablen Temperatur (Kelvin) und Wellenlänge (µm). Eine konstante Temperaturabstrahlung von z.B. +15 °C eines schwarzen Körpers kann umgekehrt als mathematischer Funktionsverlauf mit der Wellenlänge als Ordinate und der Leistung in W/(m²µm) auch grafisch dargestellt werden. Das Wien'sche Verschiebungs-Gesetz Lamda$_{max}$ (µm) = Wien'sche Konstante / Temperatur (K) beschreibt für einen solchen schwarzer Körper die Wellenlänge Lamda$_{max}$ seines Strahlungsmaximums. Bei -18 °C sind dies 11.4 µm und bei +15 °C 10.06 µm. **Kiehl und Trenberth fassen sowohl die Erde als auch deren unsymmetrische, atmosphärische Gase als schwarze Körper auf.** In FIG.1 KT97 war für obige unsymmetrischen Gase der Atmosphäre bei „cloudy conditions" das Wien'sche Maximum bei genau 11.4 µm angetragen und für

---

86 Rothman, Gordon, Babikv et al., 2012, The HITRAN2012 molekular spectroscopic database, Journal of, Quantitative Spectroscopy & Radiative Transfer 130 (2013) 4-50, Fig.10. S.36.
87 KT97, S.200, rechte Spalte Mitte.

88 KT97, S.200, rechte Spalte, 2 Satz.

die langwellige Oberflächenabstrahlung bei 10 µm. Unter dieser Modellannahme, einer Temperaturabstrahlung bei -18 °C, ist die Subtraktion beider Kurvenverläufe in FIG.2. KT97 dargestellt.

These:
Wenn, wie gezeigt, der Kurvenverlauf rein mathematisch nur durch die Annahme von -18 °C bedingt ist, muss dann mathematisch das Integral der Differenzkurze die oben errechneten 155 W/m² ergeben. -18 °C basieren aber ebenfalls auf der Modellverteilung ¼ der solaren Einstrahlung. Ober anders formuliert: Für diese Gase wird eine Temperatur von -18 °C unterstellt.

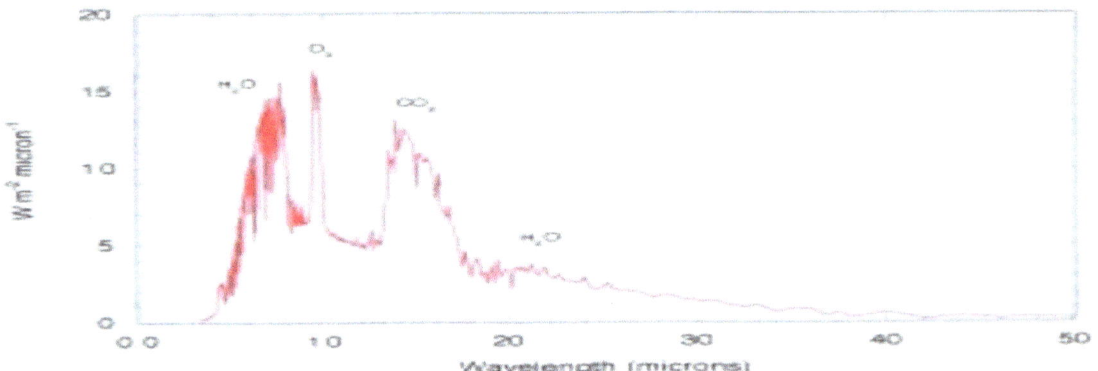

FIG. 2. The radiative forcing (W m⁻² µm⁻¹), difference between surface and top-of-atmosphere emission shown in Fig. 1. Various gas absorbers are denoted.

Bildnachweis KT97, FIG. 2. [89]

Wir integrieren, um die These zu bestätigen, grob grafisch die in FIG.2. dargestellte Linie als Flächenfunktion über den Wellenlängenverlauf in . W m⁻²µm ⁻¹ x µm = W/m². Die Fläche unter der Linie wurde mathematisch über vier Dreiecke mit den Höhen 7,8,10 und 10 und den Basen 35,3,1 und 3 zusammengesetzt (folgende erläuternde Handskizze auf Grundlage von FIG. 2).

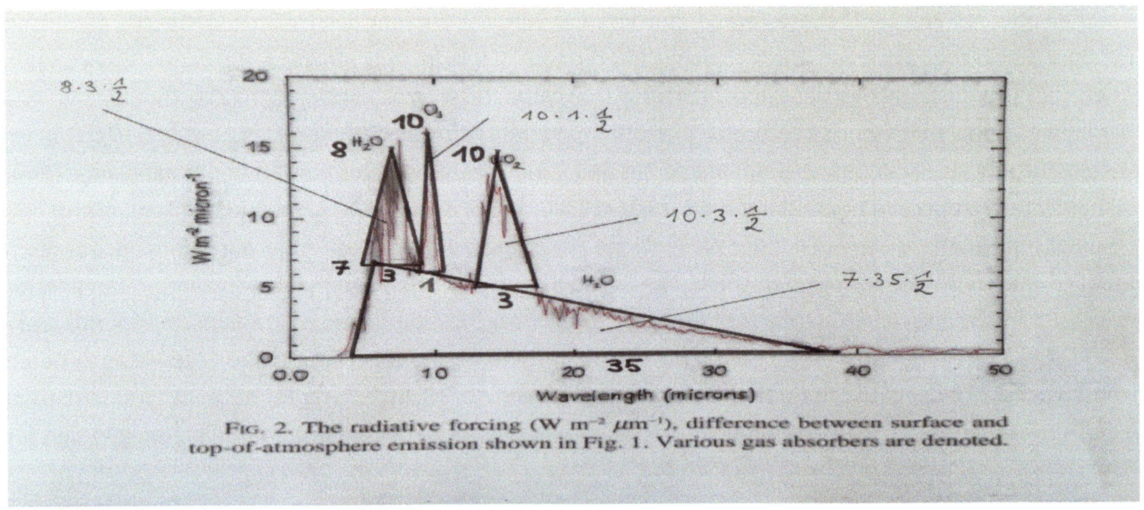

FIG. 2. The radiative forcing (W m⁻² µm⁻¹), difference between surface and top-of-atmosphere emission shown in Fig. 1. Various gas absorbers are denoted.

$$\sum 7 \times 35 / 2 + 8 \times 3 / 2 + 10 \times 1 / 2 + 3 \times 10 / 2 = 154{,}5 = 155 \text{ W/m}^2$$

---

[89] KT97, FIG.2. S.202.

Der durch Festlegung von 235 W/m² Abstrahlung erzwungene Kurvenverlauf in KT97 FIG. 2. für die unsymmetrische Gase kann es nun möglich machen, in einer Parametrisierung eines Klimamodells 90, bei +15 °C globaler Durchschnittstemperatur den Treibhauseffekt von 33 K zu modellieren.

155 W/m² galten für klaren Himmel. Der Wolkenanteil, als longwave cloud forcing bezeichnet, beträgt 30 W/m² und ist in Darstellung KT97 FIG. 7. abgebildet. 30 W/m² entsprechen mit 30,8W/m² in etwa dem 5- jährigen ERBS Satellitenmesswert longwave cloud forcing. Die individuelle Absorptionsleistung des einzelnen unsymmetrischen, mehratomigen Moleküls, H_2O, CO_2, CH_4 wird bei KT97 in Table 3. dargestellt. **Hierzu hat man den Strahlungsantrieb um den flüssigen Anteil von H_2O, Wassertröpfchen in den Wolken herausgerechnet: 125 W/m² = 155 W/m² - 30 W/m²**

TABLE 3. Clear and cloudy sky radiative forcing (W m^{-2}) and the contribution of individual absorbers to this total. Cloudy sky results are inparentheses. Bildnachweis KT97 91

Gas	Individual contribution	Combined with overlap effects	Percent Contribution clear sky
H_2O	71 (49)	75 (51)	60
CO_2	29 (22)	**32** (24)	26
Overlap H_2O-CO_2	7 (4)		
O_3	8 (7)	10 (7)	8
Overlap with O_3	2		
CH_4 + N_2O + ovlp	8 (4)	8 (4)	6
Total	**125 (86)**	**125 (86)**	**100**

(Tabelle 3)

Anmerkung: Bei TABLE 3. muss man sehr genau hinsehen. Man ist geneigt, ihre Daten für echte Messwerte zu halten. K. und T. hatten in ihrem Modell das diskontinuierliche Linienspektrum der Fingerprints bzw. der stehenden Linien der unsymmetrischen Gase zu einer kontinuierlichen Planck-Linie verbunden. In FIG.2. sehen wir nur noch eine schwache Zick-Zack Linie. **Die stehenden Linien** selbst, **mit nicht strahlendem** Zwischenraum, die für ein Gas typisch sind, **sind** bei der Darstellung als Linie **in FIG.2. verschwunden. Die Gase als Gemisch strahlen daher wie ein Festkörper!** Durch die von KT vorgenommener „**Integrating over all wavelength**"92 **wurden alle leeren, nicht strahlenden Zwischenbereiche von jedem Molekül mitgerechnet.** Dieses Ergebnis muss deshalb auf das heftigste angezweifelt werden.

Danach wurde der flüssige H_2O Anteil (30W/m²) rausgerechnet. Nun sind nur noch echte Gase vorhanden. Die Gase mit einem Strahlungsantrieb von 125 W/m² werden so fälschlich mathematisch zu einem Kontinuumabstrahler 93 oder Festkörperstrahler mit **großem** Abstrahlspektrum umgewandelt oder aufgespreizt. Das große, breite Abstrahlspektrum bleibt nun mathematisch auch für das Einzelgas erhalten! Das

---

90 Fußnote: Bezüglich Parametrisierung des Treibhauseffektes im Klimamodell ist die Strahlungsübertragungsgleichung (SÜG) für die Modellierung wichtig. „Der oben [verwiesen wird in diesem Text auf KIEHL und TRENBERTH 1997] beschriebene Treibhauseffekt selbst wird in den Zirkulationsmodellen nicht explizit als Parametervorgabe dargestellt. Vielmehr wird er im Rahmen der dort notwendigen Berechnungen des Energietransportes durch Strahlung mitsimuliert. [...] Bei diesen Parametrisierungen handelt es sich meist, um die Lösung eines vereinfachten Strahlungsübertragungsproblem, ... " S. Bakan, E. Raschke, 2002, Der natürliche Treibhauseffekt, *promet. Jahrg. 28. Nr. 3/4, S.93.*

91 KT97, TABLE 3. Clear and cloudy sky radiative forcing (W/m²)... S.203.

92 KT97, S.201, rechte Spalte, 2.Absatz.

93 WIKIPEDIA: Während diskrete Energieniveaus ein Linienspektrum hervorrufen, rufen Energiebänder ein kontinuierliches Spektrum hervor.

Einzelgas kann damit rechnerisch in dieser Modellvorstellung einen hohen, auch zweistelligen Zahlenwert in W/m² als Absorptions- oder Emissionsleistung erhalten. Das einzelne atmosphärische Gas hat damit im Modell KT97 nun die physikalisch/chemische Eigenschaft eines Festkörperkontinuum Strahlers. **Die rein mathematische Modellvorstellung** aus der Integration der kompletten Fläche unter der Linie **steht daher eindeutig im Widerspruch zur Physik eines echten Gases** mit diskreten Linien mit Zwischenraum.

4.7 Warum strahlt in KT97 global CO_2 mit genau 32 W/m²? Kritikpunkt 8

In KT97 FIG.7. war nach Abzug von SH und LH der verbliebene Sonneneinstrahlungsanteil von 66 W/m² um die Gegenstrahlung von 324 W/m² auf 390 W/m² im Modell erhöht.

Zahlen in Watt, Albedo α dimensionslos oder in %:

66 + 324 = 390 =1368 / 4 x (1-α) + 125 *+30*   und mit KT97 FIG.7. folgt α = 107 / (107 +**235**) = 0.3129

Mit Albedo = 31,29% und 107 W/m² als Modell Shortwave Radiation (sr) folgt, **235** = 1368/4 x (1-0.3129)

> **235** = 342 -107 **(outgoing longwave flux) oder**

> **235** = 1368/4 x (1-0.3129) **(Dies ist der Einfluss der ¼ Verteilung)**

-18 °C = ca. 255 Kelvin entsprechen in W/m² ca. **235** = 342 -107 **(outgoing longwave flux)**

                                                      235 = 66 + 24 +78 +67

+15 °C = ca. 288 Kelvin entsprechen in W/m² ca. 390 = **235** + 125 + *30* = 66 + 324

Kiehl und Trenberth führen in KT97 aus (Übersetzung): „Mit der Wahl einer effektiven Wasserdampfpartikelgröße von hier 10 µm können durch die „Mie Theory" (Lösung der Maxwellgleichung für den sphärischen Partikel) die Eigenschaften auch von Wolken miteinbezogen werden". „The above cloud properties are used **to assure** that the top-of-atmosphere absorbed shortwave flux is 235 W/m², which balances the outgoing longwave flux."[94] [Hervorhebungen hinzugefügt] Die Differenz von 15 °C – (−18 °C) = 33 °C oder 33 Kelvin bezeichnet die Größe Treibhauseffektes. Die Temperaturdifferenz von 15 °C und -18 °C als Strahlungs-differenz von 390 W/m² - 235 W/m² = 155 W/m² definiert damit **vorab** die Strahlungssumme aller unsymmetrischen atmosphärischen Moleküle. Dies ist eine unzulässige **Vorfestlegung des Rechenendergebnisses** für die Summe aller atmosphärischen Moleküle. **Und erzeugt damit einen Zirkelschluss!**[95] Der Treibhauseffekt von 33 Kelvin oder 33 °Celsius ist die Differenz von +15 °C zu -18 °C.

Nach dem Abzug des flüssigen H_2O Anteils verbleibt in den Gasen nun das restliche H_2O als Wasserdampf. Mit einer Partikelgröße von 10 µm, die viel kleiner als reale Wassertröpfchen sind, besteht noch der Unterschied zwischen 125 W/m² (clear) und 86 W/m² (cloudy) in der Abstrahlleistung der Gase. Doch egal was die „Mie Theorie" oder eine andere Theorie für den einzelnen Gaspartikel als individuelles Strahlungsmuster ausrechnet, für alle unsymmetrischen Gase wird unzulässigerweise die Summe von 125 W/m² bereits vor Beginn der Berechnung des Einzelgases festgelegt.

---

94 KT97, S. 203, linke Spalte, 2.Absatz, letzter Satz.

95 Fußnote: **Form eines Beweisfehlers aus der Disziplin der Logik: „Es wird also behauptet, eine Aussage durch Deduktion zu beweisen, indem die Aussage selbst als Voraussetzung verwendet wird "** https://de.m.wikipedia.org/wiki/Zirkelschluss

$$\textbf{125 W/m}^2 = 390\ W/m^2 - \textbf{235 W/m}^2 - \mathit{30\ W/m^2}$$

Dann werden die vorgegebenen 125 W/m² zu 100 % gesetzt. Danach wird dem einzelnen Gas, entsprechend seiner individuellen Strahlungscharakteristik des Einzelmoleküls über seinen mathematischen Flächenanteil im Strahlungsmodell sein prozentualer Wert zugeordnet (CO_2 mit 25.6% und Methan mit 6.4%).

Zitat: „**We calculate** the longwave radiative **forcing of a given gas** by sequentially removing atmospheric absorbers **from the radiation model.**"[96] **Alle individuellen Gasstrahlungswerte in TABLE 3.** von KT97 **sind damit reine Modellgrößen** in Watt/m^2 des Strahlungsmodells **und keine Labormessungen aus den Säulenmodellen.** Wer a priori in Rechenmodellen Gase wie CO_2 als Festkörperstrahler vorab definiert, ferner 0% Stoßabregung[97] und 100% Abstrahlung rechnet, wird dann zwangsläufig für diese Gase hohe, ja zweistellige Antriebe (Forcing) in W/m² errechnen. Es ist lediglich eine von vielen Modellvorstellungen für CO_2. Es gibt hierin keinen wissenschaftlichen Konsens. Dies erklärt, weshalb so viele andere Wissenschaftler[98], die die Sensitivität von CO_2 untersuchen, oder andere Modelle rechnen, sehr viel niedrigere Werte auch weit unter 2 W/m² als Antrieb erhalten. Eine Modellvorstellung für Gase von 0% Stoßabregung und 100% Abstrahlung bedeutet aber gleichzeitig, **Einführen einen Strahlungserhaltungssatzes.** Es gibt aber nur einen allgemeinen Energieerhaltungssatz.

In Table.3. werden aus 125 W/m² bei CO_2 32 W/m² (125 W/m² x 25.6%) und bei CH_4 8 W/m² (125 W/m² x 6.4%). Das Flächenverhältnis von CH_4/CO_2 beträgt 1 zu 4. Berücksichtigt man zusätzlich die Anzahl der Moleküle, CO_2 mit 353 ppmv und CH_4 mit 1.72 ppmv, verhalten sich CO_2 zu CH_4 mit 353 ppmv/1.72 ppmv, oder wie 205 zu 1. **Kombiniert man die Molekülanzahl mit der Absorptionsfähigkeit, ist Methan 820 -mal schwächer in der Absorptionsleistung als Kohlendioxid.** Es existieren keine Messwerte in der Natur oder im Labor, die chemisch/physikalisch 32 W/m^2 für die einzelne Molekülverbindung CO_2 bestätigen.

Einschub:

Untersucht man eine kleine, aber identische Anzahl von H_2O, CO_2 oder CH_4 Moleküle auf Strahlung- Absorption-Muster im Labor, zeigt sich: Jedes unsymmetrische Molekül weist eine individuelle Strahlungssignatur über seinen Wellenlängenverlauf auf. Auf Hitranbasis gerechnet – und nun mit unterschiedlicher Molekülanzahl - sei auf die häufig in der Fachliteratur zitierte Darstellung „radiation transmitted by the atmosphere" von Peixoto, Jose und Oort 99 von den interessanten, charakteristischen, unsymmetrischen Molekülen Wasserdampf, CO_2, Methan und Distickstoffmonoxid verwiesen. (Abzisse zwischen 0.2 und 70 Mycrometer, Ordinate in %, Achtung Wasserdampftröpfchen sind in dieser Darstellung über die Mie Theorie offensichtlich nicht rausgerechnet).

Eine grobe grafische Integration dieser Strahlungssignatur von Peixoto et. alt. für linearen Methanverlauf ergibt: 29.25 mycrometer %

Eine grobe grafische Integration für den linearen Kohlenstoffdioxidverlauf ergibt: 161.25 mycrometer %

---

96 KT97, S. 202, linke Spalte, 3. Absatz, 1.Satz.

97 Anmerkung: „Die Reemission findet mit der charakteristischen Zeitkonstante der Lebensdauer des angeregten Zustandes statt. Diese ist definiert als die Zeit, nach der die Population des angeregten Zustandes in einem Ensemble von Atomen auf 1/e abgefallen ist. Typischerweise liegt diese Zeit im Bereich von ns, kann aber in metastabilen Zuständen bis einige ms betragen." https:www://spektrum.de/lexikon/physik/reemission/12215, Stand vom 3.06.20.

Setzt man in einem frei gewählten Theorieansatz einer Modellierung auf Molekülebene durch gezielte Wahl der Randparameter die Lebensdauer (lifetime τ_{rad}) des angeregten Zustandes gegen Null, dann gibt es in einem derartigen Modell keine Stoßabregung mehr.

98 Eine nicht vollständige Auflistung ist veröffentlicht auf: https://notrickszone.com/50-papers-low-sensitivity/ Stand vom 24.01.2020.

99 Peixoto, Jose P. and Abraham H. Oort, 1992, Physics of Climate, Springer Verlag, ISBN 0883187124.

Kohlenstoffdioxid zu Methan = 161.25 : 29.25 = 1 zu 5.51

Ich springe zurück zu KT97. Table 3. 125W/m² für den clear case und 86 W/m² waren zuerst als Abstrahlungssumme aller festgelegt worden. Erst **danach** wird jedem einzelnen Gas sein anteiligen individuellen Absorptionsflächenanteil im Strahlungsmodell zugeordnet. Zitat: „**We calculate** the longwave radiative **forcing of a given gas** by sequentially removing atmospheric absorbers **from the radiation model.**"[100]

*Kohlenstoffdioxid zu Methan = **22** W/m² : **4** W/m² = 1 zu 5.50*   *(Table 3, KT97 cloudy sky)*

*Kohlenstoffdioxid zu Methan = **32** W/m² : **8** W/m² = 1 zu 4.00*   *(Table 3, KT97 clear sky)*

Das Ergebnis der Integration der charakteristischen Linie des Einzelgases entspricht damit der prozentualen Gewichtung über Dreisatz.

Kritikpunkt 8

Die Werte der einzelnen Gase in Watt/m² in TABLE 3. KT97, z.B. CO₂ mit 32 W/m² sind so nicht an den Säulenmodellen im Labor gemessen. Sie sind hypothetische Modellrechenwerte, spekulativ aus dem radiation model, dem Strahlungsmodell, abgeleitet. Dieses wird aus der Vorfestlegung für alle unsymmetrischen Gase von 125 W/m² (clear case) als Abstrahlleistung über prozentuale Verteilung (Dreisatz) zum Einzelgas erreicht. Einzelgase werden bei diesem Vorgehen zu Festkörperstrahler, da nicht strahlende Bereiche mitberechnet wurden.

4.8 Infrarote Absorption bei CO_2 unter Berücksichtigung eines diskontinuierlichen Linienspektrum und Bandverbreiterungen auf HITRAN Basis

Unsymmetrische Moleküle weisen im Strahlungsspektrum eine erhebliche Anzahl tausender senkrecht stehender Linien auf mit nicht strahlenden Zwischenbereichen. Jede stehende Linie muss daher einzeln betrachtet werden. Der nicht strahlende Zwischenbereich muss ausgespart bleiben. Macht man dies, auch unter Betrachtung von Bandverbreiterungen, so strahlt CO_2 vernachlässigbar, wie Prof. Reinhart in seiner Untersuchung zeigt. „We are establishing **a solid upper limit** of the greenhouse effect as a function of the CO_2 concentration, by considering a quasi-equilibrium state." 101 „An individual CO_2 molecule displays an **absorption spectrum consisting only of discrete lines that are broadened by the Doppler effect** and collisions with the dominant atmospheric gases N_2 O_2,Ar. [...] After an absorption event, the CO_2 molecule is in an excited state with an estimated lifetime, $\tau_{rad} = (u_j / \Delta u_j)^2 / v \approx 6$ µs for the 15 µm lines. This corresponds to the spontaneous radiative decay rate, $R_{rad} = 1.7 \times 10^5$ s^{-1}. Collisions with the doninant gases of the atmosphere lead to a non-radiative decay. At sea level and T = 288 K, the collision rate of all gas molecules is approximately the inverse of the mean free time between collision. Its value is 7×10^9 s^{-1}. The present CO_2 concentration amounts to $c_{cO2} = 400$ ppm. This leads to a non-radiative collision rate with the $CO_2 R_{non} = 28 \times 10^5$ s^{-1}. The chances of radiative emission in this situation is given by $R_{rad} / (R_{rad} + R_{non}) \approx 0.06$. **In the troposphere, where most of the absorption takes place, most of the absorbed energy by the CO_2 heats the dominant atmospheric gases. This is, however, no longer the case in the stratosphere and even higher levels, where the collision rate is dramatically decreased 102** [Hervorhebungen hinzugefügt]

---

100 KT97, S. 202, linke Spalte, 3. Absatz, 1.Satz.

101 F. K. Reinhart, Infrared absorption of atmospheric carbon dioxide, Swiss Federal Institute of Technology, Lausanne, CH-1015 Lausanne Switzerland, 2017, S.2, 3 Absatz.

102 F. K. Reinhart, Infrared absorption of atmospheric carbon dioxide, Swiss Federal Institute of Technology, Lausanne, CH-1015 Lausanne Switzerland, 2017, S.4, III. Absorption of radiation by CO_2, S4.

In der Studie von Prof. F. K. **Reinhart**, Swiss Federal Institute of Technology, Lausanne, wurden aus den HITRAN Daten für CO_2 über 200.000 Linien in die Berechnungen mit einbezogen. Diese Studie kommt zum Ergebnis, Zitat: „Our results permit to conclude that CO_2 is a very weak greenhouse gas and cannot be accepted as the main driver of climate change." [103] Ein Anstieg der CO_2-Konzentration von 400 ppm auf 800 ppm erzeugt einen Strahlungsantrieb, radiative forcing, von lediglich 1.3 W/m² oder einen Temperaturanstieg von weniger als 0,24 °C. **Dabei wurde u.a. berücksichtigt, dass der Druck mit der Höhe abfällt.** Prof. Reinhart schreibt im Abstract, Zitat: „The CO_2 concentration at sea level amounts to 400 ppm and the density exponentially tapers off with height. [...] **Doubling the** present CO_2 concentration only results in delta T < **0.24 K**." [104] Dass der Druck mit der Höhe abfällt, gibt es in KT97 nicht und auch nicht in Layermodellen (Kap 9.6).

Anmerkung zu den Arbeiten von Kauppinen/Malmi und Miskolczi als Einschub:
*Die Professoren J. **Kauppinen** (expert reviewer of IPCC AR5 report) und P. **Malmi** vom finnischen Department of Physics and Astronomy, University of Turku, bringen in ihrem physikalischen Ansatz die beobachtete und berechnete globale Temperaturabweichung in sehr gute Übereinstimmung für die Jahre 1970 bis 2010, FIGURE 4. Hierbei geben Sie die Klimasensitivität ebenfalls zu **0.24 K** an:"...ΔT_{2CO2} is the Globaltemperature chance, when the CO_2 concentration is doubled [...] Using the sensitivity ΔT_{2CO2} = 0.24 C derived in the papers..." [105]. Den Wert von 0.24 K hatten sie bereits ihren wissenschaftlichen Arbeiten der Jahre 2018 [106], 2011 [107] und 2014 [108] publiziert.*

*Auch Dr. Ferenc M. **Miskolczi**, ehemaliger Mitarbeiter der NASA, errechnet mit einer ganz anderen Modellierung in einem **semi-transparenten Modell** völlig unabhängig von Reinhart oder Kauppinen als Dritter bei CO_2 Verdopplung einen Anstieg der Oberflächentemperatur von **0.24 K**: „For example, a hypothetical CO_2 doubling will increase the optical depth (of the global average profile) by 0.0241, and the related increase in the surface temperature will be 0.24K." [109] Man könnte dies im Verhältnis zu 33K, dem klassischen Greenhouse Effekt, mit **0.24 K** als verschwindenden, zu vernachlässigenden Mini-Greenhouse bezeichnen.*

Zurück zur Studie von Prof. F. K. Reinhart:
Berücksichtigt man nun einzelne Fingerprints und das obiges Flächenverhältnis und die ppm Volumenverteilung von 820, dann strahlt Methan mit ca. 0 W/m² = 0.0004 W/m² = (0.24 W/m² /820). **Vom Methan getriggerte Klima-Kipppunkte dürften extrem unwahrscheinlich sein. Da aber bereits die ¼ Verteilung falsch ist, hat CO_2 auch keinen Strahlungsantrieb (Forcing) von 32 W/m². Seine Klimasensitivität dürfte somit viel geringer sein.**

---

103 F. K. Reinhart, Infrared absorption of atmospheric carbon dioxide, Swiss Federal Institute of Technology, Lausanne, CH-1015 Lausanne Switzerland, o.J., S. 1–12, **S. 7, V Conclusion.**

104 F. K. Reinhart, Infrared absorption of atmospheric carbon dioxide, Swiss Federal Institute of Technology, Lausanne, CH-1015 Lausanne Switzerland, o.J., **Abstract.**

105 Kauppinen Jyrki, Malmi Pekka, (2019), No experimental evidence for the significant anthropogenic climate chance, 2019/06/29, S.1-S.6, S.3.

106 Kauppinen Jyrki, Malmi Pekka, (2018), Major feedback factors and effects of the cloud cover and the relative humidity on the climate. arXiv e-prints, page arXiv:1812.11547, Dez. 2018.

107 Kauppinen Jyrki, Heinonen J., Malmi Pekka, (2011), Major portions in climate change; physical approach. International Review of Physics, 5(5): S.260-270.

108 Kauppinen Jyrki, Heinonen J., Malmi Pekka, (2014), Influence of relative humidity and clouds on the global mean surface temperature. Energy & Enviriment, 25 (2):389-399.

109 F.M. Miskolczi, (2007), Greenhouse effect in semi-transparent planetary atmospheres,IDÖJARAS, Quaterently Journal of the Hungarian Meteorological Service Vol. 111, No. 1; Jan-March, 2007, pp. 22.

Eine viel niedrigere Klimasensitivität zeigten, wie schon erwähnt, auch viele andere Studien und positionieren sich mit ihren Modellen ebenfalls gegen das IPCC.110

Wie könnte man die Unterschiede dieser Strahlungsantriebe erklären?
KT97 berücksichtigt auch nicht den exponentiellen Druckabfall über die Höhe, und TABLE 3 basiert nicht auf Messwerten an Laborsäulenmodellen, sondern auf einer Dreisatzrechnung aus dem radiation model. Die Energieabgabe aus dem angeregten Zustand wird teilweise über Abstrahlung erfolgen. Vielleicht ist dies in Wirklichkeit ein sehr kleiner Teil. Sicherlich wird die Energieabgabe auch über Stoßvorgänge mit anderen Molekülen stattfinden, offensichtlich ein viel größerer Teil. Offensichtlich integriert KT97 nicht über jede Einzelne der 200.000 klitzekleine Linien der Wellenlängen auf, in denen Absorption stattfindet, auf, sondern integriert stattdessen, zur erheblichen rechnerischen Vereinfachung des mathematischen Problems, auch über alle Bereiche hinweg, die zwischen den 200.000 Linien liegen und gar nicht absorbieren: Die Verbindung der diskreten Bälkchen in FIG.1.111 zu einer kontinuierlichen Linie legt dies nahe. Diese Kombination wäre eine Erklärung für den Strahlungsunterschied von 2461 % = 32/1.3 x 100 in % (KT97 TABLE 3., CO_2 with overlap effects 32 W/m² 112/ F.K.Reinhart 1.3 W/m² 113). Dies ist ein Faktor von 24.6.

Anmerkung:
In der Studie KT97 TABLE 3. ist anzunehmen, dass die Antriebe der übrigen Gase analog zu CO_2 gerechnet worden sind. In Analogie entspreche dies einem Faktor von 24.6. Legt man das Modell Reinhart so zur Abschätzung hypothetisch zugrunde: Der Antrieb aus Gasen würde sich zu F′= F/24.6 = 125/24.6 = 5.1 W/m² errechnen bei 800 ppm CO_2, 5 W/m² entsprechen etwa einem °C (Kapitel 7). Was würde dies für das Jahr 1990 mit 353 ppm CO_2 bedeuten? Siehe hierzu Kapitel 5.9.

Rückkopplungen (Reemissionen) sind noch zu berücksichtigen:
Unterstellt man eine Anregung durch unsymmetrische Gase, würde eine von der Erde abgestrahlte Strahlung (Surface Radiation) an der Atmosphäre nach unten zurückgeworfen, wie ein Echo. Damit ist eine erneute Reemmission gemeint. 324 W/m² regen 125 W/m² unsymmetrische Gase an, die wiederum, weil Strahlung, zur Hälfte nach oben und zur Hälfte nach unten strahlen. Mit jeder Anregung wäre dann das Echo, eine Reemission, halb so stark. Dies summiert sich zu einem nicht unerheblichen Strahlungsbetrag. Diese zahlreichen Echoreemissionen, hier als Rückkopplungen oder Echorückkopplungen verstanden, berücksichtigt KT97 nicht.
Verfolgt man bei einer solaren Einstrahlung von 342 W/m² die einfallende Strahlung auf die Erde und ihre Absorption durch die Oberfläche, ist eine ausreichende, nach oben gerichtete langwellige Strahlung nicht vorhanden, um 155 W/m² an die unsymmetrischen Gase abgeben zu können. Nur maximal 17 % können angeregt werden, dabei geht das um die Hälfte zu niedrig berechnete Thermische Fenster mit 40 W/m² zu günstig ein. Mit dem richtigen Wert von 80 W/m² kann nichts angeregt werden. Ohne eine zur Sonne zweite Strahlungsquelle ist im geschlossenen Modell selbst nicht genug Energie vorhanden, um Wasserdampf, Kohlendioxid, Methan und Ozon zu 100 % anzuregen. Von sich selbst heraus kann Energie in einem abgeschlossenen System aber nicht aus dem Nichts entstehen. Der erste Hauptsatz der Thermodynamik ist schwer verletzt (siehe auch 1.6).

Anmerkung zur Wasserdampfverstärkung

---

110 https://notrickszone.com/50-papers-low-sensivity/. Stand vom 24.01.2020.
111 KT97, FIG. 1, S. 201.

112 KT97, TABLE 3. S.203.

113 F. K. Reinhart, Infrared absorption of atmospheric carbon dioxide, Table I, S. 11.

Bei KT97, TABLE 3. hat der Wassserdampf als Gas mit 75W/m² einen mehr als doppelt so großen Antrieb wie CO₂ mit 32 W/m² und bringt damit 60% des sogenannten Treibhauseffektes. Der Physiker, Dr. Rainer Link, schreibt über die Bedeutung einer Erwärmung der mittleren Troposphäre durch einen Temperatureffekt des CO₂, auch als sogenannter Hot Spot bezeichnet. „Der Hot Spot ist das Merkmal des anthropogenen erzeugten alarmistischen Klimawandel, [...] Dieser Hot Spot wird nicht gemessen!" Er zeigt dies an Abbildungen für den Zeitraum 1958 bis 1999 der „Temperaturverteilung in der Troposphäre gemäß IPCC Klimamodellen..." und „Messungen von Radiosonden für die Jahre 1979 bis 1999", Jahren sehr starker Erwärmung. „...Von einem Hot Spot ist keine Spur zu sehen, [...] Damit ist die wesentliche Voraussetzung für einem Klimaalarm, nämlich die Wasserdampfverstärkung nicht gegeben. Somit sind die alarmistischen Klimamodelle fundamental falsch." 114

4.9   Gegenstrahlung im Modell 4

Kiehl und Trenberth gehen a priori davon aus, dass es den Treibhauseffekt gibt, und mit dieser Studie wollen sie einen Beitrag zu ihrem Beweis liefern. Sie gehen daher davon aus, dass die unsymmetrischen Gase zu 100 % angeregt werden müssen. Aus diesem Grund addieren sie zur langwelligen Strahlung von 235 W/m² die 155 W/m² hinzu, was 390 W/m² nach oben wirkend ergibt (Surface Radiation). Dies ist in FIG. 7. 115 eingezeichnet. Jetzt ist genug Strahlungsenergie vorhanden, die unsymmetrischen Gase auch zu 100 % von unten anregen zu können.

Noch aber ist die Bilanz nicht ausgeglichen.

Da die Bilanz mathematisch ausgeglichen sein muss, muss die Existenz einer ähnlich großen Strahlung postuliert werden, die nach unten wirkt. Diese Strahlung ist noch in ihrer Größe zu bestimmen. Unter 3.3 wurde die einfallende Strahlung auf dem Weg von der Sonne auf die Erde verfolgt, nach der Absorption durch die Erdoberfläche verblieben von den nach unten gerichteten 168 W/m² nach Sensible Heat und Latent Heat noch 66 W/m² nach oben gerichtet, entstanden aus 168 − 24 − 78 = **66 (linker Teil der surface energy balance equation)**. **Diese wird von 390 W/m² abgezogen, was einen Wert von 324 W/m² ergibt und als Gegenstrahlung,** Back Radiation proklamiert wird und den 390 entgegengesetzt ist **(rechter Teil der surface energy balance equation)**. Damit ist die Bilanz mathematisch wieder ausgeglichen. Mit 390 W/m² ist die nach oben gerichtete Strahlung erst jetzt so groß, dass die erforderlichen 155 W/m² auch nun erfüllt werden, um rechnerisch alle unsymmetrischen Gase anregen zu können. Siehe auch Darstellung FIG.7 rechts unten116:

Anmerkung
Bei Trenberth war die Gegenstrahlung als Backradiation bezeichnet worden. In KT97 betrug diese **324W/m²**, ab 2009 333W/m² und 2012 bei Loeb steigt diese dann auf 342W/m² an. Loeb tituliert die Gegenstrahlung in downward thermal radiation um: „For the global mean downward thermal radiation, the best estimate of 342 Wm⁻² [...].This value is higher than found un some other publications such as used in the 3ʳᵈ and 4ᵗʰ IPCC assessment reports **(bases on Kiehl and Trenberth 1997)** (324Wm⁻²) and Trenberth et al. (2009) (333Wm⁻²), [...]

---

114 Dr. Rainer Link (2011), Warum die Klimamodelle des IPCC fundamental falsch sind. https.rlrational.files.wordpress.com/2011/03/25/warum-die-Klimamodelle-des-IPCC-fundamental-falsch-sind!.pdf S.7-9 Der Hot Spot.

115 KT97, FIG. 7.

116 KT97, FIG.7.

derived as residual terms in the surface energy balance equation.[117] Die Gegenstrahlung im Modell beim Treibhauseffekt bei Kiehl, Trennberth, Loeb, bei den IPCC Modelle entsteht stets aus der Subtraktion (derived as residual terms). Bei Loeb ist mit 342 W/m² damit die Gegenstrahlung genauso stark wie im Modell von KT97 die einstrahlende Sonne mit einem Wert der Incoming Solar Radiation von 342 W/m², vor Albedoreflektion.

4.10   Der mathematische Effekt

Beispiel:
*Sie sehen auf einem großen Bildschirm in 64K Auflösung, in fotorealistischer, animierter 3-D Darstellung mit perfektem Licht- und Schattenspiel ein schönes Haus auf einer Blumenwiese eines am Computer entstandenen Films. Das Haus löst sich nun langsam vom Untergrund und fängt an sanft durch die Luft zu schweben. Wäre man auf der ISS geboren, man würde nur Schwerelosigkeit kennen. Der fotorealistische Film erschiene nicht unlogisch, sondern in Bezug auf herumfliegende, nicht gesicherte Getränkedosen oder umherfliegende Stifte Ihrer Erfahrung eher normal und nachvollziehbar. Sie müssten nun **nur** auf Grund von computergenerierten Bildern als Film beurteilen, ob es Gravitation auf der Erde gibt, die Sie nicht kennen. Ein mathematisch perfekter Algorithmus ist in der Lage physikalische Gesetzmäßigkeiten komplett falsch abzubilden.*

Zurück zu KT97:

Vorzeichen (+) nach oben gerichtet und Vorzeichen (-) nach unten gerichtet.

+ 66 W/m²	+ 0	= 66 W/m²	
+ 66 W/m²	+ 324 W/m² - 324 W/m²	= 66 W/m²	(c1)
+ 390 W/m²	- 324 W/m²	= 66 W/m²	
+350 W/m² + 40 W/m²	- 324 W/m²	= 66 W/m²	

Man hat eine Null eingeführt, eine Null ändert die Bilanz nicht. Man kann aber eine Null auch wie folgt erzeugen: 0 = -324 + 324 (KT97), genauso könnte man 0 = -222 + 222 aufspalten oder 0 = -1555 +1555, 0 = -333 + 333 (Trenberth 2009), 0 = -342 + 342 (Norman Loeb et altera, Fig1)[118]. Damit kann man dem Wert der Back Radiation statt 324 auch 222, 342,1555, 8900 oder jede andere Zahl zuordnen. Sie sollte nur größer als 155 sein, wie oben gezeigt. Dies ist unabhängig von 235W/m² langwelliger atmosphärischer Abstrahlung. Somit kann mathematisch die sogenannte Gegenstrahlung jeden beliebigen Zahlenwert annehmen und beliebig groß gemacht werden. Wenn jede Zahl, jeder Wert möglich ist, kann man für den weiteren Verlauf einen möglichst günstigen wählen oder durch eine Rechenvorschrift definieren. Es erinnert an eine sich selbst erfüllende Prophezeiung. Der Strahlungswert der Back Radiation geht deshalb nicht in die Energiebilanz ein, weil er sich sofort rauskürzt. (Man betrachte in FIG.7 KT97 [119] 390 W/m², jeder Strahlungswert ist mathematisch erzeugbar. **Damit ist jede beliebige Globaltemperatur für die Erde mathematisch erzeugbar).**

Da jede Zahl in der Aufspaltung aus Null mathematisch zulässig ist, folgt eine **Extremwertbetrachtung:**

---

[117] Loeb, Dutton, Wild et altera, 2012, The global energy balance from a surface perspective, published online 13 November 2012, Springer-Verlag Berlin Heidelberg, Doi 10.1007/s00382-012-1569-8, Kap 5.4 Surface thermal fluxes S.3128, 1 bis 3 Satz.

[118] Loeb, Dutton, Wild et altera, 2012, The global energy balance from a surface perspective, published online 13 November 2012, Springer-Verlag Berlin Heidelberg, Doi 10.1007/s00382-012-1569-8, S.3108.

[119] KT97, FIG.7.

Gleichung (c1) mit variabler, beliebiger Gegenstrahlung

Gegenstrahlung beliebig variabel, mit (c1)	Langwellige atmos. Abstrahlung
+ 66 W/m² + 324 W/m² - 324 W/m² = 66 W/m²	235 W/m²
+ 66 W/m² + 342 W/m² - 342 W/m² = 66 W/m²	235 W/m²
+ 66 W/m² + 1555 W/m² - 1555 W/m² = 66 W/m²	235 W/m²
+ 66 W/m² + 89000 W/m² - 89000 W/m² = 66 W/m²	235 W/m²
+ 66 W/m² + 89000000 W/m² - 89000000 W/m² = 66 W/m²	235 W/m²

Tabelle 4 Extremwertbetrachtung zur Gegenstrahlung in KT97

$$T = \sqrt[4]{\left[\frac{235\frac{W}{m^2}}{5{,}67040\ x\ 10^{8}\ \frac{W}{m^2}}\right]}\ K - 273.15\ K = \mathbf{-19.4\ \textit{Grad Celsius}}$$

$$T = \sqrt[4]{\left[\frac{89000000\frac{W}{m^2}}{5{,}67040\ x\ 10^{8}\ \frac{W}{m^2}}\right]}\ K - 273.15\ K\ = \mathbf{6021\ \textit{Grad Celsius}}$$

Die mathematische Zulässigkeit der Modellierung – Zahlenwerte für die Gegenstrahlung dürfen beliebig groß werden - hat folgende physikalische Konsequenz: Die Energie im Modell in W/m², repräsentiert durch den mathematischen Zahlenwert, kann selbst **beliebig** groß werden. In letzter Konsequenz darf die Modelloberfläche KT97 durch Gegenstrahlung so heiß werden wie die Sonnenoberfläche mit ca. 6000 °C und **gleichzeitig** strahlt die Modellatmosphäre dennoch mit -19 °C in frostigem Zustand. Dies ist, wie man sofort erkennt, unmöglich, ein interner Modellwiderspruch und deshalb ein sehr schwerer Modellierungsfehler. Wenn die Modellierung einerseits **alle** Zahlen zulässt, aber für große Zahlen eindeutig falsch ist, dann **muss der gesamte Modellmechanismus KT97 aus Gründen der Logik auch für kleine Zahlen falsch sein.** Der physikalische Grund für die falsch ausgeführte Modellierung liegt darin, dass die Energie im Modell aus dem Nichts kommt und so auch **beliebig** groß werden kann. Diese Modellierung verstößt auf das Massivste gegen den 1.Hauptsatz der Thermodynamik und ist deshalb zu 100% falsch. Ein Modellmechanismus oder ein Algorithmus kann einerseits mathematisch richtig und gleichzeitig physikalisch komplett falsch sein.

Genau das passiert in Klimamodellen mit Temperaturprognosen für die nächsten 100 Jahre, die auf den Treibhauseffekt von 33K von KT97 aufbauen. Der Modellalgorithmus der Gegenstrahlung muss daher bereits, wie oben gezeigt, auch bei kleinen Zahlen von 324, 342 in der Modellierung, keine mathematisch falschen, aber physikalisch falsche Ergebnisse generieren. Man sollte sich bei einer auf Richtigkeit zu überprüfenden Software niemals von einer optisch perfekten Darstellung oder fotorealistischen Animationen täuschen lassen.

4.11   Vergleich von Strahlungsmodell und Kraft-/Vektormodell, Kritikpunkt 9 und 10

Wäre die Gegenstrahlung in der Atmosphäre als Strahlung entstanden, müssten am Entstehungsort 324 W/m² ↑ sofort nach oben (A) und 324 W/m² ↓ sofort nach unten wirken (B). Dieser nach unten wirkende Teil würde dann von der Erdoberfläche remittiert und anschließend auch wiederum mit 324 W/m²↑ nach oben (C) wirken. **Im Strahlungsmodell** addieren sich der nach oben wirkende Teil (A) und der Reflexionsanteil (C) bereits zu 648 W/m². Hinzu kämen noch die 66 W/m² aus Sonneneinstrahlung, ergibt 714 W/m². Hierbei müssten dann noch Rückkopplungseffekte berücksichtigt werden, zusätzlich SH und LH. Wir wären bei über 800 W/m². In KT97 strahlen aber nur 342 W/m² als flächenbezogene Leistung pro m² ein. Wir betrachten nun die Atmosphäre als Entstehungsort der Gegenstrahlung mit zwei Modellen:

Strahlungsmodell   **Kraft-/Vektormodell**

Atmosphäre   **324 W/m² ↑ (A)**
T= 0   324 W/m² ↓ (B)   324 W/m² ↓ (B)

T= 0 + dT   Erst die Reflexion nach dT an der Erdoberfläche lässt in beiden Modellen aus (B) den Anteil (C) entstehen.

324 W/m² ↑ (C)   324 W/m² ↑ (C)
XXXXXXXXXXXXXXXXXXXXXXXX   Erde   XXXXXXXXXXXXXXXXXXXXXX

Darstellung 1   Vergleich Strahlungs- und Kraft-/Vektormodell

Im Labormodell KT97 gibt es aber nur die Anteile (B) und (C). Der Teil **(A)** für eine echte Strahlungswirkung fehlt. Was bedeutet dies? Kiehl und Trenberth verschmieren die Begriffe Kraft und Strahlung. Wenn 66 W/m² von der Erde in Richtung Atmosphäre abstrahlen und diese erreichen, entsteht zuerst im Modell eine Kraft oder Vektor mit einem mathematischen Zahlenwert 324. Diese wirkt einseitig nach unten. Jetzt wird dieser Effekt in eine Strahlungsleistung umgedeutet von 324 W/m², was dem Teil (B) entspricht. Dieser nach unten wirkende Teil (B) wird nun von der Erdoberfläche remittiert und strahlt anschließend mit 324 W/m²↑ nach oben (C).
Damit hat man umgangen, den Teil **(A)** ansetzen zu müssen, der einem die Bilanz verhagelt, vgl. Bilanzaufstellung im Text nach Kritikpunkt 14. (Man kann hier auch alternativ beide Teile (B) und (C) als Kräfte oder Vektor deuten, die gleich groß und entgegengesetzt gerichtet sind und sich aufheben. Der Kräfteansatz/Vektoransatz verändert das Gesamtsystem nicht. Dieses Kräftepaar/Vektorpaar wird als Strahlung interpretiert. (0 = -324 W/m² +324 W/m².) **Damit entspricht für T = 0 das Labormodell KT97 dem Kraft-/Vektormodell.**

Da der Betrag von 324 größer als 155 ist, kann man behaupten, es werden 100 % von Wasserstoff, Kohlendioxid, Methan und Ozon energetisch angeregt, vom nach oben gerichteten Teil der Strahlung von +324 Watt/m². Man sieht sehr gut, wie vektorielles Verhalten als singulär, linear gerichtete Größe, einer Kraft vergleichbar in Strahlungen umgedeutet bzw. verwischt, verschmiert wird. Dies widerspricht Physik. Der Modellansatz von KT97 ist falsch.

Kritikpunkt 9

Surface Radiation und Backradiation subtrahieren sich in der Bilanz. Gleichartige Strahlungen können sich gegenseitig nicht wie Vektoren subtrahieren oder sich voneinander in ihrer Wirkung aufheben. Die atmosphärischen Gase können keinen größeren Strahlungsbetrag abgeben, als durch welchen sie angeregt werden. Elektromagnetische Strahlung, ebenso radioaktive Strahlung, wirkt allseitig. Das ist das Wesen der Strahlung. Wenn Strahlung allseitig wirkt (Teelicht, Radioaktivität), kann sie nicht einseitig zu 100 % nur nach unten wirken. Eine Strahlung kann nicht aus dem Nichts entstehen. Flächenbezogene Strahlungsleistung mal Fläche und Zeit ist Energie. Hier entsteht im geschlossenen System aus dem Nichts (Null) Energie. Das ist physikalisch nicht möglich, **der erste Hauptsatz der Thermodynamik wird grob verletzt**. Es ist falsch.

Kritikpunkt 10

Physikalisch wird die Atmosphäre selbst als strahlender Schwarzkörper von den Autoren gedeutet und deshalb wurde auch der Name Schwarzkörperstrahlung für die von der Atmosphäre zusätzlich zur Sonneneinstrahlung nach unten gerichtete Strahlung gegeben. Durch Tag- und Nachtseite wird die kontinuierliche gleichmäßige Energiezufuhr regelmäßig unterbrochen (Kap 1.10) und gleichzeitig wird die Sonneneinstrahlung auf die nicht beschienene Nachtfläche der Erde mitverteilt. Damit ist die Atmosphäre selbst auch kein Schwarzkörper. **Wenn die Atmosphäre kein Schwarzkörper ist, dann kann diese keine Schwarzkörperstrahlung bzw. Gegenstrahlung abgeben.** Sie ist nicht nur messtechnisch nicht messbar. **Weil die Gegenstrahlung den Gesetzen der Physik widerspricht, findet sie sich auch nicht in den Satellitenmessungen.** So wie die Gegenstrahlung in FIG.7. angetragen ist, handelt es sich gar nicht um eine Strahlung, sondern, wie oben gezeigt, um einen vektoriellen Ansatz, einem Kraftansatz vergleichbar, der dann in eine Strahlung umgedeutet wird. Auch dies widerspricht der Physik.

4.12 Hypothese, es gäbe die Gegenstrahlung, Kritikpunkt 11

Der Atmosphäre wird die Eigenschaft zugesprochen, wie ein schwarzer Körper Strahlung abzustrahlen: „For the clear sky case the downward emission from the atmosphere to the surface is 278 W/m², while for the cloudy sky case it increases by 46 W/m². This is mainly due to blackbody emission from the low cloud base ...″[120] Hieraus errechnet sich die Back Radiation zu 324 W/m² (278 + 46) (FIG.7. KT97). Nun drängt sich physikalisch die Frage auf, wer oder was ist in der Atmosphäre vorhanden, was abstrahlt. Die Atmosphäre besteht aus Gasmolekülen, die durch ihren atomaren Aufbau in genau zwei Gruppen, symmetrische und unsymmetrische, eingeteilt werden können. Der Raum zwischen den Molekülen ist frei, er kann nicht strahlen. Die symmetrischen Gase wie N_2 (78 %), O_2 (21 %), z.B. Edelgase wie Argon etc., können per se nicht strahlen. Dies wird von niemandem bestritten. Es **könnten** somit nur der Rest, die unsymmetrischen Gase, d. h. die Treibhausgase der TABLE 3.[121] Strahlung physikalisch/chemisch absorbieren und emittieren. Etwas anderes ist nicht da.

In Kapitel 4.7 wurde ersichtlich, die Strahlungswerte der einzelnen Gase in Watt/m² in TABLE 3. KT97 sind nicht an den Säulenmodellen im Labor gemessen, sondern hypothetische Modellrechenwerte, spekulativ aus dem radiation model, dem Strahlungsmodell, über Dreisatz abgeleitet. (Die Fingerprints der Gase waren zu einer Linie verbunden worden, dann wurde über alle Wellenlängen auf integriert.) Kiehl und Trenberth haben keine **Tabelle 3 Absorption und Emission** aufgestellt für logisch zwingende Schwarzkörper-Abstrahlung der Treibhausgase. Diese folgt nun analog zu bereits zitierten TABLE 3. KT97.

---

120 KT97, S. 201, linke Spalte, 4 und 5 Satz.

121 KT97, S. 203 TABLE 3.

KT97, TABLE 3. Clear and cloudy sky radiative forcing (W m^{-2}) and the contribution of individual absorbers to this total. Cloudy sky results are inparentheses. Bildnachweis KT97,[122]

Gas	Individual contribution	Combined with overlap effects	Percent Contribution clear sky[123]
H$_2$O	71 (49)	75 (51)	60
CO$_2$	29 (22)	**32** (24)	26
Overlap H$_2$O-CO$_2$	7 (4)		
O$_3$	8 (7)	10 (7)	8
Overlap with O$_3$	2		
CH$_4$ + N$_2$O + ovlp	8 (4)	8 (4)	6
Total	**125 (86)**	**125 (86)**	**100**

(Tabelle 3)

Nebenrechnung zu obiger Tabelle: In Klammern kombiniert mit überlappenden Effekten

	clear sky	analog cloudy sky
H$_2$O	60 = (71 + 4 = 75) /125 x 100,	analog 59 = (49 + 2 = 51) /86 x 100 191.2 = 324 x 0.59
CO$_2$	26 = (29 + 3 = **32**) /125 x 100,	analog 28 = (**22** + 2 = **24**) /86 x 100 90.7 = 324 x 0.28
O$_3$	8 = (8 + 2 = 10) /125 x 100,	analog 8 = (7 + 0 = 7) /86 x 100 25.9 = 324 x 0.08
CH$_4$	6 = (8 + 0 = **8**) /125 x 100,	analog 5 = (**4** + 0 = 4) /86 x 100 16.2 = 324 x 0.05

Die Nebenrechnung führt zu um die Blackbody emission erweiterte Tabelle 4:

Tabelle 5 Absorption und Emission von Strahlung einzelner Gase analog zu KT97 TABLE 3.

Gas	Percent contribution		KT97, TABLE 3. radiative forcing (W/m²) individual contribution		Blackbody emission radiative forcing (W/m²) individual contribution
	clear	cloudy	clear	cloudy	cloudy
H$_2$O	60	**59**	75	51	**191.2**
CO$_2$	26	**28**	32	24	**90.7**
Overlap H$_2$O-CO$_2$					
O$_3$	8	**8**	10	7	**25.9**
Overlap with O$_3$					
CH$_4$ + N$_2$O + ovlp	6	**5**	8	4	**16.2**
Total	100	100	125	86	**324.0**

---

[122] KT97, TABLE 3. Clear and cloudy sky radiative forcing (W/m²), S.203.

[123] Anmerkung: Zu einer leicht anderen prozentualen Verteilung für eine standard modell atmosphere bei einem Treibhauseffekt von 33.2 K kommen mit Ansatz von ¼ Strahlungsverteilung K.Y.Kondratyev und N.I. Moskalenko 1984 in: The role of carbon dioxide and other minor gaseous components and aerosols in the radiation budget. S.225 – 233, S.226 rechte Spalte, 1. Absatz: H$_2$O 62% = 20.6K/33.2K; CO$_2$ = 21.7% = 7.2K/33.2K; Rest = 16% = 5.4K/33.3K. Diese Arbeit nimmt viele Gedanken von KT97 bereits vorweg.

Was bedeutet diese mathematische Umformung analog zur prozentualen Gewichtung von Kiehl und Trenberth nun als blackbody emission für jedes einzelne Treibhausgas physikalisch?

Die Integration über alle Wellenlängen, dem planckschen Verlauf mathematisch folgend, ergibt 155 W/m². Hiervon ist das longwave cloud forcing mit 30 W/m² abgezogen. Dies ergibt den Wert clear sky von 125 W/m². Wir wenden uns zurück nach Kapitel 1.9, Schwarzkörperstrahlung ist gleich blackbody emission. Die maximale Absorptionsobergrenze für den cloudy case für H_2O ist 51 W/m². Die Emission im cloudy case von 191.2 W/m² (fast viermal so viel) ist mathematisch möglich, aber physikalisch nicht. Für CO_2 verhält es sich ähnlich. Mit überlappenden Effekten errechnet sich die Absorption für clear sky mit 32W/m² und im cloudy sky case zu 24W/m². Auch hier beträgt die Emission rein mathematisch mit 90.7 W/m² ebenfalls fast viermal so viel. Es bedeutet, rein rechnerisch, mathematisch ist dies möglich durch die zuvor beschriebene Wahl der Randbedingungen. Aber warum ist es physikalisch nicht möglich?

1. Auch mit einem anderen mathematisch/physikalischen Rechenmodellansatz könnte man CO_2 mit 32W/m² strahlen lassen. Modelle basieren final auf Annahmen für Randbedingungen, die beeinflussbar sind und indirekt das Ergebnis steuern. Man könnte in einem solchem Modell die Energieabgabe durch Molekülstöße so verändern, dass die Energieabgabe durch Strahlung begünstigt wird. Im extremen Fall gäbe es dann keine Stoßabregung. Die gesamte vom unsymmetrischen Molekül aufgenommene Energie würde zu 100% in Strahlung abgegeben. Dies führte mit 32W/m² gleichzeitig zu einem reinen Strahlungsenergieerhaltungssatz, der dann andere Umwandlungsformen ausschließt. Einen reinen Strahlungsenergieerhaltungssatz gibt es in der Physik nicht.124 Auf diesem Theorem basiert aber SÜG der Strahlungsübertragungsgleichung.

2. Der Emissionsgrad oder das Emissionsvermögen eines Körpers ist gleich seinem Absorptionsgrad oder seinem Absorptionsvermögen (kirchhoffsches Strahlungsgesetz). Gesetzt, es gäbe als Hypothese eine fiktive Schwarzkörperstrahlung für unsymmetrische Moleküle der Atmosphäre **genauso wie** für Festkörper, wie in der Modellvorstellung von KT97, wäre ihre Emission in Summe zwingend auf 86 W/m² cloudy sky und auf 125 W/m² clear sky begrenzt, da Schwarzkörper physikalisch nicht mehr Energie aufnehmen können, als sie emittieren.

3. Gesetzt, es wären als Hypothese auch 32W/m² für die CO_2 Absorption richtig und es gäbe als Hypothese zusätzlich einen fiktiven, ausschließlichen Energieerhaltungssatz für Strahlung, der Energieübertragung durch Stöße per definitionem ausschließen würde, wäre eine Reemission von CO_2 durch das kirchhoffsche Strahlungsgesetz immer noch auf maximal 32 W/m² und für alle unsymmetrischen Moleküle auf 125 W/m² begrenzt.

4. Bei der Hypothese, es gäbe Gegenstrahlung von 125 W/m², wäre ihre langwellige, temperaturerzeugende Wirkung mit 1,89 (125W/m² / 66 W/m²) dann einerseits fast doppelt so stark wie die erwärmende Wirkung der Sonne in KT97. Für 125 W/m², der dann nach Kirchhoff geltenden maximalen physikalischen Obergrenze, beträgt andererseits die damit errechnete Globaltemperatur **-32 °C** für unsere Erde der Gegenwart. Die Temperaturmodellierung der Globaltemperatur bleibt nicht nur etwas falsch, sie hat nichts mehr mit unserer Erde zu tun. Sie weicht um 47 °C von der Beobachtung +15 °C ab.

---

124 Dr. Heinz Hug, 2012, Der anthropogene Treibhauseffekt – eine spektroskopische Geringfügigkeit, Veröffentlichung vom 10. August 2012, Hug-pdf-12-Sept-2012.pdf., S.15, zum Kirchhoff´schen Gesetz: „Danach ist das Emissionsvermögen eines Körpers genau so groß wie sein Absoptionsvermögen. [...] Es existiert kein Strahlungsenergieerhaltungssatz".

Orbit

	↓∑ -235				↑∑ 235		
I	+107	-342			+235		= 0
II	+30 +77 -77	-265			+165 + 30 +40		= **0**
	↓∑ -235				↑∑ 235		

Obergrenze der Atmosphäre

	↓∑ -168 -67				↑∑+235		
III	+30	-198	↓ -67	↑+67 +128 +40			= 0

Atmosphäre

IV	+30	-198	+128	+40	= 0
	↓∑ -168			↑∑ +168	

Atmosphäre

	↓∑ -168				↑∑ +168	
V	+30	-198	+24 +78 +26 +40			= 0

Untergrenze des Bereiches Greenhouse Gases

VI	+30	-198	+24 +78 +151 +40 -125↓	= 0
VII	+30 -30	-168	+24 +78 +191 -125↓	= 0
VIII		-168	+24↑ +78↑ +66↑ +125↑ -125↓	= 0
	↓∑ -168		↑∑ 168	

Erdoberfläche

Damit stünden 191 W/m² (66 W/m² + 125 W/m²) als temperaturwirksame Strahlung zur Verfügung. Dies entspricht **-32.2 °C** = √√ (191 W/m² / 5,67040 /1E‾8 W/m²) K − 273.15 K.

Kritikpunkt 11

Gäbe es die Gegenstrahlung, kann sie nur durch die unsymmetrischen Treibhausgase emittiert werden. Die unsymmetrischen Gase können physikalisch nicht mehr Strahlung emittieren, als sie aufnehmen können. Dass man Strahlungsanteile mathematisch über einen Dreisatz zuordnen kann, bedeutet nicht, dass dies auch physikalisch möglich ist. Kiehl und Trenberth verstoßen z.B. für CO_2 mit einer Strahlungsemission von gerundet 88 W/m² gegenüber einer Strahlungsaufnahme von maximal 22 W/m² um das 4-fache gegen das kirchhoffsche Strahlungsgesetz. Bei der von Kiehl und Trenberth gewählten Strahlungsverteilung von ¼ führt andererseits das **Einhalten des kirchhoffschen Strahlungsgesetzes** statt zu einer Globaltemperatur von 14.8 °C zu -32 °C. **Selbst unter den Hypothesen, es gäbe eine fiktive Gegenstrahlung, es gäbe einen alleinigen Energieerhaltungssatz nur für Strahlung, es gäbe einen fiktiven Treibhauseffekt begrenzt auf 125W/m², es gäbe ein Forcing von 32 W/m² für CO_2 führt dies das Modell KT97 ad absurdum.**

4.13   Bilanzgleichgewicht

Wir wenden uns nochmals dem Bild FIG.7.[125] zu.

So wie Geldflüsse in einer Bilanz für einen festen Beobachtungszeitraum, z.B. im definierten Geschäftsjahr, im Gleichgewicht stehen müssen, müssen in einem energetischen Modell die Energieflüsse in der Betrachtung eines festen Zeitintervalls als flächenbezogene Leistung von (Strahlungen, Sensible Heat und von Latent Heat) mal Bezugsfläche im Gleichgewicht stehen. Die eintreffende Strahlung von 342 W/m² abzüglich des reflektierten Albedoanteils von 107 W/m² ergibt 235 W/m². Der nach unten einfallende 342- und der nach oben reflektierte 107-Anteil stehen mit dem ausgesendeten, nach oben gerichtetem 235-Anteil im Gleichgewicht bzw. addieren sich zu Null.

Woraus entsteht die nach oben ausgesendete langwellige Strahlung von 235 W/m²? Womit steht sie in der rechten Bildhälfte oben im Gleichgewicht? Sie ergibt sich aus 165 W/m² zuzüglich 30 W/m² und 40 W/m².

In der linken Bildhälfte errechnet sich ein nach unten gerichteter Strahlungsanteil aus 342 − 107 zu 235 W/m². Dieser teilt sich auf in 235 = 168 + 67. Es müssen die nach unten gerichteten Teilanteile 168 W/m² und Satm, 67 W/m², nun weiterverfolgt werden. **Das Gleichgewicht von außen betrachtet stimmt, das innere vertikale Gleichgewicht ist aber nicht eingehalten.** Die Ebene Greenhouse Gases kann für sich nur 101 W/m² emittieren und nicht 235 W/m². Die Bilanz ist in dieser Darstellung nicht ausgeglichen. Dies ist unabhängig von Surface und Back Radiation, da diese sich zwischen Erdoberfläche und Greenhouse Gasschicht stets zu + 66 komplementieren.

Es folgt Grafik, Skizze 1. Diese stellt den Strahlungsfluss analog zu Bild FIG.7. KT97 dar. Die Skizze wurde gegenüber FIG.7. um die Ebenen I bis VIII erweitert. Die Ebenen selbst sind Bezugshorizonte für Gleichgewichtsbetrachtungen. Zur besseren Verdeutlichung der Grafik folgen VIII Bezugshorizonte im Anschluss als mathematische Darstellung für jede Ebene. In der Physik werden gerichtete Kräfte als Pfeile dargestellt. Die gewählte Darstellung von Strahlungsflüssen als Pfeile ist ebenfalls ein Analogon mit gleichem Symbol, aber **anderer** Bedeutung.

Anmerkung:

Energie im Earth´s Energy Budget von KT97.

Der Jahresdurchschnitt nach KT97, FIG.7. entspricht dann dem Durchschnittstag der Strahlungsflüsse/ Leistungen. Die Erde weist eine Oberfläche von 510.1 Mio. km² auf. Die modellierte Einstrahlung über die Gesamtkugel als **gemittelte, durchschnittliche**, flächenbezogene Leistung ergab 1368 W/m²/4 = 342 W/m² über 24 Stunden.

E [W sec = J]   = Zeit [sec] x gesamte Erdoberfläche [m²] x durchschnittliche flächenbezogene Leistung [W/m²]

                     = 24 x 60 x 60 sec x 5.101 10^{14} m² x 342 W/m²

                     = 1.507 x 10^{22} J oder W sec

---

125 KT97, FIG.7.

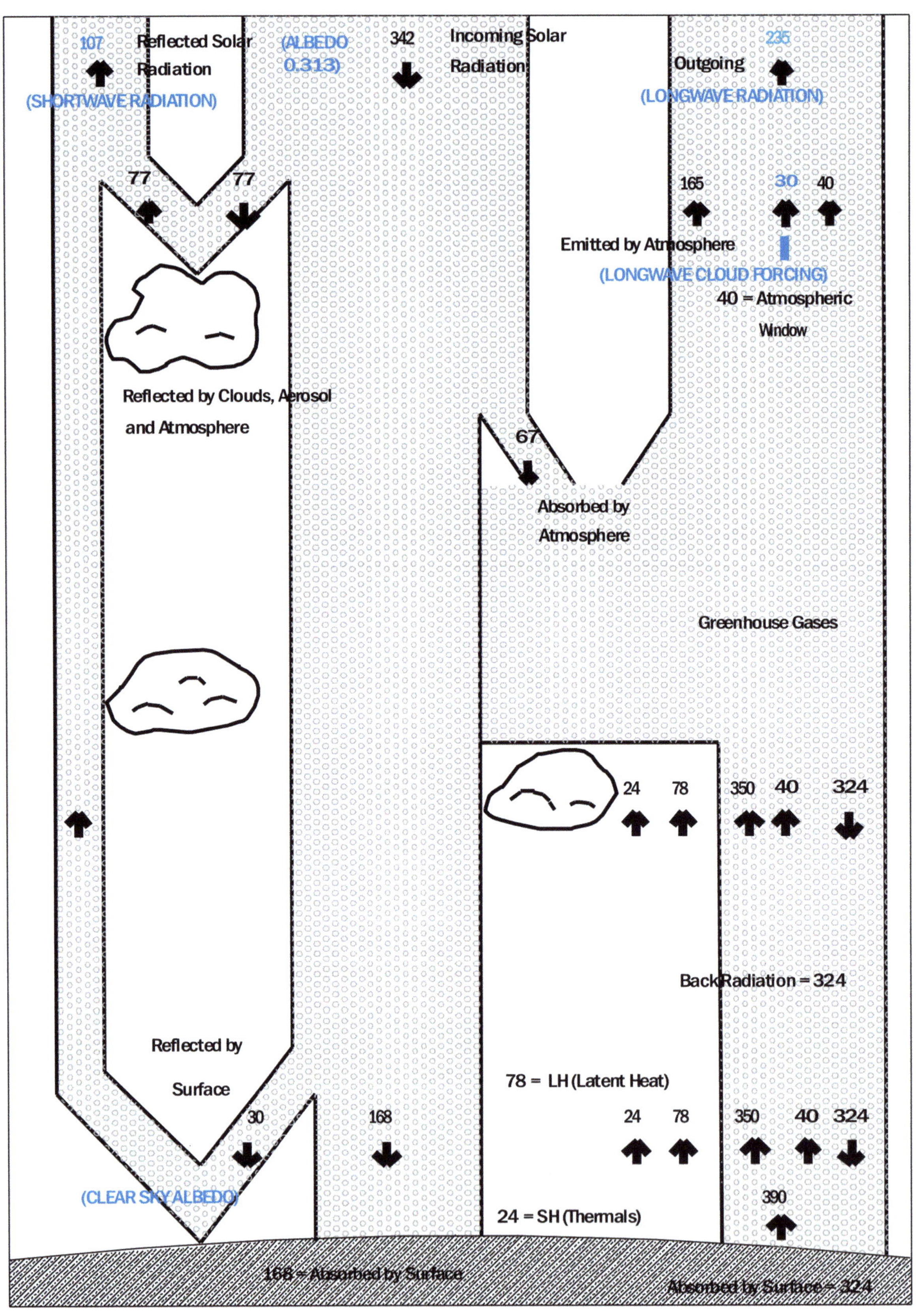

Grafik 2, erstellt von Verfasser A. Agerius, April 2020, blau Satellitenwerte, die KT97 nutzt. (Diese Grafik basiert auf der Idee der Darstellung von T. Kiehl und E. Trenberth, 1997, Earth´s Annual Global Mean Energy Budget FIG.7.). FIG.7. aus KT97 wurde auch vom IPCC veröffentlicht. 126

---

126 IPCC. Climate Change 2007 (Cambridge University Press, Cambridge, 2007).

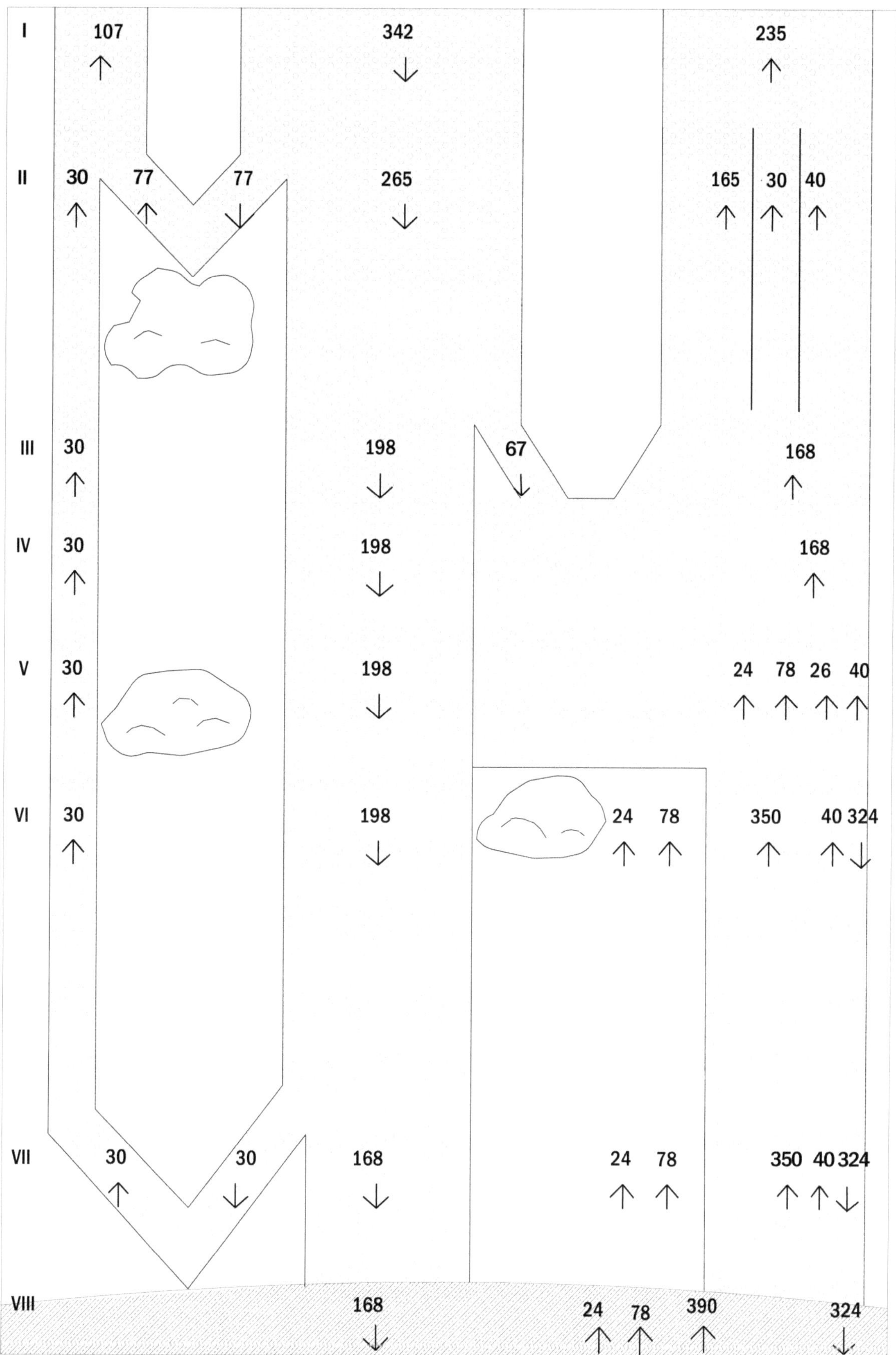

4.14 Skizze 1 Strahlungsfluss analog zu Bild FIG.7. KT97 mit den Ebenen I bis VIII

Erstellt von Verfasser A. Agerius, März 2019 (diese Grafik basiert auf der Idee der Darstellung von T. Kiehl und E. Trenberth 1997, Earth´s Annual Global Mean Energy Budget FIG.7.).

4.15   Innerer Bilanzsprung, Kritikpunkt 12

Für die Richtung gilt: nach oben +, nach unten – beziehungsweise ↑ und ↓

Orbit

	↓∑ -235					↑∑ 235			
I	+107		-342			+235			= 0
II	+30	+77	-77	-265		+165	+30	+40	= 0
	↓∑ -235					↑∑ 235			

An dieser Stelle ist der innere Sprung im Strahlungsfluss von 101 W/m² auf 235 W/m²

Obergrenze der Atmosphäre

	↓∑ -168 – 67				↑∑ 101		
III	+30	-198	|	-67	+168		= **-67**<0

Atmosphäre

IV	+30	-198	+128	+40	= 0
	↓∑ -168			↑∑ +168	

Atmosphäre

	↓∑ -168					↑∑ +168	
V	+30	-198	+24	+78	+26	+40	= 0

Untergrenze des Bereiches Greenhouse Gases

VI	+30		-198	+24	+78	+350	+40	-324	= 0
VII	+30	-30	-168	+24	+78	+350	+40	-324	= 0
VIII			-168		+24	+78	+390	-324	= 0
	↓∑ -168						↑∑ 168		

Erdoberfläche

Anmerkung: **|** ist die Betrachtungsgrenze der Einstrahlung, von der ↓ 67 W/m² abgetrennt werden.

Damit ist die Bilanz in III nicht auf 0 ausgeglichen und vollzieht zwischen II und III einen Sprung.

Satm (W/m²) ist der Energieanteil bezogen auf 1 m² und in 24 h, der physikalisch durch Absorption der Atmosphäre, z.B. durch Stoßvorgänge, Ausdehnung, Abkühlung umgewandelt wird. Dieser so formulierte Energieanteil Satm, den die Atmosphäre an anderer Stelle wieder innerhalb von 24 h auch wieder abgibt, **muss**, solange Satm ungleich Null ist, ebenfalls in der Bilanz der Leistungsanteile in W/m² als eigenständiger Anteil auftauchen. **Die Bilanzdarstellung in FIG.7.[127] verschluckt den Anteil ↑ +67 von Satm.** Dies ist falsch.

---

[127] KT97, FIG.7.

Deshalb wird die mathematische Bilanz der Energiebeträge über Ebene I bis VIII neu aufgestellt:

<pre>
                                    Orbit
      ↓∑ -235   ↑∑ 235
 I   +107   -342   +235   = 0
 II   +30 +77 -77 -265   +165 +30 +40 = 0
      ↓∑ -235   ↑∑ 235

                          Obergrenze der Atmosphäre
      ↓∑ -168 -67   ↑∑ +235
 III +30   -198 | ↓ -67   ↑ +67 + 128   +40   = 0
                             Atmosphäre
 IV   +30   -198   +128   +40   = 0
      ↓∑ -168   ↑∑ +168
                             Atmosphäre
      ↓∑ -168   ↑∑ +168
 V   +30   -198   +24 +78   +26   +40   = 0

                   Untergrenze des Bereiches Greenhouse Gases

 VI   +30   -198   +24 +78   +350   +40 -324   = 0
 VII   +30 -30 -168   +24 +78   +350   +40 -324   = 0
 VIII   -168   +24 +78   +390   -324   = 0
      ↓∑ -168   ↑∑ 168
                            Erdoberfläche
</pre>

Anmerkung: | ist die Betrachtungsgrenze der Einstrahlung, von der ↓ 67 W/m² abgetrennt worden waren.

Die Ergänzung des mathematischen Fehlbetrages von 67 stellt die Bilanz richtig und bedeutet physikalisch: Die Energieabgabe der Atmosphäre erfolgt, gemäß des 2. Hauptsatzes von warm nach kalt, Richtung Orbit - 273,15 °C.

Kritikpunkt 12

So wie in FIG.7.128 die Strahlungswerte als Pfeile eingezeichnet sind, ist die Energiebilanz nicht ausgeglichen, unabhängig von der Gegenstrahlung. **Die Bilanz stimmt in sich nicht.**

4.16   Thermodynamik

Feststoffe, Flüssigkeiten und Gase können auf verschiedene Arten wie Sensible Heat, Latent Heat und Strahlung (Radiation) Energie aufnehmen und abgeben. Der Energieaustausch als Wärmeaustausch erfolgt ohne zusätzliche Energie von warm nach kalt (Kap. 1.6 2. Hauptsatz der Thermodynamik). Deshalb kühlt das berühmte

---

128 KT97, FIG.7.

Gärtnergewächshaus, das sog. Treibhaus, auch nachts aus, wenn der Luftwechsel unterbunden bleibt. Ebenso kühlt nachts die Erde ab, zeitverzögert, weil in drei Arten der Wärmeübertragung die Energieportionen teils nur stoßweise von Molekülgruppe zu Molekülgruppe von warm zu kalt abgegeben werden, so lange, bis die Energie den -273 Grad kalten Weltraum erreicht. Die erwärmende, langwellige Gegenstrahlung ist mit 324 W/m² fast doppelt so groß wie die von der Sonne auf die Erdoberfläche treffende Strahlung in Höhe von 168 W/m² (324/168 = 1.93).

Als Wärmestrahlung strahlt die fiktive Gegenstrahlung von der Unterseite der Atmosphäre auf die Erdoberfläche von kalt nach warm. **Das widerspricht der Physik der Thermodynamik, der 2. Hauptsatz ist verletzt.**

Anmerkung:

Der Energieaustausch durch Strahlung zwischen zwei Körpern kann in der Theorie als Wechselwirkung eines Photonenaustausches von sich überlagernden Bruttosalden gedeutet werden. Solange ein Nettosaldo als Strahlung von warm nach kalt fließt, ist der 2. Hauptsatz der Thermodynamik nicht verletzt.

In der aktuellen Diskussion („... da ... Energie von einem kühleren Körper... – gemeint ist die Atmosphäre – ... zu dem wärmeren Körper – der Erdoberfläche – ... strömt und dies angeblich dem II. Hauptsatz der Thermodynamik widerspreche ...“[129]) wird argumentiert, es könnte einen Strahlungsaustausch zwischen Surface Radiation und Back Radiation über einen Photonenaustausch geben. Dieser wird als wechselseitige Bruttostrahlung gedeutet, die lokal von warm zu kalt und kalt zu warm fließt und durch die Solareinstrahlung der Sonne, die 6000 Kelvin heiß ist, netto überlagert wird. Netto, in der Summenbetrachtung fließt mehr Wärme von der heißeren Sonne zur kühleren Erde, damit würde der 2. Hauptsatz nicht mehr verletzt werden.

4.17 Kann man ein Brutto-/Netto-Strahlungskonzept auf diese Energiebilanz übertragen? Kritikpunkt 13

Die Sonne ist 6000 Grad heiß. Wie hoch ist ihr Strahlungsnettoanteil, der in diesem Bilanzmodell maximal zur Verfügung steht, um eine Aufspaltung in einen warmen und kalten Anteil zu ermöglichen? Es ist die einfallende Solarstrahlung von 342 W/m² abzüglich des von den Wolken und der Atmosphäre reflektierten Teils von 77 W/m². Dies ergibt 265 W/m² und damit steht gar nicht genug Energie für eine Aufspaltung von -324Watt/m² und +324 W/m² zur Verfügung. Strahlungsenergie von 324 W/m² kann nicht aus dem Nichts erzeugt werden. Der 1. Hauptsatz der Thermodynamik ist weiterhin verletzt.

Damit es etwas anschaulicher wird, folgendes Bild:

Stellen Sie sich einen idealen Raum vor in Zimmergröße mit normaler Raumluft, Raumtemperatur exakt 15 Grad, aus dem durch perfekte Isolierung keine Energie entweichen kann. Ohne Energiezufuhr, nur aus sich selbst heraus, kann die Temperatur im Raum nicht auf 30 °C ansteigen.

In diesem Raum soll jetzt etwas zerknülltes Zeitungspapier liegen. Die Summe der Energie des Raumes besteht aus der Wärmemenge von 15 °C und der Energie, die im Papier gespeichert ist und eines Zündfunkens. Das Papier soll sich durch den Funken entzünden. Solange das Papier brennt, ist es in der Nähe der Flamme deutlich wärmer als im Rest des Raumes. Der Raum wird sich jetzt in unterschiedliche Temperaturzonen aufspalten. Er kann aber

---

[129] Hardenmüller in Wikipedia deutsche Ausgabe, Thema Treibhauseffekt, Unterthema Energiebilanz, Veröffentlichung auf http://de.m.wikipedia.org/wiki/treibhauseffekt. Stand vom 9. Februar 2018.

nur so lange wärmer werden, wie genug Energie durch den Brennstoff vorhanden ist. Ist das Papier abgebrannt, ist die Summe aller Energie im fiktiven Raum genauso groß wie vorher.

Raumluft enthält, wie die Atmosphäre, Wasserdampf, H_2O, ferner CO_2 etc., also genauso die sogenannten Treibhausgase. Durch die brennenden Flammen des Papiers (einem kleinen, sonnenähnlichen Feuer gleich) werden elektromagnetische Wellen in Form von Strahlung in den Raum auf die Treibhausgase der Raumluft ausgesendet. Jetzt müsste von sich aus eine Aufspaltung stattfinden: In erstens eine langwellige erwärmende Strahlung, die 1,93-fach so stark ist wie das brennende Papier, und zweitens gleichzeitig in eine 1.93-fach kühlende, entgegengesetzte Strahlung (analog zu 1.93 Kap 4.16 Thermodynamik).

Kritikpunkt 13

Wenn man die modifizierte Vorstellung eines Strahlungsaustausches mit Brutto- und Nettoflüssen auf das Global Mean Energy Budget dieser Studie anwendet, verletzt man den ersten Hauptsatz der Thermodynamik, weil zusätzliche Energie für das geschlossene System zur Aufspaltung erforderlich ist. Sie müsste aus dem Nichts entstehen. Dies ist nicht möglich. Der 1. Hauptsatz der Thermodynamik ist verletzt. Deshalb ist es nicht möglich, das Konzept der Brutto-/Nettosalden auf diese Art der Energiebilanz zu übertragen. Da mit dem Ansatz von Gegenstrahlung Wärme von Kalt nach Warm fließt, wird auch der 2. Hauptsatz verletzt.

Anmerkung zu Skizze 2
Nun springen wir in Gedanken zurück und verfolgen nochmals den eintreffenden Strahlungsfluss von 342 W/m². Nach den absorbierten Anteilen von 107Watt/m² und 67 W/m² treffen 168 W/m² auf die Erdoberfläche auf. Sie wandeln sich in die Energieanteile von 24 W/m², 78 W/m² und 66 W/m² um (nachfolgende Skizze 2). Die Summe dieser drei Anteile ergibt in Ebene III rechts wieder 168 W/m² und wird nun um den Energieanteil von 67 W/m² erhöht.
Zuvor hatte die Atmosphäre Energie (siehe Skizze 2, Ebene III, Bildmitte) als ↓ 67 W/m² durch Absorption aufgenommen. Jetzt in Ebene III rechts gibt die Atmosphäre diese Strahlungsenergie mit ↑67 W/m² wieder ab. Man könnte sich vorstellen, dass bei der Strahlungsaufnahme sich die 1 % sog. klimawirksamen, unsymmetrischen Gasmoleküle hierbei lokal um ΔT erwärmen. Sie stoßen mit den 99 % der übrigen symmetrischen Gasmoleküle zusammen. Die Energieabgabe kann über Stöße erfolgen. Mit Abnahme der Stoßvorgänge kühlen die Gase um ΔT lokal ab. Dies steht im Einklang mit der Thermodynamik, weil die Abkühlung zur kalten Seite in Richtung Orbit erfolgt, dem absoluten Temperaturminimum.

Dieser Strahlungsverlauf entspricht nicht nur den Regeln der Physik, es gibt in der Bilanz keine Strahlungssprünge. Alle Ebenen stehen in sich horizontal und darin die betrachteten Teilebenen auch vertikal in sich im Gleichgewicht. Nur eines haben wir nicht: Um mit der Stefan-Boltzmann-Formel eine lebensfreundliche Temperatur auszurechnen, sind die Energieanteile zu gering. Dies lässt vermuten, dass in das System bereits von Anfang an zu wenig Energie einstrahlte. Anders ausgedrückt: Die im Modell zugrunde gelegte Strahlungsverteilung ist offensichtlich nicht richtig.

Der Leistungsanteil, der in der Bilanz dem verdampften Wasser zugeordnet wird, wird als Umwandlungsenthalpie (Phasenübergänge flüssig-gasformig) bezeichnet. Ihm ist ein Leistungsanteil LH von 78 W/m² zugeordnet. Betrachtet man, wie viel Energie in der Leistungsbilanz rechnerisch maximal von der auf dem Boden auftreffenden Strahlung in Durchschnittstemperatur umgewandelt werden kann, sind 168 W/m² in die Formel von Stefan und Boltzmann einzusetzen.

168 = 24 + 78 + 66 in W/m² und damit $\sqrt[4]{(168\ W/m^2 / 5{,}67040 / 1E^-8\ W/m^2)}$ K – 273.15 K = -39,85 °C

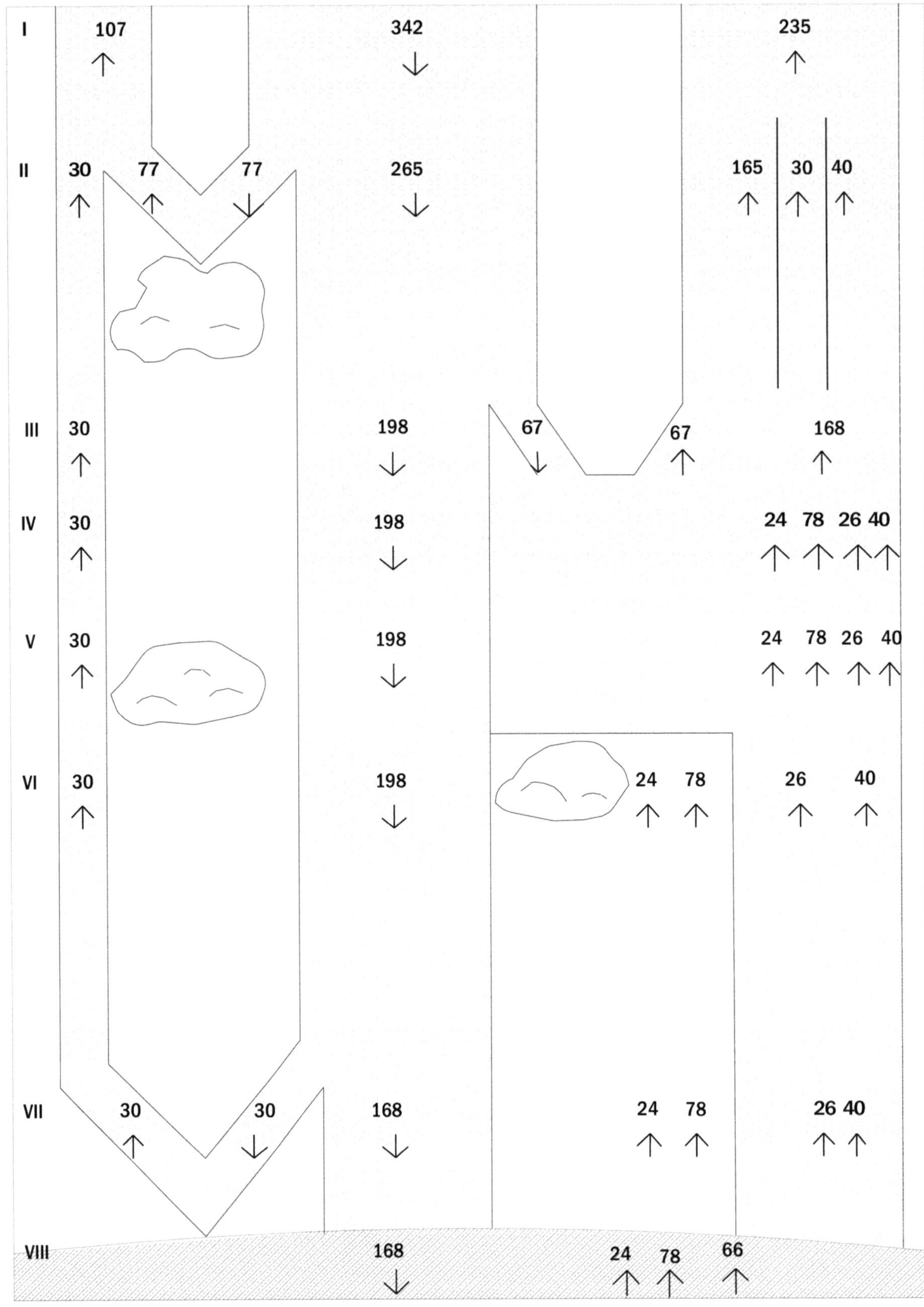

4.18 Skizze 2 Strahlungsfluss analog zu Bild FIG.7. KT97,

aber ohne Gegenstrahlung und mit fehlendem Anteil Satm ↑ 67

Erstellt von Verfasser A. Agerius, März 2019 (diese Grafik basiert auf der Idee der Darstellung von T. Kiehl und E. Trenberth 1997, Earth´s Annual Global Mean Energy Budget FIG.7.).

4.19 Bilanzmodell nach Kapitel 4 mit 324 W/m² nicht als einseitige, sondern allseitig wirkende Strahlung, Kritikpunkt 14

KT97 fasst die **Atmosphäre selbst als strahlenden Körper** auf („blackbody emission from the low cloud base")[130]. **Strahlung ist allseitig. 324 W/m² wirken nach unten und nach oben in Ebene V/VI.** Die Auffassung als echte Strahlung (Kap. 4.11 Strahlungs- /Vektormodel) mit Anteil (C) hätte Auswirkung auf die Energiebilanz:

mathematische Bilanz der Energiebeträge über Ebene I bis VIII neu aufgestellt:

+ strahlt nach oben, - strahlt nach unten:

Ein Bilanzgleichgewicht ist **nicht** gegeben, da bei 342 Watt Einstrahlung eine Abstrahlung von 559 W/m² entgegensteht. Dies entspricht physikalisch „einer Maschine", die mehr Energie erzeugt als man hineinsteckt, einem **„perpetuum mobile"**. Dies ist nicht möglich.

342 ungleich 559, kein Bilanzgleichgewicht, weder horizontal noch vertikal

Orbit

	$\downarrow\Sigma$ -235					$\uparrow\Sigma$ **559**		
I	+107		-342			**+559**	= +324	>0
II	+30 +77 -77	-265		+165 + 30 +40	**+324**		= +324	>0
	$\downarrow\Sigma$ -235					$\uparrow\Sigma$ 559		

Obergrenze der Atmosphäre

	$\downarrow\Sigma$ -168 -67				$\uparrow\Sigma$ +559		
III	+30	-198	$\downarrow$ -67	$\uparrow$ +67+128 +40 **+324** = +324			>0

Atmosphäre

IV	+30	-198		+128 +40 **+324** = +324		>0
	$\downarrow\Sigma$ -168				$\uparrow\Sigma$ +492	

Atmosphäre

	$\downarrow\Sigma$ -168				$\uparrow\Sigma$ +492	
V	+30	-198		+24 +78 +26 +40**+324**$\uparrow$**(A)** = +324		>0

Untergrenze des Bereiches Greenhouse Gases

VI	+30	-198	+24 +78 +350 +40 -324$\downarrow$(B)		= 0
VII	+30 -30	-168	+24 +78 +390	-324$\downarrow$(B)	= 0
VIII		-168	+24$\uparrow$ +78$\uparrow$ +66$\uparrow$ +324$\uparrow$(B) -324$\downarrow$(B)		= 0
	$\downarrow\Sigma$ -168			$\uparrow\Sigma$ 168	

Erdoberfläche

bezüglich (A), (B) und (C) siehe auch Kapitel 4.11, (Strahlungs- /Vektormodel)

Kritikpunkt 14

Nur wenn die Gegenstrahlung von 324 W/m² physikalisch erst wie eine Kraft, also vektoriell (einseitige Wirkung) interpretiert und danach als Strahlung umgedeutet wird, ist das Bilanzgleichgewicht ausgeglichen. Wäre die Gegenstrahlung existent, wäre sie eine Strahlung und wirkte sofort allseitig, nicht vektoriell. Dann gibt es aber, wie gezeigt, kein Bilanzgleichgewicht und zusätzlich ein perpetuum mobile, also ein System, das mehr Energie erzeugt, als man hineinsteckt. Dies ist nicht möglich. Deshalb ist die Theorie der Gegenstrahlung

---

130 KT97, S. 201 linke Spalte 1 Absatz, 5. Satz.

von 324 W/m² nicht möglich. Weil ihre Existenz nicht möglich ist, kann sie weder im Labor noch im Feldversuch (vgl. Kap. 4.24 Die Strahlungsmessung der Gegenstrahlung, Anhang 4 CO_2 zum Treibhauseffekt **noch von den** Satelliten (vgl. Kap.5.18) **gemessen werden.**

4.20   Weltweite Proxydaten für die mittelalterliche Wärmeperiode (MWP)

Bei der berühmten Studie „Mann"[131] gibt es keine mittelalterliche Warmzeit. Diese Temperaturkurve ist nicht nur für diesen Zeitabschnitt nahezu eine Gerade. Sie steigt erst an ihrem Ende, im 20.Jhd stark an. Darum heißt Mann's Kurve auch Hockey-Stickkurve. In ihrer Formgebung läuft sie erstaunlich parallel zum CO_2-Anstieg in der Atmosphäre. Ist die Formgebung dieser Temperaturkurve auch plausibel? Dr. W. Soon, Havard-Smithsonian Center for Astrophysics, Cambride, Massausetts und Dr. Sallie Baliunas, Mount Wilson Obervatory Californien, führen in „Proxy Climate and environmental changes of the past 1000 years"[132] in ihrer Table 1. eine Übersicht von 140 Studien von verschiedenen Standorten weltweit mit paleoclimatische Proxydaten auf. Davon hatten 14 per se direkten weltweiten Bezug. Die verschiedenen Proxydatenreihen stammen beispielsweise u.a. aus Bohrlöchern, aus Proben in situ bei Gletscherrückzug, aus Geomorphologie, aus Isotopenanalyse von Seesedimenten oder Eisborkernen, aus Baumringen, Cellulose aus Torfschichten, Korallen, Stalagmiten, biologischen Fossilien, Fluss und Seesedimenten, Schmelzschichten in Eisbohrkernen, Pollenanalysen sowie Kombinationen dieser verschiedenen Proxis.

Sie stellten zu ihrer Tabelle 1 speziell zur mittelalterlichen Warmzeit die folgende Frage: **„Is there an objektivly discernible climatic anomaly during the Medieval Warm Period (A:D: 800 – 1300) in this proxy record?"** [133] Keine Aussage für diesen Zeitraum machten 26 von 140 Untersuchungen (hiervon 14 weltweiter Bezug und 126 mit genauer Standort Koordinatenangabe). Diese 26 äußerten sich aber zu anderen Zeiträumen, nämlich 1300 - 1900 und zum 20 Jhd. Mit einem **klaren Ja für den Zeitraum (A:D:800 -1300)** beantworten dies **101**, kein eindeutiges Ja, also ein Ja mit? antworten 6 und **mit Nein antworten 7.** Hierunter war die **Studie Mann** et.al. 1999 [134] wegen deren „Proxis". **Im Falle der Hockeystickkurve sind diese vor allem Jahresringe von Bäumen**[135]).

Von diesen 101 Ja- Antworten ihrer Tabelle 1, mit **es gibt „objektiv erkennbare klimatische Anomalien"** während der mittelalterlichen Warmphase 800 -1300, **stammen die Proxy- Beweise** unter anderem **aus:**

Amerika (Stine 1998), Island und Grönland (Ogilvie et al.2000), Nord Atlantik (Luterbach et al. 2000), Zentral England (Lamb 65, Manley 1974), Tschechische Republik (Bodri & Cermak 1990), **Japan** (Tagami 1993 und 1996), **Südafrika** (Huffmann 1996), Grönland - Nasen Fjord (Jennings & Weiner 1996), Spitzbergen - Svalbard (Tarussov 1995), **Schweizer Alpen** Gorner und Großer Aletsch Gletscher (Holzhauser 1997), **Insel Südgeorgien,** 3677km nördlich des Südpols (Clapperton et al. 1989)**, Antarktis –** Law Dome (Morgan 1985), Antartis – Viktoria Land (Baroni & Orombelli 1994, **Argentinien -** Nord Patagonien - Rio Alerce (Villalaba 1990)**, Australien –** West Tasmanien (Cook et al. 2000), **Neuseeland** (D´Arrigo et al. (1998), **Kalifornien** (Stine 1994), **Qinghai- Tibetisches Plateau** (Liu et al. 1998), **Süd Indien –** Nilgiris (Ramesh 1993), **Ost Afrika L. Naivasha** (Verschuren et al. 2000),

---

131 Mann et altera.,1999, Inferences, uncertainties, and limitations, https://doi.org/10.1029/1999GL900070..

132 Soon W, Baliunas S (2003) Proxy climatic and environmental changes of the 1000 years. Clim Res 23:89-110. https://doi.org/10.3354/cr023089, S.92.

133 Soon W, Baliunas S (2003) Proxy climatic and environmental changes of the 1000 years. Clim Res 23:89-110. https://doi.org/10.3354/cr023089, Table 1, S.92 -94

134 Mann et altera.,1999, Inferences, uncertainties, and limitations, https://doi.org/10.1029/1999GL900070. Siehe auch, Dritter Sachstandsbericht des IPCC (Teil 1, Kapitel 2.3.2.2).

135 Nadja Pobregar, 2010, Streit um den „Hockeystick", scinexx, https://www.scinexx.de/dossierartikel/streit-um-de-hockeystick/ Die Sache mit den „Proxy"-Daten. Stand vom 04.06.2020.

West Afrika – Cap Blanc (deMenocal et al. 2000), **Süd Afrika** (Tyson & Lindesay 1992), **Süd Amerika** mehrere Regionen (Iriondo 1999), **Argentinien (**Cioccale 1999), **Westliche Antarkis** (Domack et al. 2001)

In ihrer Fig. 1 der gleichen Studie zeigen Dr. W. Soon und Dr. S. Baliunas die geografische Verteilung aller Standorte auf einer Weltkarte und kommen in Kap. 5 Results zum Ergebnis: „Fig. 1. indicates that Little Ice Age exisits as a distinguisable [unterscheidbare] climate anomaly from all regions of the world that have been assessed."[136] Die mittelalterliche Klimaanomalie ist damit für alle Regionen in der Welt, die über die Standorte bewertet wurden, unterscheidbar und damit sichtbar. **Die weltweite mittelalterliche Warmzeit kann mit den geologischen Befunden gem. Table 1 Soon/Baliunas nicht mehr geleugnet werden.** „Auch die Südhalbkugel erwärmte sich während der MWP." (Quelle 86, S.40) „Während die Erwärmung der letzten 150 Jahre von den Modellen in der Regel ohne größere Probleme dargestellt werden kann, können die Klimamodelle die aus geologischen Rekonstruktionen gut belegte MWP-Wärme nicht zufriedenstellend reproduzieren." (Quelle 86, S.44) Wie lässt sich dies erklären?

4.21 Ansatz einer mittelalterlichen Warmzeit (Jahr 1000 mit ca. 14.7 °C und ca. 288ppm) verglichen mit einer Globaltemperatur, extrapoliert aus Modell KT97 über lineare Absenkung von CO_2 353ppm (1990) auf 288ppm

Das Modell KT97 verstärkte die Strahlungsleistung unsymmetrischer Moleküle von 125W/m² Absorbtion um den Faktor 2.59 (324W/m²/125W/m²) auf die Gegenstrahlungsleistung von 324 W/m² Emission unter Verletzung des Kirchhoff Gesetzes und des 1. Hauptsatzes der Thermodynamik. Hierin hatte CO_2 einen rechnerischen Antrieb von 32W/m². Eine für die vorindustriellen Zeit mit 288ppm niedrigeren CO_2-Konzentration (0,82 = 288/353) liefert rechnerisch eine Strahlungsleistung von 119 W/m² = 93 W/m² + 288/353 x 32 W/m², statt 125W/m² für 353ppm 1990, vgl. Kap 3.4. oder Table 3. KT97. Da die anderen unsymmetrischen Moleküle unverändert bleiben, bleibt der Erhöhungsfaktor von 2.592 für die Emission im Modell auch unverändert. Es errechnet sich die Gegenstrahlung, Back Radiation, bei 288ppm CO_2 zu **308W/m²** (119x 2.59).

Um das Jahr 1000 war die Globaltemperatur nach Craig Loehle, Figure 1., Mittelwert aus 18 Zeitreihen um 0.4 °C höher verglichen mit der Temperatur des Jahres 2000. „The data show the Medieval Warm Period (MWP) and Little Ice Age (LIA) quite clearly."[137] **Loehle nahm nicht Baumringdaten** auf, da es beim Auswählen keine, also „no agreed upon method for calibrating" der entscheidenden Ringe gibt. Es gibt zwar Methoden „to pick the trees that work best but". Aber es kann dann einen viel größeren subjektiven Interpretationsspielraum **„issues of subjectivity"** hierfür geben. In „Der Klimawandel" Abb. 2.3. gibt Prof. Schellnhuber für das Jahr 2000 eine Globaltemperatur von 14,3 °C an. [138] Für das Jahr 1000 ergibt sich folglich eine Globaltemperatur von 14,70 °C, entsprechend 389.30 W/m², $\sqrt{v}$ (389.3 W/m² / 5,67040 /1E⁻8 W/m²) K – 273.15 K = 14.7 °C.

Was passiert in KT97, wenn sich der CO_2- Gehalt von 353ppm auf 288ppm ändert?

In KT97 für das	Jahr 1000	Jahr 1990 (siehe FIG. 7. KT97)
TSI	1367 W/m²	1367 W/m²
Verteilung 1/4	342 W/m²	342 W/m²
Albedo	31,29%	31,29%
CO_2	**288ppm**	**353ppm**
Thermals (SH)	24 W/m²	24 W/m²
Evaporation (LH)	78 W/m²	78 W/m²

---

136 Soon W, Baliunas S (2003) Proxy climatic and environmental changes of the 1000 years. Clim Res 23:89-110. https://doi.org/10.3354/cr023089,Kap 5. Results, 3 Absatz, 1. Satz, S.98.

137 Craig, Loehle, 2007, A 2000-Year Global Temperature Reconstruction Based on Non-Treering Proxis, Multi-Science Publishing CO.LTD, Essex CM15 97B, United Kingdom and Reprint, Energy & Environment, Volume 18 No 7+8, S.1049-1058, doi.org/10.1260/095830507782616797, Figure1 S. 1052 and Results S.1053.

138 S. Rahmstorf und H. J. Schellnhuber, Der Klimawandel, München, **7. Auflage 2012, S. 37.**

Absorbed by Surface	168 W/m²	168 W/m² (siehe FIG. 7. KT97)
aus Sonne	66 = 168-24-78	66 = 168-24-78
Back Radiation	308 W/m²	324 W/m²
Surface Radiation (W/m²)	374 = 308 (Moleküle) + 66 (Sonne)	390 = 324(83%) + 66(17%)
Globaltemperatur	**11.8 °C** mit Modell **KT97**	14,8 °C
Jedoch Globaltemperatur	**14,7 °C** (**aus Proxydaten**, C. Loehle)	

mit 11.5 °C = $\sqrt{\vphantom{l}}$ (374 W/m² / 5,67040 /1E⁻8 W/m²) K – 273.15 K.

T °C (aus Surface Radiation)   **11,8 °C ≠ 14,7 °C Proxydaten**

Da nur 17% der wärmewirksamen Strahlung für 14.8 °C aus der Sonne herrühren und 83% aus den unsymmetrischen Molekülen, sind globale Warmphasen mit niedrigem CO_2- Gehalt und konstant gehaltener Albedo bei linearer Absenkung des CO_2 -Gehaltes von lediglich 65 ppm mit dem Mechanismus von KT97 schlecht bzw. nicht darstellbar. Oder, anders formuliert, unter den getroffenen Annahmen wirkt sich das mittelalterliche Klimaoptimum ungünstig auf KT97 aus. Hätte es **proxywidrig** ein mittelalterlich erhöhte Temperaturhoch für die Nordhalbkugel oder für die Erde als Ganzes historisch nicht gegeben, würde sich dies 1. sehr günstig auf die generelle Anwendbarkeit von KT97 auswirken**.** Es würde 2. eine falsche[139] Behauptung unterlegen, dass die Sonne in kürzeren Zyklen nicht das Klima der Erde steuern kann. Ohne mittelalterliches Klimaoptimum würde dies 3. ein „**vermeintliches**" Argument durch Gleichlauf von Globaltemperatur und dem CO_2 -Ausstoß erzeugen. Zur Aussagefähigkeit von ähnlich oder parallel verlaufenden Kurven verweise ich auf „Spurious correlations"[140]. Wenn zwei Kurven mathematisch korrelieren, ist das Verhältnis Ursache – Wirkung zueinander stets eine Kann Möglichkeit, nie eine Muss Ableitung, siehe auch Willis Eschenbach zu statistischen Korrelationen Kap 4.1.11. Vergleich von Differenz-Temperatur und Absolut-Temperatur.

2009 erfährt die Weltöffentlichkeit von der „**Climategate-Affäre**". Sie erschütterte damals die Aufrichtigkeit und Glaubwürdigkeit der Klimawissenschaft. Akteure sind die Klimawissenschaftler, **Kevin E. Trenberth, (Coautor von KT97), Michael Mann (Hockey Stick),** Phil Jones und andere. Die britische Zeitung „The Telegraph" veröffentlichte von über 1000 gehackten E-Mails der University of East Anglia aus der Zeit 1996 bis 2009 Mitschnitte in der Ausgabe vom 23 November 2009. Ich beschränke mich auf wenige Zitate: „From: Phil Jones. To Many. Nov 16, 1999 „ I´ve just completed Mike´s Nature [the science journal] trick of adding in the real temps to each series for the last 20 years (ie, from 1981 onwards] and from 1961 for Keith´s to hide the decline. [...] From **Kevin** Trenberth (US National Center for Atmospheric Research). To: Michael Mann. Oct 12, 2009 "The fact is that we can´t account for the lack of warming and it is a travesry that we can´t … Our observing system is inadequate" [...] **From Phil To: Micheal Mann** (Pennsylvania State University). July 8, 2004" I can´t see either of these papers being in the next IPCC report. **Kevin and I** will keep them out somehow- **even if we have to redefine what the peer-review literature is!**" 141 [Hervorhebungen hinzugefügt]

Der Leser muss die Einordnung dieser Mitschnitte selbst vornehmen. In 142 zusätzliche Information. Mich erschüttert jedoch die Energie dieses letzten Halbsatzes.

---

139 Siehe Kap.9.10 Prof. Zharkova und die Steuerung des Klimas durch die Sonne in **kurz**- und langfristigen **Zyklen**. Dieses Argument ist nach dem aktuellen Stand der Forschung 2020 widerlegt.

140 Creative commons, 1866 Mountain View, CA 94042 USA, http://tylervigen.com/spurious-correlations

141 Christopher Booker, (2009), University of East Anglia emails: the most contentious quotes, The Telegraph online, vom 23 November 2009 und http://www.telegrah.co.uk/news/environment/globalwarming/6636563/University-of-East-Anglia-emails-the-most-contentius-quotees.html. Stand vom 12.3.2020.

142 Interview mit Stephen McIntyre auch auf youtube: IPCC pressure tactics exposed: A Climategate Backgrounder oder https://climatediscussionnexus.com/videos/climate-hide-the-decline-backgrounder Stand vom 15.01.2021.

Axel Bojanowski schreibt am 3.5.2010 auf SPIEGEL ONLINE [143] in Heißer Krieg ums Klima „Die illegal veröffentlichten E-Mails zeigen, wie führende Wissenschaftler auf das PR-Trommelfeuer der sogenannten Skeptikerlobby reagiert haben: Aus Angst, die Gegenseite könne Unsicherheiten der Forschungsergebnisse ausnutzen, haben viele Forscher versucht, die Schwächen ihrer Resultate vor der Öffentlichkeit zu verbergen" und weiter heißt es „Das Misstrauen beförderte eine Günstlingswirtschaft, wie die E-Mails belegen: Jones und Mann verfügten demnach über erheblichen Einfluss auf Fachmagazine. **Wer die Journale kontrolliert, bestimmt, was veröffentlicht wird – und damit als wissenschaftliche Tatsache gilt.**" [Hervorhebungen hinzugefügt] Die Studie Mann zeigt ebenfalls, wie schlecht peer-review Studien sein können. Micheal Mann´s Hockeyschläger-Diagramm gelangte in den dritten Weltklimabericht 2001. In dieser Temperatur- Rekonstruktion ohne Glättung wäre es dann auf der Nordhemisphäre im Jahr 1000 sogar 1.0 °C kühler als 1998. Ein mittelalterliches Optimum existiert in dieser Darstellung nicht.[144]

Es gibt eine ganze Reihe von Klimakurven der letzten 2000 Jahre, die ein mittelalterliches Wärmeoptimum aufzeigen. So auch vom kanadischen Geographen und Klimatologen Timothy Ball. „Timothy Ball und der Erfinder des bekannten Hockeysticks, Michael Mann sind die großen Kontrahenten. […] Tim Ball warf Michael Mann in einem Interview mit einer Wissenschaftszeitung Fälschung vor – Mann zeigte Tim Ball wegen Verleumdung an und verlor diesen Prozess. **Mann konnte seine Hockey-Stick**-Theorie, die auf Algorithmen beruht, **vor Gericht nicht belegen. Er weigerte sich, die Daten hinter der Grafik weiterzugeben und bestand auf Geheimhaltung.**"[145] [Hervorhebungen hinzugefügt] „Stephen McIntyre und Ross McKittrick haben die Studie inzwischen gründlich widerlegt. […] U.a. konnten fast beliebige Zahlen in das von Mann benutzte Programm eingesetzt werden, immer resultierte ein ´Hockeystick´.[146]

4.22   Auswirkungen eines CO_2- Anstieges im Modell KT97 / Verstärkungsfaktoren

In dieser simplifizierten Betrachtung wird nur der Einfluss eines CO_2- und CH_4 -Anstieges als dominante Temperaturtreiber untersucht. Die anderen unsymmetrischen Moleküle, Wasserdampf, Lachgas, etc. bleiben unverändert. In KT97 beträgt die abgeleitete Strahlungsleistung für CO_2 32 W/m², Methan 8 W/m² und 125 W/m² für alle unsymmetrischen Gase in Summe, vgl. Kap 4.6. Table 3. KT97 bezieht sich auf das Jahr 1990 und mit 353ppmv CO_2 und Methan 1.72 ppmv als Bezugsniveau.[147]

Forcing der unsym. Gase ohne CO_2 und ohne CH_4:   85 W/m² = 125 W/m² - 32 W/m² - 8 W/m²

Forc. nur unter Veränderung in ppmv der Konzentration von CO_2 und CH_4. Mit jedem zusätzlichen Ausstoß von Treibhausgas schwächt sich seine Wirkung ab. Dies berücksichtigt der Wurzelausdruck[148]. (Diese Abschwächung könnte man alternativ auch z. B. mit einer ln- Funktion modellieren.)

---

143 Axel Bojanowski, (2010), Heißer Krieg ums Klima, SPIEGEL ONLINE vom 3.5.2010.

144 Nach IPCC AR3, WGI, Abb. S. 134, Daten: Mann, Bradley, Hughes 1999.

145 Desa (2019), Klimadiskussion: Paläoklimatologe Michael Mann kann Hockey Stick Graph nicht verifizieren, Pfalz Express vom 6. September 2019.

146 Dr. Heinz Hug, 2012, Der anthropogene Treibhauseffekt – eine spektroskopische Geringfügigkeit, Veröffentlichung vom 10. August 2012. Hug-pdf-12-Sept-2012.pdf, S.1 – S 26, S.21, 1 Absatz.

147 KT97, S.200 linke Spalte, 3. Absatz.

148 Anmerkung: Prof. Hermann **Harde**, 2014, benutzt für die Absorptionseigenschaften der Moleküle H_2O, CH_4 die Hitran08-database für den Wellenbereich von 0.1 -8µm in Advanced Two-Layer Climate Model for the Assessment of Global Warming by CO_2, 2.2.2 Absorption Spectrum und Figure 4 (sw absortivities as a function of the CO_2 concentration. DOI: 10.15764/ACC.2014.03001.

Forcing von CO_2 und CH_4 :125 W/m² = $F_{CO_2, CH_4, Jahr}$ (W/m²) einmal mit Wurzel und einmal mit ln Funktion:

$$F_{CO_2, CH_4, Jahr, wurzel} \text{ (W/m²)} = 85 \text{ W/m²} + 32 \text{ W/m²} \sqrt{CO2 \text{ Jahr (ppmv)}/353ppmv} + 8 \text{ W/m²} \times \sqrt{CH4 \text{ Jahr (ppmv)}/1.72ppmv}$$

$$F_{CO_2, CH_4, Jahr, ln} \text{ (W/m²)} = 85 \text{ W/m²} + 32 \text{ W/m²} \ln (e - 1 + CO2 \text{ Jahr (ppmv)}/353ppmv) + 8 \text{ W/m²} \times \ln (1.71828 + CH4 \text{ Jahr (ppmv)}/1.72ppmv)$$

Backradiation A (W/m²) als Veränderung von CO_2: 324W/m² /125 W/m² x $F_{CO_2, CH_4, Jahr}$ (W/m²):

$$A_{Jahr} \text{(ppmv)} = 324 \text{W/m²} /125 \text{ W/m²} \times F_{CO_2, CH_4, Jahr} \text{(W/m²)} \qquad \text{(für KT97)}$$
$$A_{Jahr} \text{(ppmv)} = 342 \text{W/m²} /125 \text{ W/m²} \times F_{CO_2, CH_4, Jahr} \text{(W/m²)} \qquad \text{(für CMIP5)}$$

Mit KT97 Surface Radiation als S_R (W/m²):

$$S_R \text{(W/m²)} = 66 \text{ W/m²} + A_{Jahr} \text{(ppmv)} \qquad \text{(für KT97)}$$
$$S_R \text{(W/m²)} = 56 \text{ W/m²} + A_{Jahr} \text{(ppmv)} \qquad \text{(für CMIP5)}$$

Globaltemperatur $T_{(CO2\ Jahr\ (ppm))}$ (^{0} C) = $\sqrt\sqrt{}$ (S_R (W/m²) / 5,67040 /1E$^-$8 W/m²) K − 273.15 K

Jahr	CO2 (ppmv)	CH4(ppmv)	Model	F_CO2 Jahr (ppmv)		A (W/m²)	S_R (W/m²)	T (^{0} C)
1990[149]	353	1.72	(wie KT97)	125.0	wurzel	324.0	390.0	14.8
2011[150]	390,5	1.80	(wie KT97)	126.9	wurzel	328.9	394.9	**15.7**
2045[151]	530	1.95*	(wie KT97)	132.7	wurzel	344.0	410.0	**18.5**
2080[152]	710	2.08*	(wie KT97)	139.2	wurzel	360.8	426.8	**21.4**
[**1850**	284**	0.96**	(wie CMIP5)	119.7	wurzel	327.5	383.5	**13.62**]
[bei	190**	0.50**	(wie CMIP5)	112.8	wurzel	308.6	364.6	10.0]
[bei	1000**	2.50**	(wie CMIP5)	148.5	wurzel	406.3	462.3	27.3]
[bei	1500**	3.00**	(wie CMIP5)	161.5	wurzel	441.9	497.9	33.0]
[bei	1500**	3.00**	(wie KT97)	152.1	ln	394.2	460.2	27.0]
[bei	2000**	3.00**	(wie KT97)	158.9	ln	411.9	477.9	29.8]
[bei	2500**	3.00**	(wie KT97)	164.5	ln	426.4	492.4	32.1]
[bei	3500**	3.00**	(wie KT97)	173.3	ln	449.2	515.2	35.6]
[bei	4500**	3.00**	(wie KT97)	180.4	ln	467.6	533.6	38.3]

Erläuterung: * Für 2045 wurde 1.95 ppmv und für 2080 2.08 ppmv als möglichen Anstieg angesetzt. ** Es ist ein Vergleich mit dem Mechanismus der CMIP5 Modelle, auf deren Modelldurchschnitt in Kap.4.23 Vergleich KT97 mit IPCC AR5 Modellen eingegangen wird. Ohne Jahresangabe sind Varianten für geologische Zeiträume.

Fortsetzung zu Dr. Harde: **Der Kurvenverlauf auf Hitranbasis für CO_2** seiner Figure 4 entspricht in etwa einer Wurzelfunktion. 350ppm CO_2 entsprechen in Figure 4 dann 14.285 ^{0}C Globaltemperatur und 700ppm dann T = 14.485 ^{0}C. Damit beträgt der Temperaturanstieg bei CO_2- Verdopplung von 350 auf 700 ppm, **T < = 0.2 K**

[149] KT97, S.200, linke Spalte, 3. Absatz.

[150] James.H.Butler and Stephen A.Montzka, THE NOAA ANNUAL GREENHOUSE GAS INDEX (AGGI), update spring 2020, Boulder Colorado, https://www.esrl.noaa.gov/gmd/aggi/aggi.html, Figure 2. Stand vom 12.06.2020

[151] Prof. Christoph. Schär, 2005, Institut für Atmosphäre und Klima, ETH Zürich Die Fieberkurve des Planeten, 10.St. Galler Infekttag 21.April 2005, S.35. Szenario A2. 2045.

[152] Prof. Christoph. Schär, 2005, Institut für Atmosphäre und Klima, ETH Zürich Die Fieberkurve des Planeten, 10.St. Galler Infekttag 21.April 2005, S.35. Szenario A2. 2100.

Das Jahr 2080 entspricht bezogen auf 1990 in KT97 einer Verdopplung von CO_2. Die Klimasensitivität, also der Anstieg der global gemittelten Bodentemperatur in 2m Höhe bei CO_2-Verdoppelung, wäre damit ca. 6.6 °C (21.4 -14.8). Wenn man ab 2080 einen weiteren Anstieg von CO_2 für 2100 unterstellt, kann man es einem RCP6.0 Szenario IPCC Arbeitsgruppe III im direkten Vergleich etwa zuordnen.[153] Bezogen auf die neuste Generation der CMIP6 Modelle schreibt Z. Hausfather „**CMIP6** models available to-date have tended to show notably higher climate sensitivity than CMIP5 models.[...] the SSP1-2.6 scenario – wich is analogous to the "well-below 2C" RCP2.6 of AR5 – shows mean warming of 2.1C.On the high end, the SSP5-8.5 scenario shows a mean warming of 5.5C,…" [154] Das SSP5 -8.5 Scenario hat zwischen 2090 und 2100 einen Erwärmungsbereich von 3.3 °C - 7.4 °C mit einem Mittelwert von 5.5 °C bezogen auf die Globaltemperatur zwischen 1880 – 1900. Um 1900 herrschte eine Globaltemperatur von ca. 13.6 °C [155] Damit ergibt sich für **SSP5-8.5 Szenario ab 2090** ein oberer Temperaturwert von **21.0 °C** (13.6 °C zuzüglich 7.4 °C), **im Vergleich zu 21.4 °C 2080 von KT97 extrapoliert** unter Annahme einer Wurzelfunktion. **Damit lassen sich die Verläufe der Mittelwerte der Gobaltemperatur der CMIP-Modelle und ihr hinterlegtes Prinzip erklären.**

Die Modell-Globaltemperatur in KT97 beträgt 14.80 °C. Der Ansatz von Modell KT97 mit seinen Konzentrationen von CO_2 und Methan wurde extrapoliert ins Jahr 2080. Bei CO_2-Verdopplung betrug die Klimasensitivität T<= 6.4 K. Über Verstärkungsfaktoren, die im Mechanismus des Modells begründet sind, wurden Werte erreicht, wie sie einem RCP6.0 eines CMIP5 IPCC-Modells oder einem SSP5-8.5 Szenario CMIP6 IPCC-Modells entsprechen. Die Wissenschaftler Dr. F. M. Miskolczi, das Team Prof. Kauppinnen/Malmi und das Team von Prof. Rheinhart veröffentlichten aber in ihren Studien, dass CO_2 bei einer Verdopplung der Konzentration tatsächlich nur eine Temperatursensitivität von T < 0.24 K aufweist, im Widerspruch zum IPCC. Nach Prof. Kauppinnen/Malmi beträgt dann der Strahlungsantrieb bei CO_2 Verdopplung 1.3 W/m² von 400ppm auf 800ppm (Kap. 4.8 Anmerkung zu Kauppinen/ Malmi und Miskolczi als Einschub). Dieser Widerspruch beruht den Strahlungsverstärkungsfaktoren. Damit die Verstärkungsfaktoren auf der sicheren Seite liegend, also möglichst klein gerechnet werden, wird in Zeile b) CO_2 möglichst hoch angesetzt. Die Ursachen der Verstärkungsfaktoren sind folgende Modellierungsfehler in KT97, der Modellbasis nun auch der neueren Generationen von Klimamodellen.

		Verstärkungsfaktoren
a)	Übergewichtung durch Stoßunterdrückung. Integration über nichtstrahlende Bereiche, **Einführung eines unbedingten Strahlungserhaltungssatzes** mit Ausschluss einer Energieabgabe durch Molekülstöße: 32 W/m² / 1.3 W/m²	**24.6**
b)	Übergewichtung im Modell Absorption/ Emission im Verhältnis: 324 W/m² / 125 W/m², **Verstoß gegen das kirchoffsche Gesetz**	**2.59**
c)	Übergewichtung der Gegenstrahlung, durch **Fehlen der Hälfte der Messwerte und der Hälfte der Energie im Modell im Verhältnis** Gegenstrahlung / Sonne 324 / 66 = 4.91 und damit **Verstoß gegen 1. und 2. HS der Thermodynamik**	**4.91**
d)	Flusskorrekturen [156] bleiben unberücksichtigt	-

153 IPCC, 2013/2014, Beiträge der Arbeitsgruppen I, II und III zum fünften Sachstandsbericht des zwischenstaatlichen Ausschusses für Klimaänderungen IPCC, Zusammenfassung für politische Entscheidungsträger, WGIII-8, Tabelle SPM.1 „Schlüsselcharakteristika der für den AR5 gesammelten und bewerteten Szenarien… .", vorletzte Zeile in der Tabelle.

154 Zeke Hausfather, 2019, CMIP: the next generation of climate models explained, in CarbonBrief Clear on climate, vom 2.10.2019, http://www.carbonbrief.org/cmip6-the-next-generation-of-climate-models-explained. Stand vom 17.06.2020

155 S. Rahmstorf und H. J. Schellnhuber, Der Klimawandel, München, 7. Auflage 2012, S. 37, Abbildung 2.3.

156 **Zusätzliche Verstärkungsfaktoren**, bezeichnet als Flusskorrekturen, treten in Computer Klimamodellen bei der Kopplung von General Circulation Atmospheric Models mit General Circulation Oceanic Models auf. „Der gesamte natürliche Treibhauseffekt macht [...] nur 0.9% der Energie aus, die in den Ozeanen bei einer Wassertiefe bis 10m gespeichert sind. [...]

In KT97 beträgt der gesamte interne Strahlungserhöhungsfaktor damit 312 = 24.6 x 2.59 x 4.91. Die Verdopplung der CO_2- Konzentration $\sqrt{(800ppmv)/(400ppmv)}$ erhöht diesen Faktor um 1.41 auf 440.

Prof. Mitchell (2007) Leitautor des IPCC AR4 und Direktor des britischen Metoffice: „It is only possible to attribute 20th Century warming to human interference using numerical models of the climate system." 157 „- Prof. Chris Folland, Hadley Centre for Climate Prediction and Research: `Die Messdaten sind nicht maßgebend. Wir begründen unsere Empfehlungen nicht auf Daten. Wir begründen Sie mit Klimamodellen.` - Paul Watson, Mitbegründer von Greenpeace: `Es zählt nicht, was wahr ist, es zählt nur das, wovon die Leute glauben, dass es wahr ist. – Christine Stewart, ehemalige kanadische Umweltministerin: ´ Es ist unwichtig, ob die Wissenschaft der globalen Erwärmung total falsch ist... Klimawandel liefert die beste Gelegenheit, um Gerechtigkeit und Gleichheit in die Welt zu bringen."158Prof. Ottmar Edenhofer, 2008- 2015 Co-Vorsitzender der Arbeitsgruppe III des IPCC: „Aber man muss klar sagen: Wir verteilen durch die Klimapolitik de facto das Weltvermögen um." 159 Zurück zur ausschließlich physikalischen Betrachtung:
Bei einem Temperaturanstieg um 6.6 °C (2080) in KT97 bei Konzentrationsverdopplung betrug die Wärmewirkung aller unsymmetrische Gase 360.8 W/m². Mit Tabelle 5 Absorption und Emission aus 4.12 Hypothese, es gäbe die Gegenstrahlung, sind 27% der gemittelten CO_2- Anteile (26+28) / 2 aus clear- und cloudy-Zuständen. Bezogen auf die Strahlung von CO_2 **vor** Verstärkungsfaktoren liefert dies: 366.8 W/m² / 312 x 0.27 = 0.32 W/m² und und **vor** CO_2 Verdopplung 366.8 W/m² / 440 x 0.27 = 0.23 W/m².

Ist ein Strahlungsergebnis von 0.23 W/m² CO_2 für in seiner Größenordnung physikalisch plausibel, was sagen andere Studien?

Dass CO_2 nur verschwindend strahlen kann und selbst keine wesentliche, eigene Temperaturwirkung entfaltet, bestätigt auch Figure 9 von D. Archibald (2007).**160** Genau zu dieser Abbildung, Figure 9, schreibt der Chemiker und Spektralanalyst Dr. Heinz Hug: „David Archibald hat mit Hilfe des MODTRAN-Programms der Universität Chicago die Abhängigkeit der Erdoberflächentemperatur vom atmosphärischen CO_2- Gehalt berechnet. [...] Der höchste Anstieg der mittleren Erdoberflächentemperatur wird von [den ersten] 20 ppm CO_2 bewirkt. Danach fällt der Einfluss des CO_2 rapide ab. Dies verwundert nicht, denn der Einfluss der ´edges´ [gemeint sind Bandbereiche, Peakflanken, im CO_2] wird bei höherem CO_2- Gehalt immer geringer. Nicht zuletzt deshalb war der CO_2-Treibhauseffekt bereits zu Goethes Zeiten [1749-1832] weitgehend ausgereizt." 161 [Hervorhebungen hinzugefügt] Prof. Schellnhuber, ehemaliges IPCC-Mitglied, schrieb 2003, in Power-law persistence and trends in the atmosphere, a detailed study of long temperature records: „In the vast majority of stations we did not see

---

Allein die **100 W/m² - Flusskorrektur** zur Kopplung der Ozeanoberfläche-Atmosphäre ist rund **27- mal** (!) größer als der anthropogene Treibhauseffekt bei CO_2- Verdopplung (3.7 W/m²)." nach Dr. Heinz Hug, 2012, Der anthropogene Treibhauseffekt – eine spektroskopische Geringfügigkeit, Hug-pdf-12-Sept-2012.pdf, S.1– S 26, S.17. 8.1 Die Flusskorrekturen.

157 World Economics 8 (1): 221228.

158 Prof. H.J. Lüdecke, 2011, Temperaturmessungen vs. Klima-Alarmismus, S.1 – S.26, S.24.
http://docplayer.org/78888713- Temperaturmessungen-vs-Klima-Alarmismus-horst-joachim-luedecke.htn.

159 Bernhard Pötter, 2010, Klimaschutz als Entwicklungshilfe, Ottmar Edenhofer im Interview, Stuttgarter Zeitung online Ausgabe vom 17.09.2010. Stand vom 02.07.2020.

160 David Archibald, Failure to Warm, AGM Lavoisier Group 22 Oktober, 2007, Figure 9, The Warming Effect of Atmospheric Carbon Dioxide, S8.

161Dr. Heinz Hug, 2012, Der anthropogene Treibhauseffekt – eine spektroskopische Geringfügigkeit, Veröffentlichung vom 10. August 2012, Hug-pdf-12-Sept-2012.pdf, S.1– S 26, S.12.

indications for a global warming of the atmosphere. Exceptions are mountain stations in the Alps [Zugspitze (D), Säntis (CH), and Sonnblick (A), where urban warming can be excluded."[162]

Dr. Heinz Hug zeigt ferner auf, dass es sich beim Einsetzen eines Temperaturprofils (adiabatische Expansion) über die Höhe „in die Plank-Gleichung [...], um dann das temperaturabhängige Emissionsspektrum der Atmosphäre und des Erdkörpers zu erhalten [...] kein Beweis für den Strahlungstransport innerhalb der Atmosphäre [ist] ... Natürlich kann man auch die gemessene Emission innerhalb einer Schicht (Strahldichte L) in die Plank-Gleichung einsetzten, um dann die Temperatur zu erhalten. Auch dann wird im Kreis herum gerechnet."[163] Dieses Vorgehen entspricht einem Zirkelschluss und einer Einführung eines Strahlungsenergieerhaltungssatzes. „Es gibt nämlich keinen ´Strahlungsenergieerhaltungssatz´. Vielmehr übertragen angeregte ´erdbodennahe Treibhausmoleküle´ ihre Energie im Wesentlichen auf die nicht IR-aktiven Hauptbestandteile der Atmosphäre (N_2 und O_2).[164] Über eine mathematisch statische Auswertung von kurz- und langfristigen proxy-feedbacks widerlegt auch der Wissenschaftler Prof. Murry Salby die Kopplung von CO_2 an die Globaltemperatur.[165]

Die bisherigen Untersuchungsergebnisse zusammengefasst, lassen ein folgendes Erklärungsbild für CO_2 (0,04%) zu: Ein einzelnes CO_2 Molekül kann durch langwellige Strahlung angeregt werden. Die Energieabgabe aus dem so angeregten Zustand erfolgt dann sehr schwach durch Reemission und überwiegend durch Stoßabregung an die nicht strahlenden symmetrischen Moleküle N_2 (78%), O_2 (21%) und Ar (1%). Diese erfahren eine partiell erhöhte Bewegungsenergie. Diese Gase dehnen sich aus, werden leichter, steigen auf. Durch Volumenkontraktion der höheren Luftschicht geben sie diese zusätzliche Energieportion durch Abkühlung, von warm nach kalt in Richtung Space ab. Hierzu im Gegensatz steht KT97 und die IPCC Modelle. Sie heben die geringe Strahlung unsymmetrischer Moleküle über ein Bündel von gewaltigen Verstärkungsfaktoren auf das Niveau der Leistung der Sonne. In den CPM5 Modellen erreicht dann die Gegenstrahlung mit 342 W/m² dann tatsächlich Sonnenstärke oder 1368W/m²/4.

4.23   Vergleich KT97 mit IPCC AR5 Modellen.

Loeb, Dutton, Wild et altera, 2012, geben in „The global energy balance from a surface perspective"[166] eine Modellübersicht von 22 CMIP-IPCC AR5 Modelle. **Diese Modelle stellen eine Anpassung der Zahlenwerte von KT97 / KT09 auf das Jahr 2011, bzw. Anfang „beginning of the twenty first century" dar,** gemäß Fig. 1 dieser Studie. Der prinzipielle Modellmechanismus von KT97 wurde beibehalten. Das einzelne CMIP-IPCC AR5 Modell bestehend aus Grids, einer räumlichen Modell Netzstruktur. Nachdem Spin-up, dem Einlaufen in einen Gleichgewichtsstand, muss das Gridmodell in den Durchschnitten, Bsp. in den Leistungen, über alle Grids die Ausgangswerte abbilden. Die piControl ist eine Plausibilitätskontrolle des einzelnen Modells. Für die piControl werden die Jahresläufe mit den Aerosolkonzentrationen von 1850 konstant gehalten. 1850 betrug die globale Durchschnittstemperatur 13.6 °C. „The piControl experiment serves as the baseline for all other experiments in CMIP5. According to the CMIP5 protocol, all external forcing agents have the same values at year 1850 as for the

162 Prof. Schellnhuber et altera, 2003, Power-law persistence and trends in the atmosphere, a detailed study of long temperature records, Phy. Rev. E 68, Summary (iii).

163 Dr. Heinz Hug, 2012, Der anthropogene Treibhauseffekt – eine spektroskopische Geringfügigkeit, Veröffentlichung vom 10. August 2012, Hug-pdf-12-Sept-2012.pdf, S.1– S 26, S.16, 1 Absatz.

164 Dr. Heinz Hug, 2012, Der anthropogene Treibhauseffekt – eine spektroskopische Geringfügigkeit, Veröffentlichung vom 10. August 2012. S.16, 4 Absatz.

165 Prof. Murry Salby, 2012, Climate: What we know and What we don´t, Summary of the Lecture by Professor Salby. Ferner, https://youtu.be/HeCqcKYj90c Stand vom 18.06.20

166 Loeb, Dutton, Wild et altera, 2012, The global energy balance from a surface perspective, published online 13 November 2012, Clim Dyn (2013) 40:3107-3134, Springer-Verlag, Doi 10.1007/s00382-012-1569-8.

historical experiment." [167] Das einzelne Modell läuft dann stabil, wenn in piControll- Durchläufen über eine sehr lange Zeitachse sich keinen Temperaturanstieg zeigt. In CMIP5 Modell-Läufen, die einer Art Normung für ihre Vergleichbarkeit untereinander unterliegen, wird die Albedo jeweils konstant gehalten. Beispielsweise mit a_1 = 0.2958 bei MRI-CGCM3 im piControll-, mit a_2 = 0.3022 bei MRI-CGCM3 im historischen- und mit a_3 = 0.2982 bei MRI-CGCM2.3.2 im present-day-Lauf [168] . (Hinterlegt man im Model KT97 die Treibhausgasentwicklung beispielsweise mit einer Wurzelfunktion – In Funktionen wären auch möglich - und erhöht die Back Radiation von 324 auf 342 W/m² und reduziert die direkte Sonnenwirkung von 66 auf 56 W/m², hat man KT97 auf CMIP5 Niveau angehoben. Mit 284 ppm CO_2 als wichtigstes Treibhausgas erzeugt der so extrapolierte KT97 Mechanismus für 1850 den Globaltemperarturwert T = 13.62 °C, vgl. 4.1.12 Globaltemperatur für die Jahre …1850 und Kap 4.22 Auswirkungen eines CO2- Anstieges im Modell KT97, Tabelle siehe 1850).

Die 22 IPCC AR5-Modelle schwanken in den Ausgangswerten in der Regel in den unten aufgelisteten Bandbreiten. Die bei Loeb aufgeführten 14 Institute arbeiten im Schnitt jeweils mit ein bis drei Modellen. In Fig. 1 stellt Loeb in seiner Studie den Modell Durchschnitt und die Bandbreiten von Unsicherheiten dieser 22 Modelle an. Es entspricht dem überarbeiteten Bild Fig.7. von KT97. Es folgt ein Auszug von wichtigen Werten und Bandbreiten aus Fig. 1 Loeb, Dutton, Wild et altera., alle Zahlen in W/m:

Vergleich	KT 97	22 CMIP/IPCC AR5 Modelle	Modell Ø
Incomming solar TOA	342	340 – 341	340
Solar reflected	107	96 – 100	100
Thermal outgoing	235	236 – 242	239
Solar absorbed	168	154 – 166	161
SH	24	15 – 25 *(20)*	78
LH	78	80 – 90 *(85)*	24
Back Radiation	324	338 – 348	342
Surface Radiation	390	394 – 400	**397**
(Aus Sonne direkt:	66	*161-85-20=56*	56)

Diese Werte beschreiben ohne Jahresangabe "…present day climate conditions at the beginning of the twenty century." **Loeb, Dutton, Wild et altera** wurde beim Verlag am 31.7.2012 eingereicht. Sie **berücksichtigen mit Sicherheit die bis dahin aktuellsten CO2- Jahreswerte, also vermutlich 2011**.

2011   KT97 (hochgerechnet von 1990 auf 2011 mit CO_2 – Anstieg und Methananstieg   T = 15.7 °C
    ein zusätzliches kleines Forcing von Lachgas bliebt unberücksichtigt)
2011?   Loeb T $(^0$ C) = √√ (**397** (W/m²) / 5,67040 /1E⁻8 W/m²) K – 273.15 K   T = 16.1 °C

KT97 in seinem Mechanismus, seinen internen Strahlungserhöhungsfaktoren, ist mit den kleinen Werteanpassungen die Grundlage der CPM5 IPCC-Modelle. Die CPM6 IPCC-Modelle arbeiten in ihren wesentlichen Prinzipien wie die CPM5 Modelle. Sie haben ebenfalls die internen Strahlungserhöhungsfaktoren und nach der Quelle Hausfather eine noch höhere Klimasensitivität.

---

[167]Tanaka, Yukimoto, Hosaka et altera., 2012, A New Global Climat Model of the Meteorolocal Research Institute: MRI-CGCM3 – Model Description and Basic Performance - in Journal of the Meteorological Society of Japan, Vol.90A, pp.23-64, 2012, S.31 3.1 Spin-up procedure, 3.2.a piControl experiment, 4. Model stability, Fig.1.a. Doi:10.2151/jmsj.2012-A02.

[168] Tanaka, Yukimoto, Hosaka et altera., 2012, A New Global Climat Model of the Meteorolocal Research Institute: MRI-CGCM3 – Model Description and Basic Performance - in Journal of the Meteorological Society of Japan, Vol.90A, pp.23-64, 2012, S.36 Table 1. a_1 = 101.04/ 341.61 = 0.2958, a_2 = 103.26/ 341.72 = 0.3022, a_3 = 102/ 342 = 0.2982 Doi:10.2151/jmsj.2012-A02.

Ein Unterschied zwischen KT97 und Loeb 2012 ist: „In the present study, we do not only rely on satellite observations, but make extensive use of the information contained in radiation measurements taken from the Earth surface, to provide direct observational constraints also for the surface fluxes." Es wurde mit Pyranometer und Pyrheliometer gemessen. "...and the diffuse shortwave flux (measured with a shaded **pyranometer**). A pyranometer measures the total incoming solar radiation in the **wavelengths between 0.3 and 2.8 µm**. Datasets from both measurement methods are used in this study."[169] Jetzt ist es erforderlich, die Technik dieser Geräte zu betrachten. Die Gegenstrahlung beträgt 342 W/m² bei CMIP5- Modellen im Gegensatz zu 324 W/m² in KT97.

4.24 Die Strahlungsmessung der Gegenstrahlung, Kritikpunkt 15

Für einen mittleren Erdabstand von 1496 10^6 m und einer Solarkonstante von 1367 W/m² gilt:

Bereich	Wellenlänge (in nm)	Strahlungsflussdichte (in W/m²)	Anteil an der Gesamtstrahlung in %
UV-C	100 - 280	7	0.5
UV-B	280 - 315	16.8	1.2
UV-A	315 - 400	84.1	6.2
UV-gesamt	100 - 400	107.9	7.9
sichtbares Licht	400 - 760	610.9	44.7
Infrarotes Licht	760 - 10^6	648.2	47.4
gesamt	$10^2 - 10^6$	1367	100

Tabelle 6 Spektralverteilung der extraterrestrischen solaren Strahlung, gemäß der World Meteorological Organisation, WMO, 1986[170]

Die Gegenstrahlung (Back Radiation) wird auch gelegentlich auch als thermische Wärmestrahlung bezeichnet. Sie wäre bezüglich ihrer Wellenlänge langwellig. Verschiedene Messinstrumente zur Messung von lang- und kurzwelliger Strahlung wie Pyranometer (Messung der kurzwelligen Strahlung von Sonne, Himmel und der vom Erdboden reflektierten Strahlung), Infrarot-Pyranometer (Messung von langwelliger Strahlung), Pyrheliometer, Pyrradiometer und Pyrgeometer[171] wurden entwickelt. Ihre Bezeichnungen lehnen sich an den Göttinger Katalog didaktischer Modelle an.[172] Diese Messinstrumente arbeiten mit folgenden physikalischen Grundlagen.

Solare Einstrahlung S_o	TSI (total solar Irradiance Tab. 6, 1367 W/m²)
Sonnenstrahlung **S** (Anteil)	Breitengrad ϕ abhängig, der kurzwellige Anteil aus S = S_o sin ϕ_{sonne}
Diffuse Himmelsstrahlung **H**	aus der Streuung der Moleküle in der Atmosphäre
Reflexstrahlung **R**	aus an der Erdoberfläche reflektiert, Index kw (kurz-) und lw (langwellig)
Globalstrahlung **G**	Summe aus Sonnenstrahlung S und Diffusstrahlung H, G = S +H
Saldowert der Bilanz **Q**	mit Index kw (kurz-) und lw (langwellig)
Gegenstrahlung **A**	ist gleich Back Radiation, in der „settled theory" aus unsymmetrischen Molekülen durch Reemission entstanden

---

169 Loeb, Dutton, Wild et altera, 2012, The global energy balance from a surface perspective, published online 13 November 2012, Clim Dyn (2013) 40:3107-3134, Springer-Verlag, S. 3108, 1. Introduction, rechte Spalte, Doi 10.1007/s00382-012-1569-8.

170 Prof. Möllner, Detlev, (2003), Luft, Chemie Physik Biologie Reinhaltung Recht, Walter de Gruyter, New York, ISBN 3-11-016431-0, Tab 2.3, S.126.

171 Nach Wikipedia: „Ein Pyrgeometer [...] dient der Messung der aus dem Halbraum eintreffenden atmosphärischen Gegenstrahlung, ..." https:/de.m.wikipedia.org/wiki/Pyrgeometer Stand vom 11.07.2020.

172 http://wwwuser.gwdg.de>konzept/strahlungsmessung Versuch 4, S1.-S.8

Ausstrahlung **E**	Ausstrahlung des Erdbodens mit $E = \varepsilon_{lw}\, \sigma T_B^4$
ε_{lw}	Mittlerer Emissionskoeffizient langwelliger Strahlung, dimensionslos
σ	Boltzmann-Konstante $5{,}6704\ 10^{-8\ W/m^2}\ K^{-4}$
Temperatur des Bodens T_B	in Kelvin

Tabelle 7 Strahlungsgrößen S_0, S, H, R, G, Q und A in W/m² und weitere Parameter

Die solare Einstrahlung, Total Solar Irradiance (TSI) beträgt 1367 W/m². Die <u>kurzwellige</u> Strahlung der Sonne unterteilt sich in a) aus einem Anteil Sonnenstrahlung **S** = S_0 sin ϕ_{sonne} mit ϕ_{sonne}, dem Winkel der Sonnenhöhe in Abhängigkeit vom Breitengrad, b) diffuse Himmelsstrahlung **H** aus der Streuung durch die Moleküle der Atmosphäre und c) kurzwellige Reflexstrahlung der Erdoberfläche **R$_{kw}$**. Hierbei ist ε_{kw} der mittlere Absorptionskoeffizient im kurzwelligen Bereich des Spektrums und a = $(1-\varepsilon_{kw})$ der hierzu gehörige Albedowert. **S** und **H** entstehen gemeinsam aus der Globalstrahlung **G** und mit **Q$_{kw}$** , die den Saldo der kurzwelligen Strahlungsbilanz erfasst. Im Ausdruck G ist ϕ_{sonne} bereits berücksichtigt.

$R_{kwBoden}$ = Albedo$_{Boden}$ (S +H) = Albedo$_{Boden}$ G

Albedo$_{Boden}$ = $R_{kwBoden}$ / (S +H) = R_{kw} / G

Q_{kw} = S +H - $R_{kwBoden}$

Q_{kw} findet in der kurzwelligen Strahlung seine Analogie in der linken Bildhälfte von FIG 7, KT97

Nach KT97 im Mittel mit einer durchschnittlichen Global Mean Albedo von a = 0.3129: Als Gleichgewicht an der obersten Atmosphärenschicht, top of atmosphere:

KT97:

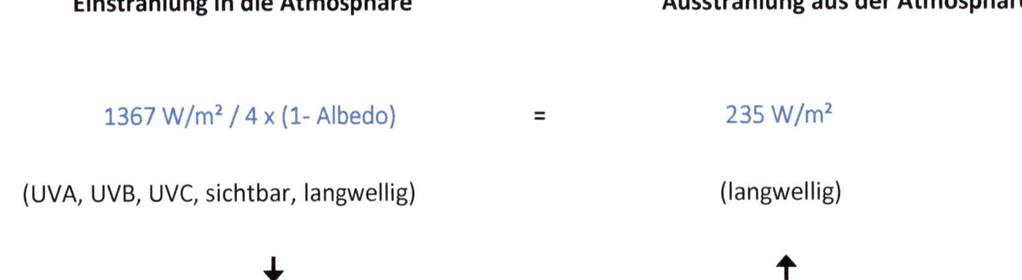

Einstrahlung in die Atmosphäre   **Ausstrahlung aus der Atmosphäre**

Übertragen für den Algorithmus der Messgeräte zur Gegenstrahlung A, aber als Gleichgewicht im Bereich des Aufstellungsortes des Messgerätes in Bodennähe. G spezifiziert sich durch den betrachteten Wellenlängenbereich:

Messgerät in ca. 2m Höhe:

$\downarrow S_0$ sinϕ $\downarrow H$ $\downarrow$ A (Gegenstrahlung)

$\uparrow R_{kw}$ Boden $\uparrow Q_{kw}$ = $\uparrow Q_{lw\,Boden}$ $\uparrow$ E $\uparrow R_{kw\,Boden}$

xxxxxxxxxxxxxxxxxxxxxxxxxxxxxxxxxxxxxxx Erdoberfläche xxxxxxxxxxxxxxxxxxxxxxxxxxxxxxxxxxxxx

Darstellung 2: Algorithmus zur Ein- Ausstrahlung nach dem Göttinger Modell.

Die langwellige Strahlung „…ist vor allem eine terrestrische Strahlung, die von Emittern mit Temperaturen von unter 300K ausgeht. Es wird unterschieden zwischen: der Gegenstrahlung A […] der Ausstrahlung des Erdbodens E $=\varepsilon_{lw}\,\sigma T_B^4$ …"[173] [174]Bei nichtmetallischen Leitern wird ε_{lw} zu 1. E und entspricht dann dem Begriff der Surface Radiation von KT97. Q_{lw} ist der Saldo der langwelligen Strahlungsbilanz.

$Q_{lw} = A - \sigma T_B^4 = A - E - R_{lw}$

Q_{lw} findet in der langwelligen Strahlung seine Analogie in der rechten Bildhälfte von FIG 7, KT97

$R_{lw} = (1-\varepsilon_{lw})$

$R_{lw} = 0$ mit $\varepsilon_{lw} = 1$

„Als Strahlungsbilanz Q bezeichnet man die Summe von $Q_{kw} + Q_{lw}$.

$Q = Q_{kw} + Q_{lw} = S + H - R_{kwBoden} + A - E - R_{lw} = \ldots$ "[175]

Damit würde sich die Gegenstrahlung A ermitteln zu: **A = Q + R$_{kwBoden}$ - G + E   (d)**

Beispiel 1:

Als Durchschnittswert für den Globus für den kurzwelligen Bereich nach Tabelle 6:

UV + sichtbares Licht errechnen sich zu 107.9 W/m² + 610.9 W/m² = 718.8W/m² = 719 W/m²

Man könnte danach als Messung der kurzwelligen Strahlung einen Wert von ca. 719 W/m² annehmen.

Der Albedogesamtwert sei a = 0,3129, nach KT97. Das Messergebnis für die Albedo$_{Boden}$ sei für dieses Beispiel 0.135, siehe CLEAR SKY ALBEDO von ERBS als durchschnittlicher <u>gemessener</u> globaler Wert. T sei 14,80 °C und damit E = 390 W/m². Mit Rundung auf 0.5W/m² folgt:

$$G = S + H = \frac{719\frac{W}{m^2}}{4}\,(1 - 0.3129) = 123.5\,\frac{W}{m^2}$$

$R_{kw} = $ Albedo$_{Boden}$ (S +H) = 0.135 x 123.5W/m² = 17 W/m²

$Q_{kw} = S + H - R_{kw} = 123.5$ W/m² - 17 W/m² = 106.5 W/m²

$Q_{lw} = A - \sigma T_B^4 = A - E = 324$W/m² - 390 W/m² = - 66W/m², A und E nach KT97 FiG. 7. rechte Bildhälfte

$Q = Q_{kw} + Q_{lw} = 106.5$W/m² - 66W/m² = 40.5 W/m²

$A = Q + R_{kw} - G + E = 40.5$ W/m² + 17 W/m² - 123.5W/m² + 390 W/m² = 324 W/m² = Gegenstrahlung

Beispiel 2:

Mit einem Messgerät waren auf einer Hamburger Wiese (54 Grad nördlicher Breite) nach Versuch 4, gemäß Göttinger Katalog didaktischer Modelle[176] nachfolgende Werte in W/m² ermittelt worden.

Global Strahlung	S+H	104
Reflexstrahlung (Wiese)	R_{kw}	20
kurzwellige Bilanz	Q_{kw}	84

---

173 http://wwwuser.gwdg.de>konzept/strahlungsmessung Versuch 4, S1.

174 Der Spektralchemiker, Dr. Heinz Hug vertritt hierzu den Standpunkt: „Ob man vom Stefan-Boltzmann ausgehen darf, darüber lässt sich streiten, denn Stefan-Boltzmann setzt Homogenität voraus. Eine Wasseroberfläche hat eine andere Stefan-Boltzmann-Emission als ein Wald, Steppe, Wüste, …" Quelle aus persönlicher Korrespondenz mit Dr. Hug vom 10 Juli 2020.

175 http://wwwuser.gwdg.de>konzept/strahlungsmessung Versuch 4, S2.

176 http://wwwuser.gwdg.de>konzept/strahlungsmessung Versuch 4, S1.-S.8

atmosph. Gegenstrahlung	A	320
langw. Emission	E	357
langwellige Strahlungsbilanz	Q_{lw}	-37
Gesamte Strahlungsbilanz	Q	47
Temperatur	T	8.50 °C

In Versuch 4 gemäß Göttinger Katalog ist für derartige Messgeräte ebenfalls ein üblicher Wertebereich für die kurzwellige Strahlung: **0.25 bis 3 µm** angegeben. Da ein derartiges Gerät auch über 0.75µm misst, siehe Tabelle 6, reicht der Messbereich auch tief in den langwelligen infraroten Bereich hinein.

Betrachtet man sich den Albedoverlauf von 1985 -1990 an Satellitenbildern von ERBS (CEDA) über die geografische Breite an, stellt man fest: Am Äquator hat die durchschnittliche Jahresalbedo, gemittelt über 12 Monate, ein Minimum (Wasser a = ca. 0.18 Land a = ca. 0.30). Zu den Wendekreisen steigt die Albedo aber deutlich an. Bei 54 Grad nördlicher und südlicher Breite erreicht die durchschnittliche Jahres Albedo einen Wert von ca. a = 0.40.

$$G = S + H = \frac{727\frac{W}{m^2}}{4} (1 - 0.40) = 109\,\frac{W}{m^2}$$ Albedo für 54 Grad nördliche Breite nach CEDA[177]

Eine gemessene langwellige Emission von 357W/m² entspricht einer Temperatur von 8.50 °C (Hamburg). Dies ist auch die Jahres Durchschnittstemperatur für Hamburg aus 12 Monaten Tag- und Nachtmessung. Das Messgerät wurde gemäß Versuchsanordnung nicht auf eine Schneefläche im Winter, sondern auf einer Wiese vermutlich im Frühling, Sommer oder Herbst aufgestellt. Dies lässt bei einer Temperatur für 8.50 °C (Frühling, Sommer oder Herbst) vermuten, dass bei der Messung der Himmel bewölkt war. Die Durchschnittsalbedo (gemittelt aus sonnig und bewölkt gemittelt) müsste für eine vermutete reine Bewölkung einen etwas höheren Wert aufweisen. Ein entsprechender Albedowert für die Berücksichtigung sei nun a = 0.43.

$$G = S + H = \frac{727\frac{W}{m^2}}{4} (1 - 0.43) = 104\,\frac{W}{m^2}$$
1367 - 640 = 727

Albedo$_{Boden}$ = R_{kw} / (S +H) = 20 / 104 = 0.1923
$R_{kwBoden}$ = Albedo (S +H) = 0.1923 x 104W/m² = 20 W/m²
Q_{kw} = S + H - $R_{kwBoden}$ = 104 W/m² - 20 W/m² = 84 W/m²

Q_{lw} = A - σT_B^4 = A − E = 320W/m² - 357 W/m² = - 37W/m²
Q = Q_{kw} + Q_{lw} = 84W/m² - 37W/m² = 47 W/m²

A = Q + $R_{kwBoden}$ - G + E = 47 W/m² + 20W/m² - 104W/m² + 357 W/m² = 320 W/m²

Betrachtet man **(d)** zur Ermittlung der Gegenstrahlung, dann fällt aber auf:

A	= Q		+ $R_{kwBoden}$	-	G	+	E
	= Q_{kw}	+ Q_{lw}	+ $R_{kwBoden}$	-	G	+	E
	= S + H - $R_{kwBoden}$	+ A - σT_B^4	+ $R_{kwBoden}$	-	S-H	+	E
	= S + H - $R_{kwBoden}$	+ A − E	+ $R_{kwBoden}$	-	S-H	+	E
	= A						

---

[177] Nach CEDA, siehe IX und http://dap.ceda.ac.uk.thredds/fileServer/badc/CDs/erbe/erbedata/erbs/mean1985/albedo.gif
Stand vom 28.5.2020

Die Variablen S, H, der Ausdruck $R_{kwBoden}$ der Bodenalbedo und Variable E der Strahlung aus der Boden Temperatur kürzen sich weg. Die Gegenstrahlung A ist somit unabhängig von der kurzwelligen Strahlung und deren Variablen. **Die Gleichung (d) ist bezüglich A beliebig. Aber A ist selbst beliebig, da A, die Gegenstrahlung, aus einer Null entstanden ist (siehe Kap 4.10 Mathematischer Effekt).** Dadurch ist es möglich das Messergebnis der kurzwelligen Messung aus 1367W/m² **beliebig** zu multiplizieren z.B. 0.25 = ¼. Um in Beispiel 2 (Versuch 4 des Göttinger Katalogs) als Summe von Sonnenstrahlung S und diffuser Strahlung H mit 104W/m² erhalten zu können, ist vorab bereits der Treibhauseffekt durch den ¼ Strahlungsverteilungsansatz im Messgerät hinterlegt.

Derartige Geräte messen aber auch den langwelligen Strahlungsbereich. Diese Messgeräte weisen die Gegenstrahlung, zuweilen auch als thermische atmosphärische Strahlung bezeichnet, dann langwellig aus.

Hierzu findet sich in der nachfolgende Herstellerangabe eines anderen Pyranometers, wörtlich: „Das CM22 **Pyranometer** ist mit einem Thermosensor ausgestattet. Dieser spricht auf die insgesamt aufgenommene Energie an und **ist theoretisch nichtselektiv** gegenüber der spektralen Verteilung der Strahlung. **Dies hat zur Folge, dass der Sensor auch gegenüber langwelliger Infrarotstrahlung** (Wärmestrahlung > 4000 nm) **aus der Umgebung** (z.B. des inneren Doms) **empfindlich ist.**" 178 [Hervorhebungen hinzugefügt] Derartige Geräte unterliegen einer Normung und sind daher in sich ähnlich gebaut und vergleichbar.

Über 4000 nm bzw. 4µm würde der Präzision Pyranometer CM22 theoretisch nicht, eventuell **praktisch schon selektiv**, nicht nur Bereiche der von der Sonne eintreffenden Langwellen messen, sondern auch die Bereiche der Umgebungstemperatur.

Wenn am Tag Teile der „langwelligen Infrarotstrahlung" in die Messung eingehen ist dies bei einer nächtlichen Messung konsequenter Weise ebenfalls der Fall.

Welche Konsequenz hat dies im Beispiel 1?

Was wird vermutlich ein solches Gerät als Gegenstrahlung messen?

Aus 1367W/m² verbleiben für den langwelligen Anteil: 1367W/m² - 719 W/m² = 648W/m²

Gegenstrahlung A = 648 W/m² - E + Q_{lw} = 648 W/m² - 390 W/m² + 66 W/m² = 324 W/m2

Damit entspricht der gemessene langwellige Teil genau der Gegenstrahlung!

Welche Konsequenz hat dies im Beispiel 2?

Aus 1367W/m² verbleiben für den langwelligen Anteil: 1367W/m² - 727 W/m² = 640W/m²

Was wird vermutlich das Gerät als Gegenstrahlung messen?

Gegenstrahlung A = 640 W/m² - E + Q_{lw} = 640 W/m² - 357 W/m² + 37 W/m² = 320 W/m²

Auch hier entspreche der gemessene langwellige Teil genau der vom Messgerät ausgewiesenen Gegenstrahlung!

Woraus entsteht die langwellige Strahlung 390 W/m² in Beispiel 2?

Das Hamburger Messgerät der Gegenstrahlung aus dem in situ Versuch misst den **kurzwelligen Anteil** (0.25 bis 3µm) der Strahlungsflussdichte in W/m² der einfallenden Sonnenstrahlung. Welcher Teil aus dem gesamten

---

178 Kipp & Zonen B.V. Delft, Niederlande, Bedienungsanleitung Precision Pyranometer CM 22, Version 0803 (2003), S.1bis S. 64, Kap 1.2 Physikalische Grundlagen des Pyranometers, S.8.

einfallenden Sonnenspektrum verbleibt? Es ist der langwellige Bereich von 760nm - 10^6 nm. Er weist nach Tabelle 6 eine Strahlungsflussdichte von 648.2 W/m² auf.

In Beispiel 2 wird auch ein messbarer, **langwelliger Anteil** des Gerätes von (3µm bis 100µm) [179] ausgewiesen. Dieser Bereich von 3000nm - 10^5 nm des zum Himmel gerichteten Messgerätes erfasst aus vorhanden Spektrum von 760nm - 10^6 nm nur einen Teilbereich der von der Sonne eintreffenden Langwellen, bei 320 bis 324 W/m² (Gegenstrahlungsmesswerte) etwa die Hälfte der vorhandenen Strahlungsflussdichte von 648.2 W/m² Langwelle.

Hieraus folgt:

1. Wenn der Treibhauseffekt, der durch eine angebliche, hypothetische Gegenstrahlung entsteht, bereits im Messgerät hinterlegt ist, dann kann mit diesem Messgerät der Treibhauseffekt nicht bewiesen werden. (Zirkelschluss)

2. Die Analyse der Grundlagen der Strahlungsmessgrößen in Verbindung mit dem Treibhauseffekt von 33K, nach der Studie KT97, in Verbindung mit einer Auswertung eines in situ Versuches (Anhang 4) lassen den folgenden Schluss zu: Ein großer langwelliger Bereich der auf der Erde eintreffenden Sonnenstrahlen wird stattdessen als langwellige Gegenstrahlung im Messgerät als Gegenstrahlung ausgewiesen.

3. Die gemessene Gegenstrahlung stammt bei Messungen am Tag offensichtlich zu 100% direkt aus der Sonne, von ihrem langwelligen Anteil mit 648.2 W/m² (Tabelle 6, WMO 1986). Bei einer nächtlichen Messung ist anzunehmen, dass Teile der Umgebungstemperatur als Gegenstrahlung mit ausgewiesen werden.

Nach Rödel[180] kämen „ungefähr 60% bis 65% der am Boden empfangenen Gegenstrahlung aus der Schicht zwischen dem Boden und etwa 100 m Höhe, d.h. aus einer Schicht, die kaum kälter als die Erdoberfläche selbst ist." Der Temperaturabfall nach der Internationalen Höhenformel beträgt 0.65 °C auf 100m Höhe. Auch diese Aussage macht die Ausweisung von Teilen der Umgebungstemperatur als Gegenstrahlung nachvollziehbar.

Zusammenfassung zur Messung der Gegenstrahlung

Für den kurzwelligen Bereich ist im Algorithmus derartiger Messgeräte der Treibhauseffekt von KT97 über die ¼ Strahlungsverteilung hinterlegt. Wenn man die langwellige Umgebungstemperatur des Messgerätes gemeinsam mit erheblichen Teilen der langwelligen Sonnenstrahlung, ab 3µm oder 4µm, Hersteller abhängig, als **Gegenstrahlung** bezeichnet und dann als solche ausweist, **stammt** die Back Radiation final **direkt aus der Sonne** und der Wärme des Messgerätes **und nicht aus IR-aktiven, infrarot absorbierenden und emittierenden Molekülen, wie CO_2, H_2O, CH_4,.. . Sogenannten Messgeräte zur Gegenstrahlung sind deshalb nicht in der Lage diese zu beweisen.**

Anmerkung

Dies ist ein Vorgriff auf Kapitel 5.18. Die Satelliten ERBS, TERRA und Aqua zeigen mit einem neuen Strahlungsmodell und einer neuen Atmosphärengleichung $H = S_0/2\,(1-\alpha) - LH - SH - Satm - \sigma T_e^4 = 0$. Es gibt keine

---

179 http://wwwuser.gwdg.de>konzept/strahlungsmessung Versuch 4, S1.

180 Prof. W. Roedel, Prof. Th. Wagner, 2011, Physik unserer Umwelt: Die Atmosphäre, 4 Auflage, 1. korrigierter Nachdruck, Springer Verlag, ISBN 978-3-642-15728-8, Kapitel 1 Strahlung und Energie in dem System Atmosphäre/ Erdoberfläche, S.48.

Strahlungsbehinderung durch eine Gegenstrahlung A. Mit dieser neuen Atmosphärengleichung ergibt sich ein Strahlungsverteilungsfaktor von ½. A ist somit 0.

Angewendet auf Beispiel 2 ergeben sich folgende Rechenwerte:

$$G = S + H = \frac{727\frac{W}{m^2}}{2}\,(1 - 0.43) = 208\,\frac{W}{m^2}$$

R_{kw} = Albedo (S +H) = 0.1923 x 208W/m² = 40 W/m²
Q_{kw} = S + H - R_{kw} = 208 W/m² - 40 W/m² = 168 W/m²

Q_{lw} = A - σT_B^4 = A – E = 0W/m² - 390 W/m² = - 390W/m²
Q = Q_{kw} + Q_{lw} = 168W/m² - 390W/m² = -222 W/m²

A = Q + R_{kw} - G + E = -222 W/m² + 40 W/m² - 208 W/m² + 390 W/m² = 0 W/m²

Würde man in dem derartigen Messgerät den internen Algorithmus, also die hinterlegten physikalischen Gleichungen, auf den nach dem Autor richtigeren Strahlungsverteilungsfaktor ½ abändern, würde das Messgerät auch eine Gegenstrahlungswert von 0 ausweisen.

Kritikpunkt 15

KT97 wurde unter Annahme einer Wurzelfunktion für den CO_2- Anstieg extrapoliert. Damit lassen sich die Verläufe der Mittelwerte der Gobaltemperatur der CMIP- Modelle und ihr hinterlegtes Prinzip erklären und nachstellen. Es konnte auch gezeigt werden, die Modellierung von KT97 basiert selbst auf einzelnen Strahlungsverstärkungsfaktoren, 312 bzw. 440. Im Umkehrschluss bedeutet dies, Die CMIP- Modelle arbeiten, weil sie auf dem Prinzip von KT97 beruhen, ebenfalls mit diesen Strahlungs- Verstärkungsfaktoren.

Anmerkung zum CO_2 – Anstieg:
Die Professoren W. Happer und W. A. van Wijngaarden zeigen in ihrer Untersuchung 181: Bereits heute wird die Hälfte des vom Menschen verursachten CO_2 von Biosphäre und Meeren aufgenommen. Es tritt bei ansteigendem Treibhausgas in der Atmosphäre ein Sättigungseffekt der Konzentration ein, da dann durch Biosphäre und Meeren die Aufnahme sogleich verstärkt erfolgt. Bei einer Verdopplung des CO_2 Gehaltes gegenüber heute auf 800ppm stellen rund 800ppm die Obergrenze nach Happer und Wijngaarden dar, die überhaupt bei Verbrennen aller fossiler Brennstoffe maximal erreicht werden kann.

4.25   Energie für Modell 4 aus solarer Einstrahlung in 24 h

Die Erdoberfläche beträgt 510.1 Mio. km². Die durchschnittliche, gleichmäßige Einstrahlungsleistung auf die Kugel beträgt im Modell 4 im 24h Durchschnitt 342 W/m².

E [W sec = J]   = Zeit [sec] x Kugeloberfläche [m²] x durchschnittliche flächenbezogene Leistung [W/m²]
        = 24 x 60 x 60 sec x 5.101 x 10 ^{14} m² x 342 W/m²

        = 1.507 x 10 ^{22} J oder W sec

---

181 Prof.W. Happer Department of Physics, Princeton University, USA, Prof. W. A. van Wijngaarden (Department of Physics and Astronomy, York University, Canada), June 8, 2020, Dependence of Earth's Thermal Radiation on Five Most Abundant Greenhouse Gases. Diese Veröffentlichung hat das peer reviewed Verfahren mit Stand 8.11.20 noch nicht durchlaufen, aber zu Informationszwecken wird hierauf hingewiesen.

5. Modifiziertes Modell

5.1 Strahlungsverteilung mit dem Faktor 1/2

5.1.1 Erster Ansatz, nach Ulrich O. Weber

Die Studie von K. und T. berechnet die auf die Erde treffende Einstrahlung mit einem Viertel der Solarstrahlung (Kap. 4.2 **GL 2** mit 1367 W/m² / 4 = 342 W/m², gerundet von 341.75 W/m²). Für den nun neu gewählten Verteilungsansatz verweise ich auf den wissenschaftlichen Artikel von Ulrich O. Weber, veröffentlicht in den Mitteilungen der Geophysikalischen Gesellschaft DGG von März 2016 [182] und [183]. Das Ergebnis fasse ich bildhaft wie folgt zusammen: Die von der Sonne auf die Erde auftreffende Energie wurde in Kap. 4 auf die nicht beschienene Erdnachtseite mitverteilt. Dieser Flächenanteil macht 50 % der Gesamtverteilfläche aus. **Damit ist die für die bestrahlte Fläche verbleibende Energie um die Hälfte zu klein.** Oder anders ausgedrückt: Die Tagseite und die Nachtseite werden in KT97 **permanent** mit halber Bestrahlstärke oder halber Leistung beleuchtet. Dies entspricht einem Modell mit zwei Sonnen mit jeweils halber Leistung, bezogen auf die doppelt gekrümmte Kugeloberfläche, und die Erde genau in ihrer Mitte (Anhang 3). Dies ist aber nicht unser Sonnensystem. Um die bestrahlte Seite richtig zu erfassen, muss die rechnerische Bestrahlungsstärke deshalb von 342 W/m² auf **684 W/m² verdoppelt** werden. Dies ist Anwendung des Rechenansatzes des Modells von Ulrich O. Weber auf das so modifizierte Modell der halbseitig beschienenen Erde. Man kann sich beide Modelle 4 und 5 im Vergleich anschaulich wie folgt vorstellen.

Die durchschnittlichen Leistungen der Sonne(n) sind auf die doppeltgekrümmten Oberflächen bezogen.

Abstrahlung	=	(1 – Albedo) x **Einstrahlung**
(1-0.3129) x**2**x342 W/m²	=	(1– 0.3129) x **2 x 342 W/m²** = **2** x 235 W/m²
2 x 235 W/m²	=	(1– 0.3129) x **684 W/m²** = 470 W/m²

und damit: Sonne   342 W/m²→   Erde   ←342 W/m²   Sonne

Modell Kap. 4   *kleine Sonne*   *(Tagseite) Erde (Nachtseite)*   *kleine Sonne*

So rechnet Modell 4   *Die eintreffende Strahlung wird auf die gesamte Erdkugel verteilt. Eine kleine Sonne strahlt auf der Tag- und eine zweite kleine auf der Nachtseite mit jeweils 342 W/m², bezogen auf die gekrümmte Fläche. Die Nachtseite wird stets mitbestrahlt.* **Erstens haben wir dieses Sonnensystem nicht und zweitens scheint nachts keine zweite Sonne.** *Deshalb ist es nicht richtig, die Einstrahlung damit im Augenblick T gegen 0 auf die gesamte Kugeloberfläche zu verteilen und danach den Durchschnitt zu ermitteln.*

Modell Kap. 5   **Sonne**   **(Tagseite) halbe Erde**

Sonne   684 W/m²→   Erde

Nur eine sich drehende, **halb beleuchtete** Erdkugel wird von der Sonne in der Zeit T gegen 0 bestrahlt. **Das Verhalten in T gegen 0 bestimmt den Durchschnitt.**

---

[182] Uli O. Weber, A Short Note about the Natural Greenhouse Effekt, Mitteilungen der Deutschen Geophysikalischen Gesellschaft Nr. 3/2016, S. 19–22., „Approach C...on the day-side surface of the Earth with the half solar constant of 1367 W/m² (684 W/m²) ...", S.21.

[183] Uli O. Weber (2017), Klima-Revolution, Ein atmosphärischer Treibhauseffekt ist nicht erkennbar, Norderstedt, BoD Verlag, S.34 „Gleichung (2) 342 [W/m²] – 107 [W/m²] = 235 [W/m²] und S.37 „Wenn wir für die Tagseite der Erde nun alle Strahlungswerte aus Gleichung (2) verdoppeln, erhalten wir die durchschnittliche Strahlungsleistung auf der Tagseite, ...".

So rechnet Modell 5   *Die Sonne bestrahlt nur die Tagseite, jedoch rechnerisch mit 684 W/m², bezogen auf die gekrümmte Oberfläche. Eine halbe Seite ist dunkel (Nachtseite). Die gesamte Erdkugel verliert Energie in zeitlicher Verzögerung.* **Dies entspricht unserer Beobachtung.**

Mag manchen die Erdrotation stören: Erde und Sonne vollführen zueinander eine Relativbewegung. Vom Standpunkt eines Erdbeobachters aus ist es identisch, ob sich die Erde um die Sonne dreht (heliozentrisch) oder die Sonne sich um die Erde dreht und die Erde selbst stillsteht (geozentrisch). Da die Relativbewegung zueinander identisch ist, tauchen wir nun in Gedanken in das geozentrische Bild. Jetzt steht die Erde gedanklich still. Die Sonne bestrahlt weiterhin nur eine Hälfte, die Tagseite. Die Erde steht still und die Sonne erwärmt eine halbe Seite und sie wandert hierbei über den Globus. Die Nachtseite bleibt kalt. **Weil die Relativbewegung identisch ist** – wir springen in Gedanken zurück –, gilt dies natürlich auch für das heliozentrische Modell nach Kap. 5. Es gibt es noch andere Möglichkeiten, die Strahlungsverteilung für Modell 5 abzuleiten.

5.1.2   Zweiter Ansatz, Berechnung der mittleren auf eine Hemisphäre auftreffende Strahlung E über Integration der doppelt gekrümmten Oberfläche

Licht eines paralleles Strahlenbündel **D** (W/m²) des Kreisquerschnittes $r^2 \pi$ (Scheibe) mit r = Radius trifft auf eine dreidimensionale Kugelhälfte (Hemisphäre). Wie groß ist das äquivalente mittlere Strahlenbündel **E** (W/m²) auf diese halbe, aber doppelt gekrümmte Kugeloberfläche bei einem **Lichteinfall parallel zur Äquatorialebene** der Hemisphäre?

```
→   |              →              X
→   |              →           X
→   |              →           X   X
→   |      =       →           X
→   |              →           X   X
→   |              →             X
→   |              →                X
```

    D   (ebener Kreisquerschnitt)   **E**   (räumlich gekrümmte, halbe Kugel oder Hemisphäre)

$$D \times r^2 \pi = E \times \iint F(x,y)\, dx\, dy = \text{mit}$$

als Flächenstück dx dy tangential zur gekrümmten Oberfläche in x-Richtung (W-O) mit dx = r π cos φ dφ von − π/2 bis + π/2 und in Y-Richtung (S-N) mit dy = r cos ϕ d ϕ von 0 bis π/2

$$= E \times \int_{-\pi/2}^{\pi/2} r\pi \cos\varphi\, d\varphi \int_{0}^{\pi/2} r \cos\phi\, d\phi$$

$$= E \times \int_{0}^{\pi/2} r\pi\, [\sin\varphi\,]_{-\pi/2}^{\pi/2}\ r \cos\phi\, d\phi$$

$$= E \times \{\, r\pi\, [\, \sin(\pi/2) - \sin(-\pi/2)\,]\,\} \,[\, r \times \sin\pi/2 - r \times \sin 0\,]$$

$$= E \times \{\, r\pi\, [\,(+1) - (-1)\,]\ r\ [\,+1 - 0\,]\,\} = E \times 2\, r^2 \pi$$

$$D \times r^2 \pi = E \times 2\, r^2 \pi \quad \text{oder} \quad E = D / 2$$

Gegeben sei eine Kugel aus Kupfer. Sie hängt **nicht rotierend** an einer Schnur und wird mit einer Wärmelampe einseitig erhitzt. Die Achse der Lampe und die Äquatorialebene der Kupferkugel liegen wieder in einer Ebene. Die Abstrahlung der Kugel aus Kupfer erfolgt durch ihre starke Wärmeleitfähigkeit allseitig. Hätte diese Wärmelampe die Leistung D, würde die Kugel auf der erwärmten halben Seite eine Leistung in W/m² von E = D/2 erhalten. Die Abstrahlung erfolgt durch die starke Leitfähigkeit des Kupfers mit D/4 an der Vollkugel. Für eine rotierende Kugel aus Kupfer, die in identischer Weise bestrahlt wird, errechnet sich das identische Ergebnis. Die Rotation begünstigt hierbei die allseitige Wärmeverteilung zusätzlich. Eine gleichmäßige Temperatur wird gegenüber dem nicht rotierenden Fall schneller erreicht. **Die Leistung der Einstrahlung E in W/m² für den Fall der rotierenden halbseitig beleuchteten Kupferkugel bleibt: E = D/2.** Dem Effekt der Wärmeverteilung aus Wärmeleitung und Rotation einer Kupferkugel entspricht die Wärmeverteilung durch Ozeane, Winde und Erdrotation der Erdkugel. Die elektromagnetische Strahlung hat Lichtgeschwindigkeit und bestrahlt sowohl die rotierende Kupferkugel als auch die rotierende Erdkugel in T gegen 0 **immer nur auf einer Hemisphäre.**

Bezogen auf eine äquatorialparallel beschienene halbe Erdkugel aus einer *Total Solar Irradiance* von 1.368 W/m², (D) errechnet sich die äquivalente Einstrahlleistung **E** auf die halbe, aber doppelt gekrümmte Erdkugeloberfläche im Hemisphären-Modell (Modell 5) zu 684 W/m².

D	x	r² π	=	E x 2 r² π oder	**E = D / 2**
1.368 W/m² x r² π			=	684 W/m² x **2** r² π und somit	**E = 684 W/m²**

Zurück zu Kap. 5.1.1.

Wird die Strahlungsleistung auf den Einstrahlkreis bezogen, heißt dies anschaulich:

Modell Kap. 4   *kleine Sonne*   *(Tagseite) Erde (Nachtseite)*   *kleine Sonne*

Sonne 684 W/m²   →   Erde   ←   684 W/m² Sonne

Beide Sonnen haben gemeinsam eine TSI von 684 W/m² + 684 W/m² = 1.368 W/m²

Modell Kap.5   *Sonne*   *(Tagseite) halbe Erde*

Sonne 1.368 W/m²   →   Erde

Nur eine sich drehende Halbkugel wird von der Sonne in jedem Augenblick bestrahlt. Die Bestrahlungsleistung hat ebenfalls den Wert der TSI und dies ist unsere Beobachtung und Messung. Man kann dies umformulieren und in Verbindung mit dem Standort eines Satelliten in Standortfälle unterscheiden:

Sonne 2x 684 W/m²   →   Erde

Technisch liegt ein Verzweigungsproblem vor: Beide Modelle 4 (zwei Sonnen) und 5 (eine Sonne) bilden die über Satelliten gemessene, solare Einstrahlungsleistung von 1.368 W/m² **nur in Summe** richtig ab. Deshalb haben beide Modelle die identische Energie in J im identischen Zeitraum T in sec. Aber nur Modell 5 entspricht unserem Sonnensystem. Deshalb ist Modell 4 mit zwei Sonnen für unser Erde/Sonnensystem unzutreffend und falsch.

5.2   Strahlungsverteilung, dritter Ansatz aus der Bahn des Satelliten um die Erde

Es gibt eine dritte Möglichkeit, den Strahlungsansatz im Modell 5 abzuleiten. Diese führt zum identischen Ergebnis: Man betrachte den Standpunkt des Satelliten. **Für den Satellitenstandort ist eine Fallunterscheidung erforderlich.** 0 bis 360° sind „Grad" im Modell nicht die geografischen Längengrade, sondern unterteilen in Grad im Augenblick der Rotation von Erde und Satellit die lokal beleuchtete oder unbeleuchtete Erd-Seite. Wie oft kreist bei einer Umlaufzeit von ca. 96 Min der ERBS-Satellit in 24 h um die Erde? Anzahl der Umläufe = 24 x 60 Min/Tag / 96 Min/ Umlauf = 15 Umläufe pro Tag.[184]

Die Erdkugel als beleuchtete Halbkugel grafisch „x   x " im Augenblick der Einstrahlung 0 bis 180° und 180 bis 360°.

Der Standort des Satelliten ist von der solaren Einstrahlung als W/m² auf die Erde unabhängig.

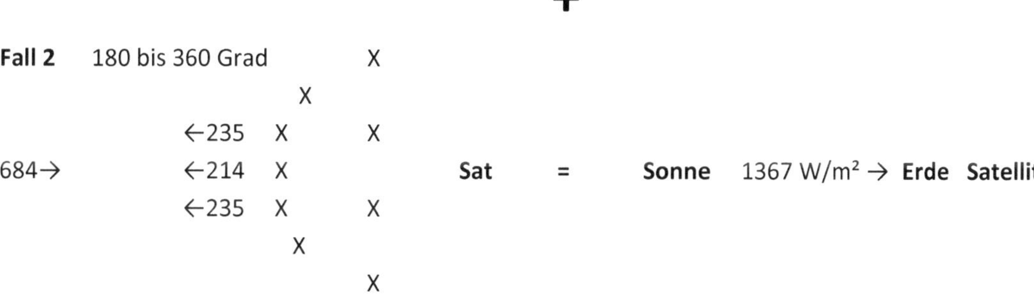

Die Hälfte der Umlaufzeit sieht ERBS die Erde unter solarer Einstrahlung. Diese ist selbst geringen Schwankungen unterworfen und misst 1.367 bzw. 1.368 W/m² im Jahresdurchschnitt.

Die Gesamtleistung, die auf die Erde strahlt, **setzt sich als Summe aus den beiden Fällen 1 und 2 zusammen**, weil in beiden Fällen die Sonne auf eine halbe Erdkugel scheint. Sie ist davon unabhängig, was der Satellit misst. E = 2 x 684 W/m² = 1.368 W/m². Man muss das Bilanzmodell zweimal aufstellen. Einmal für die Achse Sonne-Erde-Satellit. Ein zweites Mal für die Achse Sonne-Satellit-Erde. Deshalb ist die rechnerische solare Einstrahlung für Fall 1 = Fall 2 = 1.368 W/m² / **2** = 684 W/m². Die TSI gilt auf dem ebenen Einstrahlkreis. Die Teilung durch den Faktor 2 berücksichtigt in der Fallunterscheidung zugleich die Krümmung auf der halben beleuchteten Kugeloberfläche.

---

184 RealJOJO in Wikipedia deutsche Ausgabe, Earth Radiation Budget Satellite
https://de.m.wikipedia.org/wiki/Earth_Radiation_Budget_Satellite. Stand vom 18. Juli 2017.

Statt Fallunterscheidung kann man es sich auch wie folgt darstellen.

Watt/m² stellen physikalisch eine Leistung dar. Die Messwerte des Satelliten hinsichtlich der Abstrahlung der Erde sind Leistungsmittelmittelwerte in (W/m²) aus Tag- und Nachtmessungen. Die **Einstrahlleistung E** in W/m² im Hemisphären-Modell ist deshalb das **Mittel** aus Tages- und Nacht-Einstrahlung auf Messwertebene oder:

E = (1.368 W/m² Einstrahlung am Tag + 0 W/m² Einstrahlung in der Nacht) / 2 = **684 W/m²**

Die Sonne bestrahlt stets nur die Halbkugel, die langsam rotiert. Die Erde gibt die Wärmeabstrahlung aber als Gesamtkugel ab. Es gibt zum Zeitpunkt T eine Abstrahlung an einem Ort, an dem es keine Einstrahlung gibt. Es gibt eine Abstrahlung an einem Ort, zum selben Zeitpunkt, an dem es Einstrahlung gibt, **Ortsversatz** der Abstrahlung zum Zeitpunkt T. Nun wird der Ort festgehalten. Jeder Punkt auf der Kugel wechselt in 12 h zwischen der beleuchteten in unbeleuchtete Hemisphäre, **Zeitversatz** der Einstrahlung. Die Berücksichtigung dieses Zeit-/Ortsversatzes gelingt mit dem Strahlungsverteilungsfaktor ½. So korrespondiert eine halbseitige Einstrahlung mit einer ganzseitigen Abstrahlung aus der Perspektive der Satellitenmessung bereits gemittelter Werte (**siehe hierzu die differenziertere Betrachtung in Anhang 1 „Ein- und Abstrahlung am Hemisphären-Modell 5 mit Tag- und Nachtseite"**).

5.3 Modifiziertes Modell Kap. 5

Im modifizierten Modell 5 erfolgt eine geänderte, neue Strahlungsverteilung der TSI mit dem Faktor ½. Von allen **elf Satellitenmesswerten** ERBS des ERBE-Programms werden die gemittelten 5-Jahres-Durchschnittswerte verwendet (siehe Kap. 2.2) Somit basiert das Modell auf einer **gemessenen Albedo von 0,269** und diese ist selbst **kein ungenauer Schätzwert**. Diese Albedo hat von 1985 bis 1989 eine beobachtete Streuung von weniger als drei Tausendstel (siehe vgl. Kap. 4.1.9), also eine sehr geringe Varianz. Sie ist im Betrachtungszeitraum fast mit einer Konstanten zu vergleichen. Der Satellit NOAA-9 hat eine schlechtere Datenlage. Bei NOAA-10 ist die Aussagefähigkeit der Messwerte noch schlechter (siehe Kap. 2.3 und Kap. 2.4). Deshalb stützt sich das Modell 5 auf die Messwerte des Satelliten ERBS als Datenbasis.

Strahlungswerte gemessen (siehe Kap. 2.2) und [185] gerundet und diese als math. Betrag (siehe Kap. 5.12)

SHORTWAVE RADIATION in W/m²:	100.9	101
LONGWAVE RADIATION in W/m²:	242.9	243
NET RADIATION in W/m²:	19.9	20
CLEAR-SKY SHORTWAVE RAD. in W/m²:	50.3	50
CLEAR-SKY LONGWAVE RAD. in W/m²:	276.3	276
LONGWAVE CLOUD FORCING in W/m²:	30.8	31
CLEAR-SKY NET RADIATION in W/m²:	41.9	42
SHORTWAVE CLOUD FORCING in W/m²:	-48.1	48
NET CLOUD FORCING In W/m²:	-18.1	18
ALBEDO in % bzw. als Faktor	26.9	0,27
CLEAR-SKY ALBEDO in % bzw. als Faktor	13.5	0.135

Albedo = SHORTWAVE RADIAT. / (SHORTWAVE RADIAT. + MAX. OUTGOING LONGWAVE RADIAT.)
0.27 = 0.268 = 0.26749 = 100.9 W/m² / (100.9 W/m² + 276.3 W/m²), aus Messwerten gerechnet

Clear-Sky Albedo = CLEAR-SKY NET RAD. / (CLEAR-SKY NET RAD. + MAX. OUTGOING LONGWAVE RAD.)
0.132 = 41.9 W/m² / (41.9 W/m² + 276.3 W/m²), aus Messwerten gerechnet

---

[185] **CEDA, Centre for Environmental Data Analysis, United Kingdom, Oxford**
http://data.ceda.ac.uk/badc/CDs/erbe/erbedata/erbs. Stand vom 15. Feburar 2019.

Die Anordnung der Messreihe der Strahlungen erfolgt in drei Gruppen: **Longwave Rad.**, **Netwave Rad.** und **Shortwave Radiation**. Bei KT97 wurden die Strahlungswerte für den Fall bedeckter Himmel „cloudy sky" und klarer Himmel „clear sky" getrennt. Es wird versucht, diese Systematik beizubehalten und auch auf die Satellitenmesswerte, die in FIG. 7, KT97 nicht vorkommen, angewendet. Es wird darauf hingewiesen, dass bezüglich *Shortwave Cloud Forcing* die exakte Trennung nach *clear* und *cloudy* nicht ganz gelingt. Die Abweichung beträgt: 11,5 % (11,5 % = 48/416 x 100). Dies wird in Kauf genommen, denn bei der gewählten Anordnung wird so sichtbar, dass sich die Summen der von den Detektoren gemessenen Energiebeträge innerhalb der Gruppe horizontal fast ausgleichen[186]. Ferner gleichen sich die Summen der Leistungsbeträge der Strahlen vertikal fast aus (siehe folgende Darstellung 2, schematisch ohne Maßstab). Abweichungen können durch eine geringe Streuung der Messung und einer Rundung auf ganze Zahlen verursacht werden. Betrachtet man in ERBS auch einzelne Datensätze, findet man diese Systematik bestätigt. Warum ist das so? Der 1. und 2. Hauptsatz der Thermodynamik gilt universell. Die Summe aller Leistungen in W/m², multipliziert mit Fläche mal Zeit als Summe aller Energien, ist konstant. Um Aussagen für den globalen Durchschnitt formulieren zu können, ist das Modell 5 abgeleitet.

Modell 5: Aus den gemittelten Strahlungswerten der Satellitenmessreihe 1985 bis 1989[187]**:**

cloudy sky		Verlauf		clear sky

LONGWAVE CLOUD FOR.	**31**	x	x	x	|	**276**	CLEAR-SKY **LONG**W. RAD
		x			|		
LONGWAVE RADIATION	**243**	|			|		
		|			|		
		|			|		
		|_ _ _ _ _ _ _ _|					
NET CLOUD FORCING	**18**	x	x	x	|	**42**	CLEAR-SKY **NET** RAD.
		x			|		
NET RADIATION	**20**	|			|		
		|_ _ _ _ _ _ _ _|					
SHORTWAVE RADIATION	**101**	|	x	x	x	**48**	**SHORT**WAVE CLOUD FOR.
		|			x		
		|			|	**50**	CLEAR-SKY **SHORT**W. RAD
		|			|		
		|_ _ _ _ _ _ _ _|					

Summe	**413 W/m²**		**416 W/m²**
Im Mittel	-1.5 W/m²	**414.5 W/m²** +1.5 W/m²	

Darstellung 3   Schematischer Verlauf der gerundeten Beträge aus den gemittelten Strahlungswerten der Satellitenmessreihe ERBS 1985 bis 1989, ohne Maßstab

---

[186] vgl. Anhang 6 Beispiel 2 d Mittel Einzelmessungen aus den Jahren 1985-89 für den 5 März.
[187] **CEDA, Centre for Environmental Data Analysis, United Kingdom, Oxford**
http://data.ceda.ac.uk/badc/CDs/erbe/erbedata/erbs. Stand vom 15. Feburar 2019.

Die solare Einstrahlung von 1.368 W/m², bei KT97 1367 W/m², wird auf zwei Halbkugeln verteilt, wie in Kapitel 5.1 und Kapitel 5.2 sowie in Anhang 1 erklärt. Die reflektierte Solarstrahlung ergibt sich nun mit der Messwert-Albedo zu: 684 W/m² x 0,269 = 184 W/m². Für die Aufteilung zwischen dem von Wolken und der Atmosphäre reflektierten Anteil beim ERBE-Satellitenexperiment sei auf den Artikel von Rutgers, Science, The University of New Jersey, verwiesen. „One method to estimate surface albedo is the minimum albedo technique [...] the minimum albedo is likely to be represent the clear-sky albedo."[188] Deshalb wird die *Surface Reflection* mit der *Clear Sky Albedo* berechnet, die ebenfalls als Satellitenmesswert vorliegt.

Surface Reflection	= Clear Sky Albedo x 684 W/m² = 0.135 x 684	= 92 W/m²
Reflectet by Clouds, Aerosols and Atmosphere	= (Albedo – Clear Sky Albedo) x 684 W/m² (0.269 – 0.135)	= 92 W/m²

Eine reflektierende gekrümmte Oberfläche zerstreut einen einfallenden Lichtstrahl allseitig, wie eine Discokugel oder sehr große Christbaumkugel. Stellen Sie sich eine kleine Mücke vor, die in kurzer Distanz darüber fliegt. Die Kugel wäre die Erde, die Mücke der Satellit. Die Albedo ist der prozentuale Anteil an Strahlung, der allseitig weggestreut und in den Raum zurückgeworfen wird. Dieser Teil ist sowohl für die Mücke als auch für den Satelliten verloren, weil er daran vorbeistrahlt. Die Albedo wird im Gegensatz zu KT97 in Kapitel 3.3 Anmerkung als sphärische Albedo betrachtet, Zitat: „Die sphärische Albedo (auch Bondsche Albedo genannt) ist das Verhältnis des von einer Kugeloberfläche in alle Richtungen reflektierten Lichtes zu der auf den Kugelquerschnitt einfallenden Strahlung."[189] Dies ist ein Unterschied des Modells 5 zum Modell nach Kapitel 4.

Wenn man von der solaren Einstrahlung den in das All zurückgeworfenen, verlorenen Albedo-Anteil abzieht, bleibt die von der Erde abgegebene rechnerische Strahlungsleistung übrig:

$$500 \text{ W/m}^2 = 684 \text{ W/m}^2 \times (1 - 0.269)$$

Die restlichen 500 W/m² setzen sich aus *Sensible Heat* (SH), *Latent Heat* (LH) und *Radiation* (Strahlung) zusammen. In W/m² sind diese drei Teile Leistungsanteile. Der Satellit hat aber nur Scanner bzw. Detektoren für den Leistungsanteil Strahlung in W/m². Die Strahlung macht zwar den größten Teil aus. SH in W/m² und LH in W/m² müssen weiter in der Bilanz in W/m² betrachtet werden, auch wenn der Satellit diese nicht misst. Die Leistungsbilanz in Modell 4 und Modell 5 wird erst jeweils durch Multiplizieren mit T, der Zeit (Sekunde, Stunde, Tag mit 24 h) physikalisch zu einer Energiebilanz.

Der Satellit hat über fünf Jahre im Jahresdurchschnitt **414.5 W/m² als Mittel** des Strahlungsanteils gemessen, der von der Erde abstrahlt. Damit kann der gemeinsame Anteil für SH und LH **als Summe** aus dem Bilanzgleichgewicht errechnet werden.

$$\text{Summe (SH und LH)} = 500 \text{ W/m}^2 - 414.5 \text{ W/m2} = 85.5 \text{ W/m}^2, \text{ gerundet auf 86 W/m}^2$$

188 Rutgers, Earth Radiation Budget/Environmental Science, The University of New Jersey, apr. 23.1998, http://marine.rutgers.edu/cool/education/class/yuri/erb.html#resh, Stand vom 28. März 2019.

189 zu Albedo siehe http://de.m.wikipedia.org/wiki/Albedo#Albedoarten, Abschnitt 2, Stand vom 13. Februar 2019.

In TABLE 1, KT97 verhalten sich SH zu LH wie 1/5 zu 4/5. Dies wird beibehalten.

$$SH = 86 \text{ W/m}^2 / 5 \qquad = 17 \text{ W/m}^2$$
$$LH = 86 \text{ W/m}^2 \times 4 / 5 \qquad = 69 \text{ W/m}^2$$

Nach Roedel/Wagner: „Im globalen Mittel werden der Strom latenter Wärme [LH] von der Erdoberfläche in die Atmosphäre zu etwa 70 bis 90 W/m², der Strom fühlbarer Wärme [SH] zu etwa 10 bis 30 W/m² abgeschätzt." 190 [Ergänzung hinzugefügt]

390 W/m² abgestrahlte Wärmestrahlung (*Surface Radiation*) entsprechen ca. 15 °C (14,8 °C). Hieraus lässt sich nun die Radiation „*absorbed by surface*" bestimmen, denn sie ist die Summe aus vom Boden temperaturwirksamer Strahlung (*Surface Radiation*), SH und LH. Es gelten uneingeschränkt der 1. und 2. Hauptsatz der Thermodynamik, mit den Werten aus Kapitel 4.1.12 „Globaltemperatur" für die Jahre… folgt:

	Absorbed by Surface	= Surface Radiation + SH + LH
2018	476 W/m²	= 390.0 W/m² + 17 W/m² + 69 W/m² **(14.8 °C)**
1990	(473 W/m²)	= **386.6** W/m² + 17 W/m² + 69 W/m² (14.2 °C)

Für 13.6 °C errechnet sich eine temperaturwirksame Abstrahlung von 383.4 W/m² sowie:

	(469.4 W/m²)	= 383.4 W/m² + 17 W/m² + 69 W/m² (13.6 °C)

Hieraus lässt sich nun der von der Atmosphäre absorbierte Anteil ausrechnen (Satm):

Satm $\quad = 684 \text{ W/m}^2 \times (1 - \text{albedo}) - \text{Absorbed by Surface}$

Satm $\quad = 684 \text{ W/m}^2 \times (1 - 0.269) - 476 \text{ W/m}^2 \qquad = \mathbf{24\ W/m^2}$, (27 W/m² bei 387 W/m² und 14.20 °C)

Für **1990** stehen **387** W/m² (gerundet aus 386.6 **W/m²**) als effektive Strahlungsleistung nach dem Auftreffen der solaren Einstrahlung auf der Erdoberfläche zur Verfügung, die einer über Wetterstationen gemessenen langjährigen Durchschnittstemperatur von **14.2 °C** entsprechen (siehe Kap. 4.1.12). Der von der Atmosphäre absorbierte Anteil Satm erreicht nicht den Boden und ist daher bodennah nicht temperaturwirksam. Das atmosphärische Fenster wird mit 80 W/m² bzw. 100 W/m² berücksichtigt. Die Begründung dazu findet sich in Kapitel 4.1.8.

Die unsymmetrischen Gase der Atmosphäre Wasserdampf, Kohlendioxid, Methan und Ozon können nun mit 155 W/m² maximal durch die von der Erde nach oben emittierte langwellige Strahlung, *Surface Radiation*, angeregt werden. Die Atmosphäre gibt sowohl den absorbierten Anteil Satm von 24 W/m² als auch den als unsymmetrische Gase angeregten Teil von 155 W/m² gemäß des 2. Hauptsatzes der Thermodynamik von warm nach kalt ab. 155 W/m² sind in 310 W/m² enthalten (siehe vgl. FIG. 8a). Hierzu ist die These einer Gegenstrahlung überflüssig, die gegen den 1. und 2. Hauptsatz der Thermodynamik verstößt, die selbst **weder** beobachtet (siehe Anhang 4) **noch** im Feld gemessen (siehe Kap 4.24) oder von Satelliten (siehe Kap. 5.18) gemessen werden kann.

---

190 Prof. W. Roedel, Prof. Th. Wagner, 2011, Physik unserer Umwelt: Die Atmosphäre, 4 Auflage, 1. korrigierter Nachdruck, Springer Verlag, ISBN 978-3-642-15728-8, Kapitel 1.4.1 Strahlung und Energie in dem System Atmosphäre/ Erdoberfläche, S. 55.

Wenn wir mit dem Satelliten von oben auf die Atmosphäre sehen und messen, erhalten wir die Messwerte, die in Ebene II rechts angetragen sind, Ungenauigkeit kleiner 2 W/m² (siehe Kap. 5.4). In der Ebene VII rechts wird die Abstrahlung durch die Temperatur definiert, außerdem sind in der rechten Bildhälfte die Beträge der Umwandlungsenthalpie (LH) und der Konvektion (SH) angetragen. Sie ergaben sich aus dem Bilanzgleichgewicht.

Anmerkung:
Die Atmosphäre ist ein Hexenkessel der Energieumwandlung. Zahlreiche Atome stoßen aneinander. In der Atmosphäre laden sich Luftschichten elektrostatisch auf. Die Moleküle erfahren hierdurch ein partiell höheres Energieniveau. Im Gegenzug findet gleichzeitig lokal eine partielle Abkühlung statt. Aufgrund des Energieerhaltungssatzes geht nichts verloren. Über Stoßvorgänge und über Abstrahlung ist auch eine kombinierte Energieabgabe denkbar. Wir sehen energetisch nicht in die Atmosphäre hinein. Dies wäre eine Erklärung für die Strahlungsverschiebung, die im Bereich der Atmosphäre in der Bilanz zwischen Ebene V und Ebene II im Modell 5 sichtbar wird. Die Satelliten haben die Strahlungen so gemessen. Die Anordnung der Strahlungen als Beträge im Modell 5 korrespondiert mit den Satellitenbeobachtungen bzw. entspricht diesen: *Der von den Detektoren des ERBE-Satellitenprogramms beobachtete Strahlungsfluss an der Oberseite der Atmosphäre reicht bis fast 550 W/m² (siehe Figure 1 ERBE Observed Flux (W/m²)).*[191]

5.4 Ist die mathematische Bilanz der Beträge der Leistung in 24 h für Modell 5 für eine globale Temperatur von 14.8 °C eingehalten?

14.8 °C wurden gewählt, weil das Modell 4 mit 390 W/m² temperaturwirksamer Abstrahlung von der Erde rechnet und sich im Laborsäulen-Modell auf 1990 bezieht. Die Globaltemperatur für 1990 gemessen aus Wetterstationen und Satelliten 14.20 °C (siehe Kap. 4.1.12) ist davon unabhängig. Mit 14.8 °C kann man mit obiger Vorgehensweise beide Modelle vergleichen. Betrachtet wird, wie in KT97, der Durchschnittstag.

Für Modell 5 wird jetzt die Temperatur von 14.8 °C vorgegeben, die wieder 390 W/m² Abstrahlung entspricht. vv (390 W/m² / 5,67040 /1E⁻8 W/m²) K − 273.15 K = 14,8 °C. LH und SH wie zuvor. Es werden die elf über fünf Jahre gemittelten Satellitenmesswerte verwendet. Es stellt sich nachfolgender Gleichgewichtszustand ein: Für diesen beträgt Satm genau 24 W/m².
Nachfolgend, getrennt nach *cloudy sky* und *clear sky*, sind die **fett markierten** Werte in der Ebene II *Top of Atmosphäre* die von 1985 bis 1989 gemittelten **neun Satellitenmesswerte** des ERBS-Satelliten. Dies ist eine Grenzbetrachtung. Diese repräsentiert den Durchschnitt der Erde, bezogen auf einen Quadratmeter. Es werden jeweils die Bilder für klaren und bedeckten Himmel getrennt erstellt. Wird die Leistungsbilanz in W/m² mit Fläche in m² und mit Zeit T in sec multipliziert, ergibt sich die thermodynamische Energiebilanz mit **mathematischen Beträgen der Energien** in Wattsec oder Joule. Weshalb ist das so? Weil *Sensible Heat* und *Latent Heat* bzw. Umwandlungsenthalpie physikalisch keine Strahlungen, aber ebenfalls Leistungen sind. Weil sie keine Strahlungen sind, kann sie der Satellit auch nicht messen. [192] Er kann nur Strahlungen messen. **Eine thermodynamische Bilanz muss alle Energiebeträge (flächenbezogene Leistungsbeträge x Fläche mal Zeit) erfassen und damit im Modell auch alle Leistungsanteile in W/m². Die Strahlungsleistungsmessung des Satelliten wurde über 24 h gemittelt und die Modelle 4 und 5 werden ebenfalls mit der modellierten Einstrahlung eines Tages beaufschlagt. Dies bedeutet:** *Net Cloud Forcing, Shortwave Cloud Forcing, Net Radiation, Clear-Sky Net Radiation* **sind genauso zu berücksichtigen wie** *Shortwave Radiation, Longwave Cloud*

---

[191] F.-L. Chang, Z. Li and S. A. Ackermann, 1998, Relationship Between TOA Albedo and Cloud Optical Depth as Deduced from Models and Collocated AVHRR and ERBE Satellite Observations, Canada Centre for Remote Sensing Ottawa, Ontario Canada, Department of Atmospheric and Oceanic Sciences, University of Wisconsin-Madison, o.J., S. 127 bis S. 131, **S. 129 linke Spalte.**
[192] Siehe hierzu auch Anhang 7 Bezugsniveau

Forcing, Net Radiation und Longwave Radiation. **Nur damit wird die thermodynamische Bilanz auch vollständig.** (Anmerkung: Die drei Net-Strahlungswerte werden im Modell 5 dann noch genauer betrachtet).

In KT97 gehen nicht alle gemessenen, sondern nur ausgesuchte Strahlungsleistungen ein. Deshalb ist in KT97 die Leistungsbilanz unvollständig (siehe auch Kap. 4.1.3). Welche Mittelwerte der Strahlungsmesswerte des ERBS-Satelliten gehen in KT97 ein?

Im Modell 5 wurden in nachfolgender Skizze die Kontrollebenen mit römischen Zahlen bezeichnet. Für die Richtung der Strahlungsleistung in W/m² gilt: nach oben +, nach unten −.

Die an der Oberseite der Atmosphäre vom ERBS gemessenen „Top of"-Strahlungswerte liegen für den gemittelten Fünf-Jahres-Durchschnitt als Extremum vor, d.h. minimal 413 W/m² und maximal 416 W/m². Es wurde der Mittelwert von 414.5 W/m² der gemessenen Strahlung im Modell zugrunde gelegt. Durch die Abweichung von 1.5 W/m² zwischen Mittelwert und Extrema (abgerundet 1 W/m² und aufgerundet 2 W/m²) verändert sich im folgenden energetischen Bilanzgleichgewicht clear sky Shortwave Radiation von 50 auf 48 W/m² und net cloud forcing von 18 zu 19 W/m². Dies ist der Unterschied zwischen Messwert und Modellwert.

Diese Modellabweichung von < = 2 W/m² zu der vom Satelliten erst einzeln gemessenen, danach gemittelten Strahlung macht weniger als fünf Tausendstel der „top of" gemessenen Gesamtstrahlung aus (4.8 = 2.0 W/m²/414.5 x 1.000). Dafür wird das Modell für **eine** definierte Durchschnittstemperatur kalibriert und diese kann nun mit einer aus Messwerten stammenden Globaltemperatur **verglichen** werden.
Bei einer gemittelten Strahlung von **414.5 W/m²** und einer Globaltemperatur von 14.8 °C:

cloudy sky

I	+184			-684						+500				= 0
II	+92	+92	-92	-592		+86			**+101**	+19	+20	+243	+31	= 0
III	+92			-568	-24	+86		+24	+77	+19	+20	+243	+31	= 0
IV	+92			-568		+86				+116		+243	+31	= 0
V	+92			-568		+86						**+80**	+310	= 0
VI	+92			-568		+69	+17					**+80**	+310	= 0
VII		+92	-92	-476		+69	+17					+390		= 0

clear sky

I	+184			-684						+500				= 0
II	+92	+92	-92	-592		+86			**+48**	**+48**		**+42**	**+276**	= 0
III	+92			-568	-24	+86		+24	+24	+90			+276	= 0
IV	+92			-568		+86				+114			+276	= 0
V	+92			-568		+86				**+100**		+14	+276	= 0
VI	+92			-568		+69	+17			**+100**		+290		= 0
VII		+92	-92	-476		+69	+17					+390		= 0

Für eine ebene, reflektierende Scheibe bei lotrechter Einstrahlung (Lambertscher Strahler) kann die kurzwellige Abstrahlung mit der geometrischen Albedo gleichgesetzt werden. Anders im Modell bei einer gewölbten, gekrümmten Oberfläche. Unter Berücksichtigung der Krümmung einer Reflektionsfläche kann der Messwert einer kurzwelligen, reflektierten Strahlung im Messfenster des Satelliten nicht mit dem reflektierten Albedo-Anteil gleichgesetzt werden, da im Albedo-Anteil per definitionem stets ein Anteil langwelliger Strahlung enthalten ist. Die Albedo ist definiert durch *Shortwave Radiation/(Shortwave Radiation + max. Outgoing Longwave Radiation)*. Eine Modellierung einer Leistungsbilanz des Klimageschehens muss stets auch in irgendeiner Form, dimensionslos, als Leistungsquotient oder in Prozent den Wert der Albedo abbilden. 684 W/m² sind im Modell 5 auf die doppeltgekrümmte Hemisphären-Oberfläche bezogen.

184 W/m² als Albedo-Anteil bilden in 184/684 oder mit 26.9 % die Bondsche Reflektionswirkung durch Krümmung prozentual ab. Aufgrund der sphärischen Krümmung gilt deshalb nicht die Gleichsetzung des Albedo-Anteils 184 W/m² mit dem Satellitenmesswert der kurzwelligen Strahlung. Der Satellit hatte im gekrümmten Bereich, außerhalb lotrechter Einstrahlung, als langjähriges Mittel auch keine 184, sondern 100.9 *cloudy sky* und 50.3 *clear sky* als kurzwellige Strahlung in W/m² gemessen. Die Modellierung sollte möglichst exakt alle verschiedenen Messwerte einzeln und damit auch den Messwert der *Shortwave Radiation* einzeln sichtbar abbilden. Die für den Satelliten **verlorenen 184 W/m²** bilden die Bondsche Krümmungwirkung im Modell prozentual ab und deshalb wird die *Shortwave Radiation* im Modell **nicht** mehrfach abgebildet.

5.4.1 Energie im Modell 5 aus solarer Einstrahlung in 24 h

Die Erdoberfläche beträgt 510.1 Mio. km². In **jedem** Augenblick **T gegen 0** ist lediglich die halbe (0.5) Erdkugeloberfläche ausgeleuchtet. Aus diesem echten Einstrahlungsverhalten ist der Durchschnittswert der Einstrahlungsleistung für T = 24h zu bestimmen. Die durchschnittliche Einstrahlungsleistung der tatsächlich beleuchteten, doppelt gekrümmten Fläche beträgt im Hemisphären-Modell (halbe Kugel) deshalb 684 W/m² (Ableitung siehe Kap. 5.1.2) und somit ist die durch die Sonne eingebrachte Energie in Modell 5 in 24 h:

E [W sec = J]   = Zeit [sec] x tatsächlich beleuchtete Fläche [m²] x flächenbezogene Leistung [W/m²]

$\qquad\qquad$ = 24 x 60 x 60 sec x 0.5 x 5.101 x 10^{14} m² x 684 W/m²

$\qquad\qquad$ = 1.507 x 10^{22} J oder W sec Modell 5

Clear-Sky Net Radiation (42) plus Clear Sky Shortwave Radiation (50) entspricht addiert mit (92) sehr grob der Messung *Shortwave Radiation* (101). Die drei Net-Strahlungen stehen auch selbst in innerem Zusammenhang. *Net Cloud Forcing* (18) und *Net Radiation* (20) ergeben addiert (38) und damit in etwa die *Clear-Sky Net Radiation* (42) und net = S_0 – SW – LW mit S_0 = 1368/4 (vgl. Kap. 5.17). Eine Addition oder Subtraktion von zwei Zahlen könnte man auch auf der Bodenkontrollstation berechnen. Für primitive Messwertdifferenzen Funkzeiten eines Satelliten zu verschwenden, in der man weitere Ergebnisse andere Experimente oder andere Daten hätte senden können, macht meiner persönlichen Meinung nach wenig Sinn. In den Summen der **einzelnen Datensätzen** gibt es aber andererseits auch erhebliche Abweichungen, sodass obiges Summen- bzw. Differenzschema **nicht durchgängig** aufrechterhalten werden kann (siehe nachfolgende Anmerkung). Beide Argumente lassen vermuten, dass es sich um wirkliche Messwerte handelt. Dennoch soll der andere Fall (Strahlungsdifferenzen) in zwei Varianten betrachtet werden.

5.4.2 Variante 1: Drei Net-Strahlungen = 0

Wären die drei Net-Strahlungen keine eigenen Messwerte, müsste man sie nicht berücksichtigen. Im Modell müsste man diese dann zu 0 setzten. Es gilt, flächenbezogene Leistung [W/m²] mal bestrahlter Fläche [m²] mal Zeit [sec] gleich Energie E [W sec = J]. Durch den Energieerhaltungssatz geht keine Energie verloren. Dies ist von der Strahlungsaufteilung 1368 W/m² des Einstrahlkreises in den Modellen, auf eine Kugel (Modell 4) oder 1.368 auf zwei halbe Kugeln (Modell 5) für Betrachtung der identischen Zeitspanne T unabhängig. Deshalb haben beide Modelle 4 und 5 1.507 E +22 J Energie Ein- und Abstrahlung in 24 h = 2 x 12 h. Die Fallunterscheidung in *Clear* und *Cloudy* im Modell 5 liefert nun die flächenbezogene Leistungsbetrachtung in W/m² bei tatsächlicher Einstrahlung auf eine halbe Kugel, <u>ortsgleiche</u> Abstrahlung auf <u>Halb</u>kugel. Es bilden sich die Messwerte des 5-Jahres-Mittels von ERBS mit 4 bzw. 5 Strahlungsmesswerten aus Tag- und Nachtmittel in Modell 5 weiterhin ab. Im Gleichgewicht dieser Modellvariante verändert LH (W/m²) sich gegenüber Kap. 5.4 von 69 auf 93, Satm = 0 und Albedo a = 0.269 (Messwert); bei Roedel/Wagner [Quelle 1, S.55] liegt LH vergleichbar zwischen 70 und 90.

							cloudy sky						
I	+184		-684					+500					= 0
II	+92	+92	-92	-592		+108 +17		**+101**	**+0**	**+0**	**+243**	**+31**	= 0
III	+92			-592	-0	+93 +17	+0 +15	+101 +0	+0	+243	+31		= 0
IV	+92			-592		+93 +17		+116			+243	+31	= 0
V	+92			-592		+93 +17		**+80**		+310			= 0
VI	+92			-592		+93 +17		**+80**		+310			= 0
VII		+92	-92	-500		+93 +17		+390					= 0

							clear sky					
I	+184		-684				+500					= 0
II	+92	+92	-92	-592		+111 +17	**+48**	**+48**	**+0**	**+276**		= 0
III	+92			-592	-0	+93 +17	+0	+18	+96	+276		= 0
IV	+92			-592		+93 +17	+114			+276		= 0
V	+92			-592		+93 +17	**+100**	+14		+276		= 0
VI	+92			-592		+93 +17	**+100**	+290				= 0
VII		+92	-92	-500		+93 +17	+390					= 0

Man betrachte den Punkt P(X;Y) **erst** auf einer **nicht** rotierenden Kugel. Diese sei im Modell aus zwei halben Kugeln H1 und H2 zusammengesetzt, P(X;Y) liegt auf H1 und 12h soll H1 bestahlt werden, während H2 im Schatten liegt. Nach 12 h erfolgt in diesem Modell eine schlagartige Drehung um 180°. P liegt auf H1 nun aber im Schatten, da stattdessen H2 bestrahlt wird. Die Kugel hätte eine Oberfläche von 5.101 x 10^{14} m², was der Erdoberfläche entspricht.

Energieaufnahme E (J) bei halbseitiger Einstrahlung an der Kugel von nicht rotierend (siehe auch Anhang 1) **zu rotierend**:

E [W sec = J] = Zeit [sec] x tatsächlich bestrahlte Fläche [m²] x flächenbezogene Leistung [W/m²]

  = 12 x 60 x 60 sec x 0.5 x 5.101 x 10^{14} m² x 684 W/m² (aus H1 Tag) + 0 W/m² (H2 Nacht)

   + 12 x 60 x 60 sec x 0.5 x 5.101 x 10^{14} m² x 684 W/m² (aus H2 Tag) + 0 W/m² (H1 Nacht)

  = 1.507 x 10^{22} J oder Wsec [**nicht rotierende Kugel**]

E [W sec = J] = Zeit [sec] x tatsächlich bestrahlte Fläche [m²] x flächenbezogene Leistung [W/m²]

  = 24 x 60 x 60 sec x 0.5 x 5.101 x 10^{14} m² x 684 W/m² (**geozentrisch**, diese Kugel mit der Oberfläche der Erde stünde still, die Sonne beleuchte immer nur eine halbe Erdkugel, während sie sich um die Erde kontinuierlich dreht)

  = 1.507 x 10^{22} J oder Wsec [rotierende Kugel]

E [W sec = J] = Zeit [sec] x tatsächlich bestrahlte Fläche [m²] x flächenbezogene Leistung [W/m²]

  = 24 x 60 x 60 sec x 0.5 x 5.101 x 10^{14} m² x 684 W/m² (**heliozentrisch**, Sonne drehe sich im Jahreskreis um die Erde und beleuchte immer nur eine halbe Erdkugel, die sich in 24 h einmal um sich selbst dreht)

  = 1.507 x 10^{22} J oder Wsec [**rotierende Erdkugel, in T gegen 0 stets halbseitig beleuchtet**]

Energieabgabe E (J) an der rotierenden Kugel:

In jedem T gegen 0 in 24 h, in der eine Einstrahlung auf der halben Kugelseite erfolgt, erfolgt auch eine Abstrahlung auf dieser Fläche. Entweder erfolgt die Abstrahlung auf dieser Fläche sofort oder sie erfolgt mit der Zeit T verzögert durch Speicherwirkung. Die zeitverzögerte Abstrahlung erfolgt auf der identischen Fläche. Die halbe Kugelfläche (m²) erfasst somit genau die Fläche der Energieabgabe als Abstrahlleistung (W/m²) bzw. Reflektionsleistung (W/m²) für T gegen 0 oder auch in einer Sekunde 1 sec. Somit ist die abgegebene Energie (J) bezüglich Einheiten mit m² W/m² sec = Wsec = J. Die abgegebene Energie setzt sich aus dem Reflektionsanteil 184 W/m² und der restlichen Leistung von 500 W/m² zusammen. Mit 24 x 60 x 60 = 86.400 Sekunden wird einmal der Umfang im Kreis umschrieben, in der die Abstrahl- bzw. Reflektionsfläche (Halbe Kugel) jedes T gegen 0 oder jeder beleuchteten Sekunde erfasst wird. Oder anders formuliert: Die abgegebene Energie jeder einzelnen Sekunde wird 86.400 Mal aufsummiert, wie bei einem Stroboskop Lichtblitze. Dies liefert so die gesamte abgegebene Energie in 24 h einer Rotation.

E [W sec = J] = Zeit [sec] x tatsächlich bestrahlte Fläche (ist gleich abgestrahlte Fläche) [m²] x flächenbezogene Leistung [W/m²] = 24 x 60 x 60 sec x 0.5 x 5.101 x 10^{14} m² x (500 +184) W/m²
= 1.507 x 10^{22} J oder Wsec [rotierende Kugel]

Mittelwert der Abstrahlleistung **L** (W/m²) der von der Erdkugel in 24 Stunden abgegebenen Energie:
L [W/m²] = Abgegebene Energie/Oberfläche der Erde/24 h
= 1.507 x 10^{22} Wsec/5.101 x 10^{14} m²/24 x 60 x 60 sec = 342 W/m²

Der Mittelwert von 342 W/m², der von der Erdkugel in 24 h abgegebenen Leistung, ist **nicht** für die Bildung der Oberflächentemperatur des globalen Mittelwertes *Global Mean* T der Erde maßgebend (siehe Anhang 1), da diesem Leistungswert der Speicheranteil fehlt. **Maßgebend** für die Entstehung oder Bildung oder Genese der Oberflächentemperatur ist deshalb **die Abstrahlleistung an der Oberfläche im Augenblick der Einstrahlung, neben weiteren wichtigen Faktoren.** Die tatsächliche lokale, mit Thermometer messbare Temperatur entsteht im Augenblick der örtlichen Einstrahlung durch die physikalische Verbindung mit lokalem Reflektionsvermögen, mit lokaler Wärmespeicherung, mit zeitverzögerter Abstrahlung (Anteile der Speicherwirkung, z. B. des Vortages) und mit allen lokalen, die Temperatur **mitmodulierenden** Verhältnissen, wie Wind, wie Wolken, Höhenlage, Untergrundverhältnisse, Luftdruck, Regen etc.

Rotiert die Erdkugel mit 684 W/m² halbseitiger Einstrahlung, **wie zuvor die Kugel aus Kupfer,** einmal in 24 h, ist die Energie ebenso 1.507 x 10^{22} J. Betrachtet man 24 Stunden lang eine stets halbseitig beleuchtete rotierende Erde und ihre Leistungsverhältnisse dann zeigt Modell 5 (siehe auch Anhang 1): **Es mitteln** sich - global betrachtet - die lokalen Verhältnisse, wie Luftdruck, Wind, Regen, Höhenlage, wie lokaler Grad der Bewölkung, lokale Albedo Anteile, etc. **hin zur einer mittleren**, äquivalenten, globalen **Abstrahlung.** Es ist ein Mittelwert oder äquivalenter Durchschnitt aus Tag- und Nacht **von 390 W/m²** während einer durchschnittlichen Rotation eines Jahreszyklus. Die aus weltweiten Thermometermessungen von lokalen Tag- und Nachttemperaturen gemittelte globale Durchschnittstemperatur von rund 15 °C entspreche mit 14.83°C dann genau 390 W/m² durchschnittlicher Abstrahlleistung im Augenblick der Einstrahlung einer im Jahreszyklus durchschnittlich rotierenden, **aber stets immer nur halbseitig beleuchteten Erde.**

Nun soll wieder der Punkt P(X;Y) den durchschnittlichen Leistungswert von 684 W/m² Einstrahlung aufweisen. Es ändert sich der zuvor im Modellvariante 5 ausgewiesene Absorptionsanteil der Atmosphäre Satm zu 0. *Sensible Heat* ist in W/m² (17) und *Latent Heat* (93). 390 W/m² als langwellige Abstrahlung bleibt erhalten. [Anmerkung: Im Vergleich dieser Werte rechnet Prof. Harde in seinem Modell global als Mittel für *Sensible Heat* in W/m² (11.2) und für Latent Head in W/m² (95.6) unter Ansatz einer Albedo von 0.25, Quelle 69, S.53] Eine weitere, darüberhinausgehende Variante soll betrachtet werden als Differenzierung zwischen Tag und Nacht:

5.4.3   Variante 2 (Spezialfall): Drei Net-Strahlungen = 0 und modelliert als Tag- und Nacht an der Äquatorlinie und 5-Jahres-Satellitenmittelwerte (ERBS)

Dies ist ein Sonderfall, dort wo, der Lambertsche Strahler des ebenen Einstrahlkreises und die Bondsche Albedo der Hemisphäre als Tangentialebene zusammenfallen. Betrachtet wird hierzu **ein planes, ebenes Layer-Modell** mit VII Ebenen und mit den Durchschnittsmesswerten von ERBS, gemessen lotrecht zur doppelt gekrümmten Erdoberfläche und mit den drei Net-Werten gleich 0. **Für diesen speziellen Fall, am Äquator** und im Äquinoktium (Tag- und Nachtgleiche), **fällt die lotrechte Messebene des Satelliten** aus äquatorparallelen Lichtstrahlen der Sonne **mit dem ebenen Einstrahlungskreis $R^2\,\pi$ der Sonne**, mit R = Erdradius **zusammen**. Weil der Satellit während der Messung auf einer gekrümmten Bahn mit relativ konstantem Abstand zur gekrümmten Erdoberfläche fliegt, ist in den Messwerten des Satelliten selbst die doppelte Krümmung und damit der Faktor 2 berücksichtigt. <u>Nur für diesen Spezialfall</u> erhält der zur Sonne gerichtete Scanner von ERBS volle 1.368 W/m² ins Messgerät und entspricht hier dem ebenen Layer-Modell $R^2\,\pi$. Diese Sondersituation der Einstrahlung am Äquator bei Äquinoktium kann man nutzen, um den Unterschied zwischen Tag- und Nacht darzustellen. Stationäres Gleichgewicht LH und SH wie zuvor und Satm 20 W/m² (Tag + Nacht), Albedo a= 0.262, geringe Abweichung zum Messwert = 0.269. Eine Strahlungsleistung von 500 W/m² wird tagsüber gespeichert und nachts abgegeben (Zeitversatz und Speicher). Unterschieden wird auf der Äquatorebene, neben Tag und Nacht, zusätzlich zwischen *clear* und *cloudy*. Da die Durchschnittsmessung von ERBS immer an der gekrümmten Oberfläche erfolgt, wurde zwischen Einstrahlung TSI auf dem Kreis $R^2\,\pi$ (Ursache) und gemittelter Abstrahlung auf der Hemisphäre (Wirkung) mit **|** getrennt. Es entsteht im Modell die Globaltemperatur 15 °C von Tag und Nacht bei solarer Einstrahlung auf die halbe Erdkugel. Die Betrachtung des Einstrahlungszeitraums T(sec) geht gegen Null:

```
          Einstrahlung auf R² π          |      Abstrahlung auf 4 R² π

                                                              cloudy-sky-Tag
I      +358                    -1368   |                      +500
II     +184+164+10-164-10(-10)-1184         +108 +17     +101   +0    +0   +243  +31
III    +184                    -1184   |    + 93 +17     +15 +101 +0 +0   +243  +31
V      +184                    -1184        + 93 +17            +116        +243  +31
V      +184                    -1184   |    + 93 +17                  +80        +310
VI     +184                    -1184        + 93 +17                  +80        +310
VII          +184   -184       -1020 (-500) + 93 +17                  +390


                                                              cloudy-sky-Nacht
I      +10                      -0      |                      +500
II     +10                      -10         +108 +17     +101   +0    +0   +243  +31
III    +0                       -0      |   + 93 +17     +15 +101+0 +0    +243  +31
IV     +0                       -0          + 93 +17            +116        +243  +31
V      +0                       -0      |   + 93 +17                  +80        +310
VI     +0                       -0          + 93 +17                  +80        +310
VII          0    0   -500             |    + 93 +17                  +390


                                                              clear-sky-Tag
I      +358                    -1368   |                      +500
II     +184+164+10-164-10(-10)-1184         +111 +17     +48   +48    +0         +276
III    +184                    -1184   |    + 93 +17           +18    +96        +276
IV     +184                    -1184        + 93 +17           +114              +276
V      +184                    -1184   |    + 93 +17           +100   +14        +276
VI     +184                    -1184        + 93 +17           +100   +290
VII          +184   -184       -1000 (-500) + 93 +17                  +390
```

						clear-sky-Nacht		
I	+10	-0				+500		
II	+10	-10	+111	+17	**+48**	**+48**	**+0**	**+276**
III	+0	-0	+ 93	+17	+18	+96	+276
IV	+0	-0	+ 93	+17	+114		+276
V	+0	-0	+ 93	+17	**+100**	+14	+276
VI	+0	-0	+ 93	+17	**+100**	+290	
VII	0 0	**-500**	+ 93	+17	+390		

Die mittlere globale Durchschnittstemperatur von rund 15 °C gilt für Tag, Nacht, für *cloudy*- und *clear*-Verhältnisse. Deshalb wurde mit 390 W/m² Abstrahlung und konstanter Albedo gerechnet. Am Tag wirken 10 W/m² als Satm und zusätzliche (10 W/m²) vom Tag wirken als Satm in der Atmosphäre nachts weiter. Die flächenbezogenen Leistungen der Messwerte des Satelliten repräsentieren im Layer-Modell einen Durchschnittsquadratmeter. Für eine energetische Betrachtung von der Ebene des Satelliten am Äquator bzw. vom planen Layer-Modell in das Modell einer doppelt gekrümmten Kugel müsste TSI von 1.368 W/m² durch 2 geteilt werden. Dies halbiert die Leistung der Einstrahlung aus dem ebenen Einstrahlkreis hinein in das dreidimensionale Kugelmodel mit Referenzquadratmeter (Bsp. Integral Kupferkugel). 5.101 x 10^{14} m² hat die Erde als Oberfläche. Der Satellit rotiert auf einer Ellipse 15 Mal am Tag um die Erde. Die Hälfte der Zeit ist er im Erdschatten, d. h. 12 h von 24 h.

E [W sec = J] = Zeit der Einstrahlung [sec] x Leistung auf den stellvertretenden Durchschnittsquadratmeter dieses ebenen Layer-Modells [Watt] x Anzahl Quadratmeter/Faktor Kugelquadratmeter zum ebenen Quadratmeter

= 12 x 60 x 60 sec x 1.368 Watt x 5.101 x 10^{14}/2

= 12 x 60 x 60 sec x 684 Watt x 5.101 x 10^{14}

= 1.507 x 10^{22} J oder W sec

Wir bleiben auf der Ebene des Satelliten und der flächenbezogen Leistungsmessung der Scanner von ERBS. Obenstehende Darstellungen, I - VII für Tag und Nacht getrennt, erfüllen für sich jeweils die vertikalen Gleichgewichtsbedingungen. Die horizontalen Gleichgewichtsbedingungen sind erfüllt, wenn Tag und Nacht zusammengenommen werden. Sie zeigen aber darüber hinaus noch etwas anderes:

ERBS mit 15 Umkreisungen/Tag x 96 Min/Umkreisung = 1.440 Min = 24 H x 60 min/h oder 360°/24 h = 15°/h. Die Messungen von ERBS erfolgen in 2.5°-Schritten. Bei einem Überflug misst er mehrere 2.5° breite Streifen gleichzeitig. Es gibt Messungen von einzelnen Tagen. Die Messungen des 5. September (Mittel 1985-89) kommt beispielsweise dem Äquinoktium nahe. Eine äquatoriale Einstrahlung erhält der Satellit für die Breitengrade zwischen +1.25 bzw. -1.25. Die **maximale** Einstrahlung von der Sonne erhielt EBRS zur Mittagszeit, 12 00 Uhr. Um diesen Ort bzw. Längengrad hierzu zu finden, muss jetzt die maximale *Shortwave Radiation* aus dem Datensatz der 2.5° breiten Streifen rausgesucht werden, Ergebnis: Die gefunkten Werte im Datensatz des gesuchten Streifens in Grad bzw. W/m² sind für den 5 September 193, hierzu gleich auch die Net-Differenzen:

+1.25 (Breite) 11.25 (Länge) **171.74** (shortwave rad.) 217.08 (longwave rad.) 40.19 (net rad.) 40.04 (albedo), hierin 1368/4| − |217.08| − |171.74| = |46.82| nicht ganz 40.19 **(Abweichung mathematische Differenz zum Net-Funkwert gering)**

-1.25 (Breite) 11.25 (Länge) **176.64** (shortwave rad.) 234.80 (longwave rad.) 15.98 (net rad.) 41.34 (albedo),

193 CEDA, Oxford, England mit Stand vom 19.11.2020: http://data.ceda.ac.uk/badc/CDs/erbe/erbedata/erbs/mean5sep.

hierin 1368/4 - |234.80| -|176.64| = |69.44| ungleich 15.98 **(Abweichung mathematische Differenz zu Net-Funkwert sehr groß)**

Für den Äquator errechnet sich aus der gemessenen, kurzwelligen Abstrahlung (Shortwave Rad.) ein **Mittelwert von 174.2** = (171.74+176.64)/2. Nun dreht sich jede Stunde die Erde um 15° unter dem Satelliten weiter, sodass die gleiche elliptischen Bahn nach 180° = 15°/ h mal 12 h wieder umflogen wird, aber zur Nachtzeit bzw. einen halben Tag oder 12 Stunden später. Der Ort 0° Breite, gleich Äquator, und 11.25° Länge wird hierbei einmal am Tag und einmal in der Nacht gemessen. Der Satellit aber bildet aus den Messwerten stets den Mittelwert. Wie groß war die kurzwellige Einstrahlung an diesem Tag tatsächlich aus stets halbseitiger solarer Beleuchtung?

(Tagesmessung + Nachmessung) / 2 = 174.2 W/m² = (Tagesmessung + 0 W/m²) / 2
Tagesmessung der äquatorialen kurzwelligen Einstrahlung 1.25° geo. Breite = 2 x 174.2 W/m² = 348.4 W/m²

Subtrahiert man **im Modell** vom Albedo-Anteil von 358 W/m² des Tages den von der Atmosphäre absorbierten Anteil (Satm) von 10 W/m² des Tages ergibt dies ebenfalls **348 W/m²** oder **Plausibilität zwischen Modellierung und Messung im Sonderfall.**

In der Ebene des Äquators bei äquatorparalleler solarer Einstrahlung von 1.368 W/m² fällt die Einstrahlung des Einstrahlkreises mit dem Erdradius R zusammen **mit** der Messwertebene des Satelliten. Die Fläche des Einstrahlkreises R² π ist der 4. Teil der Kugeloberfläche mit Radius R. Für diesen speziellen Fall beträgt die Energie in 24 h des ebenen Layer-Modells:

E [W sec = J] = Zeit [sec] x Einstrahlfläche des Einstrahlkreises [m²] x flächenbezogene Leistung [W/m²]

$= 24 \times 60 \times 60 \ \text{sec} \times 5.101 \times 10^{14} \ \text{m}^2 / 4 \ (\text{Einstrahlkreis mit Erdradius}) \times 1.368 \ \text{W/m}^2$

$= 1.507 \times 10^{22} \ \text{J oder W sec}$

Damit stellen die Zeilen I-VII der Bilanz die Leistungen in W/m² dieser Modellvariante den Sonderfall des planen Einstrahlkreises dar. In dieser speziellen, tangentialen Ebene auf Höhe des Äquators lässt sich mit den Messwerten von ERBS der Speichereffekt vom Tag hinein in die Nacht anschaulich aufzeigen.

Projiziert man in Modell 5 die Einstrahlung der TSI von der Äquator-Ebene in die Hemisphären-Ebene mit 1.368 W/m²/2 = 684 W/m², gilt die Darstellung von Tag und Nacht und damit die Speicherung von Wärme vom Tag hinein in die Nacht für jeden Punkt auf der Kugel.

5.4.4 Variante 3: Übergang zum beliebigen Punkt der Hemisphäre mit Net-Strahlungen gleich 0

In Anhang 1 wurde die Speicherwirkung vom Tag in die Nacht hinein etwas anders betrachtet. Ausgangspunkt war eine Albedo a = 0.319. Es folgte der Übergang auf die Werte von Modell 5 a = 0.269 mit Einstrahlung von 684 W/m² auf je einer nicht rotierenden Hemisphäre für 12 Stunden. Hieraus konnte für i-Tage die Speicherwirkung aus dem Vortag abgeleitet werden, im nicht rotierenden Fall mit schlagartigem Wechsel der Einstrahlung nach 12 h auf Hemisphäre H1 und H2. Sie bilden die gemeinsame, wechselseitig beleuchtete Kugel. Anschließend folgte der Übergang zur kontinuierlich rotierenden Erdkugel unter halbseitiger Beleuchtung.

Die Speicherwirkung für Temperatur an der Erdoberfläche aus grob 2/3 Wasser, 1/3 Land und der Atmosphäre endet ja nicht mit dem Ende des Lichteinfalls. Die in diesen Speichern als Strahlungsleistung während der Beleuchtungszeit eingetragene Energie ist als gespeicherte Wärme oder verbliebener Temperatur - eine physikalisch intensive Größe - weiterhin vorhanden und wirkt fort. Damit fällt die Temperatur bei Ende des Lichteinfalls nicht schlagartig ins Bodenlose ab. Es stellt sich eine aus Tag und Nacht im Mittel aus Thermometermessungen von ca. 15 °C messbare, durchschnittliche Globaltemperatur ein. Diese entspricht einer gemittelten Abstrahlung von 390 W/m² und entspricht auch in Modell 5 der aus Messwertmitteln von ERBS folgenden Surface-Abstrahlung von 390 W/m². 2 gegenüberliegende Hemisphären mit Tag- und Nachtzeit zeigen die Messwertmittel von ERBS und die durchschnittliche Speicherwirkung vom Tag hinein in die Nacht. Dargestellt für cloudy sky, ergibt sich Satm jetzt zu 20 W/m², aus 10 am Tag und (10), die vom Tag in die Nacht hineinwirken.

Hemisphäre 1   6-18 h   cloudy-sky-Tag

```
I      +174                     -684                                      +500
II     +82  +82 +10 -82 (-10)-10 -582        +108 +17     +101    +0  +0 +243     +31
III    +82                      -582         + 93 +17     +15 +101+0 +0 +243     +31
IV     +82                      -582         + 93 +17              +116  +243     +31
V      +82                      -582         + 93 +17                    +80     +310
VI     +82                      -582         + 93 +17                    +80     +310
VII         +82  -82            -500 (d. Speicherwirkung) + 93 + 17      +390          = 0
                                     (vom Tag in die Nacht)
```

Hemisphäre 2   18-24 h   cloudy-sky-Nacht

```
I      +10            -0                                                  +500
II     +10            -10                     +108 +17     +101    +0  +0 +243     +31
III    +0             -0                      + 93 +17     +15 +101+0 +0 +243     +31
IV     +0             -0                      + 93 +17              +116  +243     +31
V      +0             -0                      + 93 +17                    +80     +310
VI     +0             -0                      + 93 +17                    +80     +310
VII         0   0     -500 (d. Speicherwirkung) + 93 +17                 +390          = 0
                          (vom Vortag in diese Nacht)
```

Hemisphäre 1   18-24 h   cloudy-sky-Nacht

```
I      +10            - 0                                                 +500
II     +10            -10                     +108 +17     +101    +0  +0 +243     +31
III    +0             -0                      + 93 +17     +15 +101+0 +0 +243     +31
IV     +0             -0                      + 93 +17              +116  +243     +31
V      +0             -0                      + 93 +17                    +80     +310
VI     +0             -0                      + 93 +17                    +80     +310
VII         0   0     -500 (d. Speicherwirkung) + 93 +17                 +390          = 0
                          (aus dem Tag in diese Nacht)
```

Hemisphäre 2   6-18 h   cloudy-sky-Tag

```
I      +174                     -684                                      +500
II     +82 +82 +10 -82 (-10)-10 - 582        +108 +17     +101    +0 +0 +243     +31
III    +82                      -582         + 93 +17     +15 +101+0 +0 +243     +31
IV     +82                      -582         + 93 +17              +116  +243     +31
V      +82                      -582         + 93 +17                    +80     +310
VI     +82                      -582         + 93 +17                    +80     +310
VII         +82  -82   -500 (d. Speicherwirkung) +93 +17                 +390          = 0
                          (aus dem Tag in die Nacht des Folgetages)
```

Zum Schluss erfolgt der Übergang vom schlagartigen halbseitigen Beleuchtungswechsel in die Rotation mit konstanter halbseitiger Beleuchtung. Bei Betrachtung von N – ganzzahligen Teiles einer Sekunde. Für N gegen unendlich geht T gegen 0. Bezüglich LH und SH und der Nichterfassung von ERBS verweise ich auch auf Anhang 7. Bei dieser Modellvariante steht das prinzipielle Erfassen der Speicherwirkung, das Einbinden von Tag und Nacht im Vordergrund.

E [W sec = J]   = Zeit [sec] / N x **[beleuchtete Hemisphäre]** [m²] x flächenbezogene Leistung [W/m²] x N
= 24 x 60 x 60 sec x **0.5 x 5.101 x 10 ^{14} m²** x 684 W/m² = 1.507 x 10 ^{22} J oder Wsec
= **[rotierende Erdkugel, in jeder Sekunde halbseitig beleuchtet]**

5.4.5 Betrachtung der Net-Strahlungen von ERBS, exemplarisch

Bsp. 1: mean5mar 194 +8.75 98.75 147.98 195.88 85.08 34.48 43.68 272.78 112.48 10.16 76.90 -104.30
-27.40

+8.75 (Breitengrad) 98.75 (Längengrad) 147.98 (shortwave rad.) 195.88 (longwave rad.) 85.08(net rad.) 34.48 (albedo) 43.68 (cls shw. rad.) 272.78 (cls lw. rad.) 112.48 (cls net rad.) 10.16 (cls albedo) 76.90 (lw cloud forc.) -104.30 (sw cloud forc.) -27.40 (net cloud forc.), Strahlungsleistungen in W/m²

a) Net-Strahlungen unter Berücksichtigung des Vorzeichens, gemäß Datenübermittlung von ERBS:
Net Cloud Forcing -27.40 + Net Radiation 85.08 = 57.58 ≠ Clear-Sky Net Radiation (112.48), **keine Übereinstimmung.**

Alternativ ohne Berücksichtigung des Vorzeichens und damit **als mathematischer Betrag**:
Aber exakte Übereinstimmung für *Net Cloud Forcing* |-27.40| + *Net Radiation* |85.08| = |112.48| = *Clear-Sky Net Radiation* (112.48). Für den Datensatz wäre es richtig, Net-Strahlungen mit mathematischen Beträgen von Strahlungsleistungen zu berücksichtigen oder |Net Cloud Forcing |+|Net Radiation|= |Clear-Sky Net Radiation|.

Dieser Zusammenhang lässt auf die Mittelwerte *Global Mean* der Jahre 1985-1989 übertragen mit einer Abweichung von kleiner, gleich 3 W/m² (siehe Kap. 5.3, Darstellung 3). Für **einzelne** Datensätze unter dem Jahr kann es Ausnahmen geben - teilweise gilt: Net Cloud Forcing + |Net Radiation|= |Clear-Sky Net Radiation| oder |Net Cloud Forcing |+ Net Radiation= |Clear-Sky Net Radiation|(siehe Anhang 6).

b) Gilt ohne Ausnahme: Clear-Sky Net Radiation = Shortwave Radiation - clear sky Shortwave Radiation?
Umgestellt zu: Clear-Sky Net Radiation 112.48 + Clear Sky Shortwave Radiation 43.68 = 156.16 ≠ Shortwave Radiation 147.98. Dies ist eine Abweichung von 8 W/m² der mathematischen Summe zum Funkwert. Eine genaue Übereinstimmung ist im Datensatz nicht gegeben. Die Abweichung, hier 8 W/m², kann in anderen Datensätzen sehr groß werden, auf 52 W/m² anwachsen wie im Beispiel 2c, Anhang 6. **Deshalb ist die Aussage „Clear-Sky Net Radiation ist stets Shortwave Radiation minus Clear Sky Shortwave Radiation" falsch und daher nicht allgemein gültig.** Oder die Datensätze widerlegen eine solche Definition.

c) TSI/4 - (Shortwave Rad.) - (Longwave Rad.) = (Net Rad.) 85.08 oder 1368/4 - 147.98 -195.88 = 1.86
1.86 ungleich 85.08, keine Übereinstimmung der mathematischen Differenz zum Net-Funkwert. Es lassen sich zahlreiche weitere Datensätze in ERBS finden, die hier so keine Übereinstimmung liefern. **Damit ist die Aussage**

---

194 CEDA, Oxford, England mit Stand vom 19.11.2020: Mittelwert des 5 Septembers aus den Messwerten von 1985 – 1989: http://data.ceda.ac.uk/badc/CDs/erbe/erbedata/erbs/mean5sep.

TSI/4 - (Shortwave Rad.) - (Longwave Rad.) = (Net Rad.) nicht richtig oder falsch und damit nicht allgemein gültig.

Weitere Beispiele zur Interpretation von Net-Werten in ERBS-Messungen finden sich in **Anhang 6**. **Das entscheidende Ergebnis der Interpretationen ist: Jede Betrachtung** – Berücksichtigung von Net-Strahlungen im Modell und Net-Strahlungen im Modell gleich 0 - **liefert 390 W/m² Abstrahlung.**

5.4.6 Gegenstrahlung im Modell 5

Gäbe es eine Gegenstrahlung von 324 W/m² – diese ist, wie in Kapitel 4.10 gezeigt, durch den mathematischen Effekt bilanzneutral –, würden sich die Gleichungen V bis VII (Kap. 5.4) wie folgt für *clear sky* ändern, *cloudy* analog:

<pre>
                                                            clear Sky

I   +184   -684   +500   = 0
II   +92 +92 -92 -592   +86   +48 +48 +42   +276   = 0
III   +92   -568 -24 +86   +24   +24   +90   +276   = 0
IV   +92   -568   +86   +100   +14   +276   = 0

V   +92   -568   +86   +100   +14   +276   +0   = 0
VI   +92   -568   +69 +17   +100   +290   ↑+324 ↓-324   = 0
VII   +92 -92 -476   +69 +17   ↑+390   ↑+324 ↓-324   = 0

                        nun umgestellt zu

V   +92   -568   +86   +100   +14   +276   +0   = 0
VI   +92   -568   +69 +17   +100   +614   ↓-324   = 0
VII   +92 -92 -476   +69 +17   ↑+714   ↓-324   = 0
</pre>

Damit errechnet sich eine temperaturwirksame Strahlung von 714 W/m², was einer globalen Durchschnittstemperatur von über 60 °C entspricht. $\sqrt[4]{}$ (714 W/m² / 5,67040 / 1E⁻8 W/m²) K − 273.15 K = 61,83 °C. Auch hiermit kann man zeigen, dass es eine Gegenstrahlung nicht geben kann. Diese Temperatur zerstört Eiweiße. Unsere Form von Leben hätte sich so nicht entwickeln können. Eine Gegenstrahlung von 324 W/m² ist mit Modell 5 nicht möglich und ausgeschlossen.

5.5 FIG. 8a cloudy sky und FIG. 8b clear sky, siehe nächste und übernächste Seite.

Es überwiegen für mich die Argumente von gemessenen Strahlungen für die drei Net-Werte (siehe Anhang 6). Deshalb bleiben die Net-Werte in der Modellierung berücksichtigt. Für die weitere Betrachtung wird ferner nicht der Sonderfall Betrachtungsebene „**plan**er Einstrahlkreis", sondern der allgemeine Fall „Kugel**krümmung**" weiterverfolgt und damit 684 W/m² Einstrahlleistung. Aus beiden Darstellungen ist ersichtlich, dass es keine „Strahlungsbehinderung" der Abstrahlung durch CO_2 in Richtung Orbit zwischen Ebene VII und I gibt.

Anmerkung: Anwendung der Minimum-Albedo-Technik	FIG. 8a	FIG. 8b
reflektiert von Wolken, Aerosolen und Atmosphäre	>= 92 W/m²	<= 92 W/m²
Surface Reflection	<= 92 W/m²	>= 92 W/m²

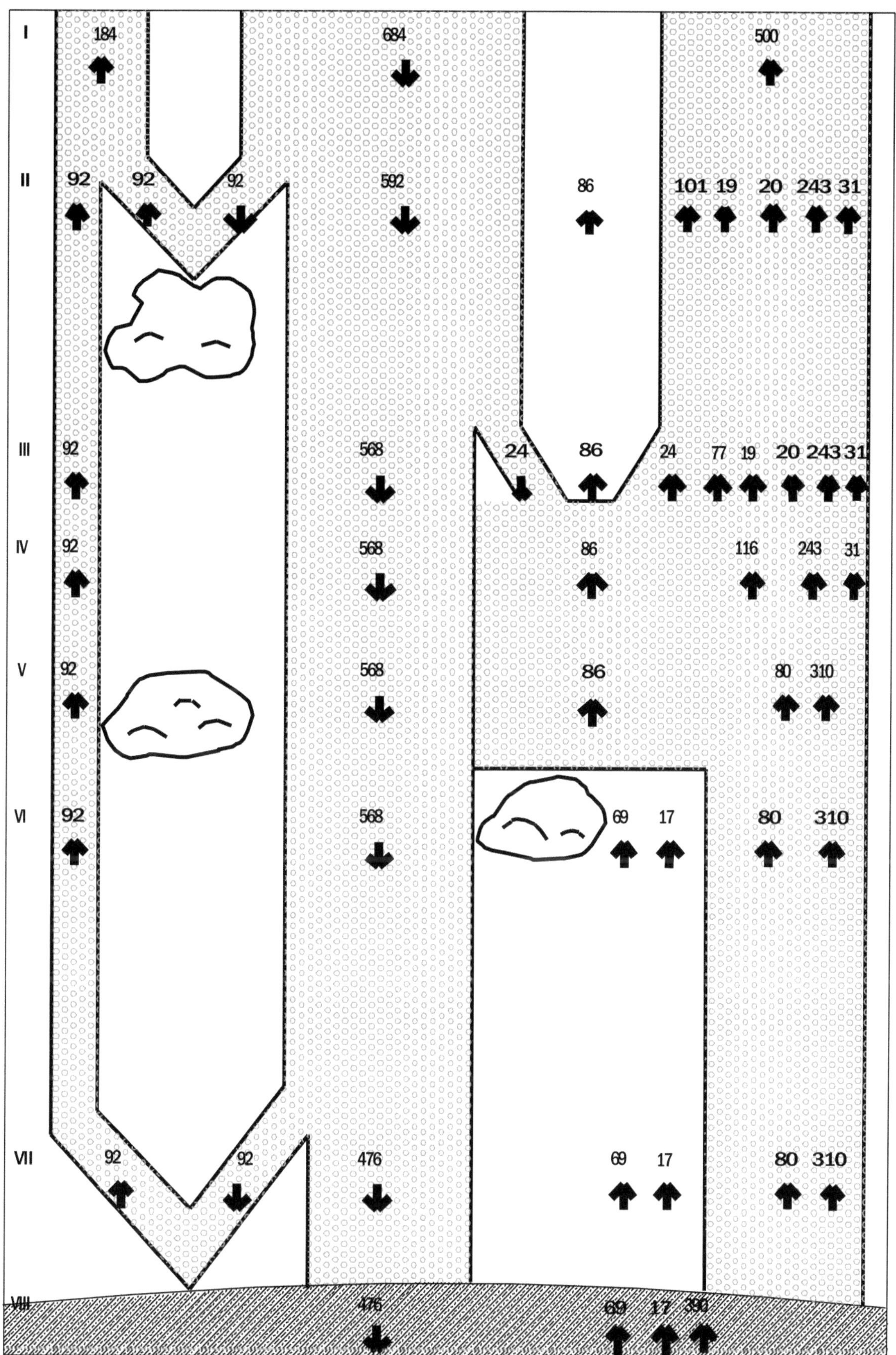

FIG. 8a: Schaubild des globalen thermodynamischen Energiebilanzgleichgewichtes, modifiziertes Modell 5
Skizze 3 cloudy sky bei einer zugrunde gelegten Globaltemperatur von 14.8 °C,
Erstellt von Verfasser A. Agerius, März 2019 (die Idee der Darstellung basiert auf FIG. 7, T. Kiehl und E. Trenberth 1997, Earth´s Annual Global Mean Energy Budget).

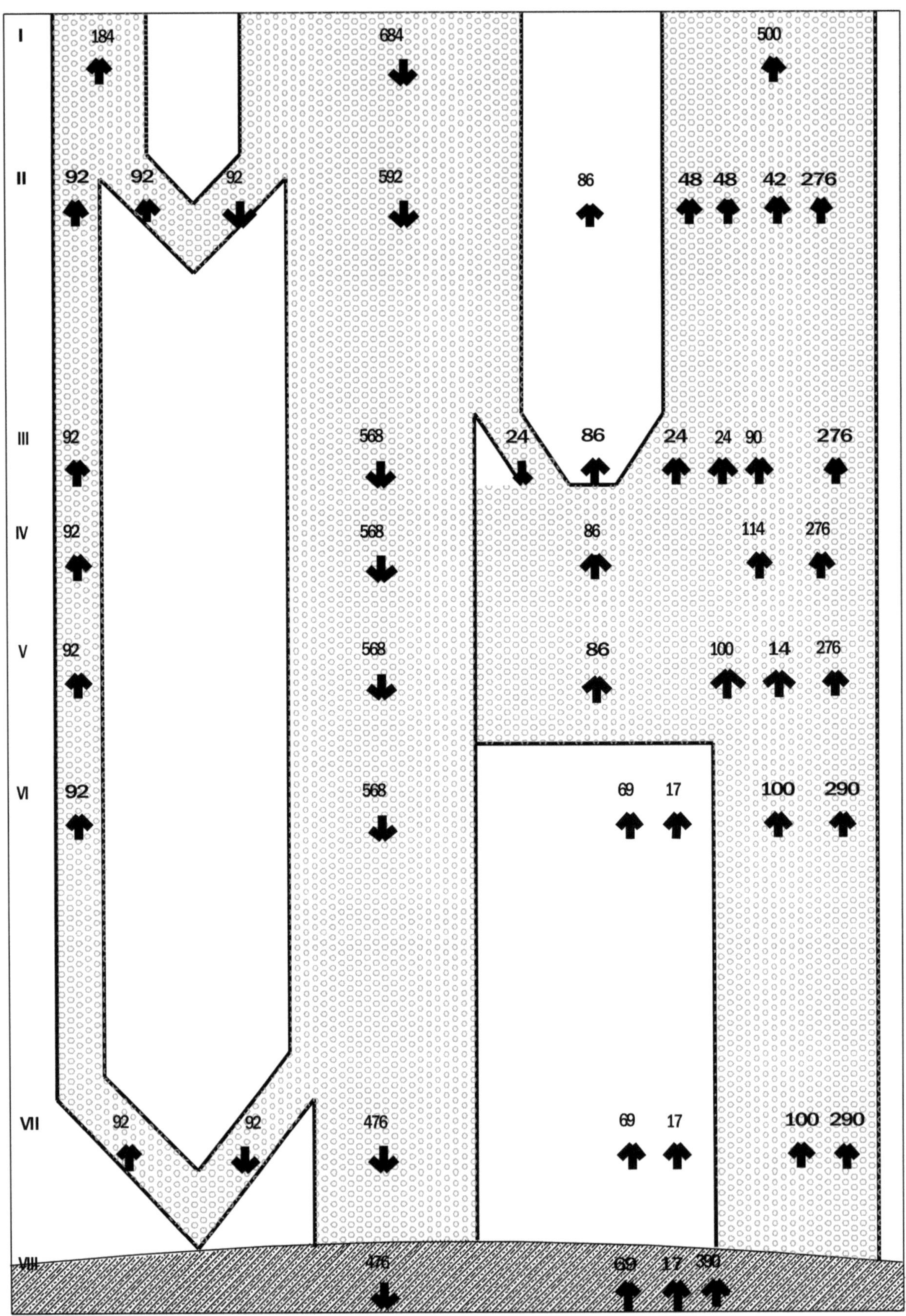

FIG. 8b: Schaubild des globalen thermodynamischen Energiebilanzgleichgewichtes, modifiziertes Modell 5; **Skizze 4 clear-sky** bei einer zugrunde gelegten Globaltemperatur von 14.8 °C, erstellt von Verfasser A. Agerius, März 2019 (die Idee der Darstellung basiert auf FIG. 7, T. Kiehl und E. Trenberth 1997, Earth´s Annual Global Mean Energy Budget).

5.6 Ist die mathematische Bilanz der Beträge der Energien für Modell Kap. 5 für eine Globaltemperatur von 14.2 °C (1990) eingehalten?

$\sqrt[4]{}$ (386.6 W/m^2 / 5,67040 /1E-8 W/m^2) K – 273.15 K = 14,20 °C, mit 386.6 W/m^2, gerundet auf 387 W/m^2

Hierzu wird die Temperatur 14.2 °C als globaler Messwert vorgegeben, hieraus die zugehörige Strahlung von 387 W/m^2 ausgerechnet, alle elf Satellitenmesswerte sind fest, SH und LH wurden beibehalten, Satm dann als einzige Unbekannte errechnet.

113 W/m^2	= 500 W/m^2 - 387 W/m^2
473 W/m	= 387 W/m^2 + 69 W/m^2 + 17 W/m^2
565 W/m^2	= 473 W/m^2 + 92 W/m^2
Satm	= 684 W/m^2 – 92 W/m^2 – 565 W/m^2 = 27 W/m^2

Bei einer gemessenen Globaltemperatur (aus Tag und Nacht) von **14.2 °C (1990)** und 353 ppm CO_2 und **ohne** Rückkopplungseffekte:

cloudy sky

```
I    +184         -684                           +500                  = 0
II   +92 +92 -92 -592        +86          +101   +19 +20 +243   +31    = 0
III  +92      -565  -27      +86      +27 +74    +19 +20 +243   +31    = 0
IV   +92      -565           +86                +113     +243   +31    = 0
V    +92      -565           +86                 +80  +307             = 0
VI   +92      -565           +69 +17             +80  +307             = 0
VII      +92 -92 -473        +69 +17                   +387           = 0
```

clear sky

```
I    +184         -684                           +500                  = 0
II   +92 +92 -92 -592        +86           +48   +48 +42        +276   = 0
III  +92      -565  -27      +86      +27  +21   +90            +276   = 0
IV   +92      -565           +86           +111                +276   = 0
V    +92      -565           +86          +100 +11             +276   = 0
VI   +92      -565           +69 +17      +100 +287                   = 0
VII      +92 -92 -473        +69 +17                +387              = 0
```

Das mathematisch/energetische Bilanzgleichgewicht eines stationären Zustandes in der Atmosphäre im Zeitraum T ist horizontal und vertikal eingehalten. Wie in Kapitel 5.3 wurde das Modell in Kapitel 5.6 für **eine definierte** globale Durchschnittstemperatur aufgestellt. Aus der Temperatur von 14.2 °C wurde anschließend eine effektive temperaturwirksame Strahlung von 387 W/m^2 errechnet, damit diese mit einer aus Messwerten stammenden Globaltemperatur verglichen werden kann. Durch die Abweichung zwischen Mittelwert und Extrema von 1.5 W/m^2 (**abgerundet** 1 W/m^2 und **aufgerundet** 2 W/m^2) verändert sich im folgenden Bilanzgleichgewicht die *Clear Sky Shortwave Radiation* von 50 auf 48 W/m^2 und *Net Cloud Forcing* von 18 zu 19 W/m^2. Diese Abweichung macht weniger als fünf Tausendstel aus (4.8 = 2.0 W/m^2/414.5 W/m^2 x 1.000). Diese fünf Tausendstel sind der Unterschied zwischen dem Messwert des ERBS-Satelliten und dem Modellwert von Modell 5 jetzt für 1990, T=14.20 °C, unter den im Kapitel 5 geltenden Modellbedingungen und Modellgrenzen. Bei der Abstrahlung erfolgt die Energieabgabe in allen Ebenen VII bis I von warm nach kalt in Richtung Orbit, entsprechend der Gesetze der Thermodynamik. Die in Modell nach Kapitel 5 geänderte Strahlungsverteilung bildet die Erde für die beleuchtete Tagseite und unbeleuchtete Nachtseite jeweils getrennt wie schwarze Körper ab. Damit konnte die Stefan-Boltzmann-Formel für die Durchschnittstemperaturberechnung der jeweils betrachteten Hemisphäre herangezogen werden. Einer halbseitigen Einstrahlung bei langsamer Rotation steht die vollseitige, teils zeitverzögerte Abstrahlung der Kugel gegenüber.

5.7 Verstärkte Einbindung der Bewölkung in Modell 5 als Grenzbetrachtung unter Berücksichtigung von LONGWAVE CLOUD FORCING

„Die Strahlungsbilanz der Erde wird zu einem entscheidenden Anteil von Wolken und deren optischen Eigenschaften bestimmt. [...] Hohe, optisch dünne Wolken wie Zirren haben nur eine geringe Albedo. [...] Niedrige Wolken, die überwiegend flüssige Wolkentröpfen enthalten und optisch dicker sind, absorbieren weniger infrarote Strahlung. Dagegen reflektieren sie einen erheblichen Anteil der einfallenden kurzwelligen Strahlung und haben deshalb primär eine abkühlende Wirkung. [...] MitHilfe des ERBE (Earth Radiation Budget Experiment) konnte gezeigt werden, dass der abkühlende Effekt der Bewölkung überwiegt [Ramanathan et. al., 1989]. Der Einfluss dieses Effektes [die Autoren meinen hier den vorzeichenlosen Betrag des Effektes] ist etwa viermal größer als für eine angenommene CO_2 Verdopplung.". 195 „Mittlerweile konnten auch die Bedingungen identifiziert werden, für die die Wirkung von Wolken besonders große Unsicherheiten aufweist: dies ist vor allem für die Modellierung der **solaren Strahlung** und für die **Wirkung niedriger Wolken** der Fall. Die Identifizierung dieser **Hauptunsicherheiten** lässt hoffen, dass zukünftige verstärkte Anstrengungen unternommen werden, um Klimamodelle gerade hinsichtlich dieser Aspekte zu verbessern".196 [Hervorhebungen hinzugefügt]

Die Satelliten-Daten von Kap. 5.3 sind 5-Jahres gemittelte Durchschnittswerte aus Tag- und Nachtmessung. In Schaubild FIG. 8a und FIG. 8b führen sie bei einer langwelligen Abstrahlung in Ebene VIII zu einer globalen Durchschnittstemperatur von 14.8 °C. Die Temperaturdifferenz zwischen Sonne und Verschattung durch Wolken soll im folgenden Schritt im Modell 5 noch stärker modelliert dargestellt werden. Als Größenordnung für den Einfluss der Wolken werden ca. 30 W/m² angesetzt. Diese korrespondieren mit den 31 W/m² des *LONGWAVE CLOUD FORCING* (siehe Kap. 5.3) und sie entsprechen den 30 W/m² des Wolkeneinflusses von KT97, FIG. 7. Die Abweichung zum Satellitenmesswert soll aber nicht mehr als 2 W/m² betragen (siehe vgl. 5.4 Erläuterung). Diese Grenzbetrachtung für das Modell 5 korrespondiert mit KT97, ist aber rein theoretischer Natur, da die Erde als Ganzes weder zu 100 % wolkenfrei noch zu 100 % bewölkt ist. Es soll einerseits sichergestellt sein, dass die Durchschnittstemperatur aus den Fällen clear sky und cloudy sky weiterhin 14.8 °C, entsprechend 390 W/m², bleibt. Dieser Ansatz führt andererseits mit 30 W/m² als Einfluss von starker Bewölkung zu einer Aufspaltung und folgender Abstrahlung:

390 W/m² = (405+375) / 2 W/m² oder 14.79 °C = (17.56 °C + 12.02 °C) und 30 W/m² = (405-375) W/m²

clear sky 405 W/m², die Abstrahlung entspricht 17.56 °C als Grenzbetrachtung   FIG. 9a
cloudy sky 375 W/m², die Abstrahlung entspricht 12.02 °C als Grenzbetrachtung   FIG. 9b

Dies heißt für die Grenzbetrachtung: Man steht im Freien neben einer Wetterstation an einem bewölkten Ort, der genau den globalen Durchschnittsbedingungen des Modells bei Bewölkung entspricht und misst die Außentemperatur. Zieht die dichte Bewölkung weg, würde für die Modellbetrachtung die Temperatur um ca. 5.5 °C ansteigen. Bei Bewölkung würde mehr kurzwellige Strahlung an der hellen Wolkenoberseite ins Orbit reflektieren. Würde dieses Mehr an kurzwellig reflektierter Strahlung mit einer langwelligen Abstrahlung aus Wolken (*Longwave Cloud Forcing*) korrespondieren, könnte man für diese Größe ebenfalls etwa 30 W/m² veranschlagen. Die Satellitenmessung im bewölkten Fall betrug 30.8 W/m² im Fünf-Jahres-Mittel (siehe Kap 2.2). Klarer Himmel bzw. starke Bewölkung führen zu einer Änderung der Durchschnittswerte des Energietransportes SH (W/m²) und LH (W/m²) bzw. 57/14 und 81/20. Das Verhältnis von SH zu LH wurde wieder 1/5 zu 4/5 verteilt (wie in Kap. 5.3). In Skizze 5 und 6 sind die Strahlungswerte in W/m² hierfür angetragen.

---

195 Steffen Kothe, Bodo Ahrens, 2008, Begutachtung des wissenschaftlichen Feinkonzeptes und des gegen-wärtigen Standes des Programms SAT-Klim, Abschlussnericht 2008, Institut für Atmosphäre und Umwelt Goethe-Universität Frankfurt am Main. 3.5.2. Der Wolkenbedeckungsgrad, S.18.

196 Prof. W. Roedel, Prof. Th. Wagner, 2011, Physik unserer Umwelt: Die Atmosphäre, 4. Auflage, 1. korrigierter Nachdruck, Springer Verlag, ISBN 978-3-642-15728-8, Kapitel 1 Strahlung und Energie in dem System Atmosphäre/ Erdoberfläche, S.576.

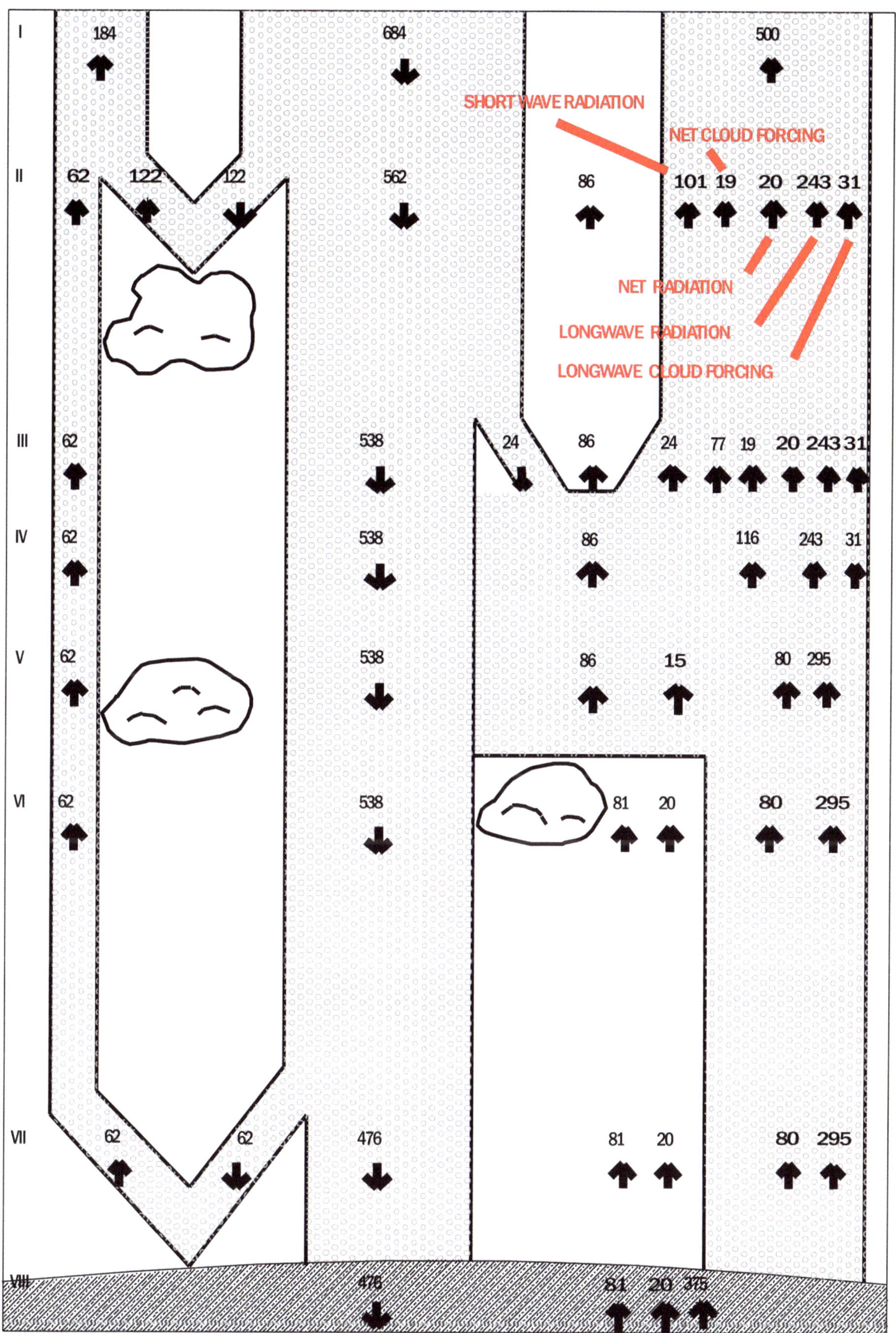

FIG. 9a: Skizze 5, cloudy sky als Grenzbetrachtung, 375 W/m² Abstrahlung bzw. T = 12.0 °C
Erstellt von Verfasser A. Agerius, April 2020 (die Idee der Darstellung basiert auf FIG.7. T. Kiehl und E. Trenberth 1997, Earth´s Annual Global Mean Energy Budget).

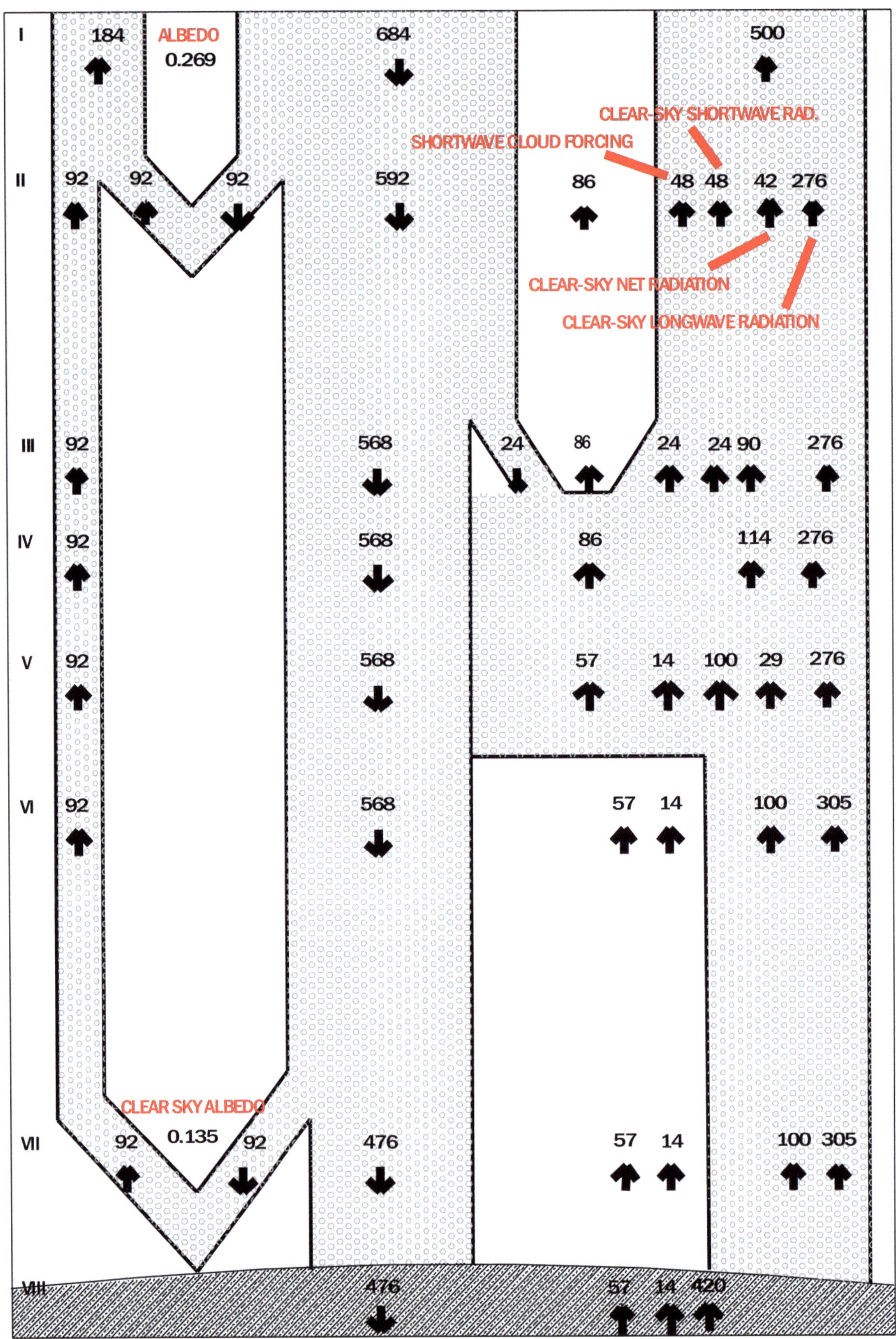

FIG. 9b: Skizze 6, clear sky als Grenzbetrachtung, 420 W/m² Abstrahlung bzw. T = 17.6 °C
Erstellt von Verfasser A. Agerius, April 2020 (die Idee der Darstellung basiert auf FIG. 7, T. Kiehl und E. Trenberth 1997, Earth´s Annual Global Mean Energy Budget).

5.8   Unterschied des Bilanzmodells nach Kap. 5 zu Modell nach Kap. 4 (KT97)

Die Verteilung der solaren Einstrahlung erfolgte in Modell 4 pauschal mit ¼ und in Modell 5 mit ½ (siehe auch Ansatz von Ulrich O. Weber[197], der dem Ansatz, abgeleitet aus der Satellitenumlaufbahn, entspricht). In beiden Modellen 4 und 5 erfolgt in der Ebene der Atmosphäre eine energetische Transformation. In Modell 4 wandelt sich das kurzwellige Satm hin zur langwelligen *Outgoing Longwave Radiation*. Außerdem werden die Anteile von *Sensible Heat* und *Latent Heat*, also SH und LH, ebenfalls in langwellige *Outgoing Longwave Radiation* verändert. In der Atmosphären-Ebene des Modells 5 verändert sich – vermutlich durch elektrostatische Aufladung und/oder Stoßvorgänge – ein Teil der langwelligen Strahlung hin zur kürzerwelligen Strahlung. Diesen Schluss lassen zumindest die Satellitenmesswerte in Modell 5 zu. Ein weiterer Modellunterschied manifestiert sich im Umgang mit der Albedo. Bei Modell 4 könnte man eher ein planes Modell mit geometrischem Albedo-Ansatz identifizieren, da die Reflexion mit Einstrahlung und Absorption in einer Wirkungslinie liegen. Die kurzwellige Strahlung des Modells 4 wurde mit der *Reflected Solar Radiation* gleichgesetzt. Modell 5 verwendet den sphärischen Ansatz einer gekrümmten Kugeloberfläche.[198] Im Modell 5 sind im Anteil der *Reflected Solar Radiation* verschiedenste Wellenlängenanteile enthalten (kurzwellig, langwellig und ein geringer Teil des sichtbaren Wellenspektrums). In Kap. 5.4.4 und Anhang 8 unterscheidet Modell 5 in der atmosphärischen Bilanz im Leistungsverhalten zwischen Tag und einstrahlungsfreier Nacht.

Modell 4 bezieht für die Ermittlung des Leistungsdurchschnittes der Einstrahlung von 342 W/m² die Nachtseite in jeder Sekunde mit ein, obwohl in dieser Durchschnittssekunde die Erde nur halbseitig bestrahlt ist. Da damit in der beliebigen Durchschnittssekunde nachts die Sonne scheint, gilt diese für dann für die 86.400 Sekunden eines Tages. Deshalb scheint in Modell 4 24 h lang stets nachts die Sonne. Es entspricht mathematisch so zwei Sonnen mit jeweils einer Einstrahlleistung von 342 W/m² und der Erde in ihrer Mitte. Modell 5 dagegen betrachtet die Sekunde im Augenblick der Einstrahlung auf die halbseitig beleuchtete Kugel. Dies für 86.400 Sekunden, der Dauer einer Rotation, bei solarem Einstrahlungsleistungswert im Modell von 684 W/m², ohne die Fläche der Nachthälfte in die Berechnung der Einstrahleistung miteinzuberechnen. Im Leistungsdurchschnitt von Modell 4 von 342 W/m², als Tages- bzw. Jahresdurchschnitt, ist ein permanenter Tag- und Nachtwechsel - also ein ständiger Wechsel von Erwärmen und Abkühlen – dagegen miteingerechnet. Die Ableitung des Stefan-Boltzmann-Gesetzes verbietet aber die Miteinbeziehung vom Zwischenabkühlen in Leistungswerte, die dann in die T⁴-Formel eingehen. Für eine richtige Berechnung betrachtet man entweder den Leistungswert in W/m² nur von der Tagseite oder nur von der Nachtseite. Da der Eingangswert in die T⁴-Formel nicht richtig ist, kann in Modell 4 das Stefan-Boltzmann-Gesetz zur Ermittlung einer Temperatur im physikalischen Sinne gar nicht angewandt werden (siehe Kap. 1.10). Als Gegenargument zu Modell 5 könnte man nun argumentieren, die Ableitung der Einstrahlung mit 684 W/m² aus (1368 W/m² + 0) /2 aus der Variante Umlaufbahn des Satelliten sei aber auch ein mathematisches Mittel aus Tag- und Nachtseite. Zur Widerlegung dieses Gegenargumentes: Dieses Mittel entspricht zufällig mit 684 W/m² in jeder Sekunde einer physikalischen Einstrahlung - 24 Stunden lang - einer permanent nur halbseitig beleuchteten Kugel. Somit führt diese Strahlung als kontinuierliche Wärmezufuhr, ohne Zwischenunterbrechung, zu einer gleichmäßigen Abstrahlungsleistung sowohl auf der Tag- als auch auf der Nachtseite, die im Modell getrennt als zwei unterschiedliche Hemisphären betrachtet werden. Die Leistung der Einstrahlung in Modell 4 erhöhte die Gegenstrahlung fiktiv die von der Erde abgegebene Strahlung von 66 W/m² auf 390 W/m². Denn an dieser Stelle war bei Modell 4, KT97 nicht genug Leistung im System, um unsymmetrische Gase zu 100 % anregen zu können (max. 17 %). Dort gingen 324 W/m² der Gegenstrahlung direkt in die Temperaturberechnung ein. Die Gegenstrahlung war in Modell 4 an die Strahlung in W/m² der unsymmetrischen Gase gekoppelt. Damit wurde für jeden Quadratmeter Erdoberfläche eine fiktive Heiz-Kühlschlange eingebaut. Das Drehrad dieses Thermostaten ist der Gasgehalt und die Verteilung von temperaturwirksamen Anteilen auf H_2O, CO_2 und Methan. Diese Kopplung gibt es hier im Modell 5 nicht. Das

---

197 Uli O. Weber, A Short Note about the Natural Greenhouse Effekt, Mitteilungen der Deutschen Geophysikalischen Gesellschaft Nr. 3/2016, S. 19–22, Approach C, S.21.

198 zu Albedo siehe http://de.m.wikipedia.org/wiki/Albedo#Albedoarten, Abschnitt 2, Stand vom 13. Februar 2019.

Modell 5 basiert auf den elf Messwerten des Satelliten ERBS. In der globalen energetischen Bilanz von Modell 4 kommen die Energien von *Net Cloud Forcing, Shortwave Cloud Forcing, Net Radiation, Clear-Sky Net Radiation* gar nicht vor. Anhang 6 zeigt aber, dass diese als eigenständige Messwerte mitzuberücksichtigen sind. KT97 vergleicht sich nur mit ausgesuchten Werten der ERBS-Satellitenmessung, speziell für *Clear-Sky Longwave Radiation* vergleicht es sich mit einem falschen Wert. Statt des echten Satellitenmesswertes der Albedo – dieser muss Kiehl und Trenberth bekannt sein – verwenden beide einen geschätzten Wert.[199] Selbst, wenn man die Net-Beträge der Messwerte zu 0 setzt, also aus der Betrachtung herausnimmt, bleibt eine langwellige Abstrahlung von 390 W/m² erhalten. Es ändern dann sich die Werte für Satm, LH und SH. (Da die Abstrahlung von 390 W/m² für diesen Fall gleichbleibt und für den Autor die Gründe überwiegen, die gefunkten Net-Strahlungen nicht 0 zu setzen, werden sie in den weiteren Betrachtungen der nachfolgenden Kapitel mit berücksichtigt.)

Im modifizierten Modell 5 korrespondiert eine halbseitige Einstrahlung der Sonne auf der Erdtagseite mit einer vollseitigen Abstrahlung der sich langsam drehenden Erde an der Gesamtkugel. Ferner ist die Durchschnittstemperatur auf der Erde primär unabhängig von der prozentualen Zusammensetzung der Atmosphärengase. Kiehl und Trenberth versuchen, das Energiedefizit im Bereich der Abstrahlung von der Erde mit dem physikalischen Kunstgriff der nicht messbaren „Gegenstrahlung" zu kompensieren. Im eigentlichen Sinne handelt es sich gar nicht um eine Strahlung (allseitige Wirkung), sondern um eine einseitige Wirkung, einem Tensor erster Stufe, also einem Vektor vergleichbar. Dies ist physikalisch vergleichbar mit einer Kraft, einer auf einer einzigen Wirkungslinie gerichteten Größe, die nach ihrem Entstehen sofort in eine allseitige Strahlung umgedeutet wird und sich dann wie zufällig bilanzneutral mathematisch stets rauskürzt. Ein echter Strahlungsansatz, wie gezeigt, zerstört in Modell 4 sofort eine ausgeglichene Bilanz. Es vermischen sich im Modell 4 Kräfteansätze oder Tensoren erster Stufe und echte Strahlungen - mit einem nicht richtigen atmosphärischen Fenster, einem nicht richtigen Referenzwert, einem Bilanzsprung bezüglich Satm, mit einem Verstoß gegen den 1. und 2. Hauptsatz der Thermodynamik, denn Energie der Gegenstrahlung hierzu kommt aus dem Nichts. Die grafischen Darstellungen des neuen, modifizierten Energiebilanzmodells werden als FIG. 8a für bewölkten und FIG. 8b für klaren Himmel bezeichnet. Um die Energie im Betrachtungszeitraum in Joule abzubilden, sind die flächenbezogen Leistungswerte in W/m² mit der betrachteten Fläche in m² und mit dem Betrachtungszeitraum zu multiplizieren. Die mathematischen Beträge der Leistungen in W/m² des thermodynamischen Modells 5 korrespondieren mit den elf globalen 5-Jahres-Durchschnittsmesswerten des ERBS-Satellitenprogramms ERBE[200] – Abweichung kleiner 2 W/m² (Kap. 5.4) – sowie mit der globalen Durchschnittstemperatur, die von Wetterstationen langjährig global gemessen wurden.[201]

***Vergleich der beaufschlagten, eingestrahlten Leistung** Isr zwischen Modell 4 und Modell 5 aus TSI:*

mit A   = gesamte Erdkugeloberfläche oder Vollkugel A = 5.1 E+14 m²
mit Isr´ = 342 Watt/m², gemäß Modell 4
mit Isr" = 684 Watt/m², gemäß Modell 5 und Isr" = 2 x Isr´

Einstrahlung Isr´ x (0,5 A (Tagseite) + 0,5 A (Nachtseite))   = Leistung L1 = Modell 4 = Isr´ x A
Einstrahlung Isr" x 0,5 A (Tagseite)   = Leistung L2 = Modell 5
2,0 Einstrahlung Isr´ x 0,5 A (Tagseite)   = Leistung L2 = Modell 5 = Isr´ x A

---

[199] KT97 S.199, rechte Spalte letzte Zeile „a planetary albedo of 31% is implied" in Verbindung mit Table 1. „…energy budget estimates, [...] Albedo ist the planetary albedo in percent. " der gleichen Seite als Rechtfertigung hierfür.

[200] **CEDA, Centre for Environmental Data Analysis, United Kingdom, Oxford**
http://data.ceda.ac.uk/badc/CDs/erbe/erbedata/erbs, Stand vom 15. Feburar 2019.

[201] S. Rahmstorf und H. J. Schellnhuber, Der Klimawandel, München, **7. Auflage 2012**, S. **37,** Abb. 2.3.

L1 = L2 = Isr´ x A = 342 W/m² x 5.1 E+14 m² = 1.74 E+17 W = 1.74 E+14 KW

*Leistung im Modell nach Kap. 4 ist gleich Leistung im Modell nach Kap. 5. Da die Gegenstrahlung unabhängig von ihrer Größe, wie gezeigt, bilanzneutral ist, ging diese **nicht** in die Leistung des Modells 4 ein.*

Vergleich der umgesetzten Energie bei Modell 4 und bei Modell 5 *aus TSI (1.368 W/m²) in 24 h und 1 h = 3.600 sec und H1 = H2 = halbe Erdkugelfläche mit H1 +H2 = A = 5.1 E+14 m²*

Modell nach Kap. 4

E *= 342 W/m² x 24 h x A = 8208 W/m² x h x A*

*= 8.208 W/m² x 3.600 sec x 5.1 E+14 m² = **1.507 E+ 22 J***

Modell nach Kap. 5

A/2 x 12 h x 684 W/m² + A/2 x 12 h x 0 W/m²

H1 (hell)   H2 (dunkel)

A/2 x 0 h x 684 W/m² + A/2 x 12 h x 684 W/m²

H1 (dunkel)   H2 (hell)

Summe H1 + H2 = A x 12 h x 684 W/m² = 8.208 W/m² x h x A

E *= 342 W/m² x 24 h x A = 8.208 W/m² x h x A*

*= 8.208 W/m² x 3.600 sec x 5.1 E+14 m² = **1.507 E+ 22 J***

Siehe auch Kap 5.4.2 Energieaufnahme E (J) bei halbseitiger Einstrahlung an der Kugel von nicht rotierend zu rotierend sowie Anhang 1 und Anhang 2

Bei identischer beaufschlagter Leistung in KWatt und gleicher Gesamtenergie in 24 h in J rechnet Modell 5 mit der echten Atmosphäre, allen wirklich gemessenen Satellitenmesswerten und liefert die gemessene globale Temperatur von 15 °C ohne Treibhauseffekt.

5.9 Erweiterung des Modells 5 um Mehrfach-Strahlungsecho-Rückkopplungseffekte (Reemission)

Erläuterung zur prinzipiellen Herangehensweise: Es ist für eine Klimamodellierung sinnvoll, die Wirkung der Sonne von der Wirkung der unsymmetrischen Gase getrennt zu betrachten.[202]

Die unsymmetrischen Gase können im Modell 5 zu 100 % angeregt werden. Die Energie wird gemäß dem 2. Hauptsatz der Thermodynamik von warm nach kalt in Richtung Orbit abgegeben. Wie hoch wären die Rückkopplungseffekte aller unsymmetrischen Gase oder Reemissionen?

---

202 Prof. Rahmstorf in Antworten auf Leserzuschriften: Die Sonne wirkt auch indirekt auf das Klima, etwa durch die Wolkenbildung, nach, Noch eine Anmerkung zu Korrelationen: Rahmstorf: „Erstens muß die Empfindlichkeit des Klimas gegenüber CO_2- Änderungen und Sonnenschwankungen jeweils unabhängig voneinander bestimmt werden, …" https://www.pik-potsdamm.de/~stefan/leser_antworten.html. Stand vom 28.06.20

Globale Durchschnittstemperaturen aus Wetterstationen (Kap. 4.1.9)

1985: 14.1 °C   = $\sqrt{}$ (386.1 W/m² / 5,67040 /1E$^-$8 W/m²) K – 273.15 K

1987: 14.15 °C   = $\sqrt{}$ (386.3 W/m² / 5,67040 /1E$^-$8 W/m²) K – 273.15 K

1990: 14.2 °C   = $\sqrt{}$ (386.6 W/m² / 5,67040 /1E$^-$8 W/m²) K – 273.15 K

Zur Abschätzung könnte man die wissenschaftliche Arbeit zu CO_2 von F. K. Reinhart, Swiss Federal Institute of Technology, Lausanne[203], heranziehen. Geht man hierzu so vor wie unter Kap. 4.6 bei 800 ppm CO_2-Anmerkung, errechnet sich eine erste Rückkopplung zu etwa 5 W/m² (F′= F/24.6 = 125/24.6 = 5.1 W/m²). Die 2. Rückkopplung ist die Hälfte der ersten Rückkopplung. Durch die Allseitigkeit der abgegebenen **Strahlung** der unsymmetrischen Gase der Atmosphäre **strahlt** deren eine **Hälfte nach oben** und deren andere **Hälfte nach unten**. (Der zur Seite strahlende Teil wird wegen des 2. HS Thermodynamik von warm nach kalt nach oben abgelenkt. Die Aufteilung halb/halb konvergiert schneller als 2/3 zu 1/3 oder 5/6 zu 1/6, d. h. führt zu weniger Rückkopplungen, bis das Strahlungsecho abgeklungen ist.) **Der nach unten abgestrahlte Teil führt jeweils zu einer weiteren Rückkopplung.**
1. Rückkopplung 5.1 W/m², dann 2. Rückkopplung 5/24**/2** = 0,1 W/m². Die 3. Kann vernachlässigt werden. Diese Rückkopplungseffekte wären sekundär und sehr klein.
Für 1990 mit 353 ppm CO_2 ergäbe sich: (5.1 + 0.1) W/m² / 800 ppm x 353 ppm = 2.3 W/m² als Rückkopplungseffekt. **14.2** °C gemessene Temperatur entsprechen 386.6 W/m² plus Rückkopplungseffekte von 2.3 W/m². Dies ergibt 388.9 W/m² im Modell 5. Damit würde sich mit **Modell 5** nach Kap. 5 **für 1990 unter Berücksichtigung von Mehrfach-Rückkopplungseffekten** eine Globaltemperatur von $\sqrt{}$ (388.9 W/m² / 5,67040 /1E$^-$8 W/m²) K – 273.15 K = **14,6 °C** errechnen, gemessene Temperatur über Thermometer und Satelliten 14.2 °C. Überschätzt man die Rückkopplungseffekte geringfügig, wären 390 W/m² eine Rechengröße. Dies bedeutet, mit 14,83 °C = $\sqrt{}$ (390 W/m² / 5,67040 /1E$^-$8 W/m²) K – 273.15 K = Celsius wären im Modell 5 nach Kap. 5 Rückkopplungseffekte mit abgebildet. **Der Rückkopplungseffekt ließe die Globaltemperatur um 0.4 (14.6– 14.2) °C im Modell 5 ansteigen. Er würde 0.6 % Erhöhung der temperaturwirksamen Strahlung ausmachen**, (0.59 % = 2.3 Watt /m² / 388.9 W/m² x 100). **Die „… Treibhausgase wie Wasserdampf (H_2O), Kohlendioxid (CO_2), Methan (CH_4) Distickstoffoxid (N_2O) und Ozon (O_3), deren Anteil unter 1 % liegt…"[204] verursachen mit Modell 5 einen Blanket- oder Treibhauseffekt, der ebenfalls unter 1 % liegt.** Diese theoretische Überlegung, dass dieser erwärmende Effekt sehr, sehr klein sein muss, bestätigt der Versuch in Anhang 4.

Wie hoch wäre mit Modell 4, KT97 die errechnete Temperatur mit Rückkopplungseffekten, würde man analog vorgehen und TABLE 3 zugrunde legen?

1. Rückkopplung 125 W/m² , dann 2. Rückkopplung 125**/2** = 62,5 W/m², dann 3. Rückkopplung 125/2**/2** = 31,3 W/m², 4. Rückkopplung 125/2/2**/2** = 15,6 W/m², 5. Rückkopplung 125/2 ^{4} = 7,8 W/m², 6. Rückkopplung 125/2^5 = 3,9 W/m², 7. Rückkopplung 125/2^6 = 2,0 W/m², 8. Rückkopplung 125/2^7 = 1,0 W/m², 9. Rückkopplung 125/2^8 = 0,5 W/m² , 10. Rückkopplung 125/2^9 = 0,3 W/m², 11. Rückkopplung 125/2^{10} = 0,1 W/m²

$\sum$ Rückkopplung 1. bis 10. =125 +62.5+31.3+15.6+7.8+3.9+2.0+1.0+0.5+0.3+0.1 = 250 W/m²
Die strahlungswirksame Temperatur errechnet sich dann zu 640 W/m² = 390 W/m² + 250 W/m²
$\sqrt{}$ (640 W/m² / 5,67040 /1E$^-$8 W/m²) K – 273.15 K = **52,8 °C**

---

[203]F. K. Reinhart, Infrared absorption of atmospheric carbon dioxide, Swiss Federal Institute of Technology, Lausanne, CH-1015 Lausanne Switzerland,o.J., S. 1–12.

[204] http://wiki.bildungsserver/klimawandel/index.php/Aufbau_der_Atmosphere#Chemische Zusammensetzung, Stand vom 6. März 2008.

Der Rückkopplungseffekt (Reemission) ließe die Globaltemperatur um über 38.6 °C (52.8 – 14.2) **ansteigen.**
Dies bedeutet:

1) Die mit Modell 4 unter Rückkopplungseffekten errechnete globale Durchschnittstemperatur von 52.8 °C widerspricht der gemessenen von etwa 14 bis 15 °C.

2) Welche Energie aus Strahlung, wenn es diese großen Rückkopplungseffekte gäbe, hätte der ERBS-Satellit mit Modell 4 im Durchschnitt 1990 messen müssen? Zu dieser an der Erdoberfläche temperaturwirksamen Strahlung müssen noch die Anteile von SH und LH hinzugerechnet werden. 742 W/m² = 102 W/m² + 640 W/m². Welche Energie hat der ERBS-Satellit im Durchschnitt 1990 gemessen: 414.5 W/m²<< 742 W/m².

3) Die Höhe dieser Rückkopplung lässt für Modell 4 darauf schließen, dass entweder die Strahlungswerte in TABLE 3, KT97[205], zu hoch sind (eventuell Integration von 200.000 Linien über Bereiche, die nicht abstrahlen) oder die Energieübertragung der angeregten unsymmetrischen Gase nicht nur über Abstrahlung, sondern zusätzlich auch über Stoßvorgänge stattfinden, und zwar in erheblichem Maße.

Wilde, S.P.R. and Mulholland, P., verfolgen zur Betrachtung von "re-emitted" radiation" in „An Analysis of the Earth's Energy Budget"[206], 2020, genau den gleichen Gedanken.

5.10 Temperatur-Vergleich für 1990: Anstieg der Globaltemperatur in Modell 5 und Modell 4 im Vergleich unter Berücksichtigung von Strahlungsecho-Rückkopplungseffekten

Jahr	gemessen an Wetterstationen und Satelliten	gerechnet mit Modell **5** mit ERBE Albedo und allen Strahlungs- satellitenmesswerten	gerechnet mit Modell **4** mit Albedo Schätzung u. Labormodell aus[207]
1990	14.2 °C	14.6 °C	52.8 °C

Die aus allen Messwerten des ERBS-Satelliten mit Modell 5 errechnete Temperatur unter Abschätzung von Rückkopplungseffekten trifft die Größenordnung der gemessenen Globaltemperatur von Wetterstationen und Satelliten. *In Modell 5 ist die Höhe des Rückkopplungseffektes von untergeordneter Größe.*

5.11 Betrachtet man die globale Temperatur von 1850 und 2018, wie hätte sich hierfür mit Modell 5 nach Kap. 5.5 die Albedo ändern müssen?

Das Klima ist keine Konstante und ändert sich. Zwischen 1850 und 2018 ist ein Anstieg der Globaltemperatur von 13,6 °C auf 14,83 °C zu beobachten, also ein Anstieg von 1,23 °C (siehe Kap. 4.1.12). Es wird das Bilanzgleichgewicht für 14,83 °C Abstrahlung zugrunde gelegt (siehe Kap. 5.4), mit Satm = 24 W/m². Würden SH und LH gleichbleiben, wie stark müsste sich die Albedo ändern und wie hoch wäre die ins Orbit gesamte abgegebene Leistungsabgabe in W/m² unter Erfüllung aller energetischen Gleichgewichtsbedingungen?

---

205 KT97.

206 Wilde, S.P.R. and Mulholland, P., 2020a. An Analysis of the Earth's Energy Budget. International Journal of Atmospheric and Oceanic Sciences. Vol. 4, No. 2, 2020, pp. 54-64. doi: 10.11648/j.ijaos.20200402.12, S.57.

207 KT97.

Globaltemperatur 1850: 13.60 °C = √√ (**383.4** W/m² / 5,67040 /1E⁻8 W/m²) K − 273.15 K

Globaltemperatur 2018: 14.83 °C = √√ (390.0 W/m² / 5,67040 /1E⁻8 W/m²) K − 273.15 K

Jahr	Absorbed by Surface	= Surface Radiation + SH	+ LH
1850	469.4 W/m²	= **383.4** W/m² + 17 W/m²	+ 69 W/m² (13.6 °C)

Absorbed by Surface + durch Albedo reflektierter Anteil + Satm = 684 W/m²

durch Albedo reflektierter Anteil = 684 W/m² - 24 W/m² - 469.4 W/m²

Albedo-Anteil = 684 − 24 − 469.4 = **190.6** W/m²

Mit Clear Sky Albedo gleich ½ x Albedo wie in 5.3: 95.3 W/m² = 0.5 x 190.6 W/m²

90 W/m² sind das thermische Fenster für die mittlere Strahlung „top of" bei einer mittleren Bedeckung von 50 %, damit wird umgangen, nochmals zwischen clear und cloudy sky zu unterscheiden.

I	**+190.6**			-684				**+ 493.4**	= 0
II	+95.3	+95.3	-95.3	-588.7		+ 86		+407.4	= 0
III	+95.3			-564.7	-24	+ 86	+24	+383.4	= 0
V	+95.3			-564.7		+ 86	+90	+293.4	= 0
VI	+95.3			-564.7		+ 69 + 17	+90	+293.4	= 0
VII		+95.3	-95.3	**-469.40**		+ 69 + 17		**+383.4**	= 0

Anmerkung zur Begriffsbestimmung

Die Albedo ist – für sich genommen - der Prozentwert eines Reflektionsverhältnisses (z. B. 32 %). Als Absolutwert (0.32) kann sich dieser Albedo-Wert auch selbst prozentual ändern. Diese Änderung des Absolutwertes Albedo in Prozent, z. B. (0.32 fällt um 5 %) wird im Text als relative Albedo-Änderung bezeichnet, im Beispiel 5 %. Man könnte dies (5 %) auch als prozentuale Änderung des Prozentwertes (32 %) bezeichnen. Die Differenz aus zwei Albedo-Werten, z. B. 0.32 − 0.30 sei 0.02. Das Fallen der Albedo um den Differenzbetrag 0.02 wäre im Beispiel die absolute Albedo-Änderung.

Albedo in %	= durch Albedo reflektierter Anteil der Einstrahlung/Einstrahlung x 100
27.87	= **190.6** W/m² / **684** W/m² x 100

Das Modell 5 ist mit Satellitenwerten, den Durchschnittswerten aus 11 Messreihen, abgesichert. Gleichzeitig entspricht im Modell 5 die *Surface Radiation* mit 390 W/m² der Globaltemperatur von 14.8 °C. 14.8 °C ist auch zufällig die Globaltemperatur für 2018 nach Kapitel 4.1.12.

Die prozentuale Änderung der Albedo entspricht in etwa der prozentualen Änderung der durchschnittlichen globalen Bewölkung. Es soll die relative Albedo-Änderung in % zwischen 1850 und 2018 bestimmt werden. Für 1850 als Hypothese war der Wert von a = 27.87%. In Modell 5 betrug a = 26.9%.

(Modell 5 mit Albedo des ERBS Satelliten)

Relative Albedo-Änderung 1850 zu 2018	3,61 % = (27.87 % − 26.90 %) /26.90 x 100
Absolute Albedo-Änderung 1850 - 2018	0.97 % = 27.87 % - 26.90 %

Ein relativer Abfall der Albedo a = 0.279 um 3,6 % im Zeitraum von 1850 bis 2018 mit Modell 5 nach Kapitel 5.11, bezogen auf den 5-Jahres gemittelten Messwert des ERBS-Satelliten, würde allein ausreichen, um eine Temperaturerhöhung von 13.6 °C auf 14.8 °C zu erklären. Die langjährige durchschnittliche Albedo bzw. die

langjährige durchschnittliche Bewölkung hätten sich dann für einen globalen Temperaturanstieg von 1,2 °C prozentual nur um 3,6 % ändern müssen.

Hypothese: Hätte man 1850 den Satelliten ERBS gehabt, was hätte dieser vielleicht messen können und könnte so ein Gedanke erklärbare Ergebnisse liefern? Wo wären die Strahlungswerte? Hierbei soll die Sonne mit gleicher Intensität strahlen, d. h. es stünden im Mittel wieder 414,5 W/m² zur Verfügung:
Aus den gemittelten Strahlungswerten der Satellitenmessreihe 1985 bis 1989 mit Modell 5 nach Kapitel 5.3:

abgeändert für die rein theoretische Betrachtung für 1850:

```
        cloudy sky                Verlauf              clear sky


LONGWAVE CLOUD FOR.    30   x      x      x    |  272 CLEAR-SKY LONGW. RAD
                                x              |
LONGWAVE RADIATION     242  |                  |
                            |                  |
                            |                  |
                            |__ __ __ __ __ __ |


NET CLOUD FORCING      17   x      x      x    |  44   CLEAR-SKY NET RAD.
                                x              |
NET RADIATION          19   |                  |
                            |                  |
                            |__ __ __ __ __ __ |


SHORTWAVE RADIATION    105  |      x      x    x  50   SHORTWAVE CLOUD FOR.
                            |                  x
                            |                  |  50   CLEAR-SKY SHORTW. RAD
                            |                  |
                            |__ __ __ __ __ __ |
```

Summe   **413 W/m²**   **416 W/m²**

Im Mittel   -1.5 W/m²   **414.5 W/m²**   +1.5 W/m²

Darstellung 4:   Schematischer Verlauf der Leistungsbeträge aus Strahlung, ohne Maßstab
                  Hypothese für 1850

Albedo = SHORTWAVE RADIAT. / (SHORTWAVE RADIAT. + MAX. OUTGOING LONGWAVE RADIAT) in W/m²
Clear-Sky Albedo = CLEAR-SKY NET RAD. / (CLEAR-SKY NET RAD. + MAX. OUTGOING LONGWAVE RAD.)

Albedo = 0.279 *= 105 W/m² / (105 W/m² + 272 W/m²) = 0.2785*
Clear-Sky Albedo = 0.1392 = 44 W/m² / (44 W/m² + 272 W/m²)

Sind dies absurde oder völlig aus der Luft gegriffene Strahlungswerte? Hierzu werden obenstehende Werte mit den Werten aus der Studie von KT97 verglichen:

Vergleich	Säulen-Labormodell und KT97 1990	**Modell 5 für 1850** korreliert aus Modell 5 für 1990	**Modell 5 für 1990** aus Kap. 2.2 gemittelte Satellitenmessung
Outgoing Longwave Rad.	262 W/m²	272 W/m²	276 W/m²
Shortwave Radiation	107 W/m²	105 W/m²	101 W/m²
Albedo	0.313	**0.279**	**0,269**[x]

[x] Der vom Satelliten ERBS, aus gefunkten Albedo-Messungen stammende, danach gemittelte 5-Jahres-Durchschnitt beträgt 26,9 % (siehe Kap. 2.2). Der aus den gefunkten Strahlungen stammende, danach gemittelte 5-Jahres-Strahlungsdurchschnitt und dann errechnete Albedo-Wert beträgt 26,75 % =100.9 / (100.9 + 276.3).

Überträgt man das energetische Bilanz-Modell aus Kapitel 5 auf 1850, liegen *Clear-Sky Outgoing Longwave Radiation, Shortwave Radiation* und *Albedo* alle in ihrer Größe zwischen dem von Kiehl und Trenberth in ihrer Studie für 1990 verwendeten 262 W/m²-Laborwert [208] und den Satellitenmesswerten für 1985 bis 1989.[209] Dies bedeutet, die oben errechneten Werte sind nicht abwegig, sondern ergeben ein in sich schlüssiges Bild. Hierbei wurde eine um wenige Watt mögliche Änderung der Intensität der solaren Einstrahlungsleistung noch gar nicht berücksichtigt. Hieraus lässt sich ableiten: Die Bewölkung hat Einfluss auf die Albedo der Erde.[210] Je mehr Wolken es gibt, desto höher ist die Albedo (Kap. 1.11). Im Umkehrschluss bedeutet dies: Sinkt auf natürliche Weise langanhaltend und dauerhaft die durchschnittliche globale Bewölkung, sinkt auf natürliche Weise die Albedo. Das Maß der Bewölkung und ihrer Reflexionsfähigkeit von Strahlung kann man auf die Albedo übertragen. Betrachtet man nun nicht die Differenz der Albedos, sondern die reine prozentuale Änderung des nackten Wertes, also die relative Änderung über Zeit, ergibt sich: **Eine um 3,6 % dauerhaft abgesunkene Albedo oder damit eine um 3,6 % abgesunkene globale durchschnittliche Bewölkung erklärt allein ohne zusätzliche Sonnenaktivität und ohne Beteiligung von unsymmetrischen atmosphärischen Gasen, wie z. B. Methan und CO_2, den beobachteten globalen Temperaturanstieg von 1,2 °C nach 1850.**

5.12 Modellgrenzen

Wo liegen die Grenzen des Modells nach Kapitel 5? Hierzu möchte ich zum Ausgangspunkt, dem Satelliten, der Geometrie seiner Umlaufbahn, seinen Messinstrumenten und den gefunkten Daten zurückkehren. Die Umlaufbahn wurde durch die Parameter Höhe und Umlaufzeit so gewählt, dass der Satellit ERBS an jedem Tag zur gleichen Zeit den gleichen Ort überfliegt - dies ca. 15 Mal am Tag unter einer Bahnneigung von 56.9° gegen die Äquatorebene. Diese ellipsenförmige Umlaufbahn bildet eine Ebene. In ihr liegen der Mittelpunkt der Erde und der Mittelpunkt der Sonne. Die Erde dreht sich durch diese Ebene. Die Messinstrumente sind in ERBS fest verbaut (siehe NASA-Server und dortige Veröffentlichungen). Nun zu den gefunkten Messdaten: In Kapitel 2.2 betrug der gemittelte Messwert der *Clear-Sky Net Radiation* 41.9 W/m² und streute mit knapp 11 %, 10,98 % = (44.1 – 39.5) /41.9 x 100, Varianz als 5-Jahresdurchschnitt zwischen 1985 und 1989.

---

208 KT97, S. 200 rechte Spalte, 1. Satz.

209 **CEDA, Centre for Environmental Data Analysis, United Kingdom, Oxford**
http://data.ceda.ac.uk/badc/CDs/erbe/erbedata/erbs. Stand vom 15. Feburar 2019.

210 Climate Sercive Center, Hamburger Bildungserver und deutscher Bildungsserver, http://wiki/.bildungsserver.de/Klimawandel/index.php/Albedo_(einfach), Stand vom 3. Dezember 2013, Kapitel 2 Albedo der Erde.

Bildnachweis: CEDA, Centre for Environmental Data Analysis, United Kingdom, Oxford[211]

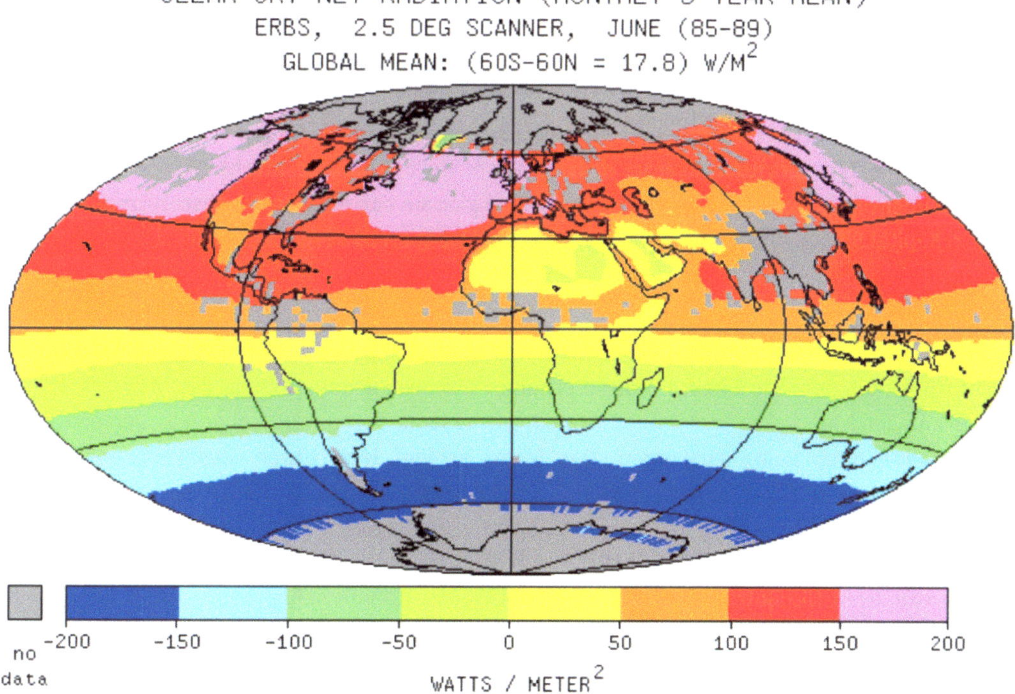

Bildnachweis: CEDA, Centre for Environmental Data Analysis, United Kingdom, Oxford [212]

---

[211] http://data.ceda.ac.uk/thredds/fileServer/badc/CDs/erbe/erbedata/erbs/mean5dec/csnet.gif, Stand vom 15. Feburar 2019 (Datenschutz rechtlicher Hinweis auf der letzten Seite).

[212] http://data.ceda.ac.uk/thredds/fileServer/badc/CDs/erbe/erbedata/erbs/mean5jun/csnet.gif, Stand vom 15. Feburar 2019 (Datenschutz rechtlicher Hinweis auf der letzten Seite).

Betrachtet man aber bei CEDA vom Messwert der *CLEAR-SKY NET RADIATION*[213] die Darstellung (MONTHLY 5-YEAR MEAN), ERBS, 2.5 DEG SCANNER (85-89) Global MEAN für jeden Monat einzeln, dann stellt man Folgendes fest:

Es finden sich positive und negative Messwerte. März und September sind im Bild mit ihren Vorzeichen symmetrisch und ihren Werten zur Äquatorebene symmetrisch. Alle anderen Monate sind im Bild mit den Werten ebenfalls symmetrisch, aber mit ihrem Vorzeichen entgegengesetzt bzw. asymmetrisch. Der mathematische Betrag, also der vorzeichenlose Messwert, nimmt vom Äquator beginnend, sowohl zum nördlichen als auch zum südlichen Wendekreis zu - dies umso stärker, je näher der Satellit dem Wendekreis kommt. Besonders gut sieht man dies auf den Bildern für Dezember und Juni.

CLEAR-SKY NET RADIATION	Äquator	nördl. Wendekreis	südl. Wendekreis
Dezember (85-89)	ca. +46,0 W/m²	-150 bis -200 W/m²	+150 bis +200 W/m²
Juni (85-89)	ca. +17,8 W/m²	+150 bis +200 W/m²	-150 bis -200 W/m²

Jetzt kommen wir zurück zur Rotationsebene des Satelliten mit festen verbauten Messinstrumenten. Die Sonne strahlt am Äquator, bezogen auf Mittag, senkrecht auf die Erde - hierzu verglichen an den Wendekreisen viel flacher. Taucht der Satellit aus dem Erdschatten auf seiner Umlaufbahn auf, wird dieser selbst sehr flach in niedrigem Winkel angestrahlt. Nur am Äquator wird die Satellitenrückseite bestrahlt. Taucht er wieder in den Erdschatten, wird er wieder flach angestrahlt.

Durch den flachen Einstrahlwinkel entsteht ein verzerrender Effekt. Wenn man ein Messinstrument bauen müsste, wie müsste man es normieren? Man müsste es so normieren, dass sich verzerrende Effekte gegenseitig aufheben oder sich mathematisch rauskürzen. Für das Messinstrument wäre am Äquator der Null-Wert der Skala. Integriert man nun alle Strahlungswerte der Messwertreihe über die überflogene Fläche auf und bildet dann der Mittelwert, kürzen sich verzerrende Effekte raus. **Deshalb kann man mit dem Modell 5, bezogen auf 5-Jahres globale Durchschnittswerte (zwei Albedo- und neun Strahlungsreihen), über das Bilanzgleichgewicht aus Leistungen die globale, temperaturwirksame, durchschnittliche bodennahe Strahlung ermitteln. Diese Strahlung bildet dann über die Formel von Stefan Boltzmann die globale bodennahe Durchschnittstemperatur ab.** (Es war richtig, in Kapitel 5.3 die mathematischen Beträge der Energien zu verwenden.)

Die Messwertreihen, bezogen auf einen definierten Breiten-/Längengrad, erfüllen ebenfalls das Bilanzgleichgewicht. Durch verzerrende Effekte – diese erhöhen sich, wie gezeigt, hin zu den Wendekreisen – wird die über die Bilanz der Messwerte errechnete strahlungswirksame Temperatur ebenfalls verzerrt. Lokal betrachtet, erfolgt gerade dann **kein** Rauskürzen. **Der Effekt schlägt jetzt durch. Zusätzlich** erfasst das Satellitenauge mehrere tausend Quadratkilometer auf einmal. Temperatur ist im Gegensatz dazu eine kleinteilige, sehr lokale Größe. Gelände kann in kurzer Distanz stark ansteigen. Mit steigender Höhe ändert sich unter identischen klimatischen Bedingungen sofort die Temperatur. Für eine lokale Ermittlung ist das erfasste Gelände des Satelliten zu groß. Die Betrachtung des Satellitenauges ist damit selbst bereits über die erfasste große Distanz eine Strahlungsmittelung und **kann** daher selbst gegenüber einer kleinen Distanz oder hierzu unter spezifisch lokaler Betrachtung bereits stark abweichend sein. Eine wichtige Aufgabe des ERBS-Satelliten war, Daten zur Kontrolle der Ozonschicht zu erfassen (FCKW, Montreal Protokoll), Stratospheric Aerosol and Gas Experiment)214. Die bodennahe Temperatur zu erfassen, war nicht Ziel des Satelliten. Dazu hätte man ihn anders bauen müssen.

---

[213]CEDA, Centre for Environmental Data Analysis, United Kingdom, Oxford
http://data.ceda.ac.uk/badc/CDs/erbe/erbedata/erbs, Stand vom 15. Februar 2019.
214 Internetseite der NASA zum ERBE-Satellitenexperiment, https://science.nasa.gov/missions/erbs.
Stand vom 25. 05. 2019

5.13 Vergleich der Albedo aus Messwerten der Satelliten TERRA und AQUA, beide für den Zeitraum Dez. 2012 bis Nov. 2015, mit Satellit ERBS 1985 und mit KT97

TERRA und AQUA sind zwei Satelliten des Programms CERES (Clouds and the Earth´s Radiant Energy System)[215] des Nachfolgeprogramms von ERBS ab 1998. Der Satellit TERRA wurde im Dezember 1999 und der Satellit AQUA im Mai 2002 ins Orbit gebracht.[216] Die Bahnneigung von TERRA betrug 98,8°, die Umlaufzeit 98 min, mit einem Apogäum von 703 km und Perigäum von 701 km.[217] Die Bahnneigung von AQUA betrug 98,2°, die Umlaufzeit 98 min, Apogäum 686 km und Perigäum 673 km.[218] Im Gegensatz zu ERBS werden durch die gewählte steilere Bahnneigung zusätzlich die Bereiche zwischen Wendekreis und den Polen erfasst. Durch die im Vergleich zu ERBS größeren Bahnradien (vgl. 2.1) ist die Umlaufzeit von TERRA und AQUA etwas größer. Beide Satelliten weisen, wie auch schon ERBS, eine sonnensynchrone Erdumlaufbahn auf. Ein Punkt auf der Erde wird damit jeden Tag zur selben Zeit überflogen. Durch die sonnensynchrone Umlaufbahn gilt die gleiche Fallunterscheidung für die Strahlungsverteilung wie in Kapitel 5.2. TERRA und AQUA haben, neben anderen Daten, auch *Shortwave Radiation*, max. *Outgoing Longwave* gemessen. Im Modell nach Kap. 4 und im Modell nach Kap. 5 wurde die Albedo aus der Beziehung von *Shortwave Radiation* und max. *Outgoing Longwave Radiation* ermittelt. Damit kann die Albedo aus TERRA und AQUA mit ERBS verglichen werden.

Satellit	max. Outgoing Longwave Radiation	Shortwave Radiation	Albedo in %
ERBS Durchschnitt Global Mean 1985	276.6 W/m²	101.4 W/m²	26.9 (26.83) [x]
TERRA SSF1deg Ed4A Dez. 2012-Nov. 2015	268.06 W/m²	96.29 W/m²	26.43
AQUA SSF1deg Ed4A Dez. 2012-Nov. 2015	268.70 W/m²	96.05 W/m²	26.33
KT97[219]	aus Laborversuch: 235 W/m²	errechnet aus 1.368 W/m²/4- 235 W/m²=107 W/m²	31.29

Tabelle 8: Strahlung und Albedo, Vergleich der Satelliten ERBS, TERRA, AQUA mit KT97

Albedo = Shortwave Radiation/(Shortwave Radiation + max. Outgoing Longwave Radiation) x 100 Werte von TERRA und AQUA, beide 3-year Global Mean Dez. 2012 bis Nov. 2015, siehe NASA.[220] Werte von ERBS 1985 siehe Kapitel 2.2 und [221] und Albedo KT97.

---

215 B.A. Wielicki et al., Bruce R. Barkstorm, Edwin F. Harrison, Robert B. Lee Iii, G. Louis Smith, John E. Cooper: Mission to Planet Earth: Role of Clouds and Radiation in Climate. In: Bulletin of American Meteorological Society 77, 1996, S. 853–868.

216 Haibe auf Wikipedia Stand vom 10. Juli 2018, http://de.m.wikipedia.org/wiki/Clouds_and_the_Earth%E2%80%99s_Radiant_Energy_System.

217 http://de.m.wikipedia.org/wiki/Terra (Satellit) Stand vom 24. März 2019.

218 http://de.m.wikipedia.org/wiki/Aqua (Satellit). Stand vom 24. März 2019.

219 J. T. Kiehl and Kevin E. Trenberth, Earth´s Annual Global Mean Energy Budget, veröffentlicht in Bulletin of the American Meteorological Society, Vol. 78 No2, February 1997, S. 197–208.

220 Autor NASA CERES Science Team, **CERES_Terra SSF1deg-Hour/Day/Month_Ed4A Data Quality Summary (3/13/2018) S. I–V und S. 1–38, Seite 30 Table 5–3 und CERES_Aqua SSF1deg-Hour/Day/Month_Ed4A Data Quality Summary (3/13/2018) S. I–V und S. 1–38, Seite 30 Table 5-3.**

221 **CEDA, Centre for Environmental Data Analysis,** United Kingdom, Oxford, http://data.ceda.ac.uk/badc/CDs/erbe/erbedata/erbs. Stand vom 15. Feburar 2019.

*Anmerkung zur Albedo von ERBS:
Der vom Satelliten ERBS 1985 aus gefunkter Albedo-Messungen bestimmter Wert beträgt 26,9 % (siehe Kap.
2.2). Der aus der gefunkten Strahlung mit der Gleichung errechnete Albedo-Wert beträgt 26,83 %.

Damit ist zwischen 1985 und Dez. 2012 bis Nov. 2015 die globale Albedo von 26,83 % (= ERBS-Satellit aus 1985
gefunkten Strahlungen errechnet) **auf 26,33 %** (= AQUA aus gefunkten Strahlungen errechnet) **gesunken.** Dies
entspricht einer Veränderung der Albedo (bezogen auf Aqua) um **1,90 %** = (26.83 − 26.33)/26.33 x 100 in knapp
30 Jahren. **In Kapitel 5.11 nach Darstellung 4 war für das Jahr 1850 als Hypothese mit Modell 5 für eine
Globaltemperatur von 13,6 °C eine Albedo von 27,9 % errechnet worden. Die auf Satelliten beruhenden Werte
werden im Diagramm 1 mit angetragen und zum Vergleich die Albedo von KT97.**

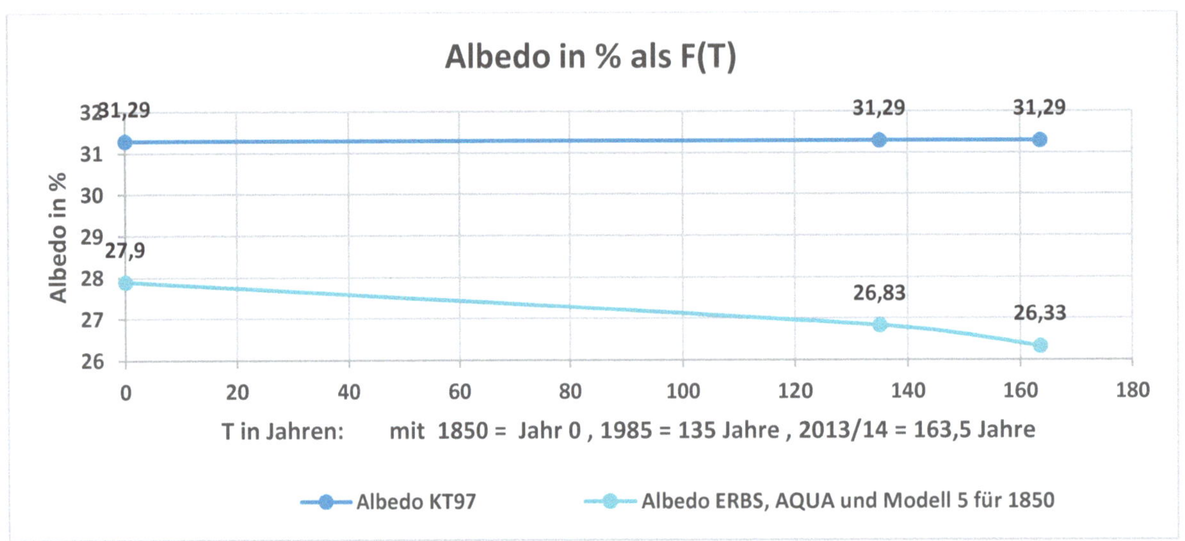

Diagramm 1   Zeitlicher Verlauf der Albedo von KT97 im Gegensatz zu den Satelliten ERBS, AQUA und Modell
5 für 1850 nach Tabelle 8

Anmerkung:
Der Albedo-Wert 26.33 für den Zeitraum Dez. 2012 bis Nov. 2015 wurde im Punkt des Jahres 164 = 2014
konzentriert, hierbei sei 0 = 1.850. **Die Albedo-Werte 26,83 bis 26,33 basieren auf Strahlungsmessungen der
Satelliten ERBS** (1985) **und AQUA.** (26.83 und 26.33 aus gefunkten Strahlungen errechnet.)

Modell 5 bezogen auf den Satelliten AQUA:

Albedo-Abfall absolut (Differenzbetrag), 1985 bis 2015:	26.83 %-26.33 % = 0.50 %	= 0.5 %
Albedo-Abfall absolut (Differenzbetrag), 1850 bis 2015:	27.87 %-26.33 % = 1.54 %	= 1.5 %

Albedo:
Wenn in 30 Jahren von 1985 bis 2018 die gemessene Albedo bereits um 0.5 % fällt, wäre es in 165 Jahren
theoretisch möglich (5,5-facher Zeitraum), auch um 2.75 % zu fallen (Differenzbetrag zum Absolutbetrag der
Albedo). Gäbe es oder hätte es eine starke Klimaveränderung in kurzer Zeit gegeben, wäre diese mit einem
Modell, das eine Albedo-Veränderung verstärkt berücksichtigt, unter Umständen besser erklärbar.

Anmerkung:

Um die Überschätzung des Einflusses von CO_2 und den zentralen Mechanismus von Albedo und Bewölkung auf die Temperatur einzuordnen, möchte ich noch einmal auf die Arbeit von J. Kaupinnen und P. Malmi zurückkommen. Sie begründen dezidiert, „We have proven", weshalb nach ihrer Ansicht die GCM-Modelle, die im IPCC-Report AR5 verwendet werden, die natürlichen Komponenten, die in der beobachteten Globaltemperatur eingeschlossen sind, nicht korrekt berechnet werden: "The reason is that the models fail to derive the influences of low cloud cover fraction on the Globaltemperature. A too small natural component results in a too large portion for the contribution of the greenhouse gases like carbon dioxide. That is why IPCC represents the climate sensitivity more than one magnitude larger than our sensitivity 0.24 °C. [...] **The low clouds control mainly the Globaltemperature**".222

J. Kaupinnen arbeitete als „ worked as an expert reviewer of IPCC AR5 report. One of his comments concerned the missing experimental evidence for the very large sensitivity presented in the report." Und "The climate sensitivity has an extremely large uncertainty in the scientific literature. [...] However, there are a lot of papers, where sensitivities lower than one degree are estimated without using GCM." 223. General circulation models (GCM) sind computerbasierte Klimamodelle. Das IPCC (Intergovernmental Panel on Climate Chance) selbst ist ein zwischenstaatlicher Ausschuss, eine Institution der Vereinten Nationen. Das IPCC forscht nicht selbst. Es trägt lediglich den Stand der Forschung zusammen. Wie in der demokratisch organisierten UNO wird auch im zwischenstaatlichen Ausschuss demokratisch abgestimmt. Bei den Reviewern für AR5 gibt es offensichtlich unterschiedliche Auffassungen und Meinungsverschiedenheiten. Wissenschaft entzieht sich aber Mehrheitsentscheidungen. Sie ist entweder komplett richtig oder komplett falsch. Ein z. B. zu 60 %:40 %- oder 70 %:30 %-Richtig/Falsch gibt es nicht. Beim IPCC definiert sich eine Mehrheit zur Wahrheit. Nicht nur die Wissenschaftsgeschichte kennt genügend Beispiele, bei denen die Mehrheit falsch lag. Albert Einstein „Kein noch so großer Aufwand an Forschung kann jemals beweisen, dass meine Gleichungen richtig sind. Aber es genügt **ein einziges Experiment** oder **eine einzige Beobachtung,** um sie zu widerlegen."

Einschub:

Philip Mulholland and Stephen Wild entwickeln ebenfalls ein Klimamodell auf Basis eines hemisphärischen Ansatzes mit 684 W/m² Einstrahlung auf der beleuchteten Halbkugel. Sie modellieren eine Atmosphäre mit drei Klimazonen (Hardley Cell, Ferrel Cell und Fridig Polar Cell). Die Einstrahlung in ihrem Modell von im Durchschnitt 684 W/m² variiert von ca. 944 W/m² im Solar-Zenit und fällt zum Rand hin ab auf ca. 82 W/m². Für drei unterschiedliche Klimazonen werden dann noch drei Laps Rate (K/km) abgeleitet, Tropical Wet Lapse Rate 4.6 K/Km, Temperate Lapse Rate 6.5 K/Km und Frigid Dry Lapse Rate 8.8 K/Km. Mit dem hemisphärischen Ansatz kann man so nun die Atmosphäre auch differenziert modellieren.224

---

222 Kauppinen Jyrki/Malmi Pekka (2019), No experimental evidence for the significant anthropogenic climate chance, 2019/06/29, S.5 Conclusion.

223 Kauppinen Jyrki/Malmi Pekka (2019), No experimental evidence for the significant anthropogenic climate chance, 2019/06/29, S.1 Introduction.

224 Wilde, S.P.R. and Mulholland, P., 2020b. Return to Earth: A New Mathematical Model of the Earth's Climate. International Journal of Atmospheric and Oceanic Sciences. Vol. 4, No. 2, 2020, pp. 36-53, S.39 Figure 3. The Scaled Model Globular Earth's Lit Hemisphere Illumination Interception Geometry und S. 40 Table 4. Earth Climate Metrics used to constrain the three-element parallel cell DAET climate model, doi: 10.11648/j.ijaos.20200402.11

5.14 Vergleich mit Albedo-Daten des Deutschen Wetterdienstes für Europa (1980 bis 2010)

Für Europa zwischen 1980 und 2010 dokumentiert der Deutsche Wetterdienst, DWD, ebenfalls ein Absinken der Albedo in seinen langen Zeitreihen. Weniger Wolken bedeuten weniger Reflexion ins All und damit eine längere Sonnenscheindauer. Es wird mehr kurzwellige Strahlung von der Erde absorbiert und anschließend als langwellige Strahlung emittiert. Die bodennahe Temperatur steigt auf natürliche Weise. Der meteorologische Frühlingsbeginn in unseren Breiten hat sich in den letzten 30 Jahren nach vorne geschoben. Er findet eher statt.

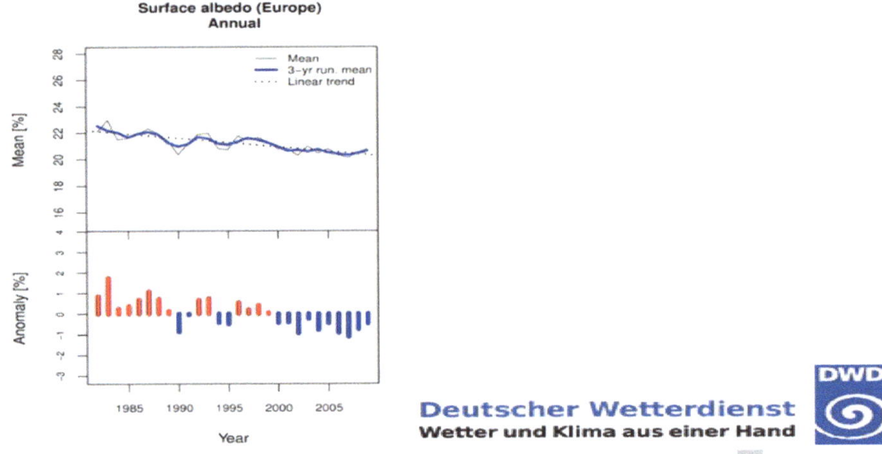

Quelle: Deutscher Wetterdienst DWD, Albedo Europa lange Zeitreihe [225]

5.15 Berechnung der Globaltemperatur für 2014 und 2018 mit Modell 5 unter Berücksichtigung des beobachteten Abfalls der Albedo aus Satellit AQUA (Dez 2012 bis Nov 2015)

Mit Abbildung 2.3 "Verlauf der global gemittelten Temperaturen 1880–2017, gemessen an Wetterstationen und Satelliten"[226] , ergab sich im Jahr 1985 eine Temperatur von 14,1 °C. Mit Modell 5 ohne Gegenstrahlung und einer Einwirkung unsymmetrischer Gase entspricht dies einer erhöhten temperaturwirksamen Strahlung von 3,42 W/m² = 684 W/m² x (26.83 – 26.33) / 100 gegenüber von 1985. In Kap. 4.1.12 war die temperaturwirksame zu 386.06 W/m² für 1985 errechnet worden. Für 2014 erhöht diese sich nun auf 389.48, (3.42 + 386.06).

Damit errechnet sich für das Jahr **2014** eine globale Durchschnittstemperatur von **14,73** °C.
vv (389,48 W/m² / 5,67040 /1E⁻8 W/m²) K – 273.15 K = 14,73 °C.

Wie hoch wäre die globale Mitteltemperatur für 2018, wenn man den mit den Satelliten AQUA gemessenen Albedo-Abfall mitberücksichtigt, ohne Wirkung von Treibhausgasen?

Für 1985 bis 2018 sei ein linearer Albedo-Abfall unterstellt. Damit steigt die temperaturwirksame Strahlung auf 3,89 W/m² (3,42 W/m² x 33 Jahre/29 Jahre).

---

225 Deutscher Wetterdienst DWD, Albedo Europa lange Zeitreihe.
  https://www.dwd.de./klima/rcccm/int/zeitreihen/rcc_eude_eur_sal_time_17.png. DDDi
226 S. Rahmstorf und H. J. Schellnhuber, Der Klimawandel, München, **7. Auflage 2012**, S. **37** Abb. 2.3.

Für **2018** erhöht diese sich ohne CO₂ oder sonstige Treibhausgase nur mit **Modell 5** (Strahlungsverteilung ½) und mit der Albedo-Messung vom Satellit AQUA auf **389.95** = (3.89 + 386.06) und damit rechnerisch auf 14,82 °C. √√ (389,95 W/m² / 5,67040 /1E⁻8 W/m²) K − 273.15 K = 14,82 °C, gerundet 14,8 °C.

Ein Vergleich aus einer offiziellen Mitteilung der World Meteorological Organization (WMO) zu Temperatur Daten ergibt 227 :

2015:   Globaltemperatur der Erde   T = 14.76 °C
2016:   Globaltemperatur der Erde   T = 14.83 °C

T in °C

Jahr	1850	1990	2014	2015	2016	2018
Modell 5 (ohne Echo Rückkopplungen nach 5.9)	auf 13.6 °C kalibriert	14.2 °C	14,7			14.8 °C
gemessen (4.1.12)	13.6 °C	14.2 °C				14.8 °C
nach WMO				14.76 °C	14.83 °C	

Tabelle 9:   Globaltemperaturvergleich, gerechnet mit Modell 5 und mit gemessenen Werten

5.16   Temperatur an der Stratopause in ca. 50 km Höhe – Vergleich Modell 5 mit Modell 4, Kritikpunkt 16

Für Modell 5 war in Kap. 5.1 und 5.2 aus dem Ansatz der Strahlungsverteilung eine Einstrahlung auf die Erde von jeweils 684 W/m² für die Fälle *clear sky* und *cloudy sky* errechnet worden. Mit dem Satelliten ERBS war eine *Global Mean Albedo* von a = 0,269 als Mittelwert für den Zeitraum 1985 bis 1989 in Kap. 2.2 ermittelt worden. Dieser Wert wurde im Zeitraum (Dez. 2012 bis Nov. 2015) durch die Satellitenmessung vom Satellit Terra mit a = 0.2643 und Aqua mit a = 0.2633 mit einer leichtfallenden Tendenz bestätigt. Das **Max-Planck-Institut für Meteorologie** hat für die Erdatmosphäre, bezüglich dem Schichtaufbau, Höhe in km sowie Druck und Temperaturverteilung, eine Grafik veröffentlicht.228 In dieser Grafik ermittelt sich die **Temperatur in 50 km Höhe (Stratopause) zu ca. + 15 °C.** In Kap. 5.5, Schaubild FIG. 8b, wurde die Atmosphäre mit ihren darüber liegenden Schichten in VIII Ebenen eingeteilt. Im Bereich unter Ebene I und über Ebene II ist die Stratopause angesiedelt. Durch *Sensible Heat* verliert die Erde in Modell 5 global durchschnittlich 17 W/m² und kühlt um Delta

---

227 Die WMO meldete am 18.1.2017 in Press Release Number 1/2017: „The globally averaged temperature in 2016 was about 1.1 °C than the pre-industrial period. It was approximately 0.83 ° Celsius above the longterm average (14.0 °C) of the WMO 1961 – 1990 reference period, and about 0.07 °C warmer than the previous record set in 2015. WMO uses data from the US National Oceanic and Atmospheric Administration, NASA´s Goddard Institute for Space and the University of East Anglia`s Climate Research Unit." Stand vom 13.06.2020. Daraus folgt: **2016 Global Mean T = 14.83 °C und 2015 Global Mean T = 14.76 °C.**

https://public.wmo.int/en/media/press-release/wmo-confirms-2016-hottest-year-record-about-11°c-above-pre-industrial-era. Stand vom 13.06.2020.

228 Norbert Noreiks, Max-Planck-Institut für Meteorologie und http://goo.gl/images/En9nNp. Siehe auch Dieter Kasang, wiki.bildungsserver.de http://wiki.bildungsserver.de/klimawandel/index.php/Datei:Atmosph%C3A4re_Stockwerke_sm.jpg. Stand vom 9. Juli 2018.

T ab. Durch die Ausdehnung der Atmosphärengase beim Aufsteigen in größere Höhen verrichten die symmetrischen und unsymmetrischen Moleküle der Atmosphäre Arbeit und kühlen ab. *Latent Heat* (LH) ist (Kap. 1.6) thermodynamisch eine Umwandlungsenthalpie von 69 Joule/sec oder pro m² von 69 Watt in der Bilanz. Mit steigender Höhe kommt es ebenfalls zu einer Temperaturabnahme. In der Atmosphäre erfolgen verschiedene Formen der Energieumwandlung (Anmerkung 2, Kap. 5.3). Von der Ebene des Satelliten aus betrachtet, stellt sich ein Zustand ein, bei dem die solare Einstrahlung 684 W/m² – abzüglich der durch die sphärische Albedo zerstreuten Anteile von 184 W/m², ergibt 500 W/m² – mit dem ins Orbit gerichteten Energiestrom (500 W/m² bzw. 500 Joule/**sec**) im Gleichgewicht steht. Dies gilt für **jede Sekunde** oder **T gegen 0** der solaren Einstrahlung (Fall beleuchtete Erdhalbkugel).

Nun betrachten wir im Modell 5 die Beträge Energiebilanz in Ebene I und II (FIG. 8b, Kap. 5.3), hierbei war:

184 W/m² = 684 W/m² x 0.269   (solare Einstrahlung mal Albedo)
500 W/m² = 684 W/m² – 184 W/m²   (solare Einstrahlung minus von Atmosphäre und von Erde
                                                          reflektiertem Anteil)

414 W/m² = 500 W/m² – 17 W/m² – 69 W/m² = 48 W/m² + 48 W/m² + 42 W/m² + 276 W/m²
390 W/m² = 414 W/m² – 24 W/m²

Dieser Energiestrom 414 W/m² oder Joule/sec steht in sich im Gleichgewicht Σ H=0 und zwischen Ebene I und II als Abstrahlung zur Verfügung. Er kann sich in seinen Teilen durch Energieumwandlungen in der Atmosphäre von Strahlung in schnelle Bewegungen oder durch Stoßvorgänge der Gase in Wärme umwandeln. Diese Wärme entspricht in etwa bis zu +15 °C in 50 km Höhe mit Modell 5 und kühlt in den Orbit darüber ab.

+14,8 °C = √√ (**390 W/m²** / 5,67040 /1E⁻8 W/m²) K – 273.15 K
-19.4 °C = √√ (**235 W/m²** / 5,67040 /1E⁻8 W/m²) K – 273.15 K

Kritikpunkt 16

Mit Modell 5 (Kap. 5) stehen in 50 km Höhe 390 W/m² = 390 Joule/sec als Energiestrom zur Verfügung, der die Erde in Richtung Orbit verlässt. 390 W/m² entsprechen 14,80 °C. Damit steht Modell 5 im Einklang mit den in großen Höhen gemessenen Temperaturen. Vergleicht man hierzu KT97 (Kap. 3) verlässt ein viel kleinerer Energiestrom von 235 W/m² die Erde in Richtung Orbit in 50 km Höhe. Dies entspricht -19,4 °C. Das Klimamodell von KT97 widerspricht hier in großen Höhen der beobachteten Temperatur.

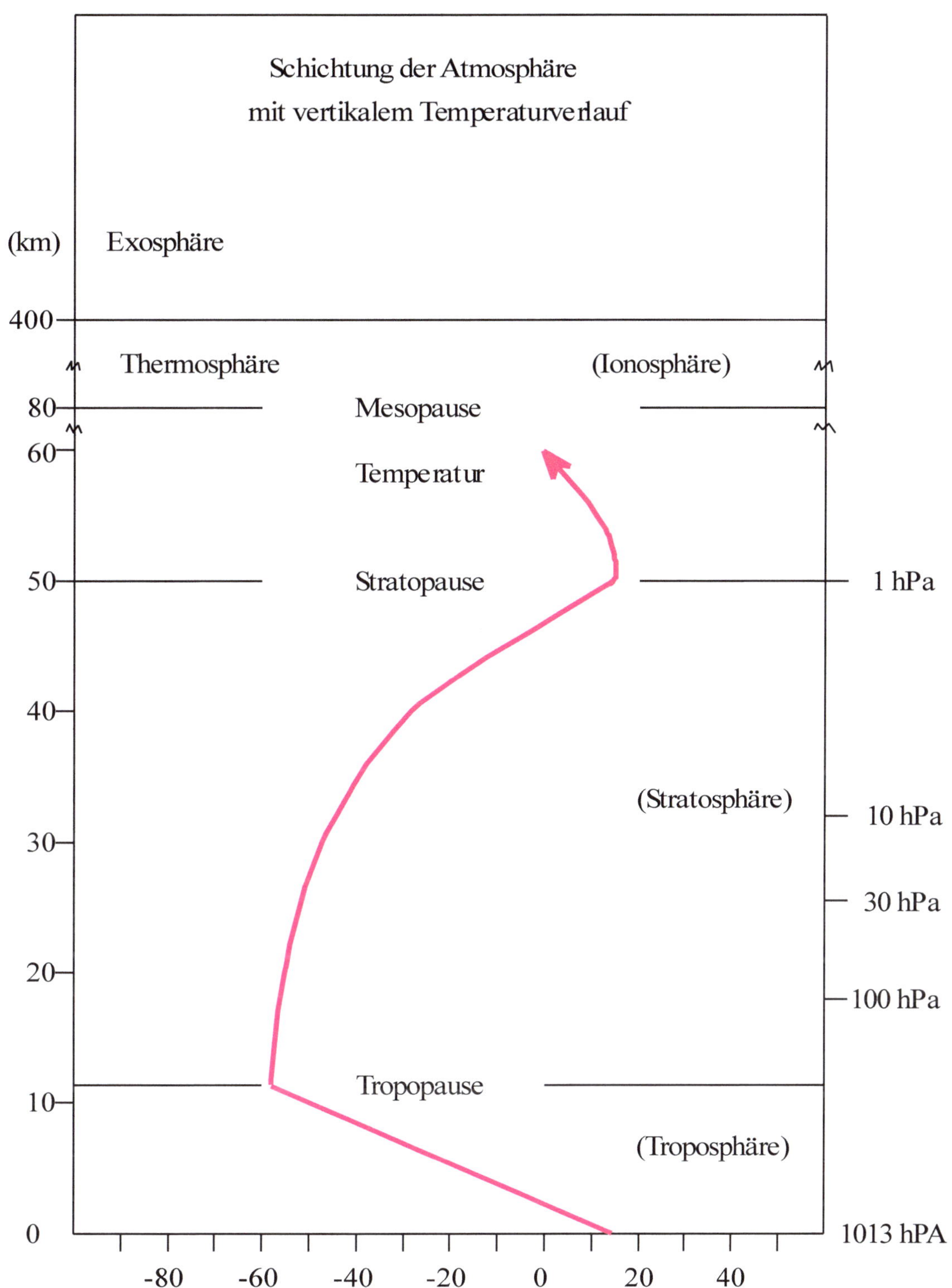

Darstellung 5
Schematischer Verlauf der Temperatur (Abzisse in Kelvin) über die Schichtung der Atmosphäre, gezeichnet von A. Agerius, April 2020, **nach Norbert Noreiks/Dieter Kasang**, **Max-Planck-Institut für Meteorologie, Hamburg.** Siehe auch Veröffentlichung von **Prof. Mojib Latif** (2009), Klimawandel und Klimadynamik, Stuttgart, Eugen Ulmer Verlag, Abschnitt 1, Physikalische Grundlagen, **Abbildung 6, S. 18**, ISBN 978-3-8252-3178-1.

5.17 Modellansatz der solaren Einstrahlung bei den Satelliten TERRA und AQUA

In nachfolgendem Tabellenauszug der NASA von Dez. 2012 bis Nov. 2015 sind die 3-Jahres globalen Durchschnittswerte der solaren Einstrahlung, der kurzwelligen, der langwelligen und der Netto-Strahlung, für *all sky* und *clear sky* aufgeführt:

Aus Ceres Satellitenprogram (TERRA, AQUA) und hierzu aus Tabelle 5-3 der NASA Veröffentlichung CERES_SSF1deg_Hour/Day/Month_Ed4A Data Quality Summary (3/13/2018) [229]

Dataset W/m²	all sky Dez. 2012-Nov. 2015				clear sky Dez. 2012-Nov. 2015		
SSF1deg	S_0	SW	LW	Net	SW	LW	Net
Terra Ed4A	340.07	96.29	239.28	4.50	50.56	268.06	21.10
Aqua Ed4A	340.07	96.05	238.96	5.05	49.81	268.70	21.00

Tabelle 10: Verteilung der solaren Einstrahlung von ¼ im NASA-Modell, mit Net = S_0 – SW – LW

Wurde die solare Einstrahlung mit 1.360.28 W/m² gemessen, ermittelt sich S_0 zu:

$$S_0 = 1.360.28 / 4 = 340.07 \text{ W/m}^2$$

Wäre die Verteilung ¼ richtig, müsste die solare Einstrahlung mit der gemessenen Abstrahlung in sich im Gleichgewicht stehen. Die Satelliten von CERES haben „im Betrieb eine erstaunliche Stabilität gezeigt. Mit 95 %-iger Wahrscheinlichkeit konnten keine erkennbaren Veränderungen der Empfindlichkeiten irgendwelcher Instrumente festgestellt werden, die größer als 0,2 % waren. Boden- und All-Kalibrationen stimmen mit einer Genauigkeit von 0,25 % überein."[230] Nachfolgende Zahlen sind in W/m².

S_0 – SW – LW = 0 **(all sky)** und S_0 – SW – LW = 0 **(clear sky)** (♦)

TERRA 340.07 – 96.29 – 239.28 = 4.50 ≠ 0   340.07 – 50.56 – 268.06 = 21.45 ≠ 0
 = 4.50 = Net   = 21.10 = Net

AQUA 340.07 – 96.05 – 238.96 = 5.06 ≠ 0   340.07 – 49.81 – 268.70 = 21.56 ≠ 0
 = 5.05 = Net   = 21.00 = Net

Setzt man S_0 als maximalen Messwertbereich/Anzeigebereich für die Instrumente von SW < 340.07 W/m² und LW < 340.07 W/m² folgt:
Vorhandener Delta-Fehler 21.45 W/m² >>> zulässiger Delta Fehler< 340.07 / 100 x 0.25 = 0.85 W/m²
Um den Faktor 25 = 21.45 W/m² / 0.85 W/m² ist der vorhandene Fehler größer als er aus Messungsgenauigkeiten überhaupt möglich ist. Diese große Abweichung liegt im Modell selbst, da die ¼-Strahlungsverteilung falsch ist. **Der Modellfehler hat einen Namen bekommen. Er heißt Net- oder Netto-Strahlung und füllt die im Modell fehlende Strahlung zur a priori unterstellten ¼-Verteilung auf.**

Gemäß 1. HS der Thermodynamik (siehe Kap. 1.7) kann bei Energieumwandlungen keine Energie verlorengehen. Die beiden Gleichungen S_0 – SW – LW = 0 (all sky) und S_0 – SW – LW = 0 (clear sky) formulieren den 1. HS exemplarisch. Er gilt universell: sowohl für die Grids (Modellgitternetzstruktur) im Klimamodell als auch für die „Grids (engl. Gitter)" im Maschinenbau, z. B. simulierte Crashtests von Fahrzeugen am Rechner oder in statischen

---

[229] Autor NASA CERES Science Team, CERES_Aqua SSF1deg-Hour/Day/Month_Ed4A Data Quality Summary (3/13/2018) S. I–V und S. 1–38, Seite 30 Table 5-3.

[230] https://de.m.wikipedia.org/wiki/Clouds_and_the_Earth%E2%80%99s_Radiant_Energy_System hierin Abschnitt CERES-Instrumente (Stand vom 9. Dezember 2019)

Berechnungen des Ingenieurwesens. Dort heißen diese mathematischen Modellnetze statt „Grids" „finite Elemente". Je nach Anwendung und Randbedingung können sie andere physikalische Effekte modellieren, z. B. eine Hüftprothese in einem Oberschenkelknochen unter mechanischer Belastung. Weil der 1. HS universell gilt, gilt er dann auch für jeden Knotenpunkt des Netzes. Am einzelnen Knotenpunkt kann keine Energie verloren gehen oder aus dem Nichts hinzukommen.

Beispiel:
Die statische Berechnung eines Tunnels im Gebirge erfolgt mit einer räumlichen Gitternetzstruktur, finiten Elementen, den räumlichen „Grids" (Gitter) verwandt. Über Belastungsversuche an Proben eines Erkundungsstollens oder Probebohrungen werden Steifigkeiten des Gebirges dem mathematisch/physikalischen Gitternetz des Tunnels zugeordnet. Spritzbetonsicherung und Tübbinge (vorgefertigte Betonsegmente) einer Tunnelschale dienen dazu, die Verformungen in den Gleichgewichtszustand hinein zu steuern. Das Gebirge, also der Tunnel, trägt sich jedoch selbst. Dies bedeutet: Die Kräfte/Verformungen müssen möglichst exakt vorausberechnet und beim Bau ständig kontrolliert werden. Bei einem Gitterelement „Grid" bzw. Gitterpunkt eines Netzes einer statischen Berechnung ergäbe sich im Berechnungskontrollplot folgende mathematische fiktive Konstellation:

$340.07 - 50.56 - 268.06 = 21.45 \neq 0$ statt W/m² wären hierbei die Einheiten KN

Um 21.45 KN = 2.15 Tonnen Fels stimmt die lokale Gewichtsgleichung an der Tunneldecke nicht.

Würde der 1. HS nicht gelten, müsste ein mathematischer Knotenpunkt am First (Tunneldecke) des Tunnelnetzes **nicht** geschlossen sein. $21.45 \neq 0$ wäre zulässig. Das Netz könnte „aus dem Nichts" Kräfte bzw. Energie verlieren oder gewinnen. Hätte man beispielsweise zu wenig belastende Kräfte vorausberechnet, würde man es nicht merken. Damit sich der Leser dies konkret vorstellen kann:

Es blieben Kräfte (21.45 KN) übrig oder man errechnet Verformungen an der falschen Stelle. Würde man den Tunnel aufgrund dieser falschen Berechnung bauen – man lässt zu: an Knotenpunkten (♦) werden Gleichgewichtsbedingungen verletzt – Die Tunnelarbeiter an der Ortsbrust, durch Tübbinge noch nicht gesicherter Abschnitt beim Vortrieb, würden von aus der Tunneldecke herausbrechenden, herabstürzenden tonnenschweren Felsblöcken (2.15 t) - auch Sargdeckel genannt - erschlagen werden. Da die statische Berechnung nichts mit der Wirklichkeit zu tun hat, würde sich das vorgetriebene Loch mit der Zeit durch Einstürze wieder schließen. Derartige Modelle, Berechnungen und Software müssen deshalb stets extrem genau und höchst verantwortlich geprüft werden. Die Wirklichkeit muss durch Bodenproben, Belastungsversuche, Setzungs- und Verformungsmessung kontinuierlich in die Berechnung eingearbeitet oder die Berechnung daraufhin abgeglichen werden. Zurück zu Tabelle 10.

Der identische Fehler - am Knotenpunkt (♦) es werden Gleichgewichtsbedingungen auf das Schwerste verletzt – führte beim Klimamodellierer in der Rechnung von oben offensichtlich zu nichts. Stattdessen gibt man dem Fehler einen beschönigenden Namen, modelliert und programmiert munter weiter. Wie hätte in so einem Fall **zwingend** an Anfang geprüft werden müssen bzw. welche Überlegungen hätten **sofort** stattfinden müssen?

Energetische Modellgleichung $S_0 - SW - LW = 0$ und Messung $340.07 - 50.56 - 268.06 = 21.45 \neq 0$

1. Die Messwerte sind korrekt gemessen, denn diese stimmen mit anderen Satellitenmessungen mit sehr geringen Abweichungen überein.
2. Es liegen keine Schreibfehler oder Eingabefehler vor.
3. Das Ergebnis $21.45 \neq 0$ ist unmöglich, da es um das 25-fache die Messtoleranzen überschreitet und den 1. HS der Thermodynamik verletzt, was per se nicht möglich ist.

4. Es kann nur noch als einzige Möglichkeit geben: **Die Gleichung selbst ist falsch**, d. h. die einzelnen Strahlungstherme sind falsch erfasst. Etwas anderes ist nicht möglich.

5. Findet man den Fehler immer noch nicht: **Eine solche Software darf nicht benutzt werden. Zutreffende Aussagen sind nicht möglich.** Die bisherigen Hypothesen müssen verworfen werden. Anderen, neuen Hypothesen, Modellierungskonzepten muss konsequent nachgegangen werden.

Die Ursache des großen Restes von Net mit 21.45 W/m² liegt in der grundsätzlich falschen Modellbildung. In der Klimawissenschaft ist die Verletzung des 1. HS und 2. HS der Thermodynamik am Computer im Gegensatz dazu nicht mit unmittelbarer Todesfolge und strafrechtlicher, persönlicher Haftung verbunden.

5.18   Kurzer Rückblick – die Basis von KT97 – und Widerlegung des Greenhouse-Effekts mit Messwerten der Satelliten ERBS, TERRA und AQUA

Im Rahmen des Quellenstudiums wurde bezüglich der Arbeit von J. T. Kiehl und Kevin E. Trenberth (hier als KT97[231] bezeichnet) die Vorläuferstudie[232] aufgefunden. Autoren sind V. Ramanathan, Bruce R. Barkstorm and Edwin F. Harrison. Im Abschnitt „Global radiation energy balance" schreiben die drei Autoren: „To understand more fully the role of these satellites and to appreciate the implications of their observations of the radiation budget for theories of climate, it is useful to examine a few simple, conceptual models of climate...The simplest zero-dimensional model of climate considers the long-term average (on a time scale greater than a year) of the global and annual mean temperature.

A balance between the absorbed solar energy and the emitted energy governs this temperature. We can write this symbolically as

$$H = S_0/4 \times (1-\alpha) - \sigma T_e^4 = 0$$

Here H is the net energy input to the climate system [...] T_e is still a useful parameter, however, provided we think of it as a planet's *effective* radiating temperature. Thus, we expect T_e to be 255 K if H is zero."[233]

Die Abstrahlung der Erde im Bereich der Stratopause über der Atmosphäre ist $\sigma \times T_e^4$. Mit S_0 = 1368 W/m², σ = Stefan-Boltzmann-Konstante. „... past satellite measurements show that α is 0.30 +- 0.03." [234]

Für die Beziehung von Albedo zu lang- und kurzwelliger Strahlung gilt (Kap. 5.3): Die Werte für *Shortwave Radiation* (105 W/m²) und *Longwave Radiation* (237 W/m²) und 342 W/m² (1368 W/m² = 4 x 342 W/m²) entstammen Figure 1.[235]

Mit σ= *5.6074 10 $^{-8}$ Wm $^{-2}$ K $^{-4}$ (Kap. 1.9)*

---

[231] J. T. Kiehl and Kevin E. Trenberth, Earth's Annual Global Mean Energy Budget, veröffentlicht in Bulletin of the American Meteorological Society, Vol. 78 No2, February 1997, S. 197–208.

[232] V. Ramanathan, Bruce R. Barkstorm and Edwin F. Harrison, CLIMATE AND THE EARTH'S RADIATION BUDGET, American Institute of Physics, in PHYSICS TODAY MAY 1989 S. 22–32

[233] V. Ramanathan, Bruce R. Barkstorm and Edwin F. Harrison, CLIMATE AND THE EARTH'S RADIATION BUDGET, American Institute of Physics, in PHYSICS TODAY MAY 1989 S. 22.

[234] V. Ramanathan, Bruce R. Barkstorm and Edwin F. Harrison, CLIMATE AND THE EARTH'S RADIATION BUDGET, American Institute of Physics, in PHYSICS TODAY MAY 1989 S. 22.

[235] V. Ramanathan, Bruce R. Barkstorm and Edwin F. Harrison, CLIMATE AND THE EARTH'S RADIATION BUDGET, American Institute of Physics, in PHYSICS TODAY MAY 1989, S. 23, Figure 1.

254.26 K= √√ (237 W/m² / 5,67040 /1E⁻8 W/m²) K entspricht ungefähr ≈ -18 °C

T_e = - 18 °C = 255K - 273K   Temperatur aus 237 W/m² langwelliger Strahlung
T_s = +15 °C = 288K - 273K   Temperatur aus 390 W/m² langwelliger Strahlung

Albedo = SHORTWAVE RADIAT. / (SHORTWAVE RADIAT. + MAX. OUTGOING LONGWAVE RADIAT.) in W/m²
0.307 =   105 W/m²   /(105 W/m²   +   237 W/m²   )

zwischen „Top of Atmosphere" und „Orbit" T_e =   255K = -18 °C

$$H = 1.368 \ W/m^2 \ /4 \times (1-0.307) - 5.6704 \ 10^{-8} \ K^{-4} \ (254.26 \ K)^4 = 0.018\sim0$$

Erdoberfläche bzw. Surface T_s = 288K = +15 °C

$$T_s \neq T_e, \ -18 \ °C \neq +15 \ °C$$

Damit steht das „simplest" nulldimensionale Modell bei der Betrachtung der Oberseite der Atmosphäre für H = 0 im Gleichgewicht, genau für eine Temperatur von 254.26 K und bei einer Albedo von exakt 0.307. **Jetzt taucht aber folgendes Problem auf:**

„What does this effective radiative temperature, T_e, mean? **If the atmosphere did not impede the radiative energy flow, the surface temperature T_s would be nearly the same as T_e.** T_s. however, is observed to be 288 K. The 33-K difference is attributed to the greenhouse effect."[236] [Hervorhebung hinzugefügt]

Was passiert, wenn man in der Gleichung von *Ramanathan, Barkstorm und Harrison die Messwerte des ERBS-Satelliten einsetzt?*

Die vom Satelliten ERBS beobachtete, gemessene Strahlung beträgt 276 W/m² und die von ERBS gemessene Albedo ist 0,269 und nicht 0.307 und 264.13 K= √√ (276 W/m² / 5,67040 /1E⁻8 W/m²) K, entspricht: -9 °C

$$H = 1.368 \ W/m^2 \ /4 \times (1-0.269) - 5.6704 \ 10^{-8} \ W/m^2 \ K^{-4} \ (254.26 \ K)^4 = \textbf{13 W/m}^2 \neq \textbf{0}$$
$$H = 1.368 \ W/m^2 \ /4 \times (1-0.269) - 5.6704 \ 10^{-8} \ W/m^2 \ K^{-4} \ (264.13 \ K)^4 = \textbf{-26 W/m}^2 \neq \textbf{0}$$

Für die vom Satelliten ERBS gemessenen Werte kann die Gleichung **H = 0 nicht** erfüllt werden. Das von Ramanathan, Barkstorm und Harrison entwickelte Modell und seine obige Modellgleichung stehen isoliert für sich. Dieses Modell mit seinem ¼-Verteilungsfaktor bildet unsere Erde nicht ab, wie hiermit nachprüfbar gezeigt.

---

236 V. Ramanathan, Bruce R. Barkstorm and Edwin F. Harrison, CLIMATE AND THE EARTH´S RADIATION BUDGET, American Institute of Physics, in PHYSICS TODAY MAY 1989, S. 22.

Das Max-Planck-Institut für Meteorologie hat eine sehr anschauliche Darstellung[237] über den gemessenen Temperaturverlauf der Erde über die Höhe von 0 bis 400 km Höhe veröffentlicht. Von der Erdoberfläche mit globalem Temperaturdurchschnitt von 15 °C kühlt sich die Luftschicht bis in etwa 11 km Höhe linear ab auf etwa -55 °C als lokales Minimum. Danach erfolgt aber wieder ein kontinuierlicher Anstieg bis in 50 km Höhe auf +15 °C (288 K) als lokales Maximum.

$$H = 1368 \ W/m^2 \ /4 \times (1\text{-}0.269) - 5.6704 \ 10^{-8} \ W/m^2 \ K^{-4} \ (288 \ K)^4 = \textbf{-140 W/m}^2 \neq \textbf{0}$$

Für eine unterstellte Strahlungsverteilung von ¼ ist für eine gemessene Albedo von 0.269 genau 140 W/m² zu wenig Energiestrom/m² im von R., B. und H. gewählten Modellansatz. Für H = 0 müsste somit der Energiestrom/m² über „*Top of Atmosphere*" betragen: 1.368 W/m²/4 x (1-0.269) +140 W/m² = 390 W/m² Die obige Gleichung H beschreibt damit das Klima nicht. Deshalb ist sie nicht richtig.

Da die falsche Strahlungsverteilung von ¼ zugrunde gelegt wurde – mit 237 W/m² eine zu niedrige Abstrahlung über „*Top of Atmosphere*" – wird in obiger Gleichung auch eine zu niedrige Temperatur für die Ebene Stratopause errechnet, nämlich 255 K (-18 °C). Die beobachtete Temperatur gemäß dem Max-Planck-Institut für Meteorologie in der Stratopause beträgt aber +15 °C. Mit Modell 5 (Kap. 5.3) lautet die verbesserte Gleichung H = 0 für die Ebene „*Top of Atmosphere*" wie folgt:

$$\text{Stratopause:} \quad T_e = \ 288 \ K = +15 \ °C$$

$$\textbf{\textit{Mit Modell 5:}} \quad H = S_0/2 \times (1\text{-}\alpha) - LH - SH - Satm - \sigma T_e^4 = 0$$

$$\text{Erdoberfläche bzw. Surface } T_s = 288 \ K = +15 \ °C$$

$$\textbf{\textit{Treibhauseffekt}} = T_s \ (°C) - T_e \ (°C) = (+15 \ °C) - (+15 \ °C) = 0$$

Mit SH = 17 W/m², LH = 69 W/m² und Satm = 24 W/m², S_0 und α werden aus einer Satellitenmessung bestimmt.

Betrachtet man in Kap. 5.5 das Schaubild des globalen Bilanzgleichgewichtes FIG. 8a *cloudy sky* und FIG. 8b *clear sky*, „fließen" alle Strahlungsanteile zu 100 % komplett ungehindert in den Orbit. Es gibt daher weder eine Behinderung „impede" des Flusses noch gibt es zwischen den betrachteten Bereichen eine Temperaturdifferenz, da $T_s - T_e = 0$ ist. Somit ist auch die Schlussfolgerung falsch, einen Temperaturunterschied einem Treibhauseffekt zuzuschreiben. Die minimale Strahlungserhöhung von 2.3 W/m² aus allen unsymmetrischen Gasen (Kap. 5.9) betrug – verglichen mit einer Treibhausgegenstrahlung von 324 bzw. 327 W/m² – weniger als acht Tausendstel (7.1 = 2.3/324 x 1000) und stellt weder in dieser Größe noch diesem

---

237 Norbert Noreiks, Max-Planck-Institut für Meteorologie und http://goo.gl/images/En9nNp. Siehe auch Dieter Kasang 15:54, 9. Juli 2018, Wiki.bildungsserver.de
http://wiki.bildungsserver.de/klimawandel/index.php/Datei:Atmosph%C3A4re_Stockwerke_sm.jpg. Stand 25. Mai 2019.

Sinne $(T_s - T_e)$ einen Treibhauseffekt dar, sondern einen vernachlässigbaren Effekt aus Echo-Rückkopplung. **Einen mit Gleichung H abgeleiteten Treibhauseffekt $T_s - T_e = 33\ ^0K$ gibt es nicht.** Der Beweis erfolgt nun mit den Satellitenmesswerten unserer Erde: Drei Beispiele an Modell 5 mit den bereits mehrfach zitierten Satelliten[238] und vgl. 5.12. Nicht aus physikalischen, sondern aus mathematischen Gründen – Fehlerfortpflanzung bei Polynom hohen Grades – werden bis zu vier Nachkommastellen angegeben.

Satellit ERBS mit S_o = 1.368 W/m² (4 x 342) und α = 0.269

1.368.00 W/m²/2 (1-0.269) – 69 W/m²– 17 W/m²– 24 W/m² – *5.6704 10^{-8} W/m²K^{-4} (287.9809 K)^4* = 0.0005 = 0

gerundet 287.9809 = 288 K und 0.0005 = 0 = H

Satellit TERRA mit S_o = 1.360.28 W/m² (4 x 340.07) und α = 0.2643

1.360.28 W/m²/2 (1-0.2643) – 69 W/m²– 17 W/m²– 24 W/m²– *5.6704 10^{-8} W/m²K^{-4}(288.0501 K)^4* = 0.0006 = 0

gerundet 288.00501= 288 K und 0.0006 = 0 = H

Satellit AQUA mit S_o = 1.360.28 W/m² (4 x 340.07) und α = 0.2633

1.360.28 W/m²/2 (1-0.2633) – 69 W/m²– 17 W/m²– 24 W/m²– *5.6704 10^{-8} W/m²K^{-4}(288.1755 K)^4* = 0.0005 = 0

gerundet 288.1755 = 288 K und 0.0005 = 0 = H

*Treibhauseffekt H = T_s (^{0}C) - T_e (^{0}C) = (+15 °C) – (+15 °C) = **0*** q.e.d.

Es damit gibt keinen Treibhauseffekt von 33 K. Dies bestätigt der CO_2-Versuch in Anhang 4.

---

238 Autor NASA CERES Science Team**, CERES_Terra SSF1deg-Hour/Day/Month_Ed4A Data Quality Summary (3/13/2018) S. I–V und S. 1–38,** Seite **30 Table 5-3** und **CERES_Aqua SSF1deg-Hour/Day/Month_Ed4A Data Quality Summary (3/13/2018) S. I–V und S. 1–38,** Seite 30 Table 5-3.

6. Sun-Umbrella-Effekt

Das Klima ist keine Konstante, sondern schwankt in größeren und kleineren Zeiträumen. Ohne menschlichen Einfluss veränderte sich klimatisch das Saharagebiet von einer grünen Zone zur Wüste.

Die solare Einstrahlung wurde von der Weltorganisation für Meteorologie im Jahr 1982 mit 1.367 W/m² festgelegt. Diese selbst hat einen Schwankungsbereich von 1.325 W/m² (Aphel, Wintersonnenwende) bis 1.420 W/m² (Perihel, Sommersonnenwende) [239]. Die solare Einstrahlung unterliegt Schwankungen durch Änderungen der Parameter der Erdbahn (Richtungsänderung der Erdachse = Präzession, Änderung der Neigung der Erdrotationsachse = Obliquität, Änderungen der Form der Umlaufbahn = Exzentrizität). Milankovitch hat diese zyklischen Parameter untersucht. Diese stehen heute in Verbindung als Treiber der vergangenen Eiszeiten. Schwankungen gibt es aber auch durch Änderungen der Stärke der Solarstrahlung aufgrund der Sonnenaktivität, Sonnenflecken. Für die Größe in W/m² der einzelnen Anteile sei hier auf die einschlägigen Fachpublikationen verwiesen. Würde man in einem Modell 5 Aphel bzw. Perihel als Maß der Änderung dauerhaft festhalten, wie sensibel oder unsensibel würde hierbei die Temperatur auf die Änderung der effektiven Strahlungsleistung reagieren?

374,3 = (1325/2) x (1-0.269) -24-17-69 in W/m²

√√ (374,3 W/m² / 5,67040 /1E⁻8 W/m²) K – 273.15 K = 11,89 °C.

Solare Einstrahlung	effektive Strahlungsleistung	Temperatur		gerundet
1325 W/m²	374 W/m²	11,89 °C	=	12 °C
1367 W/m²	390 W/m²	14,83 °C	=	15 °C
1420 W/m²	409 W/m²	18,30 °C	=	18 °C

Daran ist ersichtlich, wie die Sonneneinstrahlung zwischen Sommer und Winter eine Änderung der Strahlungsleistung, bezogen auf den Durchschnitt mit 1.367 W/m², von 3,1 % im Winter und 3,8 % im Sommer im Modell 5 verursacht, würde man die Bahnparameter in diesem Modell festhalten. Sonnenaktivität und Albedo-Änderungen müssten eigens noch zusätzlich betrachtet werden.

Man könnte sich mit Modell 5 fragen: Wie hoch wäre die rein theoretische rechnerische Durchschnittstemperatur auf der Erde, wenn es keine Atmosphäre gäbe, kein H_2O, kein O_2, O_3, CO_2 etc.? Ohne Wasserdampf dürfte es auch kein Wasser geben. Ohne Atmosphäre gäbe es keine von Wolken, Aerosolen oder von der Atmosphäre reflektierten Anteile der Strahlung. Mit dem modifizierten Modell nach Kap. 5 treffen auf die Erde 684 W/m² Strahlung.

Einen von der Atmosphäre absorbierten Strahlungsanteil gäbe es nicht. Der von der Erdoberfläche reflektierte, nicht temperaturwirksame Strahlungsanteil müsste dennoch abgezogen werden. Die mittlere *Clear Sky Albedo* von ERBS (Kap. 2.2) mit 13.5 % ist grob mit der Albedo des atmosphärelosen Mondes von 12 % vergleichbar. Die effektive, temperaturwirksame Strahlung errechnete sich bei 12 % zu 602 W/m² = 684 x (1- 0.12) W/m². Damit betrüge die theoretische Durchschnittstemperatur der beleuchteten Hemisphäre √√ (602 W/m² / 5,67040 /1E⁻8 W/m²) K – 273.15 K = 47,8 °C. Das bedeutet, dass die beleuchtete Atmosphäre der Erde von theoretischen 47.80 °C auf 14,80 °C im Durchschnitt durch ihre Reflexions- und Absorptionseigenschaften, wie ein Sonnenschirm (engl. Sun Umbrella) kühlt. Dies soll hier im Text als **Sun-Umbrella-Effekt** bezeichnet werden (bzgl. des Sun-Umbrella-Effekts siehe auch Kap. 9.3).

---

[239] http://de.m.wikipedia.org/wiki/Solarkonstante, Stand vom 09.08.2018.

7. Änderung der globalen Mitteltemperatur durch Klimaschwankungen (mit Modell 5 nach Kap. 5)

Die globale Mitteltemperatur für die Erdoberfläche wurde in Modell 5 aus der Energiebilanz der Atmosphäre unter Berücksichtigung von Wärmespeichern im stationären Zustand für den beliebigen Zeitraum ΔT über die Leistungsbilanz der Strahlungsflüsse mit Berücksichtigung von Umwandlungsenthalpie LH und Sensible Heat SH ausgerechnet. Zitat Prof. S. Rahmstorf und Prof. H. J. Schellnhuber: **„Klimaänderungen sind die Folge von Änderungen in dieser Energiebilanz."** [240] Dass Sonnenaktivität und der Sonnenbahnradius Schwankungen unterworfen sind, wurde bereits angesprochen. Im Modell 5 hatten unsymmetrische Moleküle der atmosphärischen Gase, wie gezeigt und durch Versuch Anhang 4 bestätigt, einen vernachlässigbaren bzw. keinen Einfluss. Eine wichtige, dominante Einflussgröße auf die globale Mitteltemperatur ist jedoch der ins All zurückgespiegelte Albedo-Anteil. Der Albedo-Anteil kann sich ändern. Zu großen Warm- oder Eiszeiten wird die Albedo andere Werte im globalen Mittel aufgewiesen haben als heute.

7.1 Hypothese Schwankung der Albedo um 0.06 in geologischen Zeiträumen

In Studie KT97 sind Schätzwerte für die Albedo aufgelistet aus 12 Studien, Schwankungsbereich von 0,30 bis 0,33.[241] Der Messwert der Albedo des ERBS-Satelliten beträgt im 5- Jahres-Mittel 0,27 (0,269). **Die Differenz größter Schätzwert zu Messwert für unser aktuelles Klima aus besagten Studien und aus Satellitenmessung ist Delta Albedo gleich 0.06** (0.33 − 0.27).

Um die Sensibilität der Albedo in %, d. h. das Reflexionsvermögen des modifizierten Modells auf die errechnete globale Mitteltemperatur zu testen, schwankte die Delta-Albedo in der ersten Auflage dieser Arbeit mit Delta = 0,06 um die Messwert-Albedo des 5-Jahres-Satellitendurchschnittes. LH, SH und Satm wurden für diese hypothetische Betrachtung festgehalten. (Bezüglich der Streuung der Albedo zwischen Land und Ozean siehe auch Grafiken des Atmospheric Science Data Center, ERBE[242].) Die lokalen Albedo-Schwankungen sind erheblich höher als der globale Wert.

mit Modell 5 nach Kap. 5:

S_e	= Solare Einstrahlung in W/m²	SH	= 17 W/m²
a	= Albedo	LH	= 69 W/m²
$_{eff}S$	= temperaturwirksame effektive Strahlung in W/m²	Satm	= 24 W/m²
T	= hier errechnete Durchschnittstemperatur		

$_{eff}S = S_e / 2 \times (1-a) - Satm - SH - LH$

$_{eff}S = S_e / 2 \times (1-a) \text{ W/m}^2 - 24 \text{ W/m}^2 - 17 \text{ W/m}^2 - 69 \text{ W/m}^2$

$T = \sqrt[4]{(_{eff}S / 5{,}67040 / 1E^{-8} \text{ W/m}^2)} \text{ K} - 273{.}15 \text{ K}$

---

240 S. Rahmstorf und H. J. Schellnhuber, Der Klimawandel, 8. Auflage 2018, C.H.Beck Verlag, München, S. 13, 2. Abschnitt, 1. Satz.

241 KT97 TABLE 1. S. 199.

242 CEDA, Centre for Environmental Data Analysis, United Kingdom, Oxford http://data.ceda.ac.uk/badc/CDs/erbe/erbedata/erbs. Hierin Kapitel: Albedo Directional Models for Land Scenes.

Solare Einstrahlung	Albedo	effektive Strahlung	Temperatur	gerundet T
1325	0,21	413,38	19,05 °C	19 °C
1325	0,27	373,63	11,76 °C	12 °C
1325	0,29	360,38	9,20 °C	9 °C
1325	0,33	333,88	3,86 °C	**4 °C**
1367	0,21	429,97	21,94 °C	22 °C
1367	0,27	388,96	14,64 °C	15 °C
1367	0,29	375,29	12,08 °C	12 °C
1367	0,33	347,95	6,73 °C	7 °C
1420	0,21	450,90	25,46 °C	**26 °C**
1420	0,27	408,30	18,15 °C	18 °C
1420	0,29	394,10	15,58 °C	16 °C
1420	0,33	365,70	10,24 °C	10 °C

Übersicht 1:   Modulation von solarer Einstrahlung und Albedo in Modell 5 als hypothetische Parameteränderung zur Darstellung von Eiszeiten und Warmzeiten

53 W/m² (1420-1367) **bzw. 47 W/m²** (1367-1320) beträgt der Strahlungsunterschied aufgrund des Abstandes der Erde zur Sonne zwischen Sommer und Winter [243] . **Man könnte sich dieses Strahlungsmaß als Größenordnung vorstellen,** in Verbindung mit Albedo-Änderungen **durch eine dauerhafte Änderung** von Präzession, Obliquität und Exzentrizität, hervorgerufen durch die Milankovitch-Zyklen. „Die Ursache der Eiszeitzyklen gilt heute als weitgehend aufgeklärt: Es sind die sogenannten Milankovitch-Zyklen in der Bahn unserer Erde um die Sonne… [244] Mit obiger Größenordnung der Strahlungsänderung mit Modell 5 ist man **ohne CO₂-Einfluss** sehr nahe bei Eiszeiten und Warmzeiten: Während der Eiszeiten lag die globale Durchschnittstemperatur zwischen 3 °C und 10 °C. [245] In den Warmzeiten zwischen 17 °C und 28 °C. Wenn die Erdbahn selbst Schwankungen unterworfen ist, die Strahlungsintensität der Sonne Schwankungen unterliegt, die Evaporation und der globale Wasserhaushalt der Erde Schwankungen unterliegen und die Reflexionseigenschaften der Erde schwanken, dann stellt sich das Bilanzgleichgewicht der Strahlungsbilanz immer wieder neu ein. Man könnte formulieren, sie kippt langsam in ein neues Gleichgewicht. Ändert sich die effektive temperaturwirksame Strahlung nur um 5 W/m², macht das bereits fast 1 °C aus.

$\sqrt[4]{}$ (385 W/m² / 5,67040 /1E⁻8 W/m²) K – 273.15 K = 13,90 °C.
$\sqrt[4]{}$ (390 W/m² / 5,67040 /1E⁻8 W/m²) K – 273.15 K = 14,83 °C.
$\sqrt[4]{}$ (395 W/m² / 5,67040 /1E⁻8 W/m²) K – 273.15 K = 15,75 °C.

Anmerkung:
Zu Eiszeiten/Warmzeiten waren andere Gehalte an Wasserdampf in der Atmosphäre. Man könnte dies im Modell 5 über Veränderung von SH und LH zusätzlich kalibrieren. Hierbei müssen aber wieder die Gleichgewichtsbedingungen erfüllt werden. Es darf mit den gefundenen Werten weiterhin keine Bilanzsprünge geben.

---

243 https://de.m.wikipedia.org/wiki/Solarkonstante, Stand vom 22. November 2019.

244 S. Rahmstorf und H. J. Schellnhuber, Der Klimawandel, München, **8. Auflage 2018**, S. 21.

245 http://www.nickolai.de/Lichtenberg/Geschichte/Siedlungsgeschichte/Historische_Infos/Eiszeit/eiszeit.html. Stand vom 25.05.2019.

Das Wetter und damit langfristig auch das Klima unterliegen größten Schwankungen, sodass es phasenweise global oder nur partiell auf der Erde Erwärmungen oder Abkühlungen gibt. Bezüglich CO_2 im erdgeschichtlichen Verlauf sei auch auf die Grafiken und den zeitlichen Rahmen im Artikel „Die biologisch-geologische Sackgasse" [246] verwiesen. Mit dem modifizierten Modell nach Kap. 5 wurde gezeigt, wie massiv Strahlungsänderungen auf die rechnerische globale Durchschnittstemperatur durchschlagen (siehe hierzu den Artikel von Horst Rademacher, FAZ: „Eiszeit um 1430 – Auch im Mittelalter spielte das Klima verrückt.").[247]

7.2 Überprüfung der Hypothese Albedo-Schwankung um 0.06 – Bildung von Eis-/ Warmzeiten

Mit den Milankovitch-Zyklen schwankt die Exzentrizität der Erdbahn „zwischen 0.005 und 0.058 mit einer Periode von etwa 100.000 Jahren. Dieser Schwankung überlagert sich ein zweiter Zyklus mit einer Dauer von etwa 413.000 Jahren. Die Erdbahn ist daher manchmal exzentrischer, manchmal fast kreisförmig und schwankt zwischen diesen beiden Extremen in einer halbwegs regelmäßigen („quasiperiodischen") Weise hin und her. [...] Als ob das nicht genug wäre, findet auch eine periodische Kippung der Bahnebene mit einem Zyklus von 100.000 Jahren statt."[248]

Seit 1978 wird die Solarkonstante über Satellitensensoren kontinuierlich gemessen.[249] Aus dieser wird über den aktuellen Erdabstand die Leistung der Sonne errechnet.

S_o = Solare Einstrahlung in W/m² = 1.360 W/m² (2015)

r = Radius der heutigen Erdbahn 1 AE = 10^6 km = 149 597 900 000 m = 149.5979 x 10^9 m

Änderung der Solarkonstante durch Aphel und Perihel, Berücksichtigung der heutigen Exzentrizität

e = Exzentrizität 0,0167 [250]

A_s = Oberfläche der Sonne = $4 \pi r^2$

L_{AE} = Leistung der Sonne = A_s x S_o = 4 x π x (149 597 900 000 m)² x 1.360 W/m²

  = 3.824721 x 10^{26} Watt = 3.8247 x 10^{23} KW

Die Erdbahnradien heute entsprechen in etwa dem dauerhaften Kippen der Erdbahn des **100.000 Jahres-Zyklus'** **der Obliquität**:

r_1 = 149 597 900 000 m x 1.0167 = 152.0962 x 10^9 m

r_2 = 149 597 900 000 m x 0.9833 = 147.0996 x 10^9 m

S_i = L_{AE} / 4 / π / r_i^2

S_1 = 3.824721 x 10^{26} Watt / 4 / π / (152.0962 x 10^9 m) ² = **1316 W/m²** (vgl 1325 W/m² Aphel)

S_2 = 3.824721 x 10^{26} Watt / 4 / π / (147.0996 x 10^9 m) ² = **1407 W/m²** (vgl.1420 W/m² Perihel)

246 Fred F. Müller, Die biologisch-geologische CO_2-Sackgasse, in: Unbequeme Wahrheiten vom 22. Mai 2013, veröffentlicht im Internet: http://www.science-skeptical.de/klimawandel/unbequeme-wahrheiten-die-biologisch-geologische- CO_2-sackgasse/0010011/.

247 Horst Rademacher, Eiszeit um 1430, Auch im Mittelalter spielte das Klima verrückt, Frankfurter Allgemeine Zeitung, Internetausgabe der FAZ vom 08.01.2017, http://m.faz.net/aktuell/wissen/erde/-klima/im-spaetmittelalter-gab-es-eine-extrem-kalte-dekade-14602282.html.

248 Embacher Franz, 2009, Ein astronomischer Schmetterlingseffekt – Chaos im Sonnensystem, Text für die Ausstellung CHAOS im Rahmen der G.A.S.-station Berlin, Fakultät für Physik der Universität Wien, S3.

249 http://climate.nasangov./faq/14/is-the-sun-causing-global-warming/, NASA's Jet Propulsion Laboratory, California Institute of Technology, Stand vom 13. Dezember 2019.

250 Embacher Franz, 2009, Ein astronomischer Schmetterlingseffekt – Chaos im Sonnensystem, Text für die Ausstellung CHAOS im Rahmen der G.A.S.-station Berlin, Fakultät für Physik der Universität Wien, S1.

e   = **Exezentrizität der Erdbahn 100.000-Jahres- und 413.000 Jahres-Milankovitch-Zyklus** = 0.005 und 0.058

r_1 = 149 597 900 000 m x 0.995 = 148.8499 x 10^9 m

r_2 = 149 597 900 000 m x 1.005 = 150.3459 x 10^9 m

r_3 = 149 597 900 000 m x 0.942 = 140.9212 x 10^9 m

r_4 = 149 597 900 000 m x 1.058 = 158.2746 x 10^9 m

L_{AE} = 3.824721 x 10^{26} Watt (Die Leistung der Sonne hat sich in 4 Milliarden Jahren geändert- Für 1 bis 2 Millionen Jahre wird die heutige Leistung rechnerisch angesetzt.

S_1 = 3.824721 x 10^{26} Watt / 4 / π / (148.8499 x 10^9 m) ^{2} = 1373 W/m²

S_2 = 3.824721 x 10^{26} Watt / 4 / π / (150.3459 x 10^9 m) ^{2} = 1347 W/m²

S_3 = 3.824721 x 10^{26} Watt / 4 / π / (140.9212 x 10^9 m) ^{2} = 1533 W/m²

S_4 = 3.824721 x 10^{26} Watt / 4 / π / (158.2746 x 10^9 m) ^{2} = 1215 W/m²

$_{eff}S$ = S_e / 2 x (1-a) W/m² - 24 W/m² - 17 W/m² - 69 W/m²

T (°C)   = √√ ($_{eff}S$ / 5,67040 /1E$^-$8 W/m²) K – 273.15 K   und gerechnet für einen Luftdruck von 1.0 bar

Solare Einstrahlung	Albedo	effektive Strahlung	Temperatur	gerundet T
1215	0,21	369,93	11,05 °C	11 °C
1215	0,24	351,70	7,48 °C	8 °C
1215	0,27	333,48	3,78 °C	4 °C
1215	0,29	321,33	1,22 °C	1 °C
1215	0,33	297,03	- 4,12 °C	**-4 °C**
1316	0,21	409,82	18,42 °C	18 °C
1316	0,24	390,08	14,85 °C	15 °C
1316	0,27	370,34	11,13 °C	11 °C
1316	0,29	357,18	8,57 °C	9 °C
1316	0,33	330,86	3,23 °C	**3 °C**
1407	0,21	445,77	24,61 °C	25 °C
1407	0,24	424,66	21,03 °C	21 °C
1407	0,27	403,56	17,30 °C	17 °C
1407	0,29	389,49	14,74 °C	15 °C
1407	0,33	361,35	9,39 °C	9 °C
1533	0,21	495,54	32,60 °C	**33 °C**
1533	0,24	472,54	28,99 °C	29 °C
1533	0,27	449,55	25.24 °C	25 °C
1533	0,29	434,22	22,67 °C	23 °C
1533	0,33	403,56	17,30 °C	17 °C

Übersicht 2:   Globaltemperatur durch **dauerhaftes Kippen der Erdbahn** im 100.000-Jahres-Milankovitch-Zyklus (Obliquität) und durch die Exzentrizität der Erdbahn des 100.000-Jahres und 413.000-Jahres-Milankovitch-Zyklus

In wiederkehrenden, zeitlichen Abständen schwenkt oder kippt die Erde langsam in ein geändertes Leistungsbilanzgleichgewicht ihres Strahlungshaushaltes. Es bilden sich so zyklisch große Eis- und Warmzeitenzeiten heraus ohne Einfluss von unsymmetrischen, atmosphärischen Gasen wie CO_2 oder Methan.

8. Ergebnis:

Mit den Bereichen „Physikalische Chemie/Thermodynamik" und „Technische Mechanik" treffen zwei Fachbereiche der Physik aufeinander, die für sich genommen nichts miteinander zu tun haben. Die ähnliche Symbolik in FIG. 7 KT97 (Strahlungsflüsse als Vektoren) mit einer Trennung in Ebenen führte zu einer Matrize. Die mathematische Matrix aus Leistungsbeträgen der Thermodynamik der atmosphärischen Energiebilanz ist vergleichbar mit einer Steifigkeitsmatrix der technischen Mechanik. Die Randbedingungen eines Differenzialgleichungssystems, z. B. Lagerungsbedingungen, Temperatureinwirkungen und Zwängungen, entsprechen bei der „energetischen" Matrix den Albedo-Randbedingungen, den vom Satelliten gemessenen Strahlungen und der gemessenen Temperatur. In die Strahlungseffekte und in die Rückkopplungseffekte gehen „physikalische Chemie" in die Temperatur-Betrachtungen der „Thermodynamik" ein. Das Aufheben der Verschmierung, die klare Trennung beider Bereiche und ihrer Gesetze führen zu einem neuen Einblick.

8.1   Zur kritischen Betrachtung der Studie KT97

Den Satellitenmesswert der Albedo [26.9/100 (Bandbreite 26.8 % bis 27.1 %), Streuung weniger als 3 Tausendstel, aus fünf Jahren täglicher ERBS, oder einen Messwert, wie z. B. 26.7 % NOAA9, 1986, Erdbeobachtung ERBE], hätte man in KT97 irgendwo erwartet. Er findet aber in der gesamten Studie **keine** Erwähnung. Statt des Satellitenmesswertes wird ein ungenauer Schätzwert bei KT97 für die Albedo verwendet, obwohl sich KT97 auf ERBS-Daten im Vergleich stützt. Dieser Wert, der fast wie eine Konstante wirkt, wird vorenthalten (K1).

Der Referenzstrahlungswert von 265 W/m² statt 276 W/m² (Satellitenmessung) ist bei KT97 nicht richtig, da 265 W/m² gar nicht belastbar ist (vgl. 2.3). Um eine Strahlung von 276 W/m² zu erreichen, müsste in der Molekülzusammensetzung der Modellatmosphäre im Einsäulen-Labormodell das H_2O noch weiter gesenkt und die anderen Moleküle entsprechend erhöht werden (Gesetz von Avogadro). Dies bedeutet einen CO_2-Gehalt im Einsäulen-Modell von 551 ppm. Damit kann aber das Modell nicht mehr mit unserer Erdatmosphäre verglichen werden. Da Kiehl und Trennberth nur die Hälfte (5 statt 11) der langjährigen Messreihen von Satelliten für ihr Modell benutzen, können sie auch nur die Hälfte der vom Satelliten gemessenen Energie abbilden. Gegenüber der Satellitenmessung fehlt eine Strahlungsenergie von 324.8W/m². Somit wird eine unvollständige Modellierung die Ursache der Gegenstrahlung von 324W/m², die dieses Energiedefizit ausgleichen muss. (K2). Der Strahlungswert des atmosphärischen Fensters für 38 % klarer Himmel ist 87.2 W/m² und nicht 40 W/m². Es ist ein Rechenfehler bei der Interpolation mit direkter Veränderung von SH und LH. 80 W/m² sind die untere Grenze für das Atmosphärische Fenster bei bedecktem Himmel (K3). **Die solare Einstrahlleistung wird durch die Wahl des Verteilungsfaktors von einem Viertel auf die nichtbeschienene Nachtseite mitverteilt. Damit ist für die bestrahlte Fläche verbleibende modellierte Einstrahlleistung um die Hälfte zu klein** (K4). Für physikalisch „schwarze" Körper gilt Zwischenabkühlung nicht. Das Modell erfüllt durch das rechnerische Verschmieren von Erwärmung am Tag und Abkühlung in der Nacht durch die Strahlungsmittelung über gesamte Kugeloberfläche die Voraussetzung für echte Schwarzkörper nicht. Deshalb darf an diesem Modell die Stefan-Bolzmann-Formel zur Temperaturberechnung nicht angewendet werden (K5).

Für Strahlungen gilt nicht das Subtraktionsgesetz wie für Kräfte. Dies wird ignoriert (K6). Es ist nicht genug Strahlungsenergie im System, um überhaupt 100 % der Treibhausgase anzuregen, maximal 17% mit thermischem Fenster von 40 W/m². Das thermische Fenster beträgt aber tatsächlich mindestens 80 W/m², somit kann aus der Sonne selbst 0 % der unsymmetrischen Moleküle wie z. B. CO_2 angeregt werden. Es wird aber mit hundertprozentiger Anregung (Hypothese) gerechnet (K7). Die Werte der einzelnen Gase in Watt/m² in TABLE 3. KT97 sind so nicht an den Säulenmodellen im Labor gemessen worden, sie sind hypothetische Modellrechenwerte, spekulativ aus dem radiation model, dem Strahlungsmodell, über Dreisatz abgeleitet und es stellt sich rechnerisch offensichtlich so dar, nicht strahlende Bereiche wurden miteinbezogen (K8). **Weil**

diesem Modell Energie fehlt, lässt man Energie aus dem Nichts entstehen. Der erste Hauptsatz der Thermodynamik ist grob verletzt (K9). Die Atmosphäre selbst ist kein schwarzer Körper. Damit kann sie auch selbst keine Schwarzkörperstrahlung als Gegenstrahlung aussenden (K10). Gäbe es die Gegenstrahlung von 324 W/m², kann sie nur durch die unsymmetrischen Treibhausgase emittiert werden. Die unsymmetrischen Gase können physikalisch nach dem kirchhoffschen Strahlungsgesetz nicht mehr Strahlung emittieren als sie aufnehmen können. Kiehl und Trenberth verstoßen, z.B. im cloudy case für CO_2, mit einer Strahlungsemission 88 W/m² gegenüber einer maximalen Strahlungsaufnahme von 22 W/m² um das 4- fache. Wählt man die Strahlungsverteilung zu einem Viertel und begrenzt man im cloudy case zur Einhaltung des kirchhoffschen Strahlungsgesetzes die Gegenstrahlung auf 125 W/m², errechnet sich eine Globaltemperatur von -32 °C. Es führt auch hier das Modell 4 ad absurdum (K11). Erst durch die Hypothese der Gegenstrahlung wird dem Modell die fehlende Energie zusätzlich sozusagen aus sich selbst heraus zugeführt. **Bei genauer Betrachtung verletzt das Modell durch einen Bilanzsprung die Gleichgewichtsbedingungen. Es steht in sich nicht im energetischen Bilanzgleichgewicht und dies ist völlig unabhängig von der Gegenstrahlung (K12).** Eine Übertragung des Brutto-/Nettokonzeptes auf dieses Energiebilanzmodell verstößt zwar nicht gegen den 2. Hauptsatz der Thermodynamik, aber gegen den 1. Hauptsatz. Damit ist dieser Ansatz hier im Modell auch nicht möglich (K13).

Die Gegenstrahlung widerspricht allen Erfahrungen. Sie wurde **nicht** beobachtet und **nicht** mit Messgeräten gemessen, Begründung siehe Kap. 4.24. Die Gegenstrahlung verletzt grundlegende Gesetze der Physik. Die Gegenstrahlung ist in der Rechnung bilanzneutral, da sie sich durch einen mathematischen Effekt stets in Modellen wie KT97 rauskürzt. Dabei dürfen, wie gezeigt, Strahlungen nicht voneinander abgezogen werden.
Nur wenn die Gegenstrahlung von 324 W/m² im Zeitpunkt T physikalisch erst als vektorielle Wirkung (vergleichbar der einseitigen Wirkung einer Kraft) interpretiert und danach in T $+\Delta$T als Strahlung umgedeutet wird (siehe 4.11), ist lediglich das äußere Bilanzgleichgewicht ausgeglichen. Wäre die Gegenstrahlung existent, wäre sie eine Strahlung und wirkte sofort allseitig. Auch dieser Ansatz zerstört, wie gezeigt, dann sofort das notwendige Bilanzgleichgewicht. Zusätzlich entsteht ein perpetuum mobile, also ein System, das mehr Energie erzeugt als man hineinsteckt (K14). Perpetuum mobile existieren nicht.

Da die Gegenstrahlung in KT97 an die Surface Radiation direkt gekoppelt ist, kann die globale Durchschnittstemperatur durch den mathematischen Effekt beliebig hoch definiert werden. Der Temperatur-Algorithmus wird in diesem Modell von der Gegenstrahlung gesteuert. Es ist ein der Beliebigkeit unterworfenes Algorithmus-Modell.

Um dies auch exemplarisch aufzuzeigen, wurde KT97 unter Annahme einer Wurzel- und Ln Funktion für den CO_2-Anstieg extrapoliert. Damit lassen sich die Verläufe der Mittelwerte der Gobaltemperatur der CMIP- Modelle und ihr hinterlegtes Prinzip erklären und nachstellen. Es konnte so gezeigt werden, dass die Modellierung von KT97 selbst auf einzelnen Strahlungsverstärkungsfaktoren basiert. Sie erreichen für CO_2 in KT97 den Wert von 312. Bei Verdopplung der CO_2- Konzentration von 400ppm auf 800ppm steigt der Verstärkungsfaktor auf 440 an. (K15)
Das Modell in KT97 steht mit einer maximalen Abstrahlung von 235 W/m² in der Stratopause (entspricht -18 °C) im Widerspruch zur gemessenen Temperatur der Stratopause von etwa +15 °C, lokales Temperaturmaximum (K16).

Zukünftig prognostizierter CO_2 Anstieg führt im Gegenstrahlungsmodell KT97 einerseits zu einem starken Anstieg der Globaltemperatur. Die natürliche Klimavariabilität aus solarer Einstrahlung als direkte Wirkung, die mit der Industrialisierung nach 1850 nicht aufgehört hat, wird andererseits im Verhältnis von 66/342 auf 1/5 ihrer Stärke gedrückt und damit in Klimamodellen gegenüber anderen Effekten nicht mehr klar und deutlich sichtbar. Dies führt dazu, dass in knapp 40 Jahren eine fallende Albedo in der „settled" theory mit angepassten Werten in Modellen gerechnet wird: Ausgehend von KT**97** a = **31.3%** über Trenberth in Global Energy Flows Wm^{-2} **2009** a = **30.0%** (102/341) hinzu Ø von 22 CMIP/IPCC AR5 Modelle **2012** mit a = **29.4%** (100/340). Aber die Ursachenanalyse einer fallenden Albedo selbst wird vermieden. Ein weiteres Merkmal der ¼ Verteilung mit Gegenstrahlung in KT97 ist, dass es keine Wärmespeicher vom Tag in die Nacht gibt. Die durchschnittliche Einstrahlung von TSI/4 gilt nicht nur für den Durchschnittstag, sondern – da Durchschnitt- auch für den Zeitpunkt T gegen Null, also in jedem Augenblick und somit über 24 h. Wärmespeicher werden dann auch nicht mehr gebraucht, da jetzt nachts ebenfalls **rechnerisch** eine schwache Einstrahlung von 342 W/m² erfolgt. Diese rechnerische „nächtliche" Einstrahlung kann als Modell Sonne-Erde-Sonne Paradoxon gedeutet werden (Anhang 3).

8.2   Ergebnis der Betrachtung am neuen Modell nach Kap. 5

Es liegen aus dem ERBE-Satellitenprogramm Messwerte von 1985 bis 1989 vor (Kap. 2251). Aus diesen wurde einzeln der Mittelwert gebildet und gegenüber KT97 in Kapitel 5 ein neues Modell des globalen Energiebilanzgleichgewichtes über die Atmosphäre gebildet. Diesem modifizierten Modell wurde die Strahlungsverteilung der Studie von Ulrich O. Weber252 zugrunde gelegt. Betrachtet man den Standpunkt des Satelliten, kommt man ebenfalls zur gleichen Strahlungsverteilung wie Weber. Beide Modelle 4 (KT97) und Modell 5 berechnen die in 24 Stunden empfangene Energie im Ergebnis identisch. Im Augenblick der Einstrahlung aber ist für T gegen 0 nur die halbe Erdkugel beleuchtet, nie die gesamte Erde. Aus diesem Zustand, der in jedem Augenblick in 24 h gültig ist, wurde nun die durchschnittliche Einstrahlung für das Modell 5 errechnet. Bei dieser Modellierung gibt es keine Gegenstrahlung. Diese war bei Kiehl und Trenberth, KT97, hypothetisch notwendig geworden. Sie mussten ein Leistungsdefizit ihrer Modellierung ausgleichen, weil ihre Modell-Erde ohne Gegenstrahlung am Ende stets gefroren wäre und keine Temperatur besitzt, die unsere Beobachtung von rund 15 °C erklärt. Der in KT97 am Tag fehlende Teil der Einstrahlungsleistung war in die Nacht verschoben worden. Somit wurde konsequenterweise die rechnerische Einstrahlungsleistung für den Tag zu niedrig modelliert. Dies passiert immer dann, wenn die TSI durch die Kugeloberfläche über den Faktor 4 geteilt wird, um einen „vermeintlichen" Durchschnitt auszurechen. Es wird für die zu modellierende **Ein**strahlungsleistung nachgewiesen, dass der Verteilungsfaktor 2 richtig und 4 falsch ist und so 4 immer zu einer nicht existierenden Gegenstrahlungsleistung von über 300 W/m² führen muss. 4 vermag als Verteilungsfaktor für viele intuitiv richtig erscheinen, da die Leistungs**abgabe** richtigerweise mit ¼ auf der Vollkugel stattfindet und Temperatur mit Strahlungsabgabe per se verbunden ist. Das Vorgehen von Modell 5 mit Verteilungsfaktor 2 für die Leistungsermittlung der Einstrahlung bestätigt der Abgleich mit den Satellitenmesswerten in Anhang 8 und der Versuch in Anhang 2 anschaulich in Theorie und Praxis.

Die energetische Bilanzierung, Leistungsverteilung und die Entstehung der Globaltemperatur erfolgen in Modell 5 strikt unter Einhaltung des 1. und 2. Hauptsatzes der Thermodynamik. Dem System wird keine Energie aus sich selbst zugeführt. **Die Bilanzierung hat keinen Sprung mehr und ist in sich über alle Ebenen horizontal und vertikal ausgeglichen.** Die Gegenstrahlung bei K. und T. koppelte den CO_2-Gehalt mit der temperaturwirksamen infraroten Abstrahlung. Sie war durch ein Verschmieren des Begriffes von vektoriell, linear, gerichteter Größe (wie beispielsweise Kraft) und allseitig wirkender Strahlung entstanden.

Das Modell nach Kapitel 5, unter gleichmäßiger Ein- und Ausstrahlung im stationären Zustand, verhält sich wie ein echter schwarzer Körper. Es kann jetzt zur Temperaturberechnung an jeder Halbkugel getrennt die Formel von Stefan und Boltzmann ohne Verstöße angewendet werden. Durch die geänderte Strahlungsverteilung finden sich nun alle elf Satellitenmesswerte des ERBS-Satelliten im Modell 5 wieder und entsprechen für 390 W/m² *Surface Radiation* einer Oberflächentemperatur von 14,8 °C. Zwei Grafiken wurden für die Fälle *clear sky* (FIG. 8a) und *cloudy sky* (FIG. 8b) getrennt voneinander erstellt. Es wurden die Net-Werte der Messwerte von ERBS in Varianten mit- und unberücksichtigt gerechnet. Das wesentliche Ergebnis einer Abstrahlung von rund 390 W/m² blieb in beiden Modellierungsvarianten aber erhalten. Anhang 8 zeigt auf, wie die halbseitige Einstrahlung über die Speicherwirkung am Tag hinein in die Nacht zu einer Globaltemperatur von

---

251 CEDA, Centre for Environmental Data Analysis, United Kingdom, Oxford
http://data.ceda.ac.uk/badc/CDs/erbe/erbedata/erbs.

252 Uli O. Weber, A Short Note about the Natural Greenhouse Effekt, Mitteilungen der Deutschen Geophysikalischen Gesellschaft Nr. 3/2016, S. 19–22.

14.8 °C führt, ohne Treibhauseffekt und unter Berücksichtigung der Satellitenmesswerte für eine durchschnittliche globale Bewölkung des Planeten von rund 62 % bzw. 38 % klar.

Die infrarote Abstrahlung im Modell 5 erfolgt von warm nach kalt in Richtung Orbit, was ebenfalls der Thermodynamik entspricht. Ein sogenannter Treibhauseffekt, Anstieg der Oberflächentemperatur durch Erhöhung des CO_2-Gehaltes, kann beim geänderten Bilanzmodell ohne Strahlungsecho-Rückkopplungseffekte nicht beobachtet werden. In Kap. 5.9 wurde der Versuch unternommen, Echo-Rückkopplungseffekte aus Strahlung abzuschätzen. Diese ermittelten sich zu 2.3 W/m². Mit dem Modell nach Kapitel 5 errechnet sich damit ein minimaler zusätzlicher globaler relativer Temperaturanstieg von 0,4 °C. Die sogenannten Treibhausgase haben einen Anteil von unter 1 % an der Atmosphäre und bewirken eine Erhöhung der temperaturwirksamen Strahlung von ebenfalls unter 1 %. Die minimale Strahlungserhöhung von 2.3 W/m² aus allen unsymmetrischen Gasen betrug – verglichen mit einer Treibhausgegenstrahlung von 324 bzw. 327 W/m² – weniger als acht Tausendstel (7.1 = 2.3/324 x 1000) und stellt weder in dieser Größe noch diesem Sinne *(T_s – T_e)* einen Treibhauseffekt dar, sondern einen vernachlässigbaren Effekt aus Echo-Rückkopplung.

Der Grundgedanke dieses Ansatzes beruht auf dem Ergebnis der Studie von Prof. Reinhard, Klimasensitivität von CO_2 bei Konzentrationsverdopplung T<= 0.24K. Die Studien von Dr. F. Miskolczi 0.24 K und von auch von Prof. Kauppinnen/Malmi 0.24 K bestätigen dies (Kap. 4.8). Rechnet man im Modell nach Kapitel 4 (KT97) zum Vergleich Strahlungsecho-Rückkopplungseffekte (Reemissionen) mit ein, würde sich ein zusätzlicher globaler relativer Temperaturanstieg um über 38 °C zusätzlich errechnen. Dies entspräche einer globalen Temperatur von über 52 °C. Die Höhe der untersuchten Echo-Rückkopplungseffekte lassen indirekt darauf schließen, dass in KT97 entweder die Strahlungswerte[253] zu hoch sind (eventuell Integration von 200.000 Linien über Bereiche, die nicht abstrahlen) oder die Energieübertragung der angeregten unsymmetrischen Gase **nicht nur** über Abstrahlung, **sondern zusätzlich** auch über Stoßvorgänge stattfinden und zwar **in erheblichem Maße**. *[Stoßdeaktivierung als zentraler, dominanter Vorgang beweist die Veröffentlichung von Prof. Georges Geuskens, Université Libre de Bruxelles (ULB), 14 février 2019, Réflexions sur la science, le climat et l'énergie , https://www://science-climat-energie.de/2019/02/12/le rechauffement-climatique-dorigine-anthropique. Stand vom 27.01.2021]*
Zwischen 1850 und 2018 hat sich die globale Durchschnittstemperatur, gemessen an Wetterstationen und aus Satellitenmessungen, von 13,60 °C auf 14,8 °C erhöht (Kap. 4.1.12). **Eine um 3,6 % dauerhaft abgesunkene globale durchschnittliche Bewölkung erklärt allein ohne zusätzliche Sonnenaktivität und ohne Beteiligung von unsymmetrischen Atmosphärengasen, wie z. B. Methan und CO_2, den beobachteten globalen Temperaturanstieg von 1,2 °C zwischen 1850 und 2018. Ferner wird an Modell 5 der Treibhauseffekt und der Strahlungsverteilungsfaktor 4 mit den Messwerten der Satelliten ERBS, TERRA und AQUA widerlegt (K15).** Einen aus T_s – T_e = 33 K abgeleiteten Treibhauseffekt gibt es nicht. Modell 5 führt zu nachfolgender Klimagleichung der Erde (beides siehe Kap. 5.18):

$$H = S_0/2 \ x \ (1-\alpha) - LH - SH - S_{atm} - \sigma T_e^4 = 0$$

Die beiden Satelliten TERRA und AQUA bestätigen von Dez 2012 bis Nov 2015 einen weiteren Abfall der Albedo nach 1989. Durch die Eigenschaften der Reflexion von Erde und Atmosphäre kann in Kapitel 6 ein kühlender Effekt festgestellt werden. Er wird hier als Sun-Umbrella-Effekt bezeichnet. Da Klimaänderungen dauerhafte Änderungen der Energiebilanz nach sich ziehen, wurde in Kapitel 7 umgekehrt vorgegangen. Die Albedo streut nun im Modell 5 um die Differenz größter Schätzwert 0.33 aus KT97[254] und Satellitenmesswert 0.27 von 0.21 bis 0.33. Zusätzlich streut als Hypothese oder Annahme die solare Einstrahlung um 42 bzw. 53 W/m². (Die Parameter SH, LH und Satm wurden hierbei konstant gehalten.) **Beide Größenordnungen der Streuungen reichen allein aus, um im Modell 5 dauerhafte globale Temperaturänderungen zu erzeugen, die ohne Einfluss von Treibhausgasen, wie CO_2, zu Eiszeiten und zu Warmzeiten führen könnten.**

---

[253] KT97, TABLE 3.

[254] KT97, TABLE 1.

8.3 Schlussfolgerung aus Kap. 8.1 und 8.2

Die Albedo beider Modelle hatte sich aus Gleichung a = Shortwave Radiation / (Shortwave Radiation + max. Outgoing Longwave Radiation) errechnet. **Da ein Messwert nicht gleichzeitig zwei Werte annehmen kann, schließen sich Variante 1 und Variante 2 aus.**

Variante 1

In KT97 ist die Gegenstrahlung mit 324 W/m², die der Satellit ERBS und auch die anderen Satelliten nicht messen, richtig. Die Abweichung eines an sich nicht belastbaren Referenzwertes (vgl. 2.3) für *Clear Sky Longwave Radiation* von 265 W/m² [255] gegenüber 276 W/m² ist unbedeutend. Das *Longwave Cloud Forcing* ist mit 30 W/m² richtig. Die erheblich abgeänderte Modellatmosphäre entspricht unserer Atmosphäre. Damit ist eine durchschnittlich max. *Outgoing Longwave Radiation* von 235 W/m² für unsere Erde richtig („a planetary albedo of 31 % is implied").[256] Dieser Albedo-Schätzwert von 0.31[257], der letztendlich aus anderen Studien stammt, und der Strahlungsverteilungsfaktor ein Viertel sind richtig. Damit ist die *Shortwave Radiation* von 107 W/m² [258] für unsere Erde richtig, weil sich errechnet: 1.367 W/m² /4 = 342 W/m² und 342 W/m² x 0.3129 = 107 W/m und 107 / (107 + 235) = 0.3129. **Die Satellitenmesswerte[259] sind damit falsch**: Das heißt, die gemessene *Shortwave Radiation* von 101 W/m², die gemessene *Clear Sky Longwave Radiation* von 276 W/m² (sie entspricht der max. *Outgoing Longwave Radiation*) und die vom Satelliten gemessene Albedo von 0.269, nachfolgend rechnerisch aus den Messwerten zu 0.2679 = 101 / (101+276) ermittelt, sind zwingend falsch, da 0.269 ≠ 0.3129. Modell 5 wäre falsch, weil es auf allen Satellitenmesswerten beruht, die nun falsch sein müssen, und es die Existenz der Gegenstrahlung ausschließt. Die voneinander unabhängigen Satellitenmessungen von TERRA und AQUA für Strahlungen, aus der sich die Albedo berechnet, müssen ebenfalls falsch sein. In der auf Strahlung beruhenden Albedo-Gleichung „a" dürfen Strahlungswerte aus unterschiedlichen Messungen mit Werten aus anderen Messungen oder Schätzungen beliebig kombiniert werden. Es gilt der Grundsatz: exitus acta probat.[260]

Variante 2

Die Satellitenmesswerte sind richtig. Es gibt keine Gegenstrahlung. Deshalb kann diese nicht gemessen werden. Bestimmte Messgeräte, die Gegenstrahlung messen können, weisen offensichtlich den kurzwelligen Anteil ca. 0.25 bis 3 µm der einfallenden Sonnenstrahlung als Gegenstrahlung aus. Die Untersuchung des Algorithmus in Kap. 4.24 lässt den Schluss zu, dass der Treibhauseffekt bereits im Algorithmus voreingestellt ist. Die Satellitenmesswerte von ERBS, *Longwave Cloud Forcing* (31 W/m²), *Shortwave Radiation* (101 W/m²), max. *Outgoing Longwave Radiation* (276 W/m²) und die vom Satelliten gemessene Albedo von 0.27 sind richtig. 0.27 = 101 / (101+276). **Sind die Satellitenmesswerte Albedo von 0.27 und *Shortwave Radiation* von 101 W/m² richtig, dann errechnet sich 375 W/m² = 101 W/m² / 0.269. Damit errechnet sich aber mit einem Verteilungsfaktor von ¼ nach der „settled theory" eine Solarkonstante von 375 W/m² x 4 = 1500 W/m² ≠1368 W/m².** Die tausendfach gemessene Solarkonstante beträgt aber 1.368 W/m² und hat eine geringe Varianz von weniger als 10 Watt. **Damit ist der Verteilungsfaktor von ¼ zwingend falsch.** Hinter einem Viertel verbirgt sich ein falsches stellares Modell: Der Faktor ¼ entspricht einem stellaren Modell mit zwei Sonnen und halber Strahlstärke, die Erde genau in ihrer Mitte (Anhang 3).

---

255 KT97, S. 200, linke Spalte, letzter Absatz, 1. Satz.

256 KT97, S. 199, rechte Spalte, letzter Halbsatz.

257 KT97, S. 199, TABLE 1. Summary of the energy budget estimates, Spalte Source bzw. Albedo.

258 KT97, FIG.7.

259 CEDA, Centre for Environmental Data Analysis, United Kingdom, Oxford
http://data.ceda.ac.uk/badc/CDs/erbe/erbedata/erbs.

260 Ovid, Epistulae Heroidum, II Phyllis Demophoonti, 85.

Das Modell Kiehl und Trenberth 1997 berücksichtigt durch (SHORTWAVE RADIATION, LONGWAVE RADIATION und LONGWAVE CLOUD FORCING) drei von neun Strahlungsmesswerten, etwa die Hälfte (53 %) der von der Erde in Richtung Orbit abgegebenen und dann vom Satellit ERBS gemessenen Energie. Betrachtet wird die Energie aus gemessener Strahlungsleistung in W/m² in 24 h auf der Bezugsfläche. Zählt man die zwei Albedos in % auch als Messwerte, dann verwendet KT97 fünf von 11 Satellitenmesswerten, also knapp die Hälfte der gefunkten Messreihen. Betrachtet man die so gemessene Strahlungsenergie mathematisch als Betrag, also vorzeichenlos, dann bilden KT97 mit knapp der Hälfte der gefunkten Messreihen weniger als die Hälfte (45 %) der vom Satelliten gemessenen Energie ab (siehe Kap 4.1.3). Auf diese Weise wird ihrem Modell bereits **vorab** 324.8 W/m² Strahlungsenergie entzogen. **Kiehl und Trenberth ersetzen dann die langjährig vom Satelliten gemessene, aber in ihrem Modell nicht abgebildete Energie von 324.8 W/m² stattdessen durch eine nicht messbare Gegenstrahlung von 324 W/m² in etwa gleicher Größe.** Diese Strahlungsgröße wird als Erklärungsmuster für die fehlende Energie nun unsymmetrischen atmosphärischen Gasen wie CO_2 zugeordnet (Treibhauseffekt). In Kap. 4.22 wird nachgewiesen, dass eine „größere Temperatur erhöhende" Wirkung des an schwach absorbierenden und schwach emittierenden CO_2 ausschließlich über einzelne starke Erhöhungsfaktoren erzeugt wird. Eine Vergleichsrechnung ergibt, dass Kiehl und Trenberth CO_2 so 312-fach verstärken. Für die Berechnung der Klimasensitivität bei einem CO_2-Anstieg von 400 auf 800 ppm steigt der Verstärkungsfaktor dann auf das 440-fache. Es ist ferner ersichtlich, dass die Verläufe der Mittelwerte der Globaltemperatur der CMIP5/6-Modelle und ihr hinterlegtes Prinzip auf dem geringfügig abgeänderten Modell von KT97 basieren. Hierdurch wirken auch in CMIP5/6-Modellen die Verstärkungsfaktoren und der identische mathematische bilanzneutrale Effekt. **Isoliert man diesen Mechanismus, wie in Kap. 4.22 gezeigt, kann jede beliebige zukünftige globale Mitteltemperatur, wie in den CMIP-IPCC-Modellen, künstlich erzeugt oder nachgestellt werden.**

Die Satellitendaten, wie aus ERBE oder dem Ceres-Programm, sollten dazu dienen, ein erklärendes, verbessertes Modell der globalen Energiebilanz der Erde zu formulieren. Eine realistische Modellierung muss das komplette Messverfahren der Satelliten abbilden. Die intuitive Betrachtung auf vereinfachtem Niveau als Annäherung zu dieser Fragestellung erscheint im ersten Schritt eingängig und logisch. Die Sonneneinstrahlung eines Kreises wird auf einer Kugel mit dem Radius des gleichen Kreises verteilt und die Abstrahlung auf der Vollkugel betrachtet. Der Radius kürzt sich, ¼ als skalarer Verteilungsfaktor bleibt, schafft aber nur einen „vermeintlichen" Durchschnitt. Dieser rechnet auch die Energiebilanz im System richtig und ist für die Abstrahlung zweifellos zutreffend. Aber er „gaukelt" vor, die Abstrahlung mit 342 W/m², mit der Einstrahlung auf der Kugel gleichsetzen zu können. Genau diese „Durchschnitts"-Betrachtung erleidet aber Informationsverluste. Der Durchschnitt in W/m² ist von der Rotationsgeschwindigkeit entkoppelt und macht mit aus ¼ gewonnener Strahlungsverteilung, keine Aussagen mehr zu den **realen** beobachteten Ein/Abstrahlungsverhältnissen. Im Gegenteil: Für den Zeitpunkt T gegen 0 - als Durchschnitt gültig dann für jedes T gegen 0 –, bezieht er 24 Stunden lang die Nachtseite zur Verteilung des Sonnenscheins der Einstrahlung mit ein. Auf der Nachtseite erfolgt rechnerisch die Einstrahlung, die am Tag rechnerisch konsequenterweise fehlt. Die so modellierte Einstrahlungsleistung wird für das gesamte Modell zu gering gerechnet, denn auf dem Referenz-Durchschnittsquadratmeter steht die Abstrahlung für jedes T gegen 0 mit der Einstrahlung 24 Stunden lang im Bilanzgleichgewicht. Wenn in T gegen 0 die Abstrahlung zu 100 % der Einstrahlung entspricht, gibt es zusätzlich rechnerisch keinen Rest für die Wärmespeicherung. Kiehl und Trenberth rechnen in KT97 deshalb ohne Wärmespeicher. Ein- und Abstrahlung sind teilweise zeitversetzt. In einem realistischen stationären Modell im eingeschwungenen Zustand sind dies bis zu 12 Stunden. Die Wärmespeicherwirkung vom Tag in die Nacht und die tatsächliche Ausleuchtung von stets nur der halben Erde sind in einem realistischen Modell mit zu berücksichtigen. Die Berücksichtigung dieses Zeit- /Ortsversatzes aus halber Beleuchtung und Wärmespeicherwirkung gelingt realistisch in T gegen 0 nur mit dem Strahlungsverteilungsfaktor ½.

Die Satelliten ERBS, NOAA-9, NOAA-10; TERRA, AQUA umkreisen die Erde mehrfach in 24 h und bilden aus diesen Tag- und Nacht-Messungen Mittelwerte. Aus der Perspektive der Satelliten folgt: Der Strahlungsverteilungsfaktor für die Total Solar Irridiance (TSI) muss ebenfalls aus der Umlaufbahn der Satelliten abgeleitet werden (siehe Kap. 5.2). In 50 % der Messfälle steht der Satellit im Licht TSI = 1368 W/m². In 50 % der Messfälle steht er im Dunkeln

TSI =0. Aus der Perspektive des Satelliten: 50 % (1368 W/m² + 0 W/m²). Auch dies führt zum Faktor ½. Einer halbseitigen Einstrahlung einer langsam um ihre Achse rotierende Erde entspricht einer Abstrahlung an der Gesamtkugel (siehe Anhang 1). **Der Beweis für die Richtigkeit dieser Betrachtung ist: Alle 11 vom Satelliten (ERBS) gemessenen Werte werden in Modell 5 nun bei einer Abweichung <= 2 W/m² auf einmal sichtbar, FIG. 8a *cloudy sky* und FIG. 8b *clear sky*** und Anhang 7 und 8. Der Einfluss der Wolken auf die Temperatur kann ebenfalls differenzierter modelliert werden (FIG. 9a *cloudy sky* und FIG. 9b *clear sky*). Modell 5 erklärt die beobachtete Temperaturerhöhung im Einklang mit den Gesetzen der Physik und der Mathematik. **Der Verteilungsfaktor ½ und das Halbkugel-Modell und die Albedo von 0.269 sind stattdessen richtig: 684 W/m² = 184 W/m² / 0.269 und 684 x 2 = 1368 W/m² und damit Messwert = Rechenwert von Modell 5.** Die auf Strahlung beruhende Albedo-Gleichung „a" basiert auf einzelnen Messvorgängen des Satelliten. Somit ist einem Wert der *Shortwave Radiation* exakt genau ein einziger Wert der max. *Outgoing Longwave Radiation* und damit exakt ein Albedo-Wert zugeordnet. Aus diesem Grund sind für die Albedo-Gleichung „a" Kombinationen von Schätz- und Messwerten in ein- und derselben Gleichung **nicht** zulässig. Alle 16 Kritikpunkte am Modell KT97 sind berechtigt, damit ist es nicht richtig. Die Satelliten TERRA und AQUA bestätigen die Tendenz einer sinkenden Albedo und in ihrer Größe bestätigen sie die Albedo-Messwerte von ERBS 1985–1989 und NOAA9, z. B. *Global Mean* 1986.

Schlussfolgerung

Es kann nur eine Variante richtig sein. Variante 1 und 2 schließen sich zwingend gegenseitig aus. Von niemandem werden die Messwerte der Satelliten ERBS, TERRA, AQUA, die Gültigkeit der Gesetze der Mathematik und der Physik angezweifelt. Somit ist Variante 1 falsch. Damit ist das Modell KT97 mit seinen wesentlichen Ansätzen von ¼ Strahlungsverteilung seinen zahlreichen und hohen Strahlungsverstärkungsfaktoren, seiner *Global Mean Albedo* 0.313 und Gegenstrahlung von 324 W/m² nicht nur nicht richtig, sondern falsch. Hinter einem Viertel verbirgt sich eine rechnerisch falsche Ausleuchtung in T gegen 0 und damit ein falsches stellares Modell: Der Faktor ¼ entspricht einem stellaren Modell mit zwei Sonnen mit halber Strahlstärke und die Erde genau in ihrer Mitte. **KT97 ist hiermit widerlegt. In dieser Analyse wird gezeigt, dass sich CMIP5/6-Modelle auf ihren Modellmechanismus auf KT97 und dessen stellares System zurückführen lassen. Sie sind damit ebenfalls alle falsch.**

Variante 2 ist damit richtig. Der Strahlungsverteilungsfaktor ist ½ und die Albedo beträgt für 1985-1989 a = 0.269 mit derzeit fallender Tendenz (TERRA, AQUA). Dies entspricht Modell 5. Damit ist die Existenz der Gegenstrahlung mit 324 W/m² ausgeschlossen. Wie in dieser Arbeit gezeigt wird (Kap. 5.18), stellt der winzige Effekt der Temperaturerhöhung durch CO_2 weder in dieser Größe noch diesem Sinne *(T_s–T_e)* einen Treibhauseffekt dar, sondern einen vernachlässigbaren Effekt aus Echo-Rückkopplung. Statt eines Treibhauseffektes von 33 K gibt es durch die Anwesenheit einer Atmosphäre auf der Erde einen „Sun-Umbrella"-Effekt. **Hieraus folgt: Alle Rechenansätze 261 , alle Algorithmen in der hieraus abgeleiteten Software (IPCC-Modellen), die in der Klimatologie die solare Einstrahlung mit einem Verteilungsfaktor von ¼ und damit einem Treibhauseffekt von 33 K modellieren oder mit anderen Berechnungen darauf aufbauen, sind falsch.**
Dies gilt aus Gründen der Fehlerfortpflanzung nach Gauß konsequenterweise auch für die Ergebnisse, die aus derartigen Berechnungen folgen.

---

261 Loeb, Dutton, Wild et altera, 2012, The global energy balance from a surface perspective, published online 13 November 2012, Springer-Verlag Berlin Heidelberg, Doi 10.1007/s00382-012-1569-8. **Table 2**, List of 22 models used in this study with their abbreviations and host institutions **und Fig. 3** Global annual mean solar radiation budgets **calculated by 22 CMIP5/IPCC AR5 models** und **5.4 Surface thermal flux**, 1 bis 3 Satz.

Die von Loeb, Dutton, Wild et altera 2012 zitierten **IPCC AR5 models** mit dem Treibhauseffekt von 33K **berufen sich** selbst in ihrem Kap. 5.1 TOA fluxes **direkt** auf Zitat: „**global energy balance estimates (e.g. Kiehl und Trenberth 1997) [...] ERBE Barkstorm 1984…"** und damit auf Barkstorms Atmosphärengleichung. $H = S_0/4 \text{ x } (1\text{-}\alpha) - \sigma T_e^4 = 0$ (Kap. 5.18).

Anmerkung:

Fragestellungen, die über das zentrale Kernthema der Widerlegung von KT97 hinausgehen und KT97 nur indirekt betreffen, werden in Kapitel 9 erörtert. Da Kapitel 8 eine Zusammenfassung ist, bietet es sich an, die wichtigsten Ergebnisse von Kap. 9 hier vorab kurz zu erwähnen.

Modell 5 aus Kap. 5 vermag über die TSI, den Strahlungsverteilungsfaktor ½ und über die Albedo die direkte und indirekte Wirkung der Sonne abzubilden. Der Untersuchungszeitraum aus Kap. 5 von erst 33 Jahren (1985-2018), dann rund 170 Jahren (1850-2018) wurde in Kap. 9 auf große erdgeologische Zeiträume ausgeweitet. Es konnte hierbei gezeigt werden, dass die Erde einfrieren (Snowball-Hypothese) und anschließend auch selbst **ohne Treibhauseffekt von 33 K** wieder auftauen kann. Auch dies widerlegt, dass ein Treibhauseffekt von 33 K für unser Erdklima notwendig sei und bestätigt die bisherigen Ergebnisse aus Kap. 4 und 5 indirekt.

In Kap 9.9 wird das Modell 5 nun bis 2045 extrapoliert und eine definierte Temperaturprognose der Globaltemperatur abgeleitet.

„Wissenschaft ist der neueste Stand bewiesener Irrtümer.“

(Andreas Tenzer, * 1954, deutscher Philosoph)

9 Wolkenbildung auf der Erde, historischer Rückblick, Venusvergleich und Sonnenflecken

9.1 Theorie zur Wolkenbildung auf der Erde

Wolkenbildung und Albedo – Albedo und *Global Mean Temperatur* der Erde

Prof. Mojib Latif **2009** in „Klimawandel und Klimadynamik": „Ein weiterer indirekter Einfluss der Sonne auf das Klima der Erde ist nach Ansicht einiger Wissenschaftler die **kosmische Strahlung**. Diese hochenergetische Teilchenstrahlung aus dem Weltall wird [...] durch das **Magnetfeld der Sonne** und die **Sonnenaktivität** beeinflusst: Eine starke Sonnenaktivität verringert die auf die Erde auftreffende kosmische Strahlung. Sie ist verantwortlich für die Bildung von Ionen in der Atmosphäre, welche die Tröpfchenbildung und damit die Entstehung von Wolken begünstigen soll. Bei geringer kosmischer Strahlung würde es hiernach weniger Wolken geben und damit mehr solare Einstrahlung, also eine Erwärmung der Erdoberfläche.".262 [Hervorhebungen hinzugefügt]

Am National Space Institute der Technischen Universität von Dänemark, am Nils Bohr Institute der Universität von Kopenhagen und am Racah Institute of Physics der Hebrew University of Jerusalem wird hierzu intensiv geforscht (siehe folgende gemeinsame Veröffentlichung vom Dezember **2017**): „In this study, the effect of ionization on the growth of aerosols into cloud condensation nuclei is investigated theoretically and experimentally. [...] We performed experimental studies wich quantify the effect of ions on the growth of aerosols between nucleation and sizes > 20nm and find good agreement with theory.".263

Ist die kosmische Strahlung geringer oder schirmt starke Sonnenaktivität kosmische Strahlung von der Erde ab, gibt es global einen Trend zu weniger Wolken. Damit wird von der solaren Einstrahlung weniger ins All reflektiert. Somit gelangt mehr solare Einstrahlung auf die Erdoberfläche und erwärmt diese stärker. Die von der Erde im Durchschnitt abgestrahlte temperaturwirksame Strahlung *Surface Radiation* steigt. Damit steigt aber die in 2 m Höhe an Wetterstationen gemessene Temperatur. Aus diesen kann dann die globale Durchschnittstemperatur berechnet werden oder die beliebten Abweichungen ohne Bezugsniveau. Das Steigen oder Fallen der Albedo über die Zeitachse drückt sich in den von Satelliten gemessenen veränderten Strahlungsmesswerten *Shortwave Radiation* (sr) und max. *Outgoing Longwave Radiation* (max. cslr) aus, hervorgerufen durch veränderte Wolkenbildung in Anzahl, Dichte und Intensität. Die Albedo a = sr / (sr + max. cslr) ist nur der mathematische Ausdruck dieser Strahlungsreflexion. Die Größe dieser Strahlungsreflexion, also die Albedo, verändert sich über die Zeit vor allem durch geänderte Wolkenintensität. Diese geht aus der Nuclei-Bildung hervor. Die Nuclei sind damit über den Reflexionsmechanismus der Wolken ein Treiber der Temperatur. Für lokale Temperaturen sind ein verändertes Windsystem und lokale Wärmespeicher auch als weiterer Treiber denkbar. Ein zusätzlicher lokaler, aber auch globaler Treiber kann Vulkanismus darstellen.264 Großflächige Eingriffe in die Natur, großflächige Abholzungen, das Wachsen der Großstädte könnten ebenfalls die lokale Albedo und damit die lokale Durchschnittstemperatur langfristig verändern.

---

262 Prof. Mojib Latif, Klimawandel und Klimadynamik, Eugen Ulmer Verlag 2009, Kap. 3.2.2 Änderung der Sonnenstrahlung, S. 108 und 109.

263 Svensmark, Enghoff, Shaviv, Increased ionization supports growth of aerosols into cloud condensation nuclei in Nature Communications Springer Nature, published online 19 December 2017, DOI:10.1038/s41467-017-02082-2.

264 Prof. Mojib Latif, Klimawandel und Klimadynamik, Eugen Ulmer Verlag 2009, Kap. 3.2.2 Änderung der Sonnenstrahlung, S. 104.

9.2 Isotope C-14 und Beryllium-10 als Indikatoren für kosmische Strahlung und Magnetfeld der Sonne (Sonnenaktivität)

Das Max-Planck-Institut für Sonnensystemforschung veröffentlichte am 27.10.2004 auf seiner Internetseite den Artikel „Sonne seit über 8.000 Jahren nicht mehr so aktiv wie heute". Hierzu waren die Isotope C-14 und Beryllium-10 näher untersucht worden. Sonnenflecken historischer Aufzeichnungen (rote Kurve) konnten „...auf der Basis des kosmogenen Isotops Beryllium-10 in den polaren Eisschilden geeicht werden. Dies betrifft sowohl die Bildung der Isotope durch die kosmische Strahlung, die Modulation der kosmischen Strahlung durch das interplanetare Magnetfeld als auch den Zusammenhang zwischen dem Magnetfeld der Sonne und der Zahl der Flecken. Auf diese Weise gelang es den Wissenschaftlern erstmals, eine quantitativ zuverlässige Bestimmung der Sonnenfleckenanzahl für den gesamten Zeitraum seit dem Ende der letzten Eiszeit zu gewinnen." [265]

In diesem Artikel veröffentlichte das Max-Planck-Institut das folgende Bild. Hierin ist die untere Kurve eine Vergrößerung des oben grau schraffierten Bereiches.

Bildnachweis: Max-Plank-Institut für Sonnensystemforschung, 2004, „Oben: Aus C14-Daten rekonstruierte Sonnenfleckenzahlen (10-Jahres-Mittelwerte) für die vergangenen 11.400 Jahre (blaue Kurve) und die direkt beobachtete Sonnenfleckenzahlen seit 1610 (rote Kurve) [...] Die Rekonstruktion zeigt deutlich, dass ein vergleichbarer Zeitraum hoher Sonnenaktivität mehr als 8.000 Jahre zurückliegt. ..." [266]

9.3 Die Änderung des Erdmagnetfeldes vor 780.000 Jahren, ihr Einfluss auf die auf der Erde ankommende kosmische Strahlung und ihr Einfluss auf die Globaltemperatur

Japanische Wissenschaftler untersuchten auf dem chinesischen Loess Plateau südlich der Gobi Wüste an den Standorten Xifeng und Lingtai bis zu 200 m mächtige 2.6 Millionen Jahre alte Bodenschichten. Sie fanden Hinweise bzw. einen Zusammenhang zwischen der 5.000 Jahre dauernden Umpolung des Erdmagnetfeldes, einem Abfall des Erdmagnetfeldes auf weniger als ein ¼, dadurch einen Anstieg von über 50 % der ankommenden kosmischen Strahlung: „When galatic cosmic rays increased during the Earth`s last geomagnetic reversal transition 780,000 years ago, the umbrella effect of low-cloud cover led to high atmospheric pressure in Siberia, causing the East Asian winter monsoon to become stronger. [...] the **umbrella effect of the clouds cooled the continent**, [...]. Added to other phenomena during the geomagnetic reversal - - **evidence of an annual avergage temperature drop** of 2-3 degrees Celsius, and an increase in annual temperature ranges from sediment in Osaka

---

265 Max-Planck-Institut für Sonnensystemforschung, 2004, Sonne seit über 8.000 Jahren nicht mehr so aktiv wie heute. https://www.mpg.de/forschung/sonnenaktivitaet.
266 Max-Planck-Institut für Sonnensystemforschung, 2004, Sonne seit über 8.000 Jahren nicht mehr so aktiv wie heute. https://www.mpg.de/forschung/sonnenaktivitaet.

Bay - - this new discovery about winter monsoons provides further **proof that the climate changes are caused by the cloud umbrella effect.**"267 268 [Hervorhebung hinzugefügt]

9.4   Historischer Rückblick

Was war im Mai 1989 passiert und wie wirkt es sich bis heute aus?

Herr Barkstorm war der NASA-Teamleiter bei der Entwicklung des ERBS-Satelliten. Im Mai 1989 liegen die Satellitenmesswerte des ERBS-Satelliten von 1985 bis April 1989 auf dem Tisch (Kap. 2.2). Er rechnet aber mit einem Verteilungsfaktor von einem Viertel und mit 1.365 bis 1.372 W/m² 269 solarer Einstrahlung und somit 1.367 W/m² / 4 = 341.75 W/m² (gerundet auf 342 W/m²) und 342 W/m² x 0.307 = 105 W/m und 105 / (105+237) = 0.307. In Figure 1 derselben Studie versucht Barkstorm das culmannsche, vektorielle Verfahren der Statik zur Kraftzerlegung von Kraftvektoren auf Strahlungen zu übertragen. Er zeigt in diesem Bild, dass er der Ansicht ist, die Rechenarten, die für Kräfte gelten, gelten für Strahlung analog (Kap. 4.3) beide Anmerkungen.

Die bisher von Satelliten, z. B. ERBS, gemessene Albedo a beträgt von 1985 bis April 1989 lediglich a = 26.8 % bis 27.1 %. **Herr Barkstorm hat nun ein äußerst unangenehmes Problem:** Die gemessene Albedo ist deutlich kleiner. Diese streut über fünf Jahre auch noch sehr gering, weniger als 1/3000 = **0.003** = (0.271 – 0.268). Sie passt somit in keiner Weise zu seinem Modell mit a = 30.7 %. Auch der Satellit NOAA-9 (vgl. 2.3) bestätigt mit gerundet a = 27.0 % (0.267 und 0.269) die Messungen des Satelliten ERBS.

Welche Auswirkung hat dieser Unterschied?
105 W/m² / 0.271 = 387 W/m², wieder auf ganze Zahlen gerundet. Damit errechnet sich aber bei einem Verteilungsfaktor von einem Viertel eine **Solarkonstante** von 387 W/m² x 4 = **1.548 W/m² ≠ 1.365** bis 1372 W/m². 1.548 W/m² zerstören hiermit sein Modell, da die Solarkonstante bekannt ist. **Der Modellansatz ist bereits hier im Mai 1989 falsch.**

Dem Problem entledigt man sich wie folgt:
Herr Barkstorm und seine beiden Co-Autoren veröffentlichen im Mai 1989 nun folgende Aussage: „The planetary albedo α is the fraction of the solar irradiance reflected by the planet`s surface and atmosphere; **past satellite measurements [...] show that α is 0.30 + - 0.03.**"270 [Hervorhebung hinzugefügt] Definition von Trimming (Kap. 1.13). Aus einem Streubereich von **0.003** (0.271-0.268 Kap. 2.2) wird so eine Streuung des Messwertes von **0.06. Der Streubereich wird um 1000 %, d. h. um das 20-fache, 20 = 0.06/0.003, vergrößert.** Damit liegt die Albedo des Modells von 0.307 nun plötzlich mittig im Bereich von 0.27 bis 0.33. Die abweichenden Satellitenmesswerte der Albedo teilt man nicht mit, wie in KT97. Nirgends mehr wird der Algorithmus für die Albedo-Berechnung aus Strahlung veröffentlicht, mit der Barkstorm als Teamleader und seine Kollegen wohl auch den Satelliten programmiert hatten.

Die solare Einstrahlung selbst liegt mit 1.366 W/m² +- 6 W/m² starr und wird weltweit gemessen. Da die *Global Mean Albedo* im engen Bereich von 26.33 % bis 27.10 % ebenfalls wie unverrückbar festliegt, kann nur noch der

---

267 Prof. Hyodo et alt, 2019, Winter monsoons became stronger during geomagnetic reversal, Science News, published online July 2019, source Kobe University,   https://www.sciencedaily.com/releases/2019/07/190703121407.htm

268 Yusuke Ueno, Masayuki Hyodo, Tianshui Yang, Shigehiro Katoh, (2019) Intensified East Asian winter monsoon during the last geomagnetic revesal transition. Scientific Reports; 9 (1) DOI: 10.1038/s41598-019-45466-8.

269 V. Ramanathan, Bruce R. Barkstorm and Edwin F. Harrison, CLIMATE AND THE EARTH´S RADIATION BUDGET, American Institute of Physics, in PHYSICS TODAY MAY 1989 S. 22, rechte Spalte, 3. Absatz.

270 V. Ramanathan, Bruce R. Barkstorm and Edwin F. Harrison, CLIMATE AND THE EARTH´S RADIATION BUDGET, American Institute of Physics, in PHYSICS TODAY MAY 1989 S. 22, rechte Spalte, 3. Absatz.

Verteilungsfaktor und damit das gesamte Modell falsch sein. Niemand kann glauben oder will wahrhaben, dass der gewählte Modellansatz mit der Ein-Viertel-Verteilung und Gegenstrahlung falsch und vielleicht ein anderer Ansatz richtig sein könnte, wenn sich so vortrefflich CO_2 in die Gegenstrahlung einbauen lässt. Stattdessen hält man die Albedo mit a = 31.29 % und ab 2009 mit ca. 30.0 % [271] fest.

In KT97 schrieben Kiehl und Trenberth über die Zahlenwerte in W/m² in Bild FIG. 7 einerseits: „ …The purpose of this paper is not so much to present definitive values…"[272] 2010 arbeitet Herr Jeffrey Theodore Kiehl vom National Center for Atmospheric Reasearch in Boulder, Colorado, der Co-Autor von KT97 in der Working Group I (WGI) - The Physical Science Basic des IPCC. 2009 war die *Shortwave Radiation* auf 102 W/m² in der Basisstudie nachträglich abgesenkt worden. Die Albedo ergibt sich damit zu 0.30 (102 W/m²/341 W/m²) oder formuliert als ca. 0.30 festgehalten. [273] Im IPCC-Bericht „Klimaänderung 2013, Naturwissenschaftliche Grundlagen der Working Group I" heißt es dann: "…Wolken in der Atmosphäre wirken wie ein Spiegel und reflektieren rund 30 % dieser Energie zurück ins Weltall" [274] Übereinstimmendend schreiben Prof. Schellnhuber/Prof. Rahmstorf 2018 in der vollständig überarbeiteten und aktualisierten Auflage in „Der Klimawandel": "Die ankommende Sonnenstrahlung pro Quadratmeter Erdoberfläche beträgt 342 W/m². Etwa 30 % davon werden reflektiert,…:"[275] Herr Kiehl weiß weiter um alle Zusammenhänge der 1.000 % Streuungsabweichung, denn er hat Zugriff auf die Satellitenmesswerte und zitiert Barkstorm und Ramanathan selbst in seiner eigenen Studie mit „The ERBE (see Ramanathan et al. 1989)…".[276] Mit der vom Satelliten ERBS gemessenen Albedo – dieser Messwert wird in der 2009 überarbeiteten Studie wieder nicht mitgeteilt, Definition von Cooking (Kap. 1.13) – ergibt sich nun 2009: 379.2 W/m² = 102 W/m² / 0.269 (gerundet auf 379 W/m²). Damit errechnet sich nun bei einem Verteilungsfaktor von einem Viertel eine **Solarkonstante** von 379 W/m² x 4 = **1.516 W/m² ≠ 1.365** bis 1.372 W/m². **Der Fehler im Basismodell beträgt satte 151 W/m² für jeden einzelnen Quadratmeter unseres Planeten!**

Gleichzeitig wird vom IPCC, dem Herr J. T. Kiehl angehört, andererseits die temperaturwirksame Strahlung **bis auf 1/10 Grad genau gerechnet** (z. B. 13.**6** oder 14.**8** °C oder alternativ eine Temperaturänderung auf **1/10** Grad als Globaltemperaturänderung angegeben). **Dies aber entspricht für die temperaturwirksame Strahlung im gleichen Basismodell einer Genauigkeit von 0.5 W/m² für jeden einzelnen Quadratmeter unseres Planeten** bei 15 °C Oberflächentemperatur. Das Offenlegen aller Fakten für andere Wissenschaftler war der Anspruch und das Ziel von Charles Babbage für die Wissenschaftsgemeinde. Keiner der Informierten im Klimazirkel schreitet ein oder klärt weltweit die übrige Wissenschaftsgemeinde auf, wo das Basismodell falsch sein könnte oder wo dessen echte Schwächen wirklich liegen. Seit 30 Jahren gibt es nur indirekte Hinweise oder Vermutungen. An dieser Stelle möchte ich Prof. F.K. Reinhart zitieren, Abschnitt V. Conclusion: **„…The climate change must have a very different origin and the scientific community must look for causes of climate change that can solidly based on physics and chemistry."**[277]

271 Kevin E. Trenberth, John T. Fasullo and Jeffrey Kiehl, EARTH`s GLOBAL ENERGY BUDGET in American Meteorological Society, Marth 2009, BAMS S. 1–13.

272 KT97, S. 206, linke Spalte, 2. Absatz, 2. Satz.

273 Kevin E. Trenberth, John T. Fasullo and Jeffrey Kiehl, EARTH`s GLOBAL ENERGY BUDGET in American Meteorological Society, Marth 2009, FIG.I.

274 IPCC 2014, Klimaänderung 2013 Naturwissenschaftliche Grundlagen, Häufig gestellte Fragen und Antworten FAQ 5.1 S.22, linke Spalte 2.Absatz.

275 Rahmstorf S. und Schellnhuber H. J. (2018), Der Klimawandel, 8. Auflage, München, C. H. Beck Verlag, ISBN 978 3 406 72672 9, S.32. 3 Satz.

276 KT97 S. 198. 3. Radiative energy budget a. top-of-atmosphere fluxes, 1. Absatz, 2. Satz.

277 F. K. Reinhart, Infrared absorption of atmospheric carbon dioxide, Swiss Federal Institute of Technology, Lausanne, CH-1015 Lausanne Switzerland, o.J., S. 1–12, S. 7/8, V Conclusion.

9.5   Nebenbetrachtung: Venus ohne Treibhauseffekt

Zur Demonstration des Treibhauseffektes ist die Venus ein beliebtes Beispiel [278] und [279]:

Vergleich	Erde	Venus
2 x Radius in km ca.	12.756	12.104
trockene Atmosphäre: Hauptbestandteile	N_2 78,084 % O_2 20,942 % Ar 0,934 % CO_2 0,04 %	CO_2 96.5 % und N_2 3.5 %
Molare Masse Atmosphäre	0,7808 x 28 + 0,2094 x 32,00 + 0,0093 x 39,95 + 0,0004 x 44,01 = 28,95 g/mol	0,965 x 44,01 + 0,0035 x 78.08 = 42.74 g/mol (und mit Spuren von SO_2, Ar, CO, He, Ne = 43.45 g/mol)[280]
Atmosphäre: Oberflächendichte	1,225 kg/m³ [281]	65 kg/m³ [282]
Solare Einstrahlung S_0	1368 W/m²	2620 W/m²
Albedo	30 %	80 %
absorbiert	342 − 237 = 105 W/m²	130 W/m²
Oberflächentemperatur	288 K = 14.8 °C	737 K = 464 °C[283]
emittiert an der Oberfläche	390 W/m²	17900 W/m²
Druck p in bar	1,01325 bar = 1013,25 hPa = 100,325 kPA	92 bar = 9.200 kPa[284]

Tabelle 11   Vergleich von Erde und Venus in charakteristischen Werten

Barkstorm formuliert ohne jegliche physikalische oder mathematische Berechnung nur aus dem optischen Vergleich der Werte von Erde und Venus:

„Despite absorbing significantly less solar energy, Venus has a much hotter surface than Earth. Its surface temperature, 750 K, is **maintained** by greenhouse effect of CO_2 clouds and water vapor." und „The above comparison **suggests** that there is no conceivable saturation point for the atmospheric greenhouse effect."[285] [Hervorhebung hinzugefügt]

---

278 V. Ramanathan, Bruce R. Barkstorm and Edwin F. Harrison, CLIMATE AND THE EARTH´S RADIATION BUDGET, American Institute of Physics, in PHYSICS TODAY MAY 1989 S. 29, linke Spalte, 1. Absatz.

279 S. Rahmstorf und H. J. Schellnhuber, Der Klimawandel, 8. Auflage 2018, C.H.Beck Verlag, München, S. 32, 2. Absatz.

280 NASA, http://nssdc.gsfc.nasa.gov/planetary/factsheet/venusfact.html. Stand vom 18.4.2020 15:44 Uhr.

281 https://wiki.bildungsserver.de/klimawandel/index.php/Aufbau_der_Atmos%C3%A4re 1 Die Stockwerke der Atmosphäre

282 NASA, http://nssdc.gsfc.nasa.gov/planetary/factsheet/venusfact.html. Stand vom 18.4.2020 15:44 Uhr.

283 NASA, http://nssdc.gsfc.nasa.gov/planetary/factsheet/venusfact.html. Stand vom 18.4.2020 15.44 Uhr.

284 https://de.m.wikipedia.org/wiki/venus_(Planet). Stand vom 2. Mai 2019 23:03 Uhr.

285 V. Ramanathan, Bruce R. Barkstorm and Edwin F. Harrison, CLIMATE AND THE EARTH´S RADIATION BUDGET, American Institute of Physics, in PHYSICS TODAY MAY 1989 S. 29, linke Spalte.

Barkstorm formuliert eine Vermutung. Diese selbst ist aber noch kein Beweis. Wie in Kap. 5.18 gezeigt, gibt es für die Erde keinen Treibhauseffekt. Wie unter Kap. 4.12 gezeigt, kann physikalisch ein Gas nicht mehr emittieren als es maximal absorbiert. Dies gilt auch für Kohlendioxid und Stickstoff. **Woher können für die Venus nun Temperaturen über 737 K und mehr kommen?**

Die Erde hat, in geologischen Zeiträumen gedacht, verschiedene globale Mitteltemperaturen durchfahren. In Kaltzeiten hatte die Erde auch schon T = *Global Mean* 5 °C 286. Vergleicht man die Atmosphären der beiden Planeten, lastet die Atmosphäre der Venus 92-mal schwerer auf ihr als die Erdatmosphäre auf der Erde bei fast gleicher Planetengröße. Dies hat folgende Konsequenz:

Man denke sich 1 m³ Gas mit einer Zusammensetzung von CO_2 96.5 % und N_2 3.5 % bei **5.1 ^{0} C = 278.25K** auf der Erde (Zustand A). Jetzt wird dieses Gas mit 5.2 °C in einem zu 100 % isoliertem Gefäß fiktiv zur Venus transportiert und dort die Isolierung entfernt (Zustand B).

$$\frac{p\,V}{T} = \text{const. bei m = const. 287} \quad \text{und} \quad \frac{p1\,V1}{T1} = \frac{p2\,V2}{T2} \text{ bei m = const. 288 und } \mathbf{T\ in\ K}$$

Änderung der Indices: p1 wird zu p_A ; p2 zu p_B ; V1 zu V_A ; V2 zu V_B, T1 zu T_A und T2 zu T_B

Für dieses Gedankenexperiment durch Begrenzung der Randbedingungen als vereinfachende, erste grobe Abschätzung gelte auch eine isochore Zustandsänderung, delta V= konst, ein Sonderfall im allgemeinen Gasgesetz. „Die innere Energie des idealen Gases läßt sich bestimmen, wenn im 1. Hauptsatz [der Thermodynamik, Satz der Energieerhaltung] die Volumenänderungsarbeit gleich 0 gesetzt wird. Dann ist die ausgetauschte Wärmeenergie Q gleich der Änderung der inneren Energie Δ U, also Q = Δ U = c_v m ΔT."289 Hierin sind c_v der Volumenänderungskoeffizient in J/(kgK), m die Masse in kg und T die Temperatur in Kelvin, analog dQ = dU = c_v m dT. dT sei der Unterschied zwischen Zustand B und A. dT kann umgeformt werden zu dT = T_B -T_A =T_2 -T_1 = (T_2 -T_0) − (T_1 -T_0). Aus der Substitution folgt: T_A = (T_1 -T_0) und T_B = (T_2 -T_0), eingesetzt in die allgemeine Gasgleichung:

$$\frac{p1\,V1}{T1 - T0} = \frac{p2\,V2}{T2 - T0}$$

Für ein Gas mit zwei Zuständen wird A zu 1 und B zu 2 bei m = konstant, V in m³, **T in K** und p in Bar gilt folgender Zusammenhang:

Auf der Erde,   Zustand 1: p_1 = p_A = Druck 1 Bar, V_1= V_A = 1m³, T_1 = 278.25 K, T_0 = 273.15 K

Auf der Venus,   Zustand 2: p_2 = p_B = Druck 92 Bar, V_2 =V_B =1m³,   **T_2 =?**

---

286 http://www.nickolai.de/Lichtenberg/Geschichte/Siedlungsgeschichte/Historische_Infos/Eiszeit/eiszeit.html. Stand vom 25.5.2019.

287 Dobrinski, K., V., Physik für Ingenieure, 7.Auflage, 2.2.3.2 Die allgemeine Zustandsgleichung idealer Gase S. 150, Gl.2.13).

288 Dobrinski, K., V., Physik für Ingenieure, 2.2.3.2 Die allgemeine Zustandsgleichung idealer Gase S. 151, (Gl.2.14).

289 Kuchling, Taschenbuch der Physik, 12 Auflage, Frankfurt/Main, Kap 16.1.2. Innere Energie, S.225.

$(T_2 - T_0)$ = p_2 x V_2 x $(T_1 - T_0)$ / V_1 / p_1 = 92 bar x 1 m³ x (278.25K – 273.15K) / 1m³ / 1 bar
                = (92 x 5.1) K
T_2 = 469.2 K + 273.15 K = 742.4K

T_2 = **742** Kelvin oder 469 °C auf der Venus sind nicht der infraroten Abstrahlung von mehr CO_2-Molekülen, sondern dem der viel höheren Druck geschuldet.

Ein zweiter Ansatz verlässt das Gedankenexperiment und überführt das Gasgesetz zu einer Schreibweise t mit molarer Masse.

Ich verweise auf die Studie von Dr. Robert Ian Holms (Science & Engineering Falculty, Federation University Australia, Depatment of Science & Engineering). Er formt die Gasgleichung um: „A molar version of the ideal gas law is utilized (formulas 5 and 6), which consists of a gas constant and three basic atmospheric parameters; the average near-surface atmospheric pressure, the average near-surface atmospheric atmospheric density and the mean molar mass of the near-surface (or on Earth, the tropospheric) atmosphere."[290] (Die Nummerierung der nachfolgenden Gleichungen und die Einheiten entsprechen dem Text von Holms.)

Das ideale Gasgesetz PV = nRT (1) wird in eine Schreibweise für molare Masse umgewandelt. Hierin sind m Masse kg, V Volumen m³, n Mol Anzahl Teilchen, R Gaskonstante 8.314 (m³, kPa, Kelvin⁻¹, mol⁻¹), P der nah an der Oberfläche herrschende Druck kPa, T die nah an der Oberfläche herrschende Temperatur in Kelvin, ρ = nah an der Oberfläche herrschende Dichte in kg/m³ und M nah an der Oberfläche herrschende *Mean Molar Mass* in gm/mol⁻¹.

Aus (1) folgt über Umformung PV = m/M RT (2) und bezüglich Dichte PM/RT = m/V = ρ (3) und damit
ρ = P/ (R T / M) (4) hieraus **T = P / (R x ρ/M) (5)** und T = PM / Rρ (6)

Hiermit leitet Holms eine Berechnungsmethode für die Durchschnittstemperatur in Oberflächennähe von Planeten ab. „Formula 5 is here used throughout: Using the properties of Venus,[291] [292]"

Venus T (Kelvin) = 9200 / (8.314 x 65 / 43.45) = **740** Kelvin **(5)** im Vergleich zu 737 Kelvin NASA-Messung (Tabelle 6)

737 K von Tabelle 11 sind auf der Venus dem viel höheren Druck geschuldet und nicht einem Treibhauseffekt.

Diese Methode zur Errechnung von oberflächennahen Temperaturen (Werte in Klammern) wendet Holms sehr erfolgreich mit sehr geringer Fehlerabweichung zu den gemessenen Werten [Werte in Klammern] an für: Jupiter (167K) zu [165K], Saturn (132.8K) zu [134], Uranus (76.6K) zu [76], Neptun (68.5K -72.8 K) zu [72K], Titan (93.6K) zu [94], den Südpol der Erde (224K) zu [224.5K]. Für die Erde als Ganzes [288K] errechnet Holms als oberflächennahe Temperatur:

Erde T (Kelvin) = 101.3 / (8.314 x 1,225 / 28.97) = 288 Kelvin (14.8 °C) (5)

---

290 Dr. Robert Ian Holms, Molar Mass Version of the Ideal Gas Law Points to a Very Low Climate Sensitivity in Earth sciences 2017;6(6): S.157-163, doi: 10.11648/j.earth.20170606.18, 1. Introduction, rechte Spalte, letzter Absatz.

291 Dr. Robert Ian Holms, Molar Mass Version of the Ideal Gas Law Points to a Very Low Climate Sensitivity in Earth sciences 2017;6(6): S.157-163, doi: 10.11648/j.earth.20170606.18, 2. Methodology Involves Calculating Average Near-Surface Temperature of Planets, S.2.

292 Zasova, L.V., Ignatiev, N., Khatuntsev, I., & Linkin, V. (2007). Structure of Venus atmosphere. Planetary and Space Science, 55(12), 1712-1728.

Dies ist eine weitere unabhängige Bestätigung der bisherigen Berechnungen, dass es ein Treibhauseffekt von 33 °C oder K für die Erde nicht existiert, auch wenn einzelne unsymmetrische Moleküle in sehr geringen Umfang Strahlung absorbieren und emittieren. Wie man aber in den Darstellungen Kap. 5.5 FIG. 8a und FIG. 8b sieht, gibt es durch unsymmetrische Moleküle für die Abstrahlung in den Orbit keinen physikalischen strahlungsbehindernden Effekt. Selbst für einen CO_2-Gehalt von 96.5 % (Venus) gibt es diesen Treibhauseffekt nicht.

Anmerkung zur Venus:
In geologischen Zeiträumen gedacht, wäre auch Folgendes physikalisch denkbar: Anfangs lag auf der Venus unter Umständen eine ganz geringe CO_2-Konzentration mit geringem Druck und niedriger Temperatur vor. Mit der immer stärkeren Anreicherung von CO_2 lastet die Atmosphärenhülle immer schwerer auf der Venus. Gleichzeitig steigen parallel zur CO_2-Konzentration bis auf 96.5 % nun, neben Druck, auch gleichzeitig Temperatur. Auch diese Betrachtung könnte 92 bar 750 K auf der Venus ohne Treibhauseffekt erklären.

Anmerkung zur Erde:
„In Meeresspiegelhöhe herrscht bei 15 °C im Jahresmittel ein Luftdruck von p_n = 1.013,25 hPa = 101,325 kPa (Normdruck)." [293] Wir gehen für die Erde geologisch 500 Millionen Jahre zurück. „Der CO_2-Gehalt der Atmosphäre lag vermutlich 15- bis 20-mal höher als heute. Damit herrschte auf der Erde ein bis in hohe Breiten ausgeglichenes Klima (Berner 1991). Der Sauerstoffgehalt der Atmosphäre erreichte einige Prozent und erlaubte vielfältiges pflanzliches und tierisches Leben." [294] Wie würde sich hierbei die Temperatur über Gleichung (5) nach Holms errechnen, wenn sich der Kohlendioxidgehalt von heute (400 ppm) auf (8.000 ppm) auf damals verschiebt? Eine ähnliche Oberflächendichte und annähernd gleiche Luftdruckverhältnisse seien unterstellt.

Vor 500 Millionen Jahren folgt über die molare Masse:
0,7808 x 28 + 0,2019 x 32,00 + 0,0093 x 39,95 + 0,008 x 44,01 = 29,05 g/mol   analog zu Tabelle 6
Erde T (Kelvin) = 101.3 / (8.314 x 1,225 / 29.05) = 288,94 Kelvin (15.8 °C)   mit Gleichung (5)

Was bedeutet dies?
CO_2, auch 20-fach gegenüber heute erhöht, ließe die Globaltemperatur nur um 1 °C ansteigen. Dies reicht aber nicht aus für ein bis in hohe Breiten ausgeglichenes Klima. Andere Mechanismen außerhalb der unsymmetrischen Moleküle müssen betrachtet werden.

Anmerkung zum CO_2-Versuch:
Im Versuch Anhang 4 stieg die CO_2-Konzentration 14,6-fach, ausgehend von 426 ppm auf 6.237 ppm und die gemessene Temperatur von 15.63 °C auf 16.95 °C, also um rund 1.3 °C.

---

293 Kuchling, Taschenbuch der Physik, 12. Auflage, Kap 2.2 Luftdruck S.154.

294 W. Oschmann, 2003, DWD Klimastatusbericht 2003, Vier Milliarden Jahre Klimageschichte im Überblick, S.7 -S.24, Das Aufblühen der marinen Vielzeller (570 bis 440 Milliarden Jahre), S.20.

9.6   Layer-Modell am Planeten

Das Layer-Modell 295stellt als einfaches Klimamodel eine Energiebilanz für definierte Ebenen auf.

Einstrahlung auf Kreis   =   Ausstrahlung von Kugel

$L\,(1-\alpha)\,\pi\,R^2$ = $\varepsilon\,\sigma\,T_G{}^4\,4\,\pi\,R^4$

$L\,\dfrac{(1-\alpha)}{4}$ = $\varepsilon\,\sigma\,T_G{}^4$

Mit L in W/m², Albedo α in %, σ Boltzmankonstante in $W\,m^{-2}\,K^{-4}$, R in m, ε dimensionslos

9.6.1   Layer-Modell beim Planeten mit Atmosphäre:

Glas repräsentiert im Beispiel die Atmosphäre. Es hat eine andere Temperatur als der Untergrund. Für das Glas: $\varepsilon = 1$. Die Symbole „ \ " repräsentieren die Einstrahlung und „ξ"-Abstrahlung.

Sonneneinstrahlung L

\

—   —   —   —   —   —   —   —   —   „Grenze zu Space"

  \

    \ $L\,\dfrac{(1-\alpha)}{4}$ ξ (infrarote Abstrahlung nach oben)

      \ ξ $\sigma\,T_A{}^4$

-- Glas = Atmosphäre

                ξ ξ $\sigma\,T_A{}^4$

        \ ξ (nach oben) ξ (infrarote Abstrahlung nach unten)

          \ ξ

          \ ξ $\sigma\,T_G{}^4$ (infrarote Abstrahlung nach oben)

xxxxxxxxxxxxxxxxxxxxxxxxxxxxxxxxxxxxxxxxxxxxxxxxxxxxxxxxxxxxxxxxxxxxxx Grund (Boden)

Grafik 3   Layermodell Planeten mit Atmosphäre

Gleichung (I), Atmosphäre: $\sigma\,T_G{}^4 = \sigma\,T_A{}^4 + \sigma\,T_A{}^4$ (Das, was von der Glasscheibe aufgenommen wird, entspricht dem, was die Glasscheibe verlässt.) oder

$$= 2\,\sigma\,T_A{}^4$$

---

295 Das Layermodell in Grafik 3 und 4 folgt in seinen Grundzügen, dem Prinzip der Idee von Prof. David Archer, (2005), Global Warming: Understanding the Forecast, The University of Chicago, Geopysical Sciences, Part I, Chapter 2, The Layer Model.

Anmerkung zu Grafik 3: Prof. Archer vergleicht in Lecture 5 – The Greenhouse Effect, October 9, 2009 der dazugehörigen Youtube-Reihe der University of Chicago den Layer der Atmosphäre in seinem Modell mehrfach mit einer Glasplatte: https://youtu.be/8-5PsoF7Vp0. Stand vom 4.6.2020.

Gleichung (II), Grund: $L \frac{(1-\alpha)}{4} + \sigma T_a^4 = \sigma T_G^4$ (Das, was vom Grund auf genommen wird

entspricht dem, was der Grund verlässt)

Es sind zwei voneinander mathematisch unabhängige Gleichungen. Mit (I) in (II) folgt die nächste Gleichung.

Mit Atmosphäre gilt: $L \frac{(1-\alpha)}{4} = \sigma T_A^4$ (Es gibt nur noch eine Unbekannte T_a und zusätzlich

beschreibt es die Abstrahlung an der Grenze der
Atmosphäre zum Weltraum)

9.6.2   Layer-Modell beim Planeten ohne Atmosphäre:

Sonneneinstrahlung L

\
   \ $L \frac{(1-\alpha)}{4}$
    \
     \
      \   ʃ (nach oben)
       \   ʃ
        \   ʃ σT_G^4 (infrarote Abstrahlung nach oben)   „Grenze zu Space"

xxxxxxxxxxxxxxxxxxxxxxxxxxxxxxxxxxxxxxxxxxxxxxxxxxxxxxxxxxxxxxxxxxxxxxxxxxxxxxx   Grund (Boden)

Grafik 4:   Layer-Modell Planeten ohne Atmosphäre

Gleichung Grund: $L \frac{(1-\alpha)}{4} = \sigma T_G^4$ (Das, was vom Grund aufgenommen wird,

entspricht dem, was der Grund verlässt)

(Mit Atmosphäre galt: $L \frac{(1-\alpha)}{4} = \sigma T_A^4$)

Beim Planeten ohne Atmosphäre beginnt die Grenze zum Weltraum am Grund, damit ist im Layer-Modell die Temperatur T_A mit der Temperatur T_G identisch, bzw. **$T_A = T_G = T$**

Der Planet ohne Atmosphäre hat ebenfalls ein Reflektionsvermögen oder eine Albedo. Aus der Identität der Gleichungen an obigen Layermodellen folgt:

$$\text{Planet mit Atmosphäre} = L \ \frac{(1-\alpha)}{4} = \sigma\,T^4 = \text{Planet ohne Atmosphäre}$$

Die Ebene der „Glasscheibe = Atmosphäre" kann jede beliebige Höhe und Mächtigkeit annehmen (Theorem 1). Im Grenzfall kann sie mit dem Untergrund zusammenfallen (Theorem 2). Ist die Temperatur beim Planeten mit Atmosphäre identisch mit einem Planeten ohne Atmosphäre, ist mit obiger Formel die abgestrahlte Temperatur vom Vorhandensein einer Atmosphäre unabhängig (Theorem 3).

Wenn die Temperatur T von der Existenz einer Atmosphäre auf einem Planeten in obigem Layermodell (settled theory) unabhängig ist, dann ist sie von der Existenz des Treibhauseffektes unabhängig. Dies ist deshalb richtig, da der Treibhauseffekt aus einem stets bilanzneutralen, mathematischer Nulleffekt entstanden war.

Der Verteilungsfaktor 4 ist falsch. **Deshalb stimmt der rechnerische Anteil 235 W/m²** (aus $1.368\,\frac{(1-0.313)}{4}$, dem Layer-Modell 9.6.1 bei üblicher Rechenalbedo von ca. 30 %) **nicht mit der Summe der gemessenen Abstrahlung überein.** Weil 2 richtig ist, gilt $L\ \frac{(1-\alpha)}{2}$ oder 500 W/m² (aus $1.368\,\frac{(1-0.269)}{2}$ = mit Messwert-Albedo von ERBS).

Von 500 W/m², unter Berücksichtigung der Strahlungsabschwächung durch die kugelförmige Ausbreitung, verbleiben in rund 600 km als Summe der Messwerte 414 W/m² (aus Σ 101 +19 +20 +243 +31 = 414 (Anhang 7 und 8).

Damit korrespondiert die Einstrahlung der Sonne auf dem Erdkreis mit L = TSI = 1368 W/m² mit dem Integral der vom ERBS Satelliten über alle Wellenlängen gemessenen Ausstrahlung auf der Erdkugel 414 W/m².

Mit Darstellung 5 (Schematischer Verlauf der Temperatur über die Schichtung der Atmosphäre, Kap. 5) ist ersichtlich, dass es am Oberrand der Erdatmosphäre **keine definierte** Skin-Temperatur gibt. Stattdessen erfolgt der Temperaturabfall in Richtung Orbit ohne feste Begrenzung, **kontinuierlich** und moduliert mit einer Zwischenerhöhung. −18 °C oder rund 235 W/m² werden hierbei dreimal durchlaufen - bei einer Höhe von rund 5.7 km, 40 km und über 70 km. Auch nach 70 Km verbleibt ein kontinuierlicher Temperaturabfall. Das Layer-Modell mit ¼-Verteilung und mit einer **fest definierten „Haut" oder „Skin-Temperatur"** bildet die Erdatmosphäre nicht ab. Eine Aussage zu einer Art Treibhauseffekt aus $T_{Surface}$ (K) - T_{Skin} (K) ist fragwürdig. Diese ist, sehr streng betrachtet, gar nicht möglich, wenn es statt einer definierten Skin-Temperatur in der Erdatmosphäre einen **kontinuierlichen** Temperaturverlauf gibt.

9.7   Modell 5 in größeren erdgeologischen Zeiträumen

9.7.1   Abstand Sonne-Erde 1 AE: atmosphärischer Druck 1.2 bar

„Wie die Temperatur, so unterlag auch der Kohlendioxidgehalt der Atmosphäre im Laufe der Erdgeschichte starken Schwankungen. Die Uratmosphäre vor ca. 4 Milliarden Jahren besaß keinen Sauerstoff, dafür aber einen sehr hohen Gehalt an Kohlendioxid, Wasserdampf und Methan. Obwohl die Sonneneinstrahlung zu dieser Zeit um 25-30 % schwächer war als heute, herrschten durch die hohe Treibhausgaskonzentration **globale Durchschnittstemperaturen von über 50 ˚C...** " (nach Dieter Kasang.)[296] Was bedeutet dies für Modell 5?

Eine im Vergleich zu heute um 25 % reduzierte solare Einstrahlung ergibt 1.025 W/m² = 1.367 x (1 – 0.25), Albedo a = 0.16.

In einem „Schanghai-Klima" mit 100 % Luftfeuchtigkeit gibt es klare Tage mit Sonnenschein. Hohe bzw. höchste Luftfeuchtigkeit schließt Sonnenschein nicht aus. „Die höchste Temperatur wurde offiziell am. 7. August 2013 mit 40,8 °C gemessen.".[297] Je höher die Temperatur von Luft ist, desto mehr Feuchtigkeit kann sie aufnehmen. Die Albedo für den nachfolgenden Rechenansatz wird zu a = 0.16 als erste Näherung gewählt. Sie liegt aber damit über den Satellitenmesswerten der *Clear Sky Albedo* von a = 0.134 bis 0.136 von 1985-1989 (Kap.2.2).

Die temperaturwirksame Strahlung unter Ansatz einer Albedo von 0.16 ergibt:

321 W/m² = 1.025 W/m² / 2 x (1 – 0.16) – 24 W/m² – 17 W/m² – 69 W/m²

Hieraus errechnet sich eine Temperatur von:

T = √√ (321 W/m² / 5,67040 /1E⁻8 W/m²) = 274 Kelvin

CO_2 ist schwerer als O_2. Dieter Kasang gibt in der Darstellung[298] CO_2 den Partialdruck p logarithmisch an, bei vier Milliarden Jahren, optisch abgelesen, ca. **1.2 bar**. Damit erfolgt wieder die Betrachtung der Druckverhältnisse, heute Index 1, vor vier Milliarden Jahren Index 2.

Wie würde sich der Druck eines 1 m³-Gases mit der Atmosphärenzusammensetzung von vor vier Milliarden Jahren ändern? Unter sonst gleichbleibenden Bedingungen von heute p_1 = 1 bar und T_1 = 274 K auf damals V_2 = 1m³, p_2 = 1.2 bar und T_2 =?

Für ein Gas mit zwei Zuständen 1 und 2 bei m = konstant gilt folgender Zusammenhang[299] :

$$\frac{p1\ V1}{T1} = \frac{p2\ V2}{T2}$$

Zustand 1: p_1 = Druck 1.0 Bar, V_1= 1m³, T_1 = 274K
Zustand 2: p_2 = Druck 1.2 Bar, V_2 = 1m³,   **T_2 = ?**
T_2 = p_2 x V_2 x T_1 / V_1 / p_1 = 1.2 bar x 1 m³ x 274 K / 1 m³ / 1 bar = 329 K = 57 °C **> 50 ˚C**

---

296 Dieter Kasang, https://wiki.bildungsserver.de/klimawandel/index.php/Kohlendioxid_in_der_Erdgeschichte 1.1 Stand vom 3. November 2016. Siehe auch **Prof. Rahmstorf/Prof. Schellnhuber**, 2018, Der Klimawandel, 8. Auflage, S.14 Frühgeschichte der Erde: **„Wie bereits in den 1950er Jahren von Fred Hoyle berechnet wurde, muss die Sonne zu Beginn der Erdgeschichte 25 bis 30% schwächer gestrahlt haben als heute."**

297 http://de.m.wikipedia.org/Shanghai. Stand vom 25.Mai 2019.

298 Dieter Kasang, https://wiki.bildungsserver.de/klimawandel/index.php/Kohlendioxid_in_de_Erdgeschichte 1.1 Stand vom 3.November 2016 um 20:56, Grafische Darstellung CO_2 Partialdruck in der Erdgeschichte.

299 Dobrinski, K., V., Physik für Ingenieure, 7. Auflage, 2.2.3.2 Die allgemeine Zustandsgleichung idealer Gase S. 151, (2.14).

Das farbige Übersichtsbild des ERBS-Satelliten, 2.5-DEG-Scanner, August 1985, Albedo GLOBAL MEAN: (60S-60N) weist für den Bereich der Küstenregion von Schanghai einen großen, intensiv-grünen Bereich aus. Dieser steht für einen Albedo-Bereich von 14 bis 24 %. Für 50 °C wäre eine Albedo mit Ansatz a = 0.16 physikalisch plausibel. Diese Rechnung ist nur ein grober Überschlag. Die hohe Temperatur von über 50 °C wäre nicht dem Treibhauseffekt, sondern vielmehr dem Druck und der Albedo geschuldet.

9.7.2   Abstand Sonne Erde ǂ AE : Atmosphärischer Druck 1.0 bar

Nun wird eine um 25 % reduzierte Sonnenleistung mit den Milankovitch-Zyklen kombiniert:

$L_{AE\,75\,\%}$ = 0.75 x 3.824721 x 10^{26} Watt = 2.868541 x 10^{26} Watt, L_{AE} siehe Kap 7

S_1 = 2.868541 x 10^{26} Watt / 4 / π / (148.8499 x 10^9 m) ² = 1030 W/m²
S_2 = 2.868541 x 10^{26} Watt / 4 / π / (150.3459 x 10^9 m) ² = 1010 W/m²
S_3 = 2.868541 x 10^{26} Watt / 4 / π / (140.9212 x 10^9 m) ² = 1150 W/m²
S_4 = 2.868541 x 10^{26} Watt / 4 / π / (158.2746 x 10^9 m) ² = 911 W/m²

$_{eff}S$ = S_e / 2 x (1-a) W/m² - 24 W/m² - 17 W/m² - 69 W/m²
T (K) = √√ ($_{eff}S$ / 5,67040 /1E⁻8 W/m²) K

Solare Einstrahlung	Albedo	effektive Strahlung	Temperatur	gerundet T
(W/m)²		(W/m²)	(K)	(⁰C)
1030	0,21	296,85	269.0	-4 °C
1030	0,24	281,40	265.4	-8 °C
1030	0,27	265.95	261.7	-12 °C
1030	0,29	255,65	259.1	-14 °C
1030	0,33	235,05	253.7	-19 °C
1010	0,21	288,95	267.2	- 6 °C
1010	0,24	273,80	263.6	-10 °C
1010	0,27	258,65	259.9	-13 °C
1010	0,29	248,55	257.3	-16 °C
1010	0,33	228,35	251.9	-21 °C
1150	0,21	344,25	279.1	+6 °C
1150	0,24	327,00	275.6	+2 °C
1150	0,27	309,75	271.9	-1 °C
1150	0,29	298,25	269.3	-4 °C
1150	0,33	275,25	264.0	-9 °C
911	0,21	249,85	257.6	-16 °C
911	0,24	236,18	254.0	-19 °C
911	0,27	222,52	250.3	-23 °C
911	0,29	213,41	247.7	-26 °C
911	0,33	195,19	242.2	-31 °C

Übersicht 3   Globaltemperatur **durch dauerhaftes Kippen der Erdbahn** im 100.000-Jahres-Milankovitch-Zyklus (Obliquität) und durch die Exzentrizität der Erdbahn des 100.000 Jahres- und 413.000-Jahres-Milankovitch-Zyklus **und 25 % schwächere Sonnenleistung**

Das errechnete Spektrum der globalen Mitteltemperatur entspricht dem einer Eiszeit. Mit diesem Ergebnis friert die Erde ein und bleibt gefroren.

9.7.3 Abstand Sonne-Erde ‡ AE: atmosphärischer Druck 1.2 bar – Snowball Theory

$_{eff}S$ = S_e / 2 x (1-a) W/m² - 24 W/m² - 17 W/m² - 69 W/m²

$T(K)$ = $\sqrt{}$ ($_{eff}S$ / 5,67040 /1E⁻8 W/m²) K

Gegenüber der vorherigen Betrachtung soll sich nur der Druck verändern.

Für ein Gas mit zwei Zuständen 1 und 2 bei m = konstant gilt folgender Zusammenhang[300] :

$$\frac{p1\,V1}{T1} = \frac{p2\,V2}{T2}$$

Zustand 1: p_1 = Druck 1.0 Bar, $\quad$ V_1= 1m³, $\qquad$ $T_{1\ 1.0bar}$ =

Zustand 2: p_2 = Druck 1.2 Bar, $\quad$ V_2 = 1m³, $\qquad$ **$T_{2\ 1.2bar}$ = ?**

$T_{2\ 1.2bar}$ = p_2 x V_2 x T_1 / V_1 / p_1 = 1.2 bar x 1 m³ x $T_{1\ 1.0bar}$ / 1 m³ / 1 bar

Solare Einstrahlung	Albedo	$_{eff}S$	Temperatur $T_{1\ 1.0\ bar}$	$T_{2\ 1.2\ bar}$	T_2
1030	0,21	296,85	(268.99 K)	(322.78 K)	50 °C
1030	0,24	281,40	(265.42 K)	(318.50 K)	45 °C
1030	0,27	265.95	(261.70 K)	(314.04 K)	41 °C
1030	0,29	255,65	(259.12 K)	(310.94 K)	37 °C
1030	0,33	235,05	(253.74 K)	(304.49 K)	31 °C
1010	0,21	288,95	(267.18 K)	(320.62 K)	47 °C
1010	0,24	273,80	(263.61 K)	(316.33 K)	43 °C
1010	0,27	258,65	(259.88 K)	(311.86 K)	38 °C
1010	0,29	248,55	(257.32 K)	(308.78 K)	35 °C
1010	0,33	228,35	(251.91 K)	(302.29 K)	29 °C
1010	0,40	193.00	(241.54 K)	(289.85 K)	17 °C
1010	0,50	142.50	(223.90 K)	(268.68 K)	**-5 °C**
1150	0,21	344,25	(279.14 K)	(334.99 K)	62 °C
1150	0,24	327,00	(275.57 K)	(330.68 K)	58 °C
1150	0,27	309,75	(271.86 K)	(326.23 K)	53 °C
1150	0,29	298,25	(269.30 K)	(323.16 K)	50 °C
1150	0,33	275,25	(263.95 K)	(316.74 K)	44 °C
1150	0.40	235,00	(253.73 K)	(304.48 K)	31 °C
1150	0.50	177.50	(236.54 K)	(283.85 K)	11 °C

---

[300] Dobrinski, K., V., Physik für Ingenieure, 7. Auflage, 2.2.3.2 Die allgemeine Zustandsgleichung idealer Gase S. 151, (2.14).

911	0,21	249,85	(257.64 K)	(309.17 K)	36 °C
911	0,24	236,18	(252.04 K)	(302.45 K)	29 °C
911	0,27	222,52	(250.29 K)	(300.35 K)	27 °C
911	0,29	213,41	(247.69 K)	(297.23 K)	24 °C
911	0,33	195,19	(242.22 K)	(290.66 K)	18 °C
911	0,40	163,30	(231.66 K)	(277.99 K)	**+5 °C**
911	0,50	117,75	(213.47 K)	(256.16 K)	**-17 °C**

Übersicht 4   Globaltemperatur **durch dauerhaftes Kippen der Erdbahn** im 100.000-Jahre-Milankovitch-Zyklus (Obliquität) und durch die Exzentrizität der Erdbahn des 100.000-Jahres- und 413.000-Jahres-Milankovitch-Zyklus' 25 % schwächere Sonnenleistung **und 1.2 bar atmosphärischer Druck**

Mit diesem Ergebnis fror die Erde vollständig zu (snowball earth hypothesis oder Snowball Theory) und taute anschließend ohne Einfluss von CO_2 eigenständig wieder auf. Dies war nicht einem natürlichen Treibhauseffekt von 33 K geschuldet, nur dem höheren Druck und den geänderten dauerhaften Abständen zwischen Sonne und Erde.

9.8   Sonnenflecken – Abschätzung ihres Einflusses auf Albedo und Globaltemperatur

„Das Plasma [der Sonne] ist aufgrund von Konvektionsströmungen in ständiger Bewegung. [...] Sichtbare Auswirkungen der lokalen Magnetfelder sind die Sonnenflecken. [...] In der Sonne bewirken die Magnetfelder eine Hemmung der Konvektionsströmungen, sodass weniger Energie nach außen transportiert wird. [301] „Die Gesamtzahl der Sonnenflecken unterliegt einem Zyklus von rund elf Jahren. Er ist benannt nach dem deutschen Astronom Samuel Heinrich Schwabe. [1789-1875] ...Nach einem Zyklus hat sich das globale Magnetfeld der Sonne umgepolt." [302] Zwischen 1975 und 2005 schwankt die Leistungsdichte der Sonneneinstrahlung (total solar irridiance, TSI) um +- 0.6 W/m² um den Wert 1.366 W/m² [303]. (0.1 % = 0.09 = 2 x 0.6/1.366 x 100) Die Arbeitsgruppe I des IPCC schreibt 2013 hierzu: „Satelliteninstrumente haben die TSI seit 1978 direkt gemessen. [...] Die Schwankungen der Strahlungsaktivität folgen annähernd dem 11-Jahres-Sonnenfleckenzyklus: Während der letzten Zyklen schwankten die TSI-Werte im Durchschnitt um etwa 0.1 %"[304] Bei KT97 findet man zur TSI im Jahr 1997: „Mean values of the total solar irradiance have varied in different satellite missions from about 1365 to 1.373 W m²"[305] Auf der anderen Seite weisen die Messungen der Satelliten TERRA und AQUA einen Wert von 1.360.28 W/m² für den Zeitraum von Dez 2012 bis Nov 2015 auf.[306] Von 1978 bis 2015 hat sich die TSI in 37 Jahren gemäß diesen Quellen von 1.373 W/m² auf 1.360 W/m², also um 13 W/m² abgeschwächt. „Die Sonne beeinflusst ihre Umgebung nicht nur durch Strahlung und Gravitation, sondern auch den interplanetaren Raum mit ihrem Magnetfeld und vor allem mit dem Sonnenwind [...] Da der Sonnenwind aus elektrisch geladenen Teilchen besteht, stellt er ein Plasma dar, das sowohl das Magnetfeld der Sonne als auch der Erde verformt [...]

---

301 Dr. Christoph Pöllmann, 2009, Sonnenaktivität, Seminarunterlagen „Meteorologie und Klimatologie" der Universität Regensburg, Kap 2 Das Magnetfeld der Sonne und dessen Folgen, S.5.

302 Dr. Christoph Pöllmann, 2009, Sonnenaktivität, Seminarunterlagen „Meteorologie und Klimatologie" der Universität Regensburg, Kap 2.2.3 Der elfjährige Schwabe Zyklus, S.8.

303 Dr. Christoph Pöllmann, 2009, Sonnenaktivität, Seminarunterlagen „Meteorologie und Klimatologie" der Universität Regensburg, Kap 2.2.3 Abbildung 6 Der Schwabe Zyklus, S.8.

304 IPCC 2014, Klimaänderung 2013 Naturwissenschaftliche Grundlagen, Häufig gestellte Fragen und Antworten FAQ 5.1 S.22, linke Spalte 2.Absatz, ISBN 978-3-00-056795-7.

305 KT97, S.199, rechte Spalte. Es wird verwiesen auf die National Academy of Sciences 1994 for a review und auf Ardanuy et al. 1992.

306 Autor NASA CERES Science Team, CERES_Aqua SSF1deg-Hour/Day/Month_Ed4A Data Quality Summary (3/13/2018) S. I–V und S. 1–38, Seite 30 Table 5-3.

Ein deutlich sichtbares Anzeichen für die Existenz des Sonnenwindes liefern die Kometenschweife. [...] Der Sonnenwind reicht weit bis über die äußeren Planetenbahnen hinaus:"307 Sie zeigen von der Sonne weg. „**Die Erdatmosphäre ist während des Sonnenminimus' verstärkt kosmischer Strahlung ausgesetzt.** Die Teilchen des Sonnenwindes schirmen in solchen Phasen die Erde weniger gegen den Schauer der schweren und sehr energiereichen Partikel ab, die als kosmische Strahlung aus dem Weltraum auf unseren Planeten trifft." 308 Mit einer verstärkten kosmischen Strahlung ist nach Svensmark/Shaviv eine erhöhte Wolkenbildung verbunden. „Es wird davon ausgegangen, dass dieser vom Sonnenwind beeinflusste kosmische Partikelregen die Wolkenbildung der Erdatmosphäre begünstigt." 309 Dies führt dann zu einem Absinken der globalen Erddurchschnittstemperatur.

Ein solches **Sonnenminimum** (sehr wenige oder gar keine Sonnenflecken) ist das **Maunderminimum**. „Edward Maunder untersuchte 1890 die historisch beobachteten Sonnenflecken und entdeckte eine Pause in den 11-Jahres-Zyklen zwischen 1695 und 1720 (Maunderminimum), die auffallend mit der kleinen Eiszeit zusammenfällt."310 Das Maunderminimum als Periode sehr niedriger Sonnenfleckenzahlen (<25) dauert ca. 6 11-Jahres-Zyklen und beginnt ab etwa 1645 (Ch. Pöllmann Abbildung 8). „Als Kleine Eiszeit wird üblicherweise der Zeitraum zwischen 1600 und etwa 1750 beschrieben. In dieser Zeit lag die Jahresmitteltemperatur in Zentraleuropa bis zu zwei Grad unter dem langfristigen Durchschnitt. Die Winter waren damals extrem kalt, und in den kühlen Sommern fielen die meisten Ernten gering aus. Diese Kälteperiode war von weitreichenden sozialen Folgen begleitet."311

Wäre eine Abschätzung der Albedo mit Modell nach Kapitel 5 für das Maunderminimum möglich?

Prof. Schellnhuber/Prof. Rahmstorf geben in „Der Klimawandel" in Abb. 2.3 312 für das Jahr 1900 als Globaltemperatur exakt 13.6 °C an. Dr. Christoph Pöllmann, Universität Regensburg, gibt in Abbildung 10 313 seines Artikels „Sonnenaktivität" eine rekonstruierte Globaltemperatur für 1600-1980 als Temperaturabweichung für die letzten 2.000 Jahre an. **Diesen Temperaturverlauf hatte Ph.D. Craig Loehle vom National Council for Air and Stream Improvment (NCASI), Illinois, USA, ohne Baumringdaten erstellt. Er steht im Gegensatz zur Hokeystickkurve (Michael E. Mann**, Bradley, Hughes). Dr. Craig schreibt: „**There are reasons to believe that tree ring data may not properly capture long-term climate changes.** In this study, eighteen 2000-year-long series were obtained that were not based on tree ring data." [Hervorhebungen hinzugefügt] 314 Bezogen auf das Jahr 1900 war es damit in der kleinen Eiszeit für das Maunderminimum (siehe Abbildung 10 (Ch.

307 Dr. Christoph Pöllmann, 2009, Sonnenaktivität, Seminarunterlagen „Meteorologie und Klimatologie" der Universität Regensburg, Kap 4 Die Auswirkungen auf der Erde und die Folgen für das Klima, S.10/ 11.

308 Dr. Christoph Pöllmann, 2009, Sonnenaktivität, Seminarunterlagen „Meteorologie und Klimatologie" der Universität Regensburg, S.12.

309 Dr. Christoph Pöllmann, 2009, Sonnenaktivität, Seminarunterlagen „Meteorologie und Klimatologie" der Universität Regensburg, S.12.

310 Dr. Christoph Pöllmann, 2009, Sonnenaktivität, Seminarunterlagen „Meteorologie und Klimatologie" der Universität Regensburg, S.12.

311 Rademacher Horst (2017), Eiszeit um 1430, Auch im Mittelalter spielte das Klima verrückt, Frankfurter Allgemeine Zeitung 08.01.2017.

312 Rahmstorf S. und Schellnhuber H. J. (2012), Der Klimawandel; 7. Auflage, München, C. H. Beck Verlag, ISBN 978 3 406 63385 0, S.37 Abb.2.3.

313 Dr. Christoph Pöllmann, 2009, Sonnenaktivität, Seminarunterlagen „Meteorologie und Klimatologie" der Universität Regensburg, Abbildung 10 Verlauf der Temperatur der letzten 2000 Jahre (nach Ph.D. Craig Loehle) 2007, S.13.

314 Dr.Craig, Loehle,2007, A 2000-Year Global Temperature Reconstruction Based on Non-Teering Proxis, doi.org/10.1260/095830507782616797 and Reprinted from Energy & Environment Volume 18 No.7+8, 2007, S 1049-1058, Abstract S.1049.

Pöllmann)) um 0.4 °C kälter. Für die Zeit des Maunderminimums als niedrigste Globaltemperatur ergibt sich **13.2 °C.** (Für 1740 ca. 13.60 °C, siehe Abbildung 10, kleine Spitze im Grafen begrenzt ablesbar.)

Dr. Willie Soon und Sallie Baliunas zeigen in „Solar Variability and Global Climate Chance" in ihrem Figure 2 315 die Sonnenfleckenanzahl von 1600 bis zum Jahr 2000 auf. Für das Maunderminimum sind auch hier gar keine oder sehr wenige (0-25) Flecken dokumentiert, die anderen Zyklenmaxima variieren deutlich höher mit 50 bis 200 Flecken) und in Figure 3 zeigt sie auf: "**Figure 3 shows records of the sun's magnetism and of land temperatures of the northern hemisphere over the last 240 years. […] The two parameters are highly correlated, suggesting that changes in the sun's surface magnetism are linked to changes in the temperature.**" 316 Aus diesem Figure 3 kann für das Jahr 1800 eine um ca. 0.2 °C niedrigere Landtemperatur der Nord-Hemisphäre abgelesen werden als für das 1900. Für das Jahr 1800 (im Bereich des Dalton-Minimums, aber vor dem Tambora-Ausbruch) wird eine Durchschnittstemperatur von entsprechend 13.4 °C abgelesen. Aus Figure 2 ist für den Zeitraum um 1800 eine Sonnenfleckenanzahl zwischen 1790 und 1820 von 0 bis maximal 50 ablesbar. (Für 1750 ca. 13.60 °C mit Figure 3) „Every two centuries or so, the sun's magnetism drops to very low levels for several decades […] Quantitative records of the sun's magnetism over millenia come from measurements of radiocarbon (^{14}C) in tree rings and beryllium (^{10}Be) in ice cores. Records of the abundaces of those isotopes confirm the occurrence of the magnetic Maunder minima every few centuries, plus occasional, sustained magnetic maxima."317

Prof. Heinz Wanner gibt in „Ist die Sonne schuld am Klimawandel" in Figur 3 eine Temperaturabweichung für die letzten 1.000 an, 318. Ablesung: 0.50 °C = 13mm. Differenz, um 1900 (gestrichelte Linie = gemessene Temperatur) und um 1700 (durchgezogene Linie rekonstruierte Temperatur): 8 mm und damit 0.50 °C / 13 x 8 = 0.31 °C. Für die Zeit 1695 und 1720 errechnet sich eine Globaltemperatur von **13.3 °C.** Für die folgende Abschätzung wird für das Ende des Maunderminimums, Temperaturtiefpunkt, (keine Sonnenflecken) aus beiden Quellen eine rechnerische Globaltemperatur von **13.25 °C** zugrunde gelegt.

Maunderminimum: 13.25 °C = √√ (381.5 W/m² / 5,67040 /1E⁻8 W/m²) K − 273.15 K

13.25 °C sind eine konservative Schätzung. Mit Fig. 3319 von Prof. F. C. Ljunqvist, 2010, Stockholm University, ergibt sich ein Temperaturabfall aus dem geglätteten 10-Jahresmittel (1690: -0.70 °C 1900: -0.27 °C) somit für das Maunderminimum 13.17 °C. Ohne Glättung durch das 10-Jahresmittel ergibt es nur 13.15 °C.

Für die folgende Abschätzung wird eine solare Einstrahlung von 1.360 W/m² und für wieder Satm 24 W/m² zugrunde gelegt. Das Absinken der globalen Temperatur könnte mit einer leicht abgeschwächten Umwandlungsenthalpie LH einhergehen. Eine Reduzierung um 5 % würde LH von 69 W/m² auf 66 W/m² reduzieren.

---

315 Dr. Willie Soon, Dr. Salli Baliunas, 2003, Solar Variability and Global Climate Change, Fraserinstitute https//: www.fraserinstitute.org/sites/default/files/GlobalWarmingSolarVariability.pdf, S.82, Figure 2 , S.83.

316 Dr. Willie Soon, Salli Baliunas, 2003, Solar Variability and Global Climate Change, Fraserinstitute https//: www.fraserinstitute.org/sites/default/files/GlobalWarmingSolarVariability.pdf, S.82, Figure 3, S.83.

317 Dr. Willie Soon, Salli Baliunas, 2003, Solar Variability and Global Climate Change, Fraserinstitute https//: www.fraserinstitute.org/sites/default/files/GlobalWarmingSolarVariability.pdf, S.84 und S.85.

318 Prof. Heinz Warner, Ist die Sonne schuld am Klimawandel, Oeschger-Zentrum für Klimaforschung der Universität Bern Figur 3 Zeitskalen von Jahrhunderten, S.6.

319 Prof. F. Ch. Ljungqvist, 2010, A new reconstruction of temperature variability in the extra-tropical northern hemisphere during the last two millennia in Geografiska Annaler: Swedish Society for Antropolopgy and Geography, Series 92 A (3): 339-351. S.345 Fig. 3.

Jahr   Absorbed by Surface   = Surface Radiation + SH   + LH

1695-1720   464.5 W/m²   = **381.5** W/m²   + 17 W/m² + 66 W/m² (**13.25 °C**)

Absorbed by Surface + durch Albedo reflektierter Anteil + Satm = 1.360 W/m²/2
durch Albedo reflektierter Anteil = 680 W/m² - 24 W/m² - 464.5 W/m²
Albedo-Anteil = 680 – 24 – 464.5 = **191.5** W/m²
Mit *Clear Sky Albedo* gleich ½ x Albedo wie in 5.3: 95.75 W/m² = 0.5 x 191.5 W/m²

90 W/m² sind das thermische Fenster für die mittlere Strahlung „top of" bei einer mittleren Bedeckung von 50 %. Damit wird umgangen, nochmals zwischen „clear" und „cloudy sky" zu unterscheiden.

I	**+191.5**			-680					**+488.5**	= 0
II	+95.75	+95.75	-95.75	-584.25		+83			+405.5	= 0
III	+95.75			-560.25	-24	+83	+24		+381.5	= 0
V	+95.75			-560.25		+83		+90	+291.5	= 0
VI	+95.75			-560.25		+66	+17	+90	+291.5	= 0
VII		+95.75	-95.75	**-464.50**		+66	+17		**+381.5**	= 0

Albedo in %   = durch Albedo reflektierter Anteil / Einstrahlung x 100
28.16   = **191.5** W/m² / **680** W/m² x 100

Relative Albedo-Änderung, bezogen auf a = 26.33 von Albedo AQUA Dez 2012-Nov 2015
7 % = (28.16 – 26.33) /26.33 x 100

Im Vergleich zu:
Absolute Albedo-Änderung 28.16 %-26.33 % = 1.83 %

Mit mehr als 7 % höherer Bewölkung als heute bzw. höheren Albedo aufgrund verstärkter kosmischer Einstrahlung im Maunderminimum wäre eine globale Temperatur von 13.25 °C erklärbar.

9.9   Ausblick – Prognose für den Verlauf der Globaltemperatur 2020-2045

Das Laboratory for Atmospheric and Space Physics der University of Colorado Boulder veröffentlichte im Bereich Solar Radiation & Climate Experiment auf ihrer Universitäts-Webseite eine „historical TSI reconstruction[320] [321]". Diese Rekonstruktion wird dort als „unofficial" einerseits, aber andererseits als „are believed to reflect the most realistic and up-to-date estimates of the solar variability over the last 400 years" eingeschätzt. Auf diese Rekonstruktion der solaren Einstrahlung (TSI) nimmt ihrerseits die Firma meteo.plus Bezug und schreibt: „Von 1650 bis 1700 lag der Wert nahezu konstant bei 1.360 W/m². Während dieser Zeit konnten keine Sonnenzyklen nachgewiesen werden. [...] Die Sonnenflecken-Relativzahlen liegen während eines Sonnenminimum oft bei 0, im Maximum können sie jedoch Werte von über 500 erreichen."[322]

---

[320] Laboratory for Atmospheric and Space Physics der University of Colorado Boulder, https://lasp.colorado.edu/home/sorce/data/tsi-data/ Stand vom 28.05.2020.

[321] Greg Kopp, https://spot.colorado.edu/~kopp/TSI/ Stand vom 28.05.2020.

[322] Firma Meteo.plus, Tempsvrai met.servives, 55280 Nierstein, Deutschland, https://meteo.plus/abstrahlung-der-sonne-tsi.php. Stand vom 28.5.2020.

Zum Einfluss von kosmischer Strahlung, Wolkenbedeckung und Erdklimabeeinflussung forscht auch Prof. Masayuki Hyodo von der Kobe Universitiy, Japan und schreibt zu seiner Studie:

"The Intergovernmental Panel on Climate Change (IPCC) has discussed the impact of cloud cover on climate in their evaluations, but this phenomenon has never been considered in climate predictions due to the insufficient physical understanding of it", comments **Professor Hyodo**. "This study provides an opportunity to rethink the impact of clouds on climate. **When galactic cosmic rays increase, so do low clouds, and when cosmic rays decrease clouds do as well, so climate warming may be caused by an opposite-umbrella effect. The umbrella effect caused by galactic cosmic rays is important when thinking about current global warming as well as the warm period of the medieval era.**" 323 [Hervorhebungen hinzugefügt]. Dies ist die Ursache, weshalb Dr. Soon/Dr. Baliunas auch weltweit geologische Hinweise für mittelalterliche Warmzeit aufführen konnten (Kap. 4.20).

Die Sonne besitzt mit geringfügigen Aktivitätsschwankungen einerseits eine direkte und andererseits mit den starken Schwankungen ihrer magnetischen und ihrer elektrischen Felder (sichtbar über einen Sonnenfleckenmechanismus) und mit Wechselwirkungen mit kosmischer Strahlung und eine starke indirekte Interaktion auf die Albedo der Erde und damit indirekt auf kürzerfristige globale Temperaturzyklen der Erde. Dann liegt es nahe, dies für eine Prognose des globalen Temperaturverlaufes (2020-2045) zu kombinieren.

Speziell zum Sonnenfleckenzyklus veröffentlichte die NASA 2019: „The Sun`s activity rises and falls in an 11-year cycle. The forecast for the next solar cycle says it will be the weakest of the last 200 years. The maximum of this next cycle - **measured in terms of sunspots number, a standard measure of solar activity level** – could be 30 to 50 % lower than the most recent one." 324   [Hervorhebungen hinzugefügt] **Die NASA beurteilt die Sonnenaktivität über die Anzahl der Sonnenflecken als** <u>**Standardverfahren.**</u>

Neben dem 11-Jahres-Schwabe-Sonnenfleckenzyklus gibt es noch einen 22-, 52-, 88-, 105-, 212-, 420-Jahres-Sonnenzyklus. Das Ende eines 11-Jahres-Zyklus ging in den letzten 300 Jahren mit einer sehr geringen Sonnenfleckenzahl einher (0 bis ca. 70) 325 und 326. Eine **zukünftige Abschätzung** der Sonnenfleckenfolge **aus der Überlagerung all dieser unterschiedlich langen Zyklen** errechnen Clilverd et al. in ihrem Figure 2.327 Hierin ist ebenfalls ein starkes Absinken der Sonnenfleckenanzahl (unter 50) für den Zeitraum 2020 bis 2040 ausgewiesen. Ob dies dem Minimum der Zeit 1695-1720 entsprechen wird, wird die Zukunft zeigen. **Eine stärkere Abkühlung aufgrund des Sonnenfleckenmechanismus zwischen 2020 und 2045 wäre auch nach dem Clilverd-Modell plausibel.** Ein Absinken zumindest unter das Dalton-Minimum (1790-1820) erscheint für die Zukunft wieder möglich. Es liegt nun nahe: Man hat zwischen 2013 und 2018 mit a = 26.33 % ein Albedo-Minimum mit einem lokalen Temperaturmaximum (siehe Diagramm 1) erreicht. Die Albedo könnte nach 2020 in den nächsten Jahren wieder ansteigen und damit die Temperatur fallen.

Legt man einen Sonnenflecken-Mechanismus als Prognose zugrunde, könnte für ein Maunderminimum (1645-1710) als unterer, tiefster Wert die Albedo 28.16 % erreichen und die Globaltemperatur auf 13.25 ˚C absinken,

---

323 Prof. Hyodo et alt, 2019, Winter monsoons became stronger during geomagnetic reversal, Science News, published online July 2019, source Kobe University. https://www.sciencedaily.com/releases/2019/07/190703121407.html. Stand vom 22 Mai 2020.

324 Abigail Tabor, (2019), NASA, https://www.nasa.gov/feature/ames/solar-activity-forcast-for-next-decade-favorable-for-exploration, Last Update:June 12, 2019. Stand vom 3.6.2020.

325 Firma Meteo.plus, Tempsvrai met.servives, https://meteo.plus/ sonne-historie.php. Abbildung Solar Activity Proxies hierin Sunspot Number Stand vom 28.5.2020.

326 Firma Meteo.plus, Tempsvrai met.servives, https://meteo.plus/ sonne-1700.php. Hierin: Verlauf der Sonnenaktivität (1820 -2020) Stand vom 28.5.2020.

327 Clilverd, Clark, Ulrich et alt. (2006), Predicting Solar Cycle 24 and beyond, Space Weather, Vol. 4, S09005, S.1- S.7 doi:10.1029/2005SW000207, S.7 Figure 2. Variation of the average monthly sunspot number since 1750 compared with the results from the low-frequency modulation model of equation (1).

wenn man die Albedo-Veränderung durch geänderte Landnutzung nicht betrachtet. Als oberer Wert unter Berücksichtigung der Sonnenfleckenzahlen wäre das Dalton-Minimum, vor Tambora-Ausbruch, T =13.4 °C ein oberer Wert. Ein modernes Minimum könnte sich mit 13.33 °C dann in der Mitte bewegen. Mit einem anschließend stärkeren Sonnenfleckenzyklus, deutlich mehr Sonnenflecken nach 2050, würde laut Figure 2 Clilverd et al. die Globaltemperatur wieder ansteigen.

Welche Satellitenmesswerte könnte man für ein solches Temperaturminimum zwischen 2020 und 2045 als Hypothese erwarten, würde man das ERBE mit dem ERBS-Satelliten wiederholen?

Modell 5 abgeändert für die rein theoretische Betrachtung eines möglichen globalen Temperaturminimums zwischen 2020 und 2045 (Hypothese):

Diese Satellitenmesswerte könnte man für ein Temperaturminimum zwischen 2020 und 2045 erwarten, sollte man das ERBE-Experiment mit den identischen Scanner und Nonscanner wiederholen.

2020-2045 (Minimum)   464.9 W/m²   = **381.9** W/m²   + 17 W/m² + 66 W/m² (**13.33 °C**)

I	**+191.1**			-680					**+488.9**	= 0
II	+95.55	+95.55	-95.55	-584.45		+83			+405.9	= 0
III	+95.55			-560.45	-24	+83	+24		+381.9	= 0
V	+95.55			-560.45		+83		+90	+291.9	= 0
VI	+95.55			-560.45		+66	+17	+90	+291.9	= 0
VII		+95.55	-95.55	**-464.90**		+66	+17		**+381.9**	= 0

Albedo in %   = durch Albedo reflektierter Anteil / Einstrahlung x 100
28.10   = **191.1** W/m² / **680** W/m² x 100

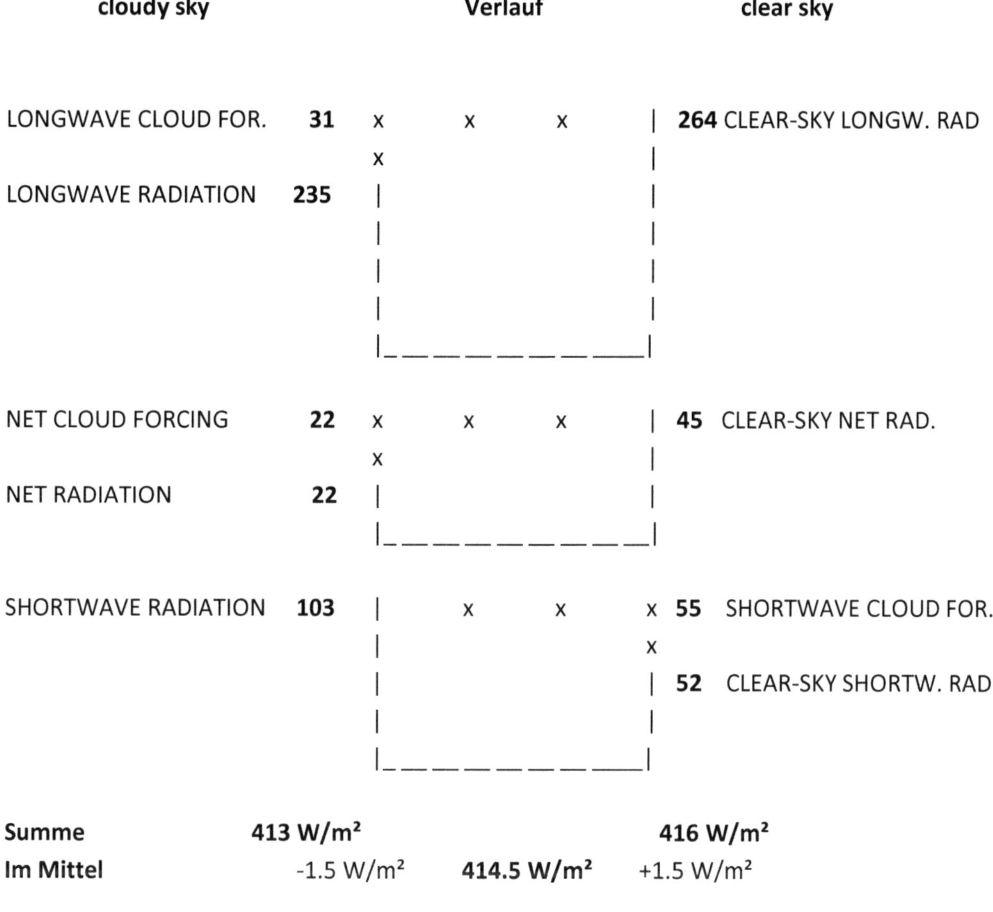

Darstellung 6   Schematischer Verlauf der Leistungsbeträge aus Strahlung, ohne Maßstab, für ein globales Temperaturminimum zwischen 2020 und 2045 **(Prognose)**

Albedo = SHORTWAVE RADIAT. / (SHORTWAVE RADIAT. + MAX. OUTGOING LONGWAVE RADIAT) in W/m²

Albedo   *= 0.2806 = 103 W/m² / (103 W/m² + 264 W/m²) ≈ 0.281*
Clear-Sky Albedo = 0.1456 = 45 W/m² / (45 W/m² + 264 W/m²)

Erwartetes globales Jahresmittel für ein Temperaturminimum der elf Messwertreihen, sollte der ERBS-Satellitenversuch zwischen 2020 und 2045 wiederholt werden:

GLOBAL MEAN OF	Mittelwert
SHORTWAVE RADIATION in W/m²:	103
LONGWAVE RADIATION in W/m²:	235
NET RADIATION in W/m²	22
ALBEDO in %:	**28.06**
CLEAR-SKY SHORTWAVE RAD. in W/m²:	52
CLEAR-SKY LONGWAVE RAD. in W/m²:	264
LONGWAVE CLOUD FORCING in W/m²:	31
CLEAR-SKY NET RADIATION in W/m²:	45
CLEAR-SKY ALBEDO in %:	14.6
SHORTWAVE CLOUD FORCING in W/m²:	-55
NET CLOUD FORCING in W/m²:	-22

Diagramm 2 zeigt einen sehr vereinfachten Verlauf von Albedo und Globaltemperatur mit sechs Stützstellen für 1700 bis 2050 dar. Ursächlich ist die Änderung der ankommenden kosmischen Strahlung auf die Erde durch die Änderung des Sonnen-/Erdmagnetfeldes, durch eine Änderung des elektrischen Feldes der Sonne, das indirekt in einer Änderung der Sonnenfleckenanzahl seinen sichtbaren Ausdruck findet.

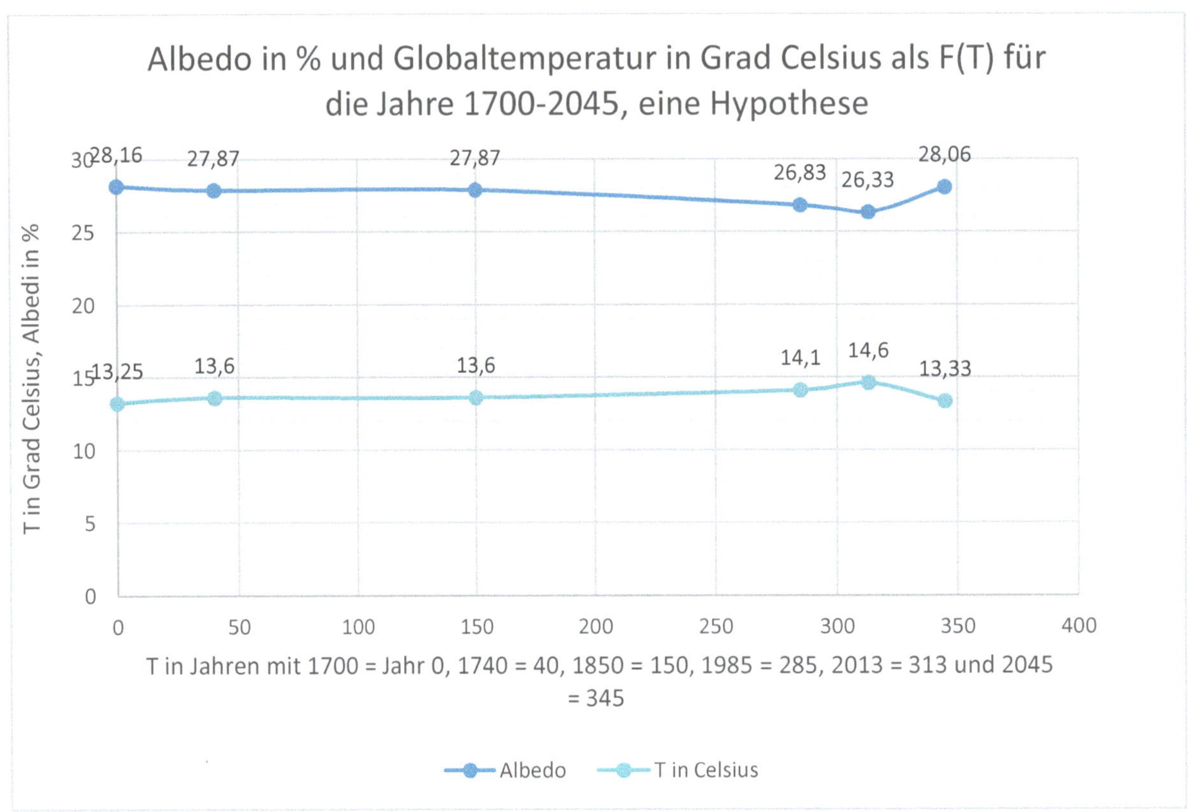

Diagramm 2:   Prognose zeitlicher Verlauf der Albedo und der Globaltemperatur (1700 und 2045)

Welche Auswirkungen hat eine Globaltemperatur von ca. 13.33 °C?

Es ist vergleichbar mit dem Maunderminimum. Es werden schwere, lange kalte Winter, Fröste bis weit in den Frühling einsetzen. Frostperioden werden auftreten bis nach Italien, Spanien und Griechenland. Auch die USA, Russland und China werden große, schwere Kältewellen erleiden. Die Südhalbkugel wird ebenso getroffen. Der Heizbedarf wird stark steigen. In Deutschland beispielsweise werden Solaranlagen weite Teile des Jahres von Eiskristallen/Schnee bedeckt sein und keinen Strom erzeugen. Stromdefizite bei gleichzeitig stark gestiegenem Strombedarf durch Dekarbonisierung werden die Netze zusammenbrechen lassen. Die Elektromobilität wird vermutlich stillstehen. Elektronische Kommunikation und Zahlungssysteme werden ausfallen. Was die Menschen in der Natur zum Abholzen finden, werden sie verbrennen. Es wird weltweit schwerste Missernten und komplette Ernteausfälle geben bei bis dahin gestiegener Weltbevölkerung. Der Dekarbonatisierung werden Millionen Menschen zum Opfer fallen.

9.10 Prof. Zharkova und die Steuerung des Klimas durch die Sonne in kurz- und langfristigen Zyklen

Sonnenfleckenzyklen werden nach unterschiedlichen Verfahren für die Zukunft vorhergesagt. Folgende Liste zeigt als Auszug einen Teil des vergangenen 24. Sonnenfleckenzyklus 2014 bis 2020 und ab 2020-2022 eine typische Prognose des von der Mehrheit der Prognostiker erwartenden beginnenden 11-jährigen 25. Sonnenfleckzyklus, veröffentlicht vom Australian Government Bureau of Meteorology:

```
                OBSERVED AND PREDICTED SOLAR INDICES 328

            Prepared by Bureau of Meteorology Space Weather Services

                          Issued on 01 June 2020

-------------------------------- SMOOTHED SUNSPOT NUMBER ------------------------
Year   Jan   Feb   Mar   Apr   May   Jun   Jul   Aug   Sep   Oct   Nov   Dec

2014 109.3 110.5 114.3 116.4 115.0 114.1 112.6 108.3 101.9  97.3  94.7  92.2
2015  89.3  86.1  82.2  78.9  76.1  72.1  68.3  66.4  65.9  64.3  61.2  57.8
2016  54.4  52.5  50.4  47.8  44.8  41.5  38.5  36.0  33.2  31.5  29.9  28.5
2017  27.8  26.5  25.7  24.8  23.3  22.2  21.0  19.6  18.3  16.7  15.4  15.0
2018  14.2  12.6   9.9   7.8   7.5   7.2   7.0   6.7   6.5   6.8   6.7   6.0
2019   5.4   5.0   4.5   4.3   3.9   3.7   3.5   3.5   3.1   2.6   2.1   2.0e
2020   2.9e  3.9e  5.1e  6.5e  8.2e 10.2e 12.3e 14.7e 17.6e 20.7e 24.3e 26.7
2021  30.6  34.4  38.3  43.0  48.2  53.2  57.8  62.1  66.3  70.7  75.2  79.3
================================================================================

Estimated values have an "e" suffix and are calculated from
observed monthly and predicted smoothed numbers. Observed smoothed values
precede the estimated values while predicted smoothed values follow the
estimated values.
```

Tabelle 12   Beobachtete und vorhergesagte Sonnenflecken 2014-2020 Bureau of Meteorology Space and Weather Severvices, Australian Government.

Diese Prognose steht als pars pro toto für das „Settled"-Verständnis eines 11-Jahres-Sonnenmechanismus'. „Der Beitrag der Sonne zu den beobachteten Änderungen der globalen Erdoberflächentemperatur wird von dem 11-Jahreszyklus dominiert, mit dem Schwankungen der globalen Temperatur von bis zu 0,1 °C zwischen Minimum und Maximum erklärt werden können."329 Die anderen Zyklenjahre, Lunar 9.1-, Hale 22-, Yoshimura 61-, Gleissberg 84-92-, Velasco 120-, Landscheid 172-, De-Vries / Suess 210-240-, Bond 934-, Dansgard-Oeschger 1470-, Hallstatt / Bray 2300-, sind bekannt. Sie werden für die Erklärung einer kürzerfristigen Globaltemperaturänderung mit der „Setteld Theory" der Standard-Modelle nicht berücksichtigt.

Der Absolutbetrag der TSI stellt die direkte Wirkung der Sonne dar. Die indirekte Wirkung der Sonne ist nicht auf die Varianz des 11-Jahreszyklus limitiert. Die indirekte Wirkung der Sonne über die Änderung ihrer elektromagnetischen Felder beeinflusst direkt die Wolkenbildung auf der Erde und ist in der Sonnenfleckenanzahl sichtbar. **Die Güte einer** Prognose der Sonnenflecken zeigt sich im Vergleich mit den beobachteten Sonnenflecken. Sonnenfleckenzahlen werden tagesaktuell veröffentlicht auf: https://spaceweather.com.

---

328 Australian Government Bureau of Meteorology, https://www.sws.bom.gov.au/Solar/1/6 Stand vom 30.6.2020

329 IPCC 2014, Klimaänderung 2013 Naturwissenschaftliche Grundlagen, Häufig gestellte Fragen und Antworten FAQ 5.1, S.22, rechte Spalte 3.Absatz, ISBN 978-3-00-056795-7.

Bereits 2010 weist Prof. Nicola Scafetta in "Climate Change and its Causes" hin: „A climate stabilization or cooling until 2030 – 2040 is forecast by the phenomenological model."330

Prof. V. Zharkova von der Northumbria University, England und ihr Team forschen unter anderem im Bereich der Oszillation der elektrischen und magnetischen Felder der Sonne, Abstandsänderungen Sonne-Erde durch Verschiebungen des Sonnenschwerpunktes und Sonnenflecken: „Zharkova was one of only two scientists to correctly predict solar cycle 24 would be weaker than cycle 23 – in fact, only 2 out of 150 models predited this. **Zharkova`s models have run at a 97% accuracy and now suggest a Super Grand Solar Minimum is on the cards beginning 2020. Grand Solar Minimums are prolonged periods of reduced solar activity, and in the past have gone with times of global cooling."** 331 [Hervorhebungen hinzugefügt]. "Recently discovered long-term oscillations of the solar background magnetic field associated with double dynamo weaves generated in inner and outer layers of the Sun indicate that the solar activity is heating **in the next three decades (2019 -2055) to a Modern grand minimum similar to Maunder one."**332 [Hervorhebung hinzugefügt] Die sichtbargemachten Wellen-Extrema des elektromagnetischen Dynamos der Sonne in kurz- und langfristigen Sonnenzyklen erzeugen regelmäßige schmetterlingshafte Strukturen. Die hierin zu Ausdruck gekommene geänderte Sonnenaktivität, sichtbar auch in Sonnenfleckenzahlen oder ihrem Ausbleiben, erzeugt indirekt die kurz- und langfristigen Globaltemperaturzyklen der Erde. Diese wird ergänzt durch Abstandsänderungen zwischen Sonne-Erde und auch durch Gravitationseinflüsse anderer Planeten.

Zharkovas Ergebnisse legen dar, dass es nach **dem modernen Minimum zwischen 2020 und 2050**, ab 2050 – durch die Sonne über Abstandsänderungen - einen langfristigen Temperaturanstieg von bis zu 3 °C geben wird. Dies konterkariert nicht nur das IPCC-Dogma – globaler Anstieg unsymmetrischer Moleküle wie CO_2 und CH_4 als gefährlichster einziger Temperaturtreiber. Publikationen, die die IPCC-Grundlagen infrage stellen, sind für wissenschaftliche Fachzeitschriften, die dem IPCC nahestehen, sehr unbequem. Prof. Rahmstorf einerseits: „Skepsis ist gesund und geradezu die Essenz der Wissenschaft"333 Andererseits sitzen Prof. Rahmstorf und Frau Prof. Claudia Kempfert u. a. im wissenschaftlichen Beirat von NATIONAL GEOGRAPHIC (GERMAN)334 und achten darauf, es von ihrem Standpunkt (IPCC Dogma) abweichenden Veröffentlichungen sehr, sehr schwer zu machen. Ein anderes prominentes Beispiel: „[Prof.] **Svensmark wurde aufgrund seiner mainstreamkritischen Gedanken** von den öffentlichen Geldtöpfen abgeschnitten und **von Aktivisten der harten Klimalinie gemobbt**. Das einzige Motiv, das Svensmark treibt, ist das Streben nach wissenschaftlicher Wahrheit, eine altmodische Tugend, die immer seltener in den Instituten anzutreffen ist." 335[Hervorhebung hinzugefügt] Oder Philippe Verdier, bis 2015 Meteorologe bei France 2: „Einen Menschen wie Verdier auf Grund seiner ´klimatischen Gesinnung´ einfach zu entlassen, ist jedenfalls kein Weg aus der Klimamisere. Vielmehr als unliebsame Anschauungen zu verdrängen, sollte es auch bei dem Thema Klimawandel mehr Platz für Diskussion geben."336 Oder die Entlassung von Prof. Peter Ridd, oder Prof. Roger Pielke Jr., 2016 im Wall Street Journal, Meinungsteil, hier frei übersetzt: „Im Jahr 2011 signalisierten Autoren in der Zeitschrift Foreign Policy, dass einige mich [Pielke Jr.] beschuldigten, ein

---

330 Prof. Nicola Scafetta, 2010, Climate change and its causes, A Discussion About Some Key Issues, Cornell UniversityarXiv:1003.1554v1 [physics.geo-ph].

331 https://electroverse.net/professor-valentina-zharkova-breaks-her-silence-and-confirms-super-grand-solar-minimum. Stand vom 16.06.2020.

332 Zharkova V.V, Shepherd, S.J., Popova E., 2020, Oscillations of the baseline of solar magnetic field and solar irradiance on a millennial timescale, abstract, 2020arXiv200206550Z. http://ui.adsabs.harvard.edu/abs/2020arXiv200206550Z and Prof. Zharkova: The Solar Magnet Field and the Terrestrial Climate on youtube: https://youtu.be/M_yqlj38UmY Stand vom 20.06.20

333 Prof. Rahmsdorf (PIK) in Antworten auf Leserzuschriften auf die Frage: Wollen Sie mit dem Untertitel, Rote Karte für die Leugner´ Andersdenkende vom Platz stellen? http://www.pik-potsdamm.de/~stefan/leser_antworten.html Stand vom 22.6.2020

334 National Geographic (German), Verlag NG Media GmbH & Co. KG, München, Lizenznehmer von NATIONAL GEOGRAPHIC PARTNERS, LLC, Ausgabe Juli 2020, Impressum S.148.

335 https://kaltesonne.de/durchbruch-in-der-klimaforschung-so-lasst-die-sonne-die-wolken-tanzen/ Stand vom 1.7.2020

336 https://www.donnerwetter.de/klima/unbequemer-wetterfrosch-cid-26085.html Stans vom 02.07.2020.

Klimawandel-Leugner zu sein. Ich habe mir den Titel verdient, erklärten die Autoren, indem ich bestimmte Grafiken in IPCC-Berichten infrage stellte. Dass ein Wissenschaftler, der in einem Bereich seines Fachwissens Fragen zum zwischenstaatlichen Ausschuss für Klimawandel stellt, als Leugner geteert wurde, zeigt das Gruppendenken bei der Arbeit"337. Ein aktuelles Beispiel ist der Fall von Frau Prof. Zharkova: Zu einer in einem Peer-Review-Eingabe von einem wissenschaftlichen Verlag (Nature) zurückgewiesenen Studie 338 verfasste Frau Prof. Zharkova folgende eigene Stellungnahme. Ein Auszug:

„…The Editor`s statement does not appreciate the fact of the changing S-E distance because the post-publication referees insisted that such the S-E distance remains the same at any time. This is like medieval science denying the evidence from JPL ephemeris. […] Therefore, the retracted paper main body, abstract and conclusions that the temperature is still to increase by 2.5-3.0C C in the next 600-700 339 years are still correct. And it does not depend on the distance used in the paper because we did not calculate this temperature from the solar irradiance yet but used Akasofu`s curve. **Why the paper is retraced then?** We consider this retraction by Editor of Scientific Reports as a shameful step to cover up the truthful facts about the solar and Earth motion reported by the retracted paper, in our replies to the reviewer comments and in the further papers. **This retraction by the Editor of Scientific Reports only serves to mask the essential shortcoming in the current solar forcing mechanism from the sun, which was not considered in the terrestrial temperature models**. This is the extra-heating the Earth gets because the sun moves in its SIM towards the Earth orbit in the next 700 years that was derived as a consequence from our research about baseline oscillation of magnetic field. **The history, we believe, will judge this act of our paper retraction as unfair …**" 340 [Hervorhebung hinzugefügt].

9.11   Aussagen eines offiziellen IPCC-Gutachters über das IPCC im Jahr 2020:

Prof. Guus Berkhout in einem offenen Brief vom 11 Juni 2020:

„…Das IPCC und die damit verbundene aktivistische Klimabewegung sind stark politisiert und kritische Wissenschaftler werden zum Schweigen gebracht. **Als offizieller IPCC-Gutachter habe ich den bevorstehenden Klimabericht geprüft und bin zu dem Schluss gekommen, dass es keine Wahrheitsfindung mehr gibt.** […] Nur wenige Mutige wagen zu sagen, dass zeitgenössische Messungen den Modellvorhersagen widersprechen. […] Warum wird nicht gewarnt und gesagt, dass all diese `Gewissheits`-Ansprüche über den Klimawandel nicht wissenschaftlich abgedeckt sind? **Ich weiß, dass es weltweit viele Wissenschaftler gibt, die die Behauptungen des IPCC bezweifeln oder nicht zustimmen.** Ich weiß auch aus eigener Erfahrung und aus den Geständnissen meiner Kollegen, dass die Forscher unter großem Druck stehen, sich dem Konsens anzuschließen. Aber die Wissenschaftsgeschichte hat immer wieder gezeigt, dass neue Erkenntnisse nicht von den Anhängern, sondern von den Andersdenkenden kommen. […] **Das Schlimmste am IPCC-Ansatz ist jedoch, dass er totalitäre Merkmale aufweist und Kritik nicht toleriert wird. Kritische Eingaben werden ausnahmslos abgelehnt oder weit entfernt gestoppt.** […] Es besteht große Angst, die Klimaerkenntnisse mit neuen Konzepten voranzutreiben.

---

337 Roger Pielke Jr., 2016, My unhappy life as a climate heretic, htpps://tallbloke.wordpress.com/2016/12/03/roger-pielke-jr-my-unhappy-life-as-a-climate-heretic/. Stand vom 2-07.2020, siehe auch 2016, Roger Pielke, My unhappy life as a climate heretic in The Wall Street Journal update Dec. 2, 2016, 7:04 pm ET

338 Prof. Zharkova V.V, Shepherd S.J., Zharkov,S.I.et al. Retracted Article: Oscillations of the baseline of solar magnetic field and solar irradiance on a millennial timescale. *Sci Rep* 9,9117 (2019), https://doi.org/10.1038/s41598-019-45584-3. Anmerkung zu oben *Sci Rep* 9,9117 (2019): Received 11 January 2019 Accepted 04 June 2019 Published 24 June 2019

339 **Anmerkung:** Die Studie von Dr. Collin Morice et altera (2012), Quelle 80 The HADCRUT4 DATASET, weist in ihrer Figure 12, S.20, einen Temperaturanstieg ca. 0.7K/100Jahre zwischen 1900 und 2000 für die Nord- bzw. Süd- Hemisphäre aus. Aus der Annäherung der Sonne an die Erde, nur durch die Schwerpunktänderung der Sonne, die der IPCC Theorie entgegensteht, wirken im Mittel nach Prof. Zharkova 0.42K/100Jahre (2.75K/650x100) auf die gesamte Erde Temperatur erhöhend. **Damit verbliebe zwischen 1900 und 2000 als Trend im langfristigen Mittel lediglich 0.28 K für alle anderen Temperatur erhöhenden Effekte, einschließlich CO$_2$ übrig.** Zum Vergleich als **Größenordnung** die Klimasensitivität für CO$_2$ nach: Prof. Reinhart <= 0.24 K; Dr. F. Miskolczi 0.24 K; Prof. Kauppinnen/Malmi 0.24 K (Kap. 4.8).

340Prof. Valentina-Zharkova-comments.pdf.

Das stellt sich auch heraus; In den letzten 30 Jahren haben wir in der IPCC-Community kaum neue Konzepte gesehen. Es geht nur um Verfeinerungen der CO_2-Erwärmungshypothese. [...] **Und die Vergangenheit zeigt auch, dass der wissenschaftliche Fortschritt immer von Einzelpersonen und kleinen Gruppen ausgeht, die den Mut haben sich, sich den vorherrschenden Ansichten zu widersetzen.** Wissenschaft ist nie fertig. Das Pariser Klimaabkommen (2015) basiert auf der Lüge `The science is settled`. Wie traurig ist es, dass Wissenschaftler, die sich dem widersetzten, ketzerisch sind. [...] **Die Geschichte wird die Verantwortlichen beschuldigen.**"[341] [Hervorhebung hinzugefügt]

10. Fazit

Die Modelle der „settled theory" bauen maßgeblich auf den strukturellen Prinzipen des Earth´s Annual Global Mean Budget von KT97 und seinem Vorläufer von Barkstorm/Ramanathan/Harrison (1989) auf. "Die Nachweise dieser „Kritischen Analyse zur globalen Klimatheorie" zeigen, die temperaturerhöhende Wirkung von CO_2-Molekülen aus Reemission ist geringfügig und ihr Einfluss auf die Globaltemperatur unbedeutend. Durch falsche Strahlungsverteilung auf der untersten Modellebene werden in KT97 rund 80 % der direkten Wirkung der solaren Einstrahlung entfernt und durch einen bilanzneutralen Effekt ersetzt. Für diesen Effekt können nun in der Modellierung mathematisch beliebig große Werte gewählt oder „postuliert" werden. Die temperaturerhöhende Wirkung von CO_2 wird an diesen mathematischen Effekt direkt gekoppelt. Die indirekte, elektromagnetische Wirkung der Sonne bleibt darin komplett unberücksichtigt. Die neue Modellierung Modell 5 auf Basis aller Satellitenmessreihen von ERBS, bestätigt durch TERRA und AQUA, führt zu einem entgegengesetzten Erklärungsmuster. Beide Wirkungen, direkte und indirekte Wirkung, in Verbindung mit veränderlichem Sonne-/Erd-Abstand, modulieren anstelle eines Treibhauseffektes von 33 K die Globaltemperatur der Erde in kurz- und langfristigen Zyklen als maßgebliche Haupteffekte. Politische Maßnahmen, die auf die Beschränkung demokratischer Freiheitsrechte abzielen, berufen sich auf die „settled theory".

Die hohe Sonnenaktivität, die stärkste seit 8.000 Jahren (Kap. 9.2), hat aktuell bezüglich der Globaltemperatur wohl ihr maximales Plateau erreicht. Es werden sicherlich noch Temperaturspitzen heißer Jahre mit hoher Globaltemperatur kommen, aber der <u>Trend</u> der indirekten Sonnenwirkung über ihren elektrischen und magnetischen Dipol wird bis zum Jahr 2045 zu einer sehr starken globalen Abkühlung über viele Jahre führen. Die Modellierung weist den Tiefpunkt der Globaltemperatur um das Jahr 2045 (+/- 5 Jahre) mit 13.3 °C aus. Für Gesellschaften, die sich auf stark ansteigende und nicht stark fallende Temperaturen vorbereiten, wird dies katastrophale Folgen haben. Die starke Abkühlung des Super-Grand-Solar-Minimum wird zu Ernteausfällen, sehr hohem Heizbedarf, Stromnetz-Zusammenbrüchen, Verteilungskämpfe um verbliebene Ressourcen und Bürgerkriegszuständen, dem Recht des Stärkeren und Millionen Hungertoten führen. Die Eintrittswahrscheinlichkeit in Verbindung mit den wissenschaftlichen Arbeiten des Teams unter Leitung von Prof. Zharkova für das „Super-Grand-Solar-Minimum" liegt bei 97 %.

---

341 Offener Brief von **Prof. Guus Berkhout** an Prof. Sluiter, Präsident KNAW, Amsterdam, https://clintel.nl/open-brief-aan-knaw-sluit-geen-wetenschappers-met-een-andere-visie-uit/ Stand vom 4.7.2020

Anhang 1 Ein- und Abstrahlung am Hemisphären-Modell 5 mit Tag- und Nachtseite

Die solare Einstrahlung (TSI) von 1.368 W/m² an einem Tag auf der Kreisfläche (r² π) mit r = Erdradius entspricht der Abstrahlung mit 342 W/m² (1368 W/m²/4) als Durchschnittswert auf der gesamten gekrümmten Erdkugeloberfläche (4 π r²). Dieser Durchschnittwert gilt, da es der Durchschnitt in 24 h ist, für jeden Ortspunkt auf der Kugeloberfläche und so für jede Sekunde der 24x60x60 Sekunden eines Tages. 342 W/m² Abstrahlung in einer Sekunde sind daher auch der zeitliche Mittelwert in 24x60x60 Sekunden. Wird nun die Abstrahlungsleistung einer Sekunde von 342 W/m² (342 W/m² = 107 W/m² Reflektion + 235 W/m² Abstrahlung) mit einer Einstrahlungsleistung einer Sekunde von 342 W/m² gleichgesetzt, wie in Modell KT97 FIG.7., gelten 342 W/m² wieder sowohl **für jede Sekunde** als auch **für jeden Ortspunkt** auf der gekrümmten Kugel. Damit wird die Einstrahlung in jeder einzelnen Sekunde in die dunkle Nachtseite mit einbezogen. In jeder Sekunde ist es in der Nacht **mathematisch** taghell.

Dieses physikalische Paradoxon ist aber ein gravierender Widerspruch zur Beobachtung. Die Verdopplung der durchschnittlichen Einstrahlungsleistung von 342 W/m² auf 684 W/m² auf der halben beleuchteten Kugel für jede Durchschnittssekunde entspricht **ebenfalls** der eingestrahlten Energie in 24 h, lässt aber die Nachtseite in jeder Sekunde dunkel. Die Speicherung der Tageswärme erfolgt durch die unterschiedlichen Materialeigenschaften der Molekülverbindungen der Erdoberfläche/Atmosphäre. Diese beruht auf unterschiedlicher Speicherkapazität und unterschiedlicher Wärmeleitfähigkeit. **Die Modellierung von 342 W/m² „heizt" in jeder Sekunde jeden Ortspunkt auf der Kugel sofort „nach". Oder anders formuliert: 342 W/m² Einstrahlungsleistung sind nach jeder Sekunde als Wärme „sofort" verloren. Es gibt mit der durchschnittlichen Einstrahleistung von 342 W/m² im Modell 4 damit keinen „Effekt" der Wärmespeicherung.** Deshalb muss bei der niedrigen Einstrahleistung von 342 W/m² in jeder Sekunde in diesem Modell „nachgeheizt" werden. Wärmespeicherung/Leitfähigkeit sind aber in Wirklichkeit dafür verantwortlich, dass auf der Nachtseite die Temperatur nicht auf -276K fällt. Wenn der natürliche Effekt der Wärmespeicherung über Nacht mit dem Mittelwertmodell von 342 W/m² Einstrahlung jeder Sekunde wegfällt – entgegen der Beobachtung –, **können 342 W/m² Abstrahlleistung** von der Erdkugel (als abgegebenen Energie in 24 h) **zwingend nicht die Bildung der durchschnittlichen Oberflächentemperatur hervorrufen.** Die folgenden Darstellungen (Zahlen in W/m²) zeigen:

Das energetische Gleichgewicht der Ein- und Abstrahlung bei Ansatz des Verteilungsfaktors der Strahlung TSI von ½ mit der Heizleistung von 684 W/m² auf der beleuchteten Tageshälfte berücksichtigt den Zeitversatz zwischen Ein- und Abstrahlung am Ortspunkt und damit die Speicherwirkung. Es entfällt das Nachheizen auf der Nachtseite in jeder Sekunde oder in jedem T gegen 0. Die Leitfähigkeit und die Speicherwirkung der Erdkugel, unberücksichtigt in KT97, sind andererseits unabhängig von der Einstrahlleistung in 24 h, aber entscheidend für die Temperaturbildung auf Tag- und Nachthalbkugel. Deshalb wird die Erde wird nun in zwei Halbkugeln (Hemisphären) H_1 und H_2 aufgespalten. Ausgehend von der Modellierung von Kiehl und Trenberth (1997) mit Albedo a = 0.319 wird zum Schluss auf die vom ERBS-Satelliten gemessene Albedo von a = 0.269 übergegangen. Die **Einstrahlung** in 24 h der TSI auf Kreisfläche $A_{Einstrahlkreis}$ ist gleich $A_{kreis} = R^2 π$ und **ist gleich Abstrahlung** auf der Kugeloberfläche $A_{kugel} = 4 R^2 π$, und damit $A_{kugel} = 4 A_{kreis}$. Die Einstrahlung erfolgt nun nur auf einer Halbkugel. Anstelle einer kontinuierlichen Rotation soll in folgendem Modell die Hemisphäre H1 von 0 bis 12 Uhr 12 Stunden rotationslos und konstant bestrahlt werden. Anschließend soll in einem imaginären Ortswechsel der Sonne die Hemisphäre H2 12 Stunden konstant von 12 Uhr bis 24 Uhr und ebenfalls stillstehend bestrahlt werden. 2 A_{kreis} ist die Fläche der Hemisphäre bzw. der halben Kugel. **Die Durchschnittswerte der Leistungen je einer 12 Stunden lang halbseitig beleuchteten Hemisphäre entsprechen aber ebenfalls genau dem Durchschnitt T gegen Null der halbseitig beleuchteten Kugel.** Werden die Leistungswerte dieser Durchschnittssekunde für 24 h aufintegriert, bildet dies die Erdrotation ab, aber nun unter Berücksichtigung des halbseitigen Lichteinfalls auf die Erde, einschließlich der Materialeigenschaft Wärmespeicherwirkung und Wärmeleitung.

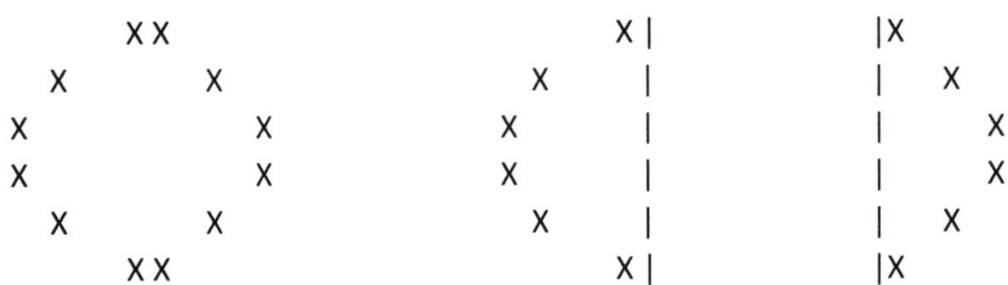

24 h und Oberfläche der (Kugel) = Halbkugel H_1 (24 h) + Halbkugel H_2 (24 h)

24 h   und   Oberfläche mit (4 A_{kreis}) = 2 A_{kreis} (2 x 12 h) + 2 A_{kreis} (2 x 12 h)

2x12 h und   Oberfläche mit (4 A_{kreis}) = 4 A_{kreis} (12 h) + 4 A_{kreis} (12 h)

An jeder der beiden nicht rotierenden Halbkugeln H_1 bzw. H_2 des Modells gilt: Es strahlt für einen halben Tag 1.368 W/m²/2 = 684 W/m² ein. Der Albedo-Anteil an der Halbkugel H_1 = H_2 beträgt: 1.368 W/m²/2 x 0.3129 = 214 W/m². Die Einstrahlung steht mit der Abstrahlung, dem Albedo-Anteil der Reflektion an der Halbkugel H_1 = H_2 und bei einer Betrachtung in einem Zeitraum von 24 h, im energetischen Gleichgewicht.

684 W/m²   =   **470 W/m²** +   214 W/m²

→ Einstrahlung   = ← **Abstrahlung** + ← Abstrahlung aus dem Albedo-Anteil (Reflektion bei der Einstrahlung)

Die Einstrahlung an H_1 und H_2 erfolgt um 12 h zeitversetzt. **Der zeitliche Bezugspunkt für den Betrachter ist Halbkugel H_1 = 6 Uhr.** Für einen aus einer Tagesfolge beliebig herausgegriffenen Tag **i** mit 24h-Zyklus ist dies der Beginn der Betrachtung am Modell. In b) Bild rechts für H_2 (6-18 Uhr) wirkt die zeitlich verzögerte Abstrahlung 235 W/m² des Vortages (**i** -1) nach. Ebenso verursacht die Einstrahlung 684 in b) 18-6 Uhr, Nacht für H_1, aber Tag für H_2 eine Abstrahlung 235 W/m² am folgenden Tag (**i** + 1). Diese beiden Teile, **Ortsversatz**, entsprechen einander mit 12 h **Zeitversatz**, mit **i** als einer Folge von Tagen mit einer Dauer von 24 h für Tag **i**.

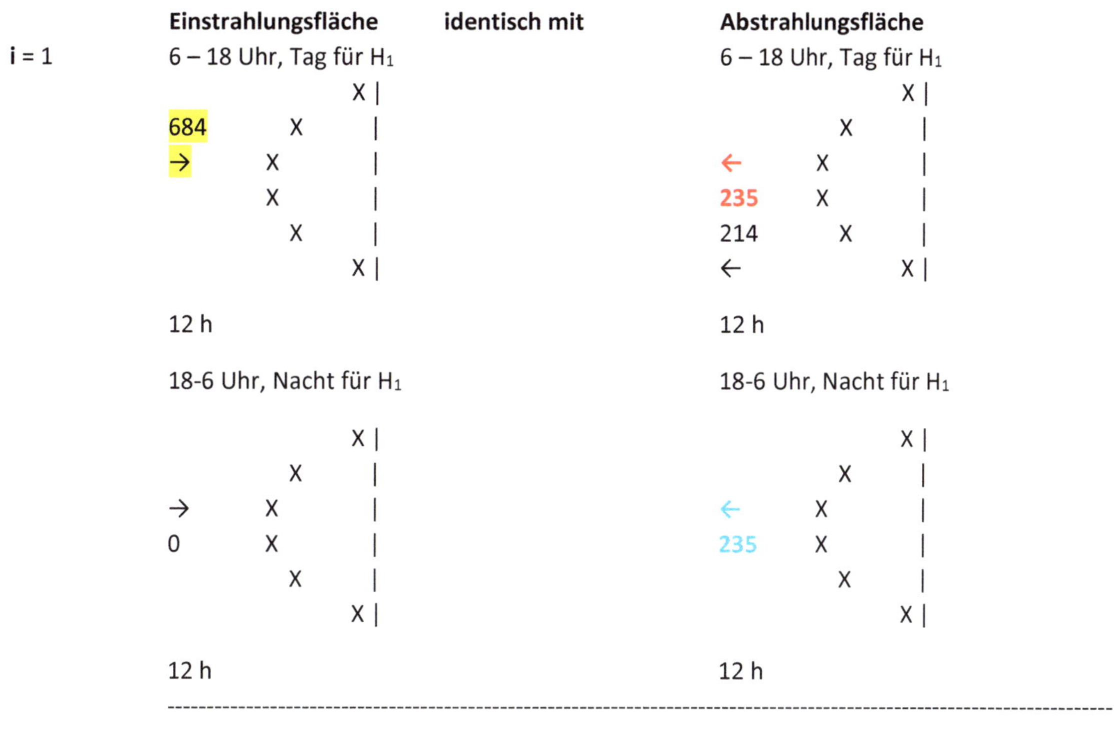

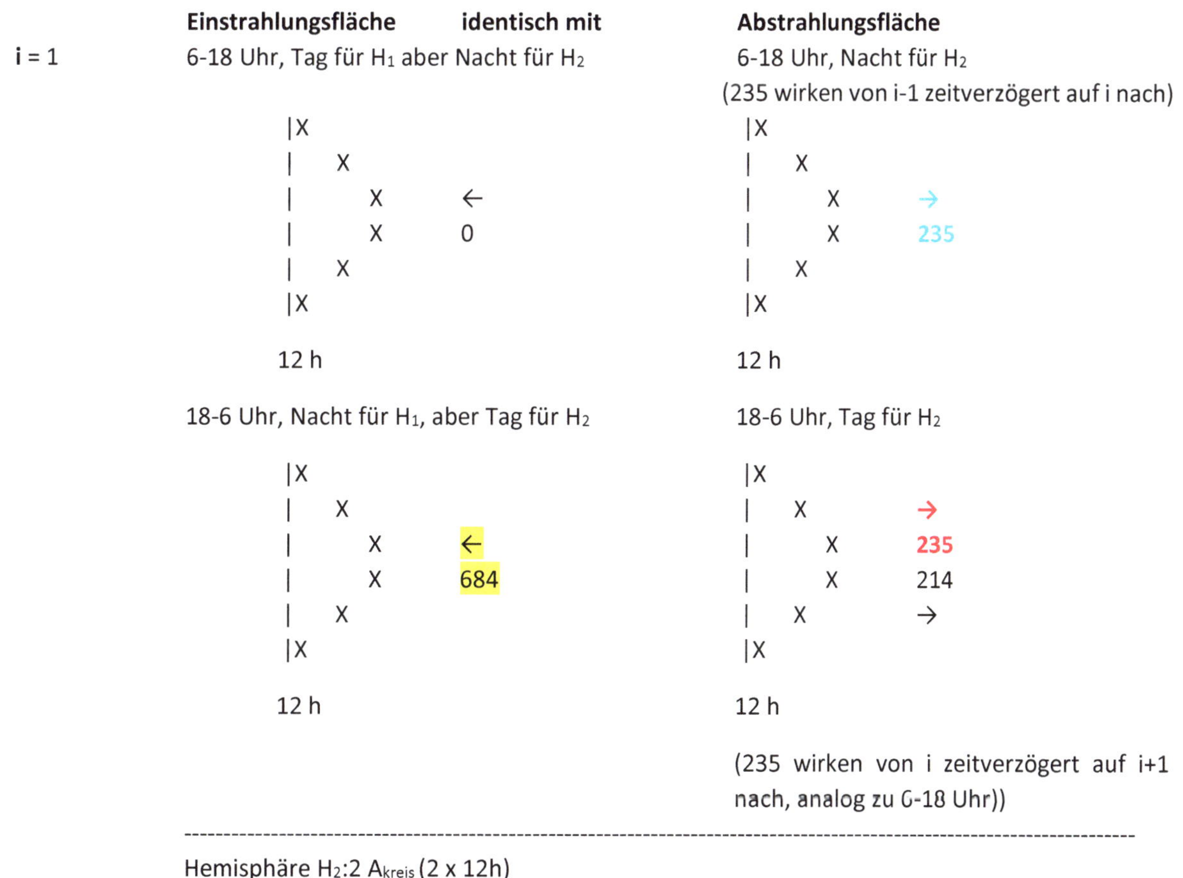

$\sum H_1 + H_2 = 2\ A_{kreis}\ (2\ x\ 12h) + 2\ A_{kreis}\ (2\ x\ 12h) = 4\ A_{kreis}\ (24h) = A_{kugel}\ (24h) =$ **Ein/Abstrahlung der Kugel an i**

Ein- und Abstrahlung für den Tag i, Zahlen in W/m²: 470 (violett) = **235 (rot)** + 235 (blau)

```
    X||X              684          X |        |X            214
   X   |   X           →          X |        |   X          →
  X     |     X        ←         X  |        |     X        470
  X     |     X       470        X  |        |      X        →
   X    |    X         ←          X |        |    X          ←
    X||X              214          X |        |X            684
```

Beliebiger Tag i (24 h) der Kugel   =   Halbkugel H_1 (2 A_{kreis}) +   Halbkugel H_2 (2 A_{kreis})

Der zeitverzögerte Anteil auf je einer Halbkugel in 12 Stunden macht 235 W/m² auf der gesamten Kugel aus beiden Halbkugeln in 24 h 470 W/m².

d) Die **abgestrahlte** Leistung (W/m²) beider Hemisphären in 24 h führt zur abgegebenen Energie eines Tages

$$4 \times 342 = 1.368, \text{ sind aber auch } 235 + 214 + 235 + 235 + 235 + 214 = 1.368$$

$$24\text{ h} \times 4\ A_{kreis} \times 342\ \text{W/m}^2 = 4 \times 12\text{ h mal } A_{kreis} \times 2 \times 342\ \text{W/m}^2$$
$$= 4 \times 12 \times 60 \times 60\text{ sec} \times \text{halbe Kugel} \times 342\ \text{W/m}^2$$

E [W sec = J]   = Zeit [sec] x Fläche der halben Kugel [m²] x flächenbezogene Leistung [W/m²]
   = 12 x 60 x 60 sec x 5.101 x 10^{14} m² / 2 x [235 + 214] W/m² (H1 Tag) +
   12 x 60 x 60 sec x 5.101 x 10^{14} m² / 2 x [235] W/m² (H1 Nacht) +
   12 x 60 x 60 sec x 5.101 x 10^{14} m² / 2 x [235] W/m² (H2 Nacht) +
   12 x 60 x 60 sec x 5.101 x 10^{14} m² / 2 x [235 + 214] W/m² (H2 Tag) +
   = 1.507 x 10^{22} J oder Wsec

e) Die **eingestrahlte** Leistung beider nicht rotierenden Hemisphären in 24 h führt zur aufgenommenen Energie eines Tages

E [W sec = J]   = Zeit [sec] x Fläche der halben Kugel [m²] x flächenbezogene Leistung [W/m²]
   = 12 x 60 x 60 sec x 5.101 x 10^{14} m² / 2 x [684] W/m² (H1 Tag) +
   12 x 60 x 60 sec x 5.101 x 10^{14} m² / 2 x [0] W/m² (H1 Nacht) +
   12 x 60 x 60 sec x 5.101 x 10^{14} m² / 2 x [0] W/m² (H2 Nacht) +
   12 x 60 x 60 sec x 5.101 x 10^{14} m² / 2 x [684] W/m² (H2 Tag) +
   = 1.507 x 10^{22} J oder Wsec

Da nachts keine Einstrahlung erfolgt, lassen sich die oberen Zeilen umformulieren:

E [W sec = J]   = Zeit [sec] x Fläche der halben Kugel [m²] x flächenbezogene Leistung [W/m²]
   = 12 x 60 x 60 sec x 5.101 x 10^{14} m² / 2 x [684] W/m² (H1 Tag) +
   12 x 60 x 60 sec x 5.101 x 10^{14} m² / 2 x [684] W/m² (H2 Tag) +
   = 1.507 x 10^{22} J oder Wsec **oder umgeschrieben**

E [W sec = J]   = Zeit [sec] x Fläche der halben Kugel [m²] x flächenbezogene Leistung [W/m²]
   = 24 x 60 x 60 sec x 5.101 x 10^{14} m² / 2 x [**684**] W/m²
   = 1.507 x 10^{22} J oder Wsec = 1.745 ^{17} W x 86400 sec

In einer Sekunde gelangen so 1.745 [17] W Leistung aus Einstrahlung auf eine stillstehende Hemisphäre. In dieser Sekunde erfolgt, wie gezeigt, die Leistung der Abstrahlung sofort und zeitverzögert. Wird eine genauso beleuchtete halbe Kugel am Äquator in jeder Sekunde um die Strecke 2 Radius in m x π /86400 in der Vorstellung weitergedreht, dies 86.400 Mal, also 24 h, **dann entspricht dies der eingestrahlten Energie auf eine rotierende, aber immer nur halbseitig, stroboskopartig, beleuchteten Erde. E = 86400 sec x 1.745 [17] Watt = 1.507 x 10 [22] J** ist Energie auf den Einstrahlkreis mit Erdradius an einem Tag E = 86400 sec x 5.101 x 10 [14] m² / 4 x 1368 W/m² = 1.507 x 10 [22] J.

Damit ist für die modellierte durchschnittliche Leistung der Einstrahlung einer immer halbseitig bestrahlten und einmal in 24 h um sich rotierenden Erdkugel 684 W/m² im Modell anzusetzen.

f) Ansatz der vom Satelliten ERBS gemessenen Global-Mean-Albedo von 26,9 %

TSI /2 = 684 W/m² in jeder Sekunde als mittlere Einstrahlleistung an der Halbkugel bilden im Hemisphären-Modell die sofortige Reflektion von 214 W/m² und die zeitlich verzögerte Abstrahlung von 470 W/m² an der Gesamtkugel bei einer Albedo von 0.313 oder 31,3 % ab. Für T gegen 0 ist dies der Übergang zur kontinuierlichen Roation.

In KT97 wurde die Albedo von 0.31 wohl aus anderen Studien entnommen. 342 Man kann die Albedo mit Satelliten messen (ERBS-Satellit Albedo 0.269) oder auch aus von Satelliten gemessener Strahlung errechnen (Kap. 5.3).

Albedo-Anteil an der Halbkugel H_1 = H_2: 1.368 W/m² / 2 x **0.269** = 184 W/m² unter Berücksichtigung der ERBS-Messung

Der zeitverzögerte Anteil der Abstrahlung auf je einer Halbkugel betrug 235 W/m² bei a = 0.3129. Bei einem Albedo Anteil von a = 26.9 % steigt die Abstrahlung auf der gesamten Kugel aus beiden Halbkugeln von 470 W/m² auf 500 W/m². In 686 W/m² Einstrahlung verbleiben nach Abzug der Albedo von 184 W/m² ebenfalls 500 W/m² Einstrahlleistung aus halbseitiger Sonnenbeleuchtung.

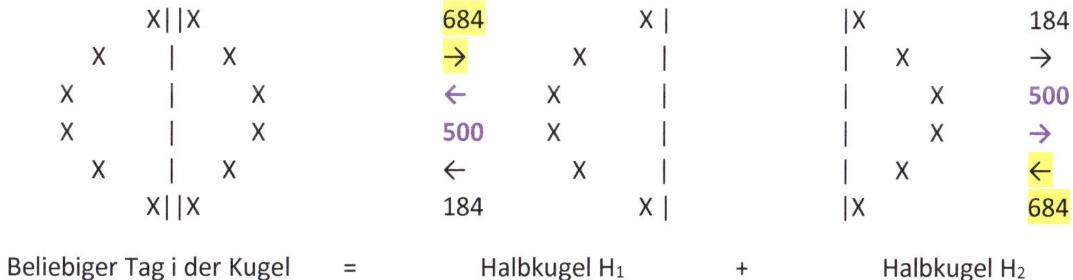

Ergebnis:
Der Strahlungsverteilungsfaktor 1/2 entspricht damit einer halbseitigen solaren Ein- und allseitigen Abstrahlung an der Kugel. Der Satellit ERBS kreist 15-mal am Tag um die Erde und misst, speichert ab und funkt an jeder Stelle s_i nur Mittelwerte aus dem Licht- (Tages-) und Schattenbereich (Nachtmessung) der sich hierbei langsam um ihre eigene Achse drehenden Erde. Damit stellen 500 W/m² als Mittelwert des Hemisphären-Modells 5 eine Größenordnung dar für das Mittel der durchschnittlichen Summe der Strahlungsbeträge, die vom Satelliten ERBS gemessen werden können und auch tatsächlich so gemessen wurden (Anhang 8). Der von den Messgeräten des Satelliten ERBS beobachtete Strahlungsfluss an der Oberseite der Atmosphäre reichte bis fast 550 W/m² Figure 1 ERBE Observed Flux (W/m²) 343.

---

342 KT97, Table 1, S.199.

343 F.-L. Chang, Z. Li and S. A. Ackermann, Relationship Between TOA Albedo and Cloud Optical Depth as Deduced from Models and Collocated AVHRR and ERBE Satellite Observations, Canada Centre for Remote Sensing Ottawa, Ontario Canada, Department of Atmospheric and Oceanic Sciences, University of Wisconsin-Madison, o.J., S. 127 bis S. 131, S. 129 linke Spalte.

Anhang 2   Energie, die die Erde unter Ansatz einer stets halbseitigen Einstrahlungsleistung von 684 W/m² im Zeitraum T erhält, kartesisch

Die Strahlungsrichtung der Sonne definiere die x-Achse. Die beschienene Kugelmantelfläche des Erdkörpers wird als Rotationskörper entwickelt. Die Rotation des Körpers erfolgt um die x-Achse in x (m) mit Radius r (x) und dem Rotationsumfang 2 r(x) π. Auf r(x)² π erfolgt hierzu die Einstrahlung von 684 W/m² in x-Richtung. Der Mittelpunkt des Körpers sei x = 0. Mit x = -a = -R und x = b = R für eine Kugelgestalt des Rotationskörpers gilt weiter:

$x^2 + r(x)^2 = R^2$ und $r(x) = \sqrt[2]{(R^2 - x^2)}$ ferner $r'(x) = -x / \sqrt[2]{(R^2 - x^2)}$ und $r'(x)^2 = x^2 / (R^2 - x^2)$

```
→              y
→              |
→              |        /           Δy    ↑
→              |      / ‾                  |  r (x)    beschreibt die Mantellinie bei Rotation
→        -x __ |__ /_ _ _ _ _  + x         |           um die kartesische x-Achse

      684 W/m²              Δx
```

Für das infinitesimal kleine Stück / der rotierenden Mantelflächenlinie um die Rotationsachse x gilt:

$$= \sqrt[2]{(\Delta x^2 + \Delta y^2)} = \sqrt[2]{[(\Delta x^2 + f'(x)^2\,(\Delta x)^2]} = [\sqrt[2]{[(1 + f'(x)^2]}\,\Delta x \quad \text{mit } \Delta y / \Delta x = f'(x)$$

$$= f'(x)\,\Delta x \quad \text{und hieraus folgt: } f'(x) = \sqrt[2]{[(1 + f'(x)^2]}$$

Energie E aus durchschnittlicher, flächenbezogener Leistung, die die Mantelfläche des Rotationskörpers in T(sec) erhält, mit x = 0 als Mittelpunkt. Die Energie in T errechnet sich über Integration entlang der x-Achse über Δx von x = -R bis x = 0, wenn in T stets nur eine halbe Kugel als Rotationskörper um x und Beleuchtung in x-Richtung erhält und somit über den Umfang 2 π r (x) mal L = 684 W/m² durchschnittlicher Einstrahlleistung und mal der Entwicklung längs der Mantelstücks $\sqrt[2]{[(1 + f'(x)^2]}$ mal Δx oder:

$$E = T \int_{-R}^{0} 684 \text{ W/m}^2\ 2\,\pi\,r\,(x)\ \sqrt[2]{[(1 + f'(x)^2]}\ \Delta x$$

$$= T\ 684 \text{ W/m}^2\ 2\,\pi \int_{-R}^{0} \sqrt[2]{[(R^2 - (x)^2]}\ \sqrt[2]{[(1 + f'(x)^2]}\ \Delta x$$

$$= T\ 684 \text{ W/m}^2\ 2\,\pi \int_{-R}^{0} \sqrt[2]{[(R^2 - (x)^2]}\ \sqrt[2]{[(1 + x^2 / (R^2 - x^2)]}\ \Delta x$$

$$= T\ 684 \text{ W/m}^2\ 2\,\pi \int_{-R}^{0} \sqrt[2]{[(R^2 - (x)^2]}\ \sqrt[2]{[(R^2 - x^2)/(R^2 - x^2) + x^2 / (R^2 - x^2)]}\ \Delta x$$

$$= T\ 684 \text{ W/m}^2\ 2\,\pi \int_{-R}^{0} \sqrt[2]{[(R^2 - (x)^2]}\ \sqrt[2]{[R^2/(R^2 - x^2)]}\ \Delta x$$

$$= T\ 684 \text{ W/m}^2\ 2\,\pi \int_{-R}^{0} \sqrt[2]{[R^2[(R^2 - (x)^2]/(R^2 - x^2)]}\ \Delta x = 684 \text{ W/m}^2\ 2\,R\,\pi \int_{-R}^{0} 1\ \Delta x$$

$$= T\ 684 \text{ W/m}^2\ 2\,\pi = 684 \text{ W/m}^2\ 2\,R\,\pi\,[x]_{-R}^{0} = 684 \text{ W/m}^2\ 2\,R\,\pi\,[0 - (-R)] = 684 \text{ W/m}^2\ 2\,R^2\,\pi = \text{TSI } R^2\,\pi\,T$$

Mit einem Erdradius R von 6.378 Km dreht sich in jeder Sekunde die Erde um 1/86400 eines 24-h-Tages ein Stück weiter. Oder 86.400 Energieportionen einer Sekunde erhält die Erde in 24 Stunden oder:

$E = 684$ W/m² 2 x $(6.378.124$ m$)^2$ π 86400 sec $= 1.51\ 10^{22}$ Wsec $= 1.51\ 10^{22}$ J $= \mathbf{1368}$ **W/m² R² π in 24 h**

Die Integration über die Formulierung kartesischer Koordinaten zeigt die Parallelität der Einstrahlungsleistung L von 684 W/m² zur globalen x-Richtung und der stets nur halbseitig beleuchteten Mantelfläche der Kugel als Rotationskörper um die globale x-Richtung. Die Formulierung in Polarkoordinaten dagegen zeigt das Wirken von 684 W/m² Einstrahlleistung auf eine stets doppelt gekrümmte Oberfläche. Beides liefert das identische Ergebnis von 1.51 10²² J Energie aus Sonne unter stets halbseitiger Beleuchtung der in 24 h einmal rotierenden Erde.

Anhang 3   Paradoxon Erde mit zwei Sonnen halber Leistung

Licht von zwei Sonnen mit parallelen Strahlenbündeln $S_1 = S_2 = 342$ W/m² erreicht das Erdmodell auf dem Kreisquerschnitt $r^2 \pi$ (Scheibe) mit r = Radius. Dieses Licht trifft auf eine dreidimensionale, nicht rotierende Kugel jeweils von links und rechts gleichzeitig. Wie groß ist die mittlere durchschnittliche Leistung **L** dieser Einstrahlungen auf die Kugel mit Mittelpunkt M unter Berücksichtigung der Krümmung der Kugel und bei einem Lichteinfall parallel zur Äquatorialebene? Wie groß ist die Energie aus beiden Strahlenbündeln der beiden Sonnen S_1 und S_2 auf diese Kugel? Bezüglich der Strahlungsrichtung gilt $S_2 = - S_1$. Die Einstrahlung von S_i aus der kartesischen x-Richtung (Anhang 2) wird nun an der Kugel in Polarkoordinaten transformiert.

<pre>
                          →   X   ←
                          →   X   X   ←
                          →   X   X   ←
Sonne 1 mit S₁ = 342 W/m² →   X   M   X   ←   342 W/m² = S₂ als Sonne 2
                          →   X   X   ←
                          →   X   X   ←
                          →   X   ←
                                      Erde
</pre>

Eingestrahlte durchschnittliche flächenbezogene Leistung L aus S_1 und S_2 auf die gesamte Kugeloberfläche =

= $\mathbf{S_1} \iint F(x,y)\, dx\, dy + \mathbf{S_2} \iint F(x,y)\, dx\, dy$

mit S_1 und S_2 wirkend auf dem Flächenstück dx dy **tangential zur gekrümmten Oberfläche** in x-Richtung (Grundriss) mit dx= r π cos φ dφ von 3π/2 bis + π/2 und dx= r π cos φ dφ von π/2 bis + 3π/2 in Summe 360° in Y- Richtung (Meridianlängsschnitt) mit dy = r cos ϕ d ϕ von π/2 bis π und π bis 3π/2, in Summe 180°.

<pre>
 →   π/2   π   ←
 →   ←
 →   φ = 0 __ M   π   π/2   M   -π/2 = 3π/2 ←
 → | ←
 →   -π/2 = 3π/2   ϕ = 0   ←

       Kugelschnitt am Äquator (Grundriss)   Kugelschnitt durch Meridian (Ansicht)
</pre>

= $\mathbf{S_1} \times \int_{-\pi/2}^{\pi/2} r\,\pi\,\cos\varphi\, d\varphi \;\int_{\pi/2}^{\pi} r\cos\phi\, d\phi \;+\; \mathbf{S_2} \times \int_{\pi/2}^{3\pi/2} r\,\pi\,\cos\varphi\, d\varphi \;\int_{\pi}^{3\pi/2} r\cos\phi\, d\phi$

= $\mathbf{S_1} \times \int_{\pi/2}^{\pi} r\,\pi\, [\sin\varphi]_{-\pi/2}^{\pi/2}\, r\cos\phi\, d\phi \;+\; \mathbf{S_2} \times \int_{\pi}^{3\pi/2} r\,\pi\, [\sin\varphi]_{\pi/2}^{3\pi/2}\, r\cos\phi\, d\phi$

= $\mathbf{S_1} \times \{\, r\,\pi\, [\, \sin(\pi/2) - \sin(-\pi/2)\,]\,\} [\, r \times \sin\pi - r \times \sin\pi/2\,] + \mathbf{S_2} \times \{\, r\,\pi\, [\, \sin(3\pi/2) - \sin(\pi/2)\,]\,\} [\, r \times \sin 3\pi/2 - r \times \sin\pi\,]$ mit $S_1 = - S_2$

= $(-1) \times \mathbf{S_2} \times \{\, r\,\pi\, [\, (+1) - (-1)\,]\, r\, [\, 0 - (+1)\,]\,\} + \mathbf{S_2} \times \{\, r\,\pi\, [\, (-1) - (1)\,]\, r\, [\, -1 - 0\,]\,\}$ mit $S_2 = 342$ W/m²

=   342 W/m² x (+2) $r^2 \pi$ + 342 W/m² x (+2) $r^2 \pi$

=   **342 W/m² x 4 r^2 π**   = L x 4 r^2 π   = L x Kugeloberfläche und damit **L = 342 W/m²**, (bezogen auf die Hemisphäre)

Bezieht man die Leistung von der doppeltgekrümmten Hemisphäre auf den ebenen Einstrahlkreis $r^2\pi$, galt: Leistung im Einstrahlkreis ist zweimal durchschnittliche Leistung bezogen auf die Hemisphäre. Sonne $S_1 = 2 \times 342\ W/m^2 = 684\ W/m^2 = S_2$. Jede der beiden Sonnen hat damit die Hälfte der Leistung unserer Sonne im Einstrahlkreis $r^2\pi$ mit TSI = 1368 W/m².

Einschub: Wären S_1 und S_2 keine Strahlung, sondern als s_1 und s_2 symmetrische, aber entgegengesetzt und zur Ebene des Äquators parallel wirkende vektorielle Flächenlasten in KN/m², einmal von links und einmal rechts und auf die Kugel und die Kugel selbst im horizontalen Gleichgewicht, muss sich die Integralresultierende R zwingend zu Null errechnen.

$$R \quad = \quad S_1 \{\, r\,\pi\,[\,(+1) - (-1)\,]\ r\ [\ 0 - (+1)\ ]\,\} + S_2 \{\, r\,\pi\,[\,(-1) - (1)\,]\ r\ [\ -1 - 0\ ]\,\}$$
$$= \quad -\,342\ KN/m^2\ (+2)\ r^2\,\pi + 342\ KN/m^2 \times (+2)\ r^2\,\pi\ =\ 0 \qquad\qquad \text{q.e.d.}$$

Zurück zur Betrachtung der solaren Einstrahlung aus zwei Lichtquellen S_1 und S_2 von links und rechts, der dann einwirkenden Energie und dem Übergang in der Modellierung, dieser Körper sei eine erdähnliche Kugel.

E [W/m²]   = **Zweiseitige, eingestrahlte Energie E** auf die doppelt gekrümmte Oberfläche der Erde in jeder Sekunde **über 24 h.** Jede der beiden Lichtquellen beleuchtet eine halbe Kugel. In jeder Sekunde ist die ganze Kugel ausgeleuchtet. Jede Sekunde dreht sich die erdähnliche Kugel 1/86400 Stück einer Rotation weiter.

= 342 W/m² x 5.101 x 10^{14} m² x 24 x 60 x 60 sec = 1.507 10^{22} Wsec (Rotation)

= **1.507 10^{22} J**

Energie von der Sonne, die die Fläche des Erdkreises mit Radius 6378.14 km in 24 h erreicht:

E [W/m²]   = 1.368 W/m² x (6378140 m)² π x 24 x 60 x 60 sec = 1.51 10^{22} J (Wsec) (Rotation und Stillstand)

Die **allseitige Leistungsabgabe L in W/m²** von der Erdkugel beträgt:

L [W/m²]   = 1.51 10^{22} Wsec / 5.101 x 10^{14} m²/24/60/60 sec = 342 W/m²

Der obigen äquatorparallelen Einstrahlleistung L zweier Lichtquellen mit je 342 W/m² einer selbst nicht rotierenden Kugel entspricht exakt die allseitige Abstrahlleistung L von 342 W/m² **auf der nicht rotierenden und auch exakt auf einer rotierenden Kugel** in einer Durchschnittssekunde. Wird bei obigem Integral beider äquatorparalleler Lichtquellen lediglich die Pfeilrichtung der Einwirkungsrichtung vertauscht, sind beide äquatorparallelen **Ab**strahlungsleistungen der rotierenden Kugel identisch mit einer äquatorparallelen von links und rechts auf die Kugel gerichteten **Ein**strahlungsleistung für rotierenden Zustand von je 342 W/m². Für die Ermittlung der Energie ist zusätzlich die beaufschlagte Dauer der Energieeinwirkung und die Rotationsdauer zu beachten, die bei 24 h dann zusammenfallen. Zusätzlich zur zweiseitigen Beleuchtung der Kugel wird die einseitige Beleuchtung betrachtet: **Einstrahlungsleistung L auf der halben Kugel aus einseitiger Lichtquelle S = S$_1$ + S$_2$ von rechts und mit S = 2 x 342 W/m² = 684 W/m²:** Integrationsstrecken ½ dx oder statt 360° nun 180° gleich π und ½ dy oder statt 180° nun 90° gleich $\pi/2$ für die halbe Kugel:

<pre>
        π/2   π   ←   ←

                                                            ←   ←

   φ = 0 __ M   π   π/2   M   -π/2 = 3π/2   ←   ←

                                         | ←   ←

      -π/2 = 3π/2   φ = 0   ←   ←

                                                       342 W/m² 342 W/m²

Kugelschnitt am Äquator (Grundriss)   Kugelschnitt durch den Meridian (Ansicht)
</pre>

Einstrahlung auf die halbe Kugeloberfläche und durchschnittliche flächenbezogene Leistung L aus S_1 plus S_2 =

$$= \quad S \int_{\pi/2}^{3\pi/2} r\,\pi\,\cos\varphi\,d\varphi \quad \int_{\pi}^{3\pi/2} r\cos\phi\,d\phi$$

$$= \quad S \int_{\pi}^{3\pi/2} r\,\pi\,[\sin\varphi]_{\pi/2}{}^{3\pi/2}\,r\cos\phi\,d\phi$$

$$= \quad S\,\{\,r\,\pi\,[\,\sin(3\pi/2)-\sin(\pi/2)\,]\,\}\,[\,r\times\sin 3\pi/2 - r\times\sin\pi\,]$$

$$= \quad S\,\{\,r\,\pi\,[\,(-1)-(1)\,]\,r\,[\,-1-0\,]\,\}$$

$$= \quad \mathbf{684\ W/m^2}\,2\,r^2\,\pi = \mathbf{L}\,2\,r^2\,\pi$$

Einstrahlungsleistung einseitig mit $S = S_1 + S_2 = 684$ W/m² von rechts:

```
                X                    ←
          X              X           ←
       X                    X        ←
       X                      X      ←   Sonne
       X                    X        ←
          X              X           ←
             X                       ←


       Erde                 684 W/m2
```

Die durchschnittliche Einstrahlleistung L **in jeder Sekunde** beträgt 684 W/m² aus äquatorparalleler Einstrahlung auf die doppeltgekrümmte, aber **halbe** Kugeloberfläche. Damit ergibt sich die in 24 h einwirkende Energie aus solarer Einstrahlung zu:

E [W/m²]   = eingestrahlte Energie E auf die gekrümmte Oberfläche der Erde in 24 h
          $= 684\ \text{W/m}^2 \times 5.101 \times 10^{14}\ \text{m}^2 /2 \times 24 \times 60 \times 60\ \text{sec} = 1.507\ 10^{22}\ \text{Wsec}$
          $= 1.51\ 10^{22}\ \text{J}$

Das Strahlungsverhalten als Leistung in W/m² in **T gegen Null** oder in einer Durchschnittssekunde entspricht der Leistung eines Durchschnittstags, -monats, -jahrs und repräsentiert somit das stationäre Systemverhalten für die beliebige Dauer T. Die Energie einer Rotationsperiode von 24 h mit $1.507\ 10^{22}$ J ist für die beiden unterschiedlichen betrachteten Beleuchtungsfälle identisch. Mit der Leistung L der modellierten Einstrahlung von 342 W/m² rechnet man in obigem Modell bei gleicher Energie so allerdings in Wirklichkeit ein Sonnensystem mit zwei Sonnen und einem erdähnlichen Planeten in der Mitte. Deshalb sind 342 W/m² als modellierte Einstrahlleistung für ein Modell, das einen Planeten mit zwei Sonnen und schwacher Einstrahlung formuliert. Dies ist nicht unser Sonnensystem und damit falsch. Mit 684 W/m² Einstrahlleistung aus einer einzigen Sonne und ebenfalls mit $1.51\ 10^{22}$ J Energie ist das modellierte Sonnenmodell mit unserem Sonnensystem identisch und deshalb richtig.

Anhang 4   CO₂-Versuch zum Treibhauseffekt

Unter freiem Himmel wurde untersucht, wie stark eine Erhöhung des CO_2-Gehaltes der Luft, angeregt durch direkte Sonneneinstrahlung eine Erwärmung verursacht. Es wurde eine Tageszeit gewählt, bei der die Außentemperatur im Schatten etwa 15 °C betrug. Aus Sicherheitsgründen (Vergiftungsgefahr) wird darauf hingewiesen, dass im Umgang mit CO_2 in Flaschen auch im Freien besondere Vorsicht geboten ist.

Existiert ein aus einer Gegenstrahlung hervorgerufener Treibhauseffekt, müsste ein Anstieg des CO_2-Gehaltes in der Luft eine messbare Temperaturerhöhung verursachen. Für einen CO_2-Anstieg auf über 6.000 ppm entspräche dies Konzentrationen, wie sie vor 550 Millionen Jahren auf der Erde im Cambrium[344] herrschten. Die Globaltemperatur betrug damals in den geologischen Warmzeiten der Erde über 30 °C. **Für einen Treibhauseffekt aus Gegenstrahlung würde man in einem Ursache-Wirkungszusammenhang – wie ihn die „settlet theory" propagiert - bei einem Konzentrationsanstieg von 400 ppm auf über 6.000 ppm einen Temperaturanstieg von 15 °C auf über 30 °C erwarten** (vgl. Kap 4.22, S.70, mit KT97-Modell-Algorithmus errechnete T (° C) für 353, 1000, 1500, 2000, 2500, 3500 und 4500 ppm CO_2).

Versuchsbeschreibung:
Ein Windmesser stellt sicher, dass der Versuch nur bei Windstille ausgeführt wird. Ein oben offener Glaskasten (50 cm x 50 cm x 50 cm) aus 2 mm starkem Polystyrolglas steht auf zwei Böcken im Schatten auf einer Wiese (**Bild 1**). Er verweilt solange im Schatten, bis der Glaskasten die Umgebungstemperatur des Schattens angenommen hat. Für den Versuch wird der Kasten vom Schatten in die Sonne schräg geneigt gestellt. Er wird mit einem Topf als Unterstützung so zur Sonne ausgerichtet, dass sein Inneres frei vom Schattenwurf seiner Seitenwände ist. Im Kasten befindet sich ein CO_2-Messgerät. Es misst gleichzeitig die Lufttemperatur. Ein kleiner Sonnenschutz - eine seitlich beidseitig offene Abdeckung aus Karton - verhindert, dass das Messgerät durch Sonnenbestrahlung direkt erhitzt wird. Bei Windstille beginnt der Versuch. CO_2 wird über einen Schlauch möglichst gleichmäßig in den Kasten eingeleitet. In zeitlichen Intervallen wird der CO_2-Gehalt der Luft und die dazugehörige Temperatur gemessen. Beeinflusst Wind die Messung, wird der Versuch abgebrochen. Der Kasten wird dann durch Schwenken und Hin- und Herbewegen, mit der offenen Seite nach unten, vom CO_2 befreit. Anschließend wird der Glaskasten mit dem Messgerät auf die Böcke in den Schatten zurückgestellt. Es wird eine Pause eingelegt. Sie stellt sicher, dass sich das CO_2 der Flasche verflüchtigt und sich so in der Umgebungsluft wieder der natürliche CO_2-Gehalt einstellt. Der Versuchsvorgang wird von vorn begonnen.

Materialien, die für den Versuch benötigt werden:
Glaskasten: Er besteht aus 5 Platten, 50 cm x 50 cm x 2 mm, aus Polystyrolglas. 8 Winkelprofile aus Aluminium, 4 cm x 4 cm x 48 cm, Stärke 1 mm, werden an den Enden unter 45 Grad mit einer Blechschere auf Gehrung geschnitten. Die 5 Platten werden mit Flextec-Polymer-Kleber Special Transparent (Hersteller Pattex) zu einem oben offenen Kasten verklebt. Es folgen zwei Tage Trocknungszeit. Zur Verbesserung der Stabilität können Profile und Platten konstruktiv noch zusätzlich mit Schrauben über einige kleine Bohrlöcher in den Aluprofilen gesichert werden.
Schattenschutz: Aus einem grauen Schuhkarton wird der Boden mit 2 cm Abstand zum Rand herausgeschnitten.
CO_2 -Messgerät: KKmoon carbon dioxide detector mit Akku, Display, Standfuß und Koffer, CO_2 von 0 bis 9.999 ppm, Temperaturmessbereich -20 bis 60 °C, Seriennummer E9194 und SN:02017630 mit CE-Zeichen (**Bild 2**).
Windmesser: Hersteller Minox mit CE-Zeichen
CO_2-Flasche: Pfandflasche mit 2KG CO_2-Füllung und Druckminderer GCE-Rhöna Tye BaseControl nach EN ISO 2503, Gasschlauchanschluss und Schlauch, gelagert in offener Garage.
Ferner: Zwei Holzböcke, 80 cm hoch, zum Abstellen des Kastens im Schatten mit der Öffnung nach unten. Ein ca. 20 cm Blumentopf dient zur Ausrichtung der Schräglage (**Bild 4**).

---

[344] https://www.americanthinker.com/articles/2009/01/co2_fairytales_in_global_warmi.html, Bild representation of the amount of CO_2 in the earth's atmosphere from the Cambrian Age to the present.

Bild 1

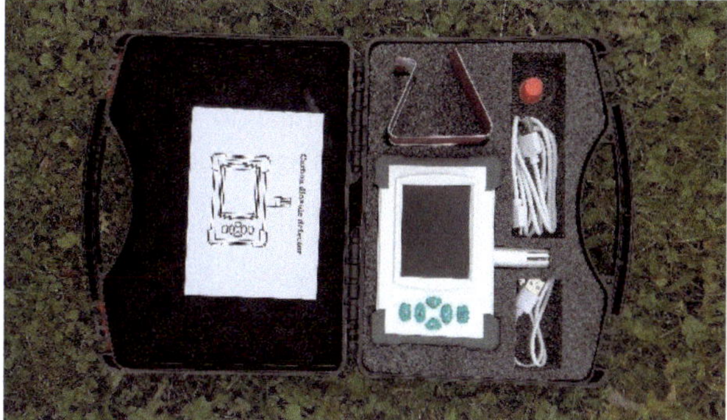

Bild 2

Messung am 27.09.2020 der <u>natürlichen Verhältnisse</u> im Schatten auf einer Wiese:

Auf einer Anhöhe wurde das Messgerät an einem sonnigen, aber nicht heißen Septembertag im Schatten aufgestellt. Das Gerät konnte sich gemäß Herstellerangabe über 10 Minuten an die Umgebungsverhältnisse anpassen. Das Messgerät reagiert empfindlich. Die Messung schwankte über mehrere Minuten zwischen 1-4 ppm nach oben und unten um einen Mittelwert von 409 ppm. Bei einer Temperatur im Schatten von 14.71 °C, 54.9 % relativer Luftfeuchte und Windstille wurden 409 ppm CO_2 als Mittel von 5 Messungen gemessen **(Bild 3)**.

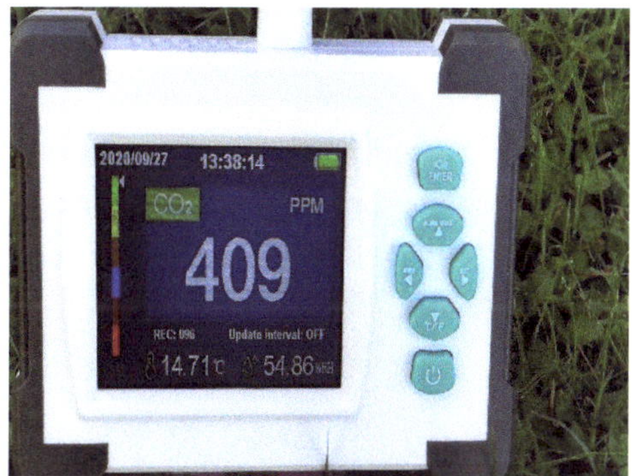

Bild 3

Der Kasten wurde vom Schatten in die Sonne schräg gestellt, **Versuch ohne Einleitung von CO_2:**

Die höhere Lufttemperatur am Standort in der prallen Sonne gegenüber dem schattigen Standort erhöht auch die Temperatur im Kasten. Die Behinderung des Luftaustausches durch die Seitenwände trägt ebenfalls zu einem Temperaturanstieg im Kasten bei. Kurzwellige Strahlung der Sonne durchdringt die transparenten Glasseiten und den Glasboden des Kastens. Der von kurzwelliger Strahlung getroffene Wiesenbereich unter und neben dem Kasten strahlt langwellig ab und erwärmt den Kasten. Ein hellgrauer Schuhkarton schützt das Messgerät vor direkter Sonneneinstrahlung. Auch er wird von kurzwelliger Strahlung getroffen und strahlt wiederum langwellig im Kasten ab.

Bild 4

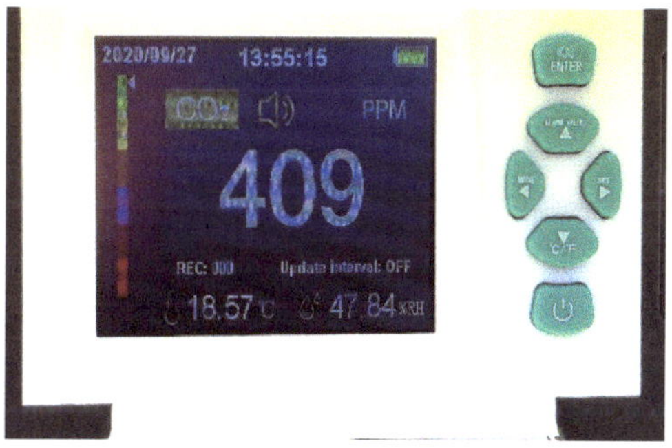

Bild 5

Innerhalb von vier Minuten stieg die so im Kasten gemessene Temperatur um knapp 4 °C gegenüber dem Standort im Schatten an **(Bild 5)**. Der Versuch wurde mehrfach wiederholt und jeweils nach rund vier Minuten abgebrochen. Die Erwärmungsrate des Kastens pendelte ein Stück rauf, dann etwas runter, dann rauf etc.

statistisch über die Minuten um eine leicht steigende Gerade. Im Durchschnitt betrug die Steigung der Erwärmungsrate im Glaskasten rund 1 °C/min oder rund 0.017 °C/sec. Nach jedem Versuch wurde der Kasten zum Abkühlen zusammen mit Messgerät und Karton in den Schatten auf die Böcke zurückgestellt. Bild 5 dokumentiert einen dieser Versuche. Wegen Wind wurde eine Pause eingelegt und zu einem nahegelegenen, windgeschützteren Standort gewechselt.

Versuch mit Einleitung von CO_2:

Der Kasten wurde wieder in einem schattigen Bereich auf Böcke gestellt. Der CO_2-Gehalt an diesem Standort betrug im Mittel 427 ppm. Die Anpassung von Glaskasten und Messgerät an die Umgebung erfolgt im Schatten. Über 15 Minuten pendelte dort die Temperatur zwischen 15.5 °C und 16 °C. Zwischendurch wurden zwei Fotos gemacht. Windstille wurde abgewartet. Dann wurde der Kasten mit Messgerät zügig schräg in die Sonne gestellt, bei dann rund 15.6 °C. Die Seitenwände sollen möglichst keinen Schattenwurf in den Glaskasteninnenraum verursachen. Der Topf unterstützt die korrekte Ausrichtung zur Sonne. Die Einleitung von CO_2 erfolgte gleichmäßig mit Schlauch nach 15:23:45. Der Bock schützt im Bild unten hier nur die Flasche gegen Umfallen. Fotos (Handy) dokumentieren in Abständen die Displayanzeige. Die Bilder sind leider etwas verwackelt.

Versuchsauswertung:

Der Glaskasten in der Sonne erwärmte sich bei natürlichen Verhältnissen am neuen, etwas wärmeren, noch windgeschützteren Standort, zwischen 15:23:08 bis 15:23:45, mit einer geringfügig höheren Erwärmungsrate. Bei Messung **vor** der CO_2-Einleitung betrug diese 0.019 °C/sec (0.71 °C/37 sec). Der Strahlungseinfall des Lichts erfolgt als Photonen bzw. als elektromagnetische Welle mit 300.000 km/sec. Die langwellige, als Temperatur messbare Abstrahlung im Glaskasten hat als elektromagnetische Welle die gleiche Ausbreitungsgeschwindigkeit.

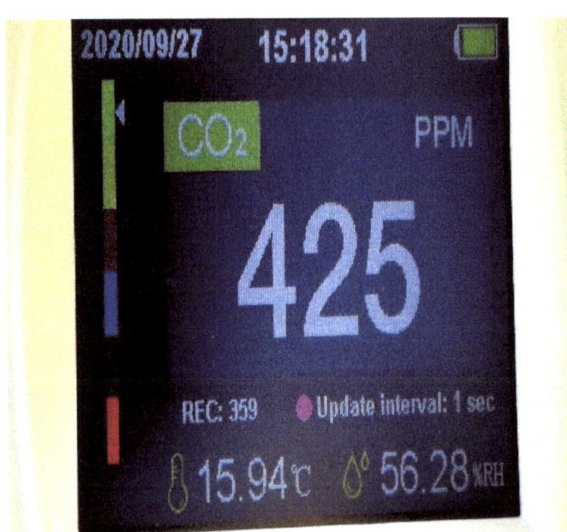

Bild 6   Messung im Schatten

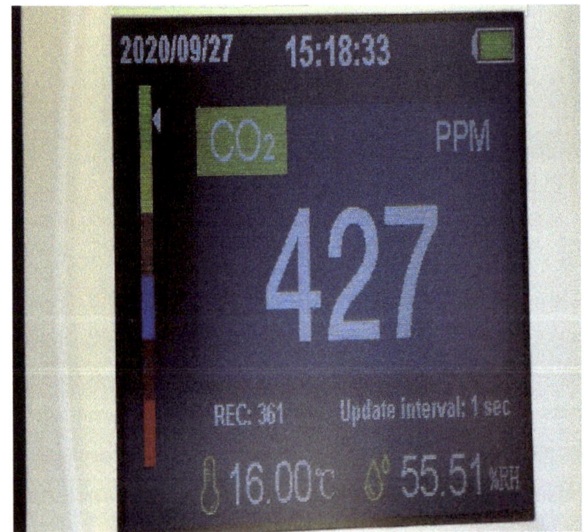

Bild 7

Bild 8 Umstellen in die Sonne

Bild 9

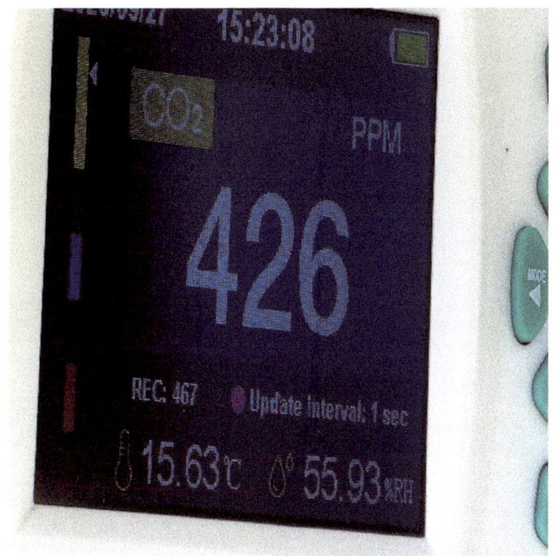
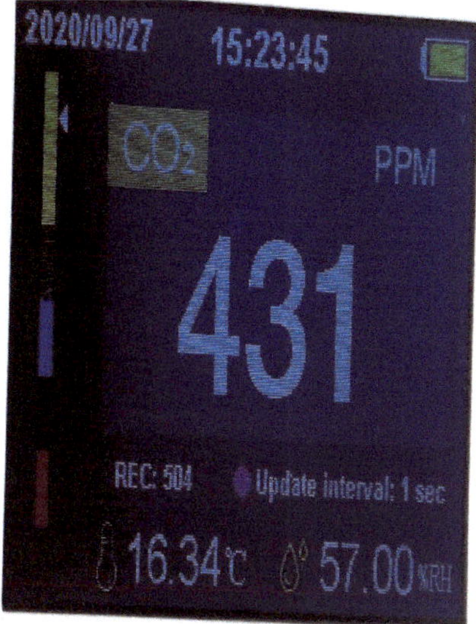

Bild 6 -11: Nach 15:23:45 langsames, gleichmäßiges Einleiten von CO_2 mit Schlauch in den Kasten   Bild 11

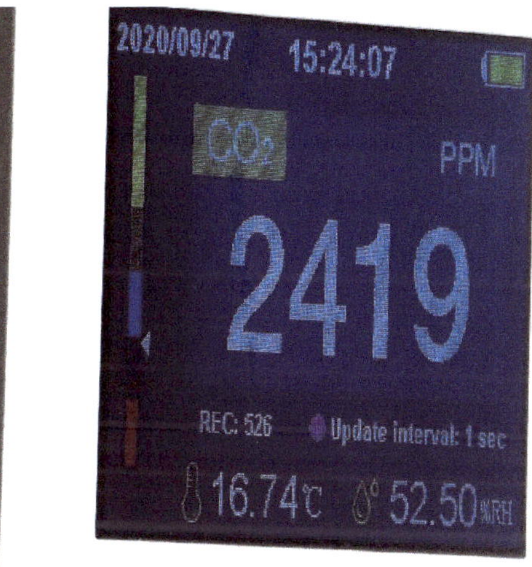

Bild 12   Bild 13

Bild 14   Bild 15

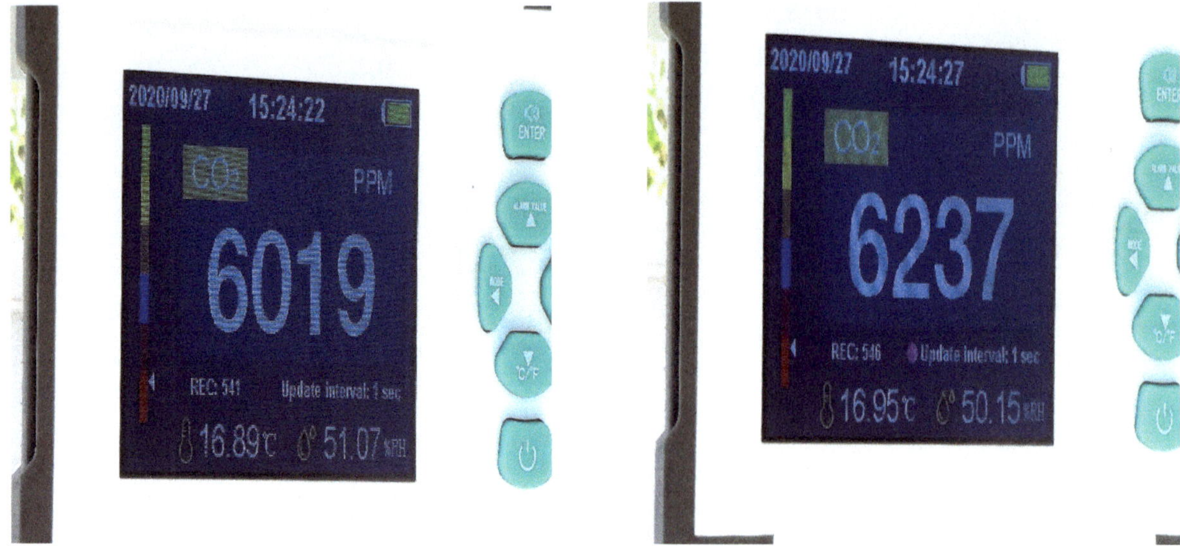

Bild 16   Bild 17

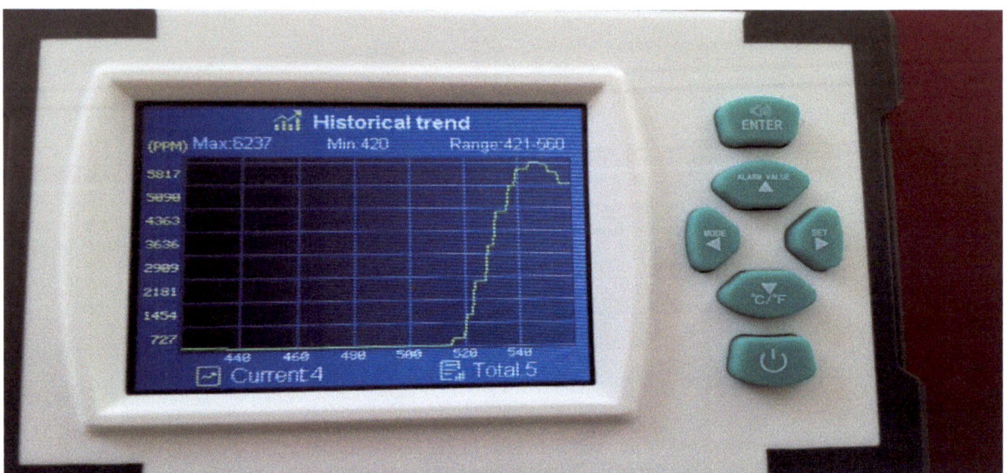

Bild 18

Die Displayanzeige dokumentiert diesen Versuch als 4. Versuchslauf mit Darstellung des Wertebereichs min. CO_2 (420ppm) bis max. CO_2 (6237ppm)

Messung in der Sonne unter CO_2 Einleitung

15:23:08	15:23:45	15:24:07	15:24:11	15:24:14	15:24:19	15:24:22	15:24:27
15.63 °C	16.34 °C	16.74 °C	16.81 °C	16.84 °C	16.88 °C	16.89 °C	16.95 °C
426ppm	431ppm	2419ppm	3561ppm	4629ppm	5460ppm	6019ppm	6237ppm

(Messung vom 27.09.2020)

Die **nach** CO_2-Einleitung emittierte Gegenstrahlung des Kohlendioxids entstand aus Anregung durch die langwellige Strahlung im Kasten. Sie müsste eine sehr schnelle, starke erwärmende Wirkung verursachen - vor allem bei dieser hohen Konzentration. Selbst 20 Sekunden nach 15:24:07 steigt die Temperatur mit einer Rate, die mit der Steigung vor der CO_2-Einleitung vergleichbar ist. Bleibt die natürliche Erwärmungsrate des Kastens unberücksichtigt, verursacht eine Erhöhung der CO_2-Konzentration auf über 6.000 ppm einen irrelevanten Temperaturanstieg. Da es nahezu keinen Temperaturanstieg gibt, kann auch keine nennenswerte temperaturerhöhende Gegenstrahlung existieren oder die Gegenstrahlung ist winzig, geradezu vernachlässigbar klein. Dies erklärt, wieso es in den geologischen Zeiträumen zwischen Permian und Triassic vor ca. 270 Millionen Jahren bei ca. 2.000 ppm CO_2 in der Atmosphäre eine globale Mitteltemperatur von ca. 17 °C gab. [345]

---

[345] https://www.americanthinker.com/articles/2009/01/co2_fairytales_in_global_warmi.html, Bild representation of the amount of CO_2 in the earth's atmosphere from the Cambrian Age to the present.

 Hemisphärenansatz um den Lotstrahl der Sonne in konzentrischen Mantelkreisen

U. O. Weber löste in seinem Ansatz die Halbkugel mit Erdradius in Polarkoordinaten und in konzentrische Mantelringe in 1-Grad-Schritten um den Lotstrahl der Sonne auf.[346] Er veröffentlichte sein Berechnungsergebnis, aber soweit mir bekannt, nicht die dazugehörigen Zwischenrechenschritte. Nachfolgendes Excel-Schema folgt F. J. Weber, die Namengleichheit ist Zufall. F. J. Weber rechnet stattdessen direkt mit der TSI (1367) im Lotstrahl und anstelle mit dem Erdradius am Einheitskreis. In der Vergleichsrechnung in Excel folge ich dem Schema von F. J. Weber. Einige Spalten zur besseren Nachvollziehbarkeit der Zwischenschritte sind ergänzt, ferner wird mit einer Albedo von 0.305 gerechnet. Das Teilmantelsegment für den Winkel phi ergibt sich aus der Differenz des Mantelsegmentes (phi) minus Mantelsegment (phi-1). Die Solarkonstante TSI wird an der Halbkugel in Abhängigkeit vom Cosinus des Einfallswinkels als Teilstrahlung auf das Teilsegment verteilt. Aus der Teilstrahlung wurde über das Stefan-Boltzmann Gesetz ein Temperaturäquivalent am Teilmantelsegment bestimmt. Die Summe der Temperaturäquivalente mal Teilsegment, geteilt durch die Summe aller Teilsegmente (Ringe), ergibt die mittlere Durchschnittstemperatur an der Halbkugel. Winkel phi in Grad von 0 bis 90 für die Halbkugel und Solar-Winkel in Grad = Sol. Winkel = ½ (phi +1 -phi -1)

Sigma (W K^{-4} /m²) = 5.6704 E-8 (Boltzmann-Konstante) und Solarkonstante oder TSI = 1368 (W/m²)

Radius = 1 bzw. 1m und Albedo = 0.305

Mantel für phi +1 = 2 π r² [1 – cos (phi +1)]

Mantel für phi -1 = 2 π r² [1 – cos (phi -1)]

Differenz Mantel = 2 π r² [cos (phi -1) – cos (phi +1)]

Aus dem Hemisphären-Ansatz der beleuchteten Mantelsegmente (siehe Excel-Tabelle):

Summe von Mantelsegmenten x Teilleistung = **2987.08 W**

Summe Mantelsegmente = **6.2830**

Summe von Mantelsegmenten x Teilleistung/Summe Mantelsegmente = **475.42W/m²**

An der Hemisphäre mit R = 1 als Abstrahlung ohne Reflektionsanteil:

Abstrahlung ohne Reflektion (W) = TSI x ebener Einstrahlkreis x (1- Albedo)
  = 1368 W/m² x (1 m)² π (1- 0.30497) = 2987.03 W

Mittlere Abstrahlung (W/m²) = TSI x ebener Einstrahlkreis x (1- Albedo) / Hemisphären-Fläche
  = 2987.03 W/ 2 / π m^{-2} = **475.4 W/m² = 684 W/m² x (1-0.305)**

Globale Durchschnitts- (Mittel-) Temperatur der in konzentrische Ringe aufgelösten Halbkugel:

Summe (Temperatur mal Mantelflächenstück, phi von 0 bis 90 Grad)/Summe der Teilmantelflächen des Einheitskreises = **1809.521** Km² / 2 /π / m² = 288.00 K = 288.00 K – 273.15 K = **14.85 °C** oder nachfolgend als Excel-Tabelle in 1-Grad-Schritten:

---

[346] Quelle 4, S.65 U.O. Weber rechnet zwischen 0.5 und 89.5 Grad mit einer effektiven Leistung im Lotstrahl von 780 W/m² (2 x 390 W/m²).

Vergleichsrechnung

Die Betrachtung erfolgt am Einheitskreis mit Radius = 1.

Das Teilmantelsegment für den Winkel phi ergibt sich aus der Differenz des Mantelsegmentes phi minus Mantelsegment phi -1. Die Solarkonstante wird an der Halbkugel in Abhängigkeit vom Cosinus des Einfallswinkels als Teilstrahlung auf das Teilsegment verteilt. Aus der Teilstrahlung wird über Stefan-Boltzmanngesetz ein Temperaturäquivalent bestimmt. Die Summe der Teilleistungen auf den Teilsegmenten geteilt durch die Mantelfläche der Halbkugel ergibt die Durchschnittstemperatur.

Sigma (W x K hoch -4/m²) =		5,6704E-08 (Boltzmann Konstante)	
Solarkonstante in W/m² =	1368	Mantel für phi +1 = 2 x 3.1416 x r² x [1- cos (phi +1)]	rad solar phi = Sol. Winkel (Grad) π/180
Albedo =	0,305	Mantel für phi -1 = 2 x 3.1416 x r² x [1- cos (phi -1)]	Solar = Solarkonstante x (1- albedo) x cos (rad sol. phi)
Radius r =	1	Differenz Mantel = Diff. Mantel= 2 x 3.1415 x r² [cos (phi -1) - cos (phi +1)]	
Winkel in Grad von 0 bis 90		Solar Winkel in Grad = Sol. Winkel = 1/2 (phi +1 -phi -1)	Leistung x Mant. = Diff. Mantel x Solar = Leistung auf dem Mantelsegment
Temp. in K = Temperatur des Mantelsegmentes in Kelvin = 4 Wurzel((Solar / (5,5704 E-8))			Temp x Mant. = Temperatur mal Diff. Mantel

phi	phi -1	Sol. Winkel	rad phi	rad phi -1	cos phi	cos phi -1	Diff. Cos	Diff. Mantel	rad solar phi	Solar	Leist. xMan.	Temp. in K	Temp xMant	T in Celsius
1	0	0,5	0,0174533	0	0,999848	1,0000	0,0002	0,0010	0,0087	950,724	0,910	359,841	0,344	86,691
2	1	1,5	0,0349066	0,0174533	0,999391	0,9998	0,0005	0,0029	0,0262	950,434	2,728	359,813	1,033	86,663
3	2	2,5	0,0523599	0,0349066	0,998630	0,9994	0,0008	0,0048	0,0436	949,855	4,543	359,758	1,721	86,608
4	3	3,5	0,0698132	0,0523599	0,997564	0,9986	0,0011	0,0067	0,0611	948,987	6,353	359,676	2,408	86,526
5	4	4,5	0,0872665	0,0698132	0,996195	0,9976	0,0014	0,0086	0,0785	947,829	8,155	359,566	3,094	86,416
6	5	5,5	0,1047198	0,0872665	0,994522	0,9962	0,0017	0,0105	0,0960	946,383	9,947	359,429	3,778	86,279
7	6	6,5	0,122173	0,1047198	0,992546	0,9945	0,0020	0,0124	0,1134	944,649	11,726	359,264	4,460	86,114
8	7	7,5	0,1396263	0,122173	0,990268	0,9925	0,0023	0,0143	0,1309	942,627	13,492	359,072	5,139	85,922
9	8	8,5	0,1570796	0,1396263	0,987688	0,9903	0,0026	0,0162	0,1483	940,317	15,241	358,852	5,816	85,702
10	9	9,5	0,1745329	0,1570796	0,984808	0,9877	0,0029	0,0181	0,1658	937,722	16,972	358,604	6,490	85,454
11	10	10,5	0,1919862	0,1745329	0,981627	0,9848	0,0032	0,0200	0,1833	934,840	18,681	358,328	7,161	85,178
12	11	11,5	0,2094395	0,1919862	0,978148	0,9816	0,0035	0,0219	0,2007	931,674	20,368	358,024	7,827	84,874
13	12	12,5	0,2268928	0,2094395	0,974370	0,9781	0,0038	0,0237	0,2182	928,225	22,031	357,693	8,490	84,543
14	13	13,5	0,2443461	0,2268928	0,970296	0,9744	0,0041	0,0256	0,2356	924,492	23,666	357,332	9,147	84,182
15	14	14,5	0,2617994	0,2443461	0,965926	0,9703	0,0044	0,0275	0,2531	920,478	25,273	356,944	9,800	83,794
16	15	15,5	0,2792527	0,2617994	0,961262	0,9659	0,0047	0,0293	0,2705	916,183	26,849	356,527	10,448	83,377
17	16	16,5	0,296706	0,2792527	0,956305	0,9613	0,0050	0,0311	0,2880	911,610	28,392	356,081	11,090	82,931
18	17	17,5	0,3141593	0,296706	0,951057	0,9563	0,0052	0,0330	0,3054	906,759	29,900	355,606	11,726	82,456
19	18	18,5	0,3316126	0,3141593	0,945519	0,9511	0,0055	0,0348	0,3229	901,631	31,372	355,103	12,356	81,953
20	19	19,5	0,3490659	0,3316126	0,939693	0,9455	0,0058	0,0366	0,3403	896,229	32,806	354,569	12,979	81,419
21	20	20,5	0,3665191	0,3490659	0,933580	0,9397	0,0061	0,0384	0,3578	890,554	34,200	354,007	13,595	80,857
22	21	21,5	0,3839724	0,3665191	0,927184	0,9336	0,0064	0,0402	0,3752	884,608	35,552	353,414	14,204	80,264
23	22	22,5	0,4014257	0,3839724	0,920505	0,9272	0,0067	0,0420	0,3927	878,392	36,861	352,792	14,805	79,642
24	23	23,5	0,418879	0,4014257	0,913545	0,9205	0,0070	0,0437	0,4101	871,909	38,125	352,139	15,398	78,989
25	24	24,5	0,4363323	0,418879	0,906308	0,9135	0,0072	0,0455	0,4276	865,160	39,343	351,456	15,982	78,306
26	25	25,5	0,4537856	0,4363323	0,898794	0,9063	0,0075	0,0472	0,4450	858,147	40,512	350,741	16,558	77,591
27	26	26,5	0,4712389	0,4537856	0,891007	0,8988	0,0078	0,0489	0,4625	850,874	41,632	349,996	17,125	76,846
28	27	27,5	0,4886922	0,4712389	0,882948	0,8910	0,0081	0,0506	0,4800	843,341	42,702	349,219	17,682	76,069
29	28	28,5	0,5061455	0,4886922	0,874620	0,8829	0,0083	0,0523	0,4974	835,551	43,719	348,409	18,230	75,259
30	29	29,5	0,5235988	0,5061455	0,866025	0,8746	0,0086	0,0540	0,5149	827,506	44,684	347,568	18,768	74,418
31	30	30,5	0,5410521	0,5235988	0,857167	0,8660	0,0089	0,0557	0,5323	819,210	45,594	346,693	19,295	73,543
32	31	31,5	0,5585054	0,5410521	0,848048	0,8572	0,0091	0,0573	0,5498	810,664	46,448	345,786	19,812	72,636
33	32	32,5	0,5759587	0,5585054	0,838671	0,8480	0,0094	0,0589	0,5672	801,871	47,245	344,844	20,318	71,694
34	33	33,5	0,5934119	0,5759587	0,829038	0,8387	0,0096	0,0605	0,5847	792,834	47,986	343,868	20,812	70,718
35	34	34,5	0,6108652	0,5934119	0,819152	0,8290	0,0099	0,0621	0,6021	783,556	48,667	342,858	21,295	69,708
36	35	35,5	0,6283185	0,6108652	0,809017	0,8192	0,0101	0,0637	0,6196	774,039	49,290	341,812	21,766	68,662
37	36	36,5	0,6457718	0,6283185	0,798636	0,8090	0,0104	0,0652	0,6370	764,286	49,852	340,730	22,225	67,580
38	37	37,5	0,6632251	0,6457718	0,788011	0,7986	0,0106	0,0668	0,6545	754,300	50,354	339,612	22,671	66,462
39	38	38,5	0,6806784	0,6632251	0,777146	0,7880	0,0109	0,0683	0,6719	744,084	50,794	338,456	23,104	65,306
40	39	39,5	0,6981317	0,6806784	0,766044	0,7771	0,0111	0,0698	0,6894	733,642	51,172	337,262	23,524	64,112
41	40	40,5	0,715585	0,6981317	0,754710	0,7660	0,0113	0,0712	0,7068	722,976	51,488	336,030	23,931	62,880
42	41	41,5	0,7330383	0,715585	0,743145	0,7547	0,0116	0,0727	0,7243	712,091	51,741	334,758	24,324	61,608
43	42	42,5	0,7504916	0,7330383	0,731354	0,7431	0,0118	0,0741	0,7417	700,988	51,932	333,445	24,703	60,295
44	43	43,5	0,7679449	0,7504916	0,719340	0,7314	0,0120	0,0755	0,7592	689,672	52,059	332,091	25,067	58,941
45	44	44,5	0,7853982	0,7679449	0,707107	0,7193	0,0122	0,0769	0,7766	678,145	52,122	330,695	25,417	57,545

46	45	45,5	0,8028515	0,7853982	0,694658	0,7071	0,0124	0,0782	0,7941	666,412	52,122	329,255	25,752	56,105
47	46	46,5	0,8203047	0,8028515	0,681998	0,6947	0,0127	0,0795	0,8116	654,477	52,059	327,771	26,072	54,621
48	47	47,5	0,837758	0,8203047	0,669131	0,6820	0,0129	0,0808	0,8290	642,341	51,932	326,241	26,376	53,091
49	48	48,5	0,8552113	0,837758	0,656059	0,6691	0,0131	0,0821	0,8465	630,010	51,742	324,664	26,664	51,514
50	49	49,5	0,8726646	0,8552113	0,642788	0,6561	0,0133	0,0834	0,8639	617,488	51,489	323,038	26,936	49,888
51	50	50,5	0,8901179	0,8726646	0,629320	0,6428	0,0135	0,0846	0,8814	604,777	51,173	321,363	27,192	48,213
52	51	51,5	0,9075712	0,8901179	0,615661	0,6293	0,0137	0,0858	0,8988	591,882	50,795	319,636	27,431	46,486
53	52	52,5	0,9250245	0,9075712	0,601815	0,6157	0,0138	0,0870	0,9163	578,806	50,355	317,856	27,653	44,706
54	53	53,5	0,9424778	0,9250245	0,587785	0,6018	0,0140	0,0881	0,9337	565,555	49,853	316,020	27,857	42,870
55	54	54,5	0,9599311	0,9424778	0,573576	0,5878	0,0142	0,0893	0,9512	552,131	49,291	314,128	28,043	40,978
56	55	55,5	0,9773844	0,9599311	0,559193	0,5736	0,0144	0,0904	0,9686	538,539	48,669	312,177	28,212	39,027
57	56	56,5	0,9948377	0,9773844	0,544639	0,5592	0,0146	0,0914	0,9861	524,783	47,987	310,164	28,362	37,014
58	57	57,5	1,012291	0,9948377	0,529919	0,5446	0,0147	0,0925	1,0035	510,867	47,247	308,087	28,493	34,937
59	58	58,5	1,0297443	1,012291	0,515038	0,5299	0,0149	0,0935	1,0210	496,795	46,450	305,943	28,605	32,793
60	59	59,5	1,0471976	1,0297443	0,500000	0,5150	0,0150	0,0945	1,0384	482,572	45,595	303,730	28,698	30,580
61	60	60,5	1,0646508	1,0471976	0,484810	0,5000	0,0152	0,0954	1,0559	468,202	44,686	301,443	28,770	28,293
62	61	61,5	1,0821041	1,0646508	0,469472	0,4848	0,0153	0,0964	1,0733	453,690	43,722	299,079	28,822	25,929
63	62	62,5	1,0995574	1,0821041	0,453990	0,4695	0,0155	0,0973	1,0908	439,039	42,704	296,635	28,853	23,485
64	63	63,5	1,1170107	1,0995574	0,438371	0,4540	0,0156	0,0981	1,1083	424,255	41,635	294,106	28,862	20,956
65	64	64,5	1,134464	1,1170107	0,422618	0,4384	0,0158	0,0990	1,1257	409,341	40,515	291,486	28,850	18,336
66	65	65,5	1,1519173	1,134464	0,406737	0,4226	0,0159	0,0998	1,1432	394,303	39,345	288,771	28,815	15,621
67	66	66,5	1,1693706	1,1519173	0,390731	0,4067	0,0160	0,1006	1,1606	379,145	38,128	285,955	28,756	12,805
68	67	67,5	1,1868239	1,1693706	0,374607	0,3907	0,0161	0,1013	1,1781	363,871	36,864	283,031	28,674	9,881
69	68	68,5	1,2042772	1,1868239	0,358368	0,3746	0,0162	0,1020	1,1955	348,486	35,555	279,990	28,567	6,840
70	69	69,5	1,2217305	1,2042772	0,342020	0,3584	0,0163	0,1027	1,2130	332,995	34,203	276,825	28,434	3,675
71	70	70,5	1,2391838	1,2217305	0,325568	0,3420	0,0165	0,1034	1,2304	317,403	32,809	273,526	28,274	0,376
72	71	71,5	1,2566371	1,2391838	0,309017	0,3256	0,0166	0,1040	1,2479	301,714	31,375	270,082	28,086	-3,068
73	72	72,5	1,2740904	1,2566371	0,292372	0,3090	0,0166	0,1046	1,2653	285,933	29,904	266,479	27,869	-6,671
74	73	73,5	1,2915436	1,2740904	0,275637	0,2924	0,0167	0,1051	1,2828	270,065	28,395	262,702	27,621	-10,448
75	74	74,5	1,3089969	1,2915436	0,258819	0,2756	0,0168	0,1057	1,3002	254,115	26,852	258,734	27,340	-14,416
76	75	75,5	1,3264502	1,3089969	0,241922	0,2588	0,0169	0,1062	1,3177	238,087	25,276	254,554	27,025	-18,596
77	76	76,5	1,3439035	1,3264502	0,224951	0,2419	0,0170	0,1066	1,3351	221,987	23,670	250,137	26,672	-23,013
78	77	77,5	1,3613568	1,3439035	0,207912	0,2250	0,0170	0,1071	1,3526	205,819	22,035	245,453	26,278	-27,697
79	78	78,5	1,3788101	1,3613568	0,190809	0,2079	0,0171	0,1075	1,3700	189,589	20,372	240,464	25,839	-32,686
80	79	79,5	1,3962634	1,3788101	0,173648	0,1908	0,0172	0,1078	1,3875	173,301	18,686	235,124	25,351	-38,026
81	80	80,5	1,4137167	1,3962634	0,156434	0,1736	0,0172	0,1082	1,4049	156,960	16,976	229,374	24,808	-43,776
82	81	81,5	1,43117	1,4137167	0,139173	0,1564	0,0173	0,1085	1,4224	140,571	15,245	223,136	24,200	-50,014
83	82	82,5	1,4486233	1,43117	0,121869	0,1392	0,0173	0,1087	1,4399	124,139	13,496	216,309	23,517	-56,841
84	83	83,5	1,4660766	1,4486233	0,104528	0,1219	0,0173	0,1090	1,4573	107,670	11,731	208,747	22,744	-64,403
85	84	84,5	1,4835299	1,4660766	0,087156	0,1045	0,0174	0,1092	1,4748	91,167	9,951	200,243	21,857	-72,907
86	85	85,5	1,5009832	1,4835299	0,069756	0,0872	0,0174	0,1093	1,4922	74,637	8,159	190,474	20,823	-82,676
87	86	86,5	1,5184364	1,5009832	0,052336	0,0698	0,0174	0,1095	1,5097	58,085	6,358	178,901	19,581	-94,249
88	87	87,5	1,5358897	1,5184364	0,034899	0,0523	0,0174	0,1096	1,5271	41,514	4,548	164,493	18,021	-108,657
89	88	88,5	1,553343	1,5358897	0,017452	0,0349	0,0174	0,1096	1,5446	24,931	2,733	144,805	15,874	-128,345
90	89	89,5	1,5707963	1,553343	0,000000	0,0175	0,0175	0,1097	1,5620	8,341	0,915	110,128	12,076	-163,022
							6,2830				2987,079		1809,521	

Summe von Mantelsegment x Teilleistung = 2987,079

Summe der Mantelsegmente = 6,2830

mittlere Leistung der Abstrahlung in W/m² = 475,42241 oder 684 W/m² x (1-0.305) = 475.38 W/m²

Summe (Temperatur mal Mantelfläche) 1809,5214

Summe Fläche der Mantelsegmente = 6,2830

Durchschnittstemperatur in Kelvin 288,00278 gleich T in Grad Celsius 14,852776

Bei Einstrahlung an der halben Kugel ist die mittlere Abstrahlung an der Vollkugel mit R = 1:

Mittlere Abstrahlung (W/m²)   = TSI x ebener Einstrahlkreis x (1- Albedo)/Kugeloberfläche
                               = 2987.08 W/ 4 / π m^{-2} = 237.70 W/m²

Energieeintrag am Einheitskreis aus TSI auf Hemisphäre in 1 sec = 1 sec (1 m)² π 1368 W/m² = 4297.7 J

0.3049 x π x 1368 W/m² = 1310.37 W (Albedo-Anteil) + 2987.08 W (Abstrahlung ohne Reflektion) = 4297.5 J

Übergang von den Teilmantelsegmenten des Hemisphären-Ansatzes am Einheitskreis mit R=1m und einem Energieeintrag 4297.5 J in einer Sekunde auf die Erdkugel mit R = 6.378 km und dem Energieeintrag in 24 h:

E = 4297.5 J (Teilmantelsegmente plus Albedo-Anteil) x (6378140)² x 24 x 60 x 60 **= 1.510 E+22 J** umformuliert zu:

E = 1.510 E+22 J = (6378140m)² π x 24 x 60 x 60 sec x **1368 W/m² (Energieeintrag im Einstrahlkreis)**

E = 1.510 E+22 J = (6378km)² π x 86400 sec x **2** x **684 W/m² (Energieeintrag bezogen auf die gekrümmte Hemisphären-Fläche von 2 R² π)**

	Sonne		*(Tagseite) halbe Erde*	

E = 1.510 E+22 J   Sonne   4295.69 J →   Erde   Teilmantelsegmente plus Albedo-Anteil vom 1 m Einheitskreis auf Erdradius 6.378 km

E = 1.510 E+22 J   Sonne 1368 W/m² →   Erde   TSI bezogen auf Einstrahlkreis

E = 1.510 E+22 J   Sonne   684 W/m² →   Erde   684 W/m² bezogen auf gekrümmte Hemisphären-Oberfläche

Der Hemisphären-Ansatz beleuchteter, konzentrischer Teilmantelflächen in 1-Grad-Schritten um den Lotstrahl der Sonne, aufintegriert über die Teilmantelsegmente zur halben Kugeloberfläche (2 R² π) und **bezogen auf den Erdradius entspricht**

1) bezüglich Energieeintrag einer Integration über eine doppelt gekrümmte Oberfläche an der Hemisphäre.
2) bezüglich Modellierung einer durchschnittlichen Einstrahlleistung L einer doppeltgekrümmten halben Kugeloberfläche von 684 W/m².
3) einem Energieeintrag von 1.368 W/m² an einem Erdtag am ebenen Einstrahlkreis r² π, oder den Sonnenstrahlensäulen als Energie, die im Erdschatten r² π fehlen.
4) als Rechenergebnis von ca. 14.9 °C aus der Summe (Temperatur mal Mantelfläche)/Summe Mantelfläche und damit auch der beobachteten durchschnittlichen Globaltemperatur aus Thermometermessung von ca. 15 °C.
5) mit einer Temperatur von 14.9 °C einer Abstrahlleistung von 390 W/m² ohne Treibhauseffekt.
6) einem weiteren, für sich unabhängigen Beweis, dass es keinen Treibhauseffekt von 33 Kelvin gibt.

Für die Nachtseite, für Wärmespeicher und die Temperaturbildung auf der unbeleuchteten Hemisphäre gilt siehe Modellierung von Kap. 5 in Verbindung mit Anhang 1.

Anhang 6   Weitere Beispiele für Net-Strahlungen (W/m²) bei ERBS

Bsp. 2: Mean5mar 347: 41.25 346.25 105.08 230.68 **-22.21** 33.52 40.48 261.50 **11.54** 12.92 30.82 -64.60 **-33.78**

+41.25(Breitengrad) 346.25(Längengrad) 105.08(shortwave rad.) 230.68(longwave rad.) **-22.21(net rad.)** 33.52(albedo) 40.48(cls shw. rad.) 261.50 (cls lw. rad.) **11.54 (cls net rad.)** 12.92 (cls albedo) 30.82 (lw cloud forc.) -64.60 (sw cloud forc.) **-33.78 (net cloud forc**.), Strahlungsleistungen in W/m²

a) TSI/4 - (shortwave rad.) - (longwave rad.) = (net rad.) oder 1368/4 - 105.08 - 230.68 =6.24 ≠ -22.21 (net rad), **keine Übereinstimmung der mathematischen Differenz zum Net-Funkwert.**

b) In Bsp. 1, Kap. 5 der Messreihe für 5 Sept + 8.75 (Breitengrad) 98.75 (Längengrad), hatte sich für drei Net-Strahlungen als richtig erwiesen: |**Net Cloud Forcing** |+ |**Net Radiation**|= |**Clear-Sky Net Radiation**|.

Somit wäre wieder ohne Berücksichtigung beider Vorzeichen und damit als mathematischer Betrag:
Net Cloud Forcing |-33.78| + Net Radiation |-22.21| = 55.99 ≠ Clear-Sky Net Radiation (11.54),
Hier gibt es keine Übereinstimmung.
Alternativ Net-Strahlungen unter Berücksichtigung des negativen Vorzeichens, gemäß Datenübermittlung von ERBS: Net Cloud Forcing -33.78 + Net Radiation -22.21= -55.99 ≠ Clear-Sky Net Radiation (11.54),
Hier gibt es ebenfalls keine Übereinstimmung.
Alternativ mal Berücksichtigung des Vorzeichens und mal ohne Berücksichtigung des Vorzeichens:
Net Cloud Forcing |-33.78| + Net Radiation -22.21 = 11.57 = Clear-Sky Net Radiation (11.54). Diesmal gibt es eine **Übereinstimmung** für |Net Cloud Forcing|- Net Radiation = Clear-Sky Net Radiation. Es ist eine Ausnahme im einzelnen Datensatz und eventuell der Software und/oder der Antimetrie von Strahlungsleistungen zum Äquator geschuldet. Für die Mittelwerte global mean der Jahre 1985-1989 stimmt obige Betrachtung von drei Beträgen mit einer Abweichung von ≤ 4 W/m² (Kap. 5.3 Darstellung 3)

c) Bezüglich der Clear-Sky-Net-Radiation ist hier im Beispiel stellvertretend festzustellen:
Clear-Sky Net Radiation 11.54 + Clear Sky Shortwave Radiation 40.48 = 52.02 ≠ Shortwave Radiation 105.08 und damit keine Übereinstimmung der mathematischen Summe zum Messwert Shortwave Radiation von 105.08 W/m². **Würde man die Clear-Sky-Net-Radiation zu Null setzen, wäre der Fehler sogar noch größer.** Damit gilt **nicht** die Aussage: Sky Net Radiation plus Clear Sky Shortwave Radiation = Shortwave Radiation.

d) Unabhängig von den Net-Leistungen entdeckt man noch etwas anderes: Im Datensatz der einzelnen Leistungsmessung als Betrag bestätigt sich: |**Clear Sky Shortwave Radiation**| plus |**Shortwave Cloud Forcing**| = |**Shortwave Radiation**| oder |40.48|+ |-64.68|= 105.16 = |105.08 |.

Dies ist der Symmetrie der Beträge und der Asymmetrie des Vorzeichens des Messwertes zur Äquatorachse geschuldet (Kap. 5.12).

Bsp. 3: Mean1986[348] -46.25 131.25 115.33 220.73 **-33.36** 38.11 38.75 250.39 **13.56** 12.80 29.67 -76.58 - **46.92**

-46.25 (Breitengrad) 131.25 (Längengrad) 115.33 (shortwave rad.) 220.73 (longwave rad.) **-33.36 (net rad.)** 38.11 (albedo) 38.75 (cls shw. rad.) 250.39 (cls lw. rad.) **13.56 (cls net rad.)** 12.80 (cls albedo) 29.67 (lw cloud forc.)   - -76.58 (sw cloud forc.) **-46.92 (net cloud forc**.), Strahlungsleistungen in W/m²

---

347 CEDA, Oxford, England mit Stand vom 19.11.2020: Mittelwert des 5 Septembers aus den Messwerten von 1985 – 1990: http://data.ceda.ac.uk/badc/CDs/erbe/erbedata/erbs/mean5mar.

348 CEDA, Oxford, England mit Stand vom 19.11.2020: http://data.ceda.ac.uk/badc/CDs/erbe/erbedata/erbs/mean1986/data.txt.

a) Net-Strahlung im einzelnen Datensatz aus der Kombination Betrag und mit Berücksichtigung eines Vorzeichens: Net Cloud Forcing |-46.92 | + Net Radiation -33.36 = 13.56 = Clear-Sky Net Radiation (13.56), Übereinstimmung.

b) Gilt: Clear-Sky Net Radiation = Shortwave Radiation - Clear Sky Shortwave Radiation?

Clear-Sky Net Radiation 13.56 ≠ Shortwave Radiation 115.33 - Clear Sky Shortwave Radiation 38.75 = 76.58.

13.56 ≠76.58 und bei Betrachtung der global mean 1985-89: 42 ≠ 51 = 101 -50 (Kap. 5)

keine Übereinstimmung oder der unterstellte Zusammenhang gilt und ist damit falsch.

c) TSI/4 - (shortwave rad.) - (longwave rad.) = (net rad.) oder 1368/4 - 115.33 -220.73 = 5.94 und

5.94 ungleich -33.36 (net rad.). **Es gibt keine Übereinstimmung der mathematischen Differenz zum Net-Funkwert. Der Zusammenhang ist damit falsch.**

Bsp. 4: Mean1989[349] 18.75 148.75 83.22 261.71 **51.70** 20.98 44.56 291.53 **60.55** 11.23 29.82 -38.66 **-8.84**

18.75 (Breitengrad) 148.75 (Längengrad) 83.22 (shortwave rad.) 261.71 (longwave rad.) **51.70 (net rad.)** 20.98 (albedo) 44.56 (cls shw. rad.) 291.53 (cls lw. rad.) **60.55 (cls net rad.)** 11.23 (cls albedo) 29.82 (lw cloud forc.)   -38.66 (sw cloud forc.) **-8.84 (net cloud forc.**), Strahlungsleistungen in W/m²

a) Net-Strahlungen unter Berücksichtigung des negativen Vorzeichens, gemäß Datenübermittlung von ERBS:

Net Cloud Forcing -8.84 + Net Radiation 51.70 = 42.86 ≠ Clear-Sky Net Radiation (60.55). **Es gibt keine Übereinstimmung.**

Alternativ ohne Berücksichtigung des Vorzeichens und damit als mathematischer Betrag:

Net Cloud Forcing |-8.84 | + Net Radiation |51.70 | = 60.54 = Clear-Sky Net Radiation (60.55). **Es gibt eine Übereinstimmung.**

b) Unabhängig von der Datenübermittlung mit Vorzeichen oder ohne Vorzeichen als Betrag ist:

Clear-Sky Net Radiation |60.55 | + Clear Sky Shortwave Radiation |44.56 | = 105.11 ≠ Shortwave Radiation 83.22

Dies ist **keine Übereinstimmung von** mathematischer Summe zum Funkwert.

c) TSI/4 - (shortwave rad.) - (longwave rad.) = (net rad.) oder 1368/4 - 83.22 -261.71 = -2.93

-2.93 ungleich 51.70 (net rad.). **Es gibt keine Übereinstimmung der mathematischen Differenz zum Net-Funkwert.**

Bsp. 5: Mean1987[350] -31.25 288.75 97.21 245.13 **20.19** 26.82 52.52 269.57 **40.44** 14.49 24.44 -44.69 **-20.25**

-31.25 (Breitengrad) 288.75 (Längengrad) 97.21 (shortwave rad.) 245.13 (longwave rad.) **20.19 (net rad.)** 26.82 (albedo) 52.52 (cls shw. rad.) 269.57 (cls lw. rad.) **40.44 (cls net rad.)** 14.49 (cls albedo) 24.44 (lw cloud forc.)   -44.69 (sw cloud forc.) **-20.25 (net cloud forc.**)

a) Net-Strahlungen unter Berücksichtigung des negativen Vorzeichens, gemäß Datenübermittlung von ERBS:

Net Cloud Forcing -20.25 + Net Radiation 20.19 = 0 ≠ Clear-Sky Net Radiation (40.44). **Es gibt keine Übereinstimmung.**

Alternativ ohne Berücksichtigung des Vorzeichens und damit als mathematischer Betrag:

Net Cloud Forcing |-20.25 | + Net Radiation |20.19| = 40.44 = Clear-Sky Net Radiation (40.44). **Es gibt eine Übereinstimmung.**

Wenn man die drei Net-Strahlungen berücksichtigt, erscheint es sinnvoll, sie als mathematische Beträge von Leistungen zu interpretieren.

---

[349] CEDA, Oxford, England mit Stand vom 19.11.2020: siehe:
http://data.ceda.ac.uk/badc/CDs/erbe/erbedata/erbs/mean1989/data.txt.
[350] CEDA, Oxford, England mit Stand vom 19.11.2020: siehe:
http://data.ceda.ac.uk/badc/CDs/erbe/erbedata/erbs/mean1987/data.txt.

b) Unabhängig von Datenübermittlung mit Vorzeichen oder ohne Vorzeichen als Betrag ist:
Clear-Sky Net Radiation |40.44 | + Clear Sky Shortwave Radiation |52.52 | = 92.96 ≈ Shortwave Radiation 97.21.
Dies ist **halbwegs eine Übereinstimmung von** mathematischer Summe zum Funkwert und eher selten.

c) TSI/4 - (shortwave rad.) - (longwave rad.) = **(net rad.) 20.19** oder 1368/4 - |97.21 | -|245.13 | = - 0.34
- 0.34 ungleich 20.19 (net rad.). **Es gibt keine Übereinstimmung der mathematischen Differenz zum Net-Funkwert. Wäre die Net-Radiation lediglich eine Strahlungsdifferenz und kein eigener Messwert, müsste der Messwert hier ebenfalls 0 sein. Das ist nicht der Fall. Damit ist die Net-Radiation ein eigener Messwert.** Q.e.d.

Variante für Clear-Sky-Bedingungen:

Net-Leistungen in W/m² wären lediglich Strahlungsdifferenzen und keine eigenen Messwerte. Unter dieser Prämisse bleiben die drei Net-Werte in der folgenden Bilanz unberücksichtigt. Somit wäre auch die CLEAR-SKY-NET-RADIATION mit 0 anzusetzen. Steht ein solches Vorgehen im Einklang mit der Leistungsbilanz? CLEAR-SKY-Mittelwerte der Strahlungsleistungen und Albedo von ERBS sind von Kap. 2.2. entnommen.

CLEAR-SKY SHORTWAVE RAD. in W/m²:	50.3
CLEAR-SKY LONGWAVE RAD. in W/m²:	276.3
CLEAR-SKY NET RADIATION in W/m²:	0
CLEAR-SKY ALBEDO in %:	13.5 und damit 342 W/m² x 0.135 = 46 W/m²

Orbit

```
        ↓∑ -292                                      ↑∑ 292
I       +50          -342                     +276   + 16    = 0
II      +46 +4 -4    -338                            +292    = 0
        ↓∑ -292                                      ↑∑ 292
```

Obergrenze der Atmosphäre

```
        ↓∑ -225 -67                                  ↑∑ +292
III     +46          -271  |  ↓ -67        ↑ +67 + 185  +40   = 0
```

Atmosphäre

```
IV      +46          -271              +185        +40        = 0
        ↓∑ -225                               ↑∑ +225
```

Atmosphäre

```
        ↓∑ -225                                    ↑∑ +225
V       +46          -271          +24 +78   +83    +40       = 0
```

Untergrenze des Bereiches Greenhouse Gases

```
VI      +46          -271          +24 +78   +350   +40 -267  = 0
VII        +46  -46  -225          +24 +78   +350   +40 -267  = 0
VIII                 -225          +24 +78       +390   -267   = 0
        ↓∑ -225                                    ↑∑ 225
```

Erdoberfläche

Anmerkung: | ist die Betrachtungsgrenze der Einstrahlung, von der ↓ 67 W/m² abgetrennt worden waren.

189

Mit 292 W/m² „outgoing top of" verbleibt gegenüber dem Messwertmittel 276 W/m² ein Rest von **16 W/m²**, damit sich für stationäre Verhältnisse in KT97 das Gleichgewicht einstellt oder die Leistungsbilanz keine Widersprüche für Clear-Sky-Bedingungen aufweist. Für alle Net-Werte = 0 und gleichzeitig Verteilung ¼ richtig, hätte der Satellit als Mittelwert eine langwellige Strahlung von 292 W/m² messen müssen. Hat er aber nicht. [Einschub: Auch eine mit Anhang 7 und 8 verrechenbare Strahlungsabschwächung in I`= 0.828 x I in rund 600 Km

I` =	0.828	(+50)	-342	0.828 (+276)	= 0
I =		+41.4	-342	+228.5	**= -72.1 ≠ +16 ≠ 0**

Höhe verletzt das Bilanzgleichgewicht und kann Net-Werte nicht begründen.]

NET RADIATION in W/m²   19.9
NET CLOUD FORCING in W/m²   -18.1

Die nun gegenüber dem Messwert im Modell zusätzlich vorhandenen **16 W/m²** korrespondieren andererseits mit den mathematischen Beträgen als Strahlungsleistung von NET RADIATION (19.9) oder NET CLOUD FORCING (18) (Werte siehe Kap 2.2.). **Dies spricht ebenfalls dafür, dass die Net-Werte gemessene Leistungen sind und daher in einer Bilanz berücksichtigt werden müssen, um die Widersprüche auszuräumen.** q.e.d.

Anhang 7   Bezugsniveau R´ für Ebene I´ und II´

In der Verteilung der TSI vom Einstrahlkreises $r^2 \pi$ auf die beleuchtete halbe Kugelfläche $2\, r^2 \pi$ und auf die Abstrahlung an der Vollkugel auf $4\, r^2 \pi$ ist der **Erdradius mit R = 6.378 km fest**. Zur besseren Differenzierung wurde der relevante atmosphärische Bereich über der Erdoberfläche analog zu KT97, FIG.7., zwischen „absorbed by surface" und „Outgoing Longwave Radiation" in VII Ebenen unterteilt. Dies führte für bedeckte Verhältnisse zu folgender Darstellung:

```
Für I bis VII  R = 6378km                                    cloudy sky
I       +184            -684                        +500                    = 0
II      +92  +92  -92   -592           +86          +101  +19 +20 +243 +31  = 0
III     +92             -568   -24     +86  +24     +77   +19 +20 +243 +31  = 0
IV      +92             -568           +86                +116    +243 +31  = 0
V       +92             -568           +86                      +80  +310   = 0
VI      +92             -568           +69  +17                 +80  +310   = 0
VII           +92  -92  -476           +69  +17                 +390        = 0
```

In jeder einzelnen Ebene I bis VII gilt ein fester Radius R = 6378 km. Andererseits breitet sich die Abstrahlung der Erde allseitig radial in Verlängerung des Erdradius' aus. Der Radius der jeweiligen Hüllfläche, gebildet von Ebene VI bis I, ist größer als R = 6378 km, bezogen auf den Erdmittelpunkt. Damit wächst die Hüllfläche der Ebene VI bis I an, auf die von Surface ausgehende Strahlung trifft. Deshalb schwächt sich mit zunehmendem Abstand die ausgehende Strahlung ab, was durch den festen Radius in der Darstellung Cloudy so bisher nicht sichtbar war. Hat dieser Effekt eine Auswirkung auf die Messungen des Satelliten?

Der Satellit ERBS hatte eine Umlaufbahn von ca. 600 Km.

Die Strahlung von Surface trifft in größerer Höhe auf eine immer größere Fläche oder größere Radien: $c = 4\pi R^2 / 4\pi R'^2$ = (6378 km)^2 / (6378 km+600 km)^2 = 0.835. Der Effekt macht eine knapp 16,5 % Abschwächung aus.

Surface in VII absorbiert 476 W/m². Die abgegebene Leistung in Ebene VII (69 +17+390 = 476 W/m²) zuzüglich Satm (24 W/m²) aus III beträgt 500 W/m² in den ersten 20 km. In Ebene II 580 km darüber kommt durch die Strahlungsabschwächung aus der größeren Hüllfläche eine reduzierte Leistung von 417.5 W/m² = 0.835 x (476 W/m² +24W/m²) an. 414 W/m² entsprechen in etwa der Messung (W/m²) von 101 +19+20+243+31 = 414 = 0.828 x 500 W/m². Im Modell herrschen stationäre Verhältnisse und damit ein Strahlungsgleichgewicht. Oder anders formuliert: Die abgegebene Leistung ist gleich eingestrahlter Leistung. Zur Berücksichtigung der Leistungsabschwächung von 17.2 % auf dem Niveau der Messung wird Gleichung I und II umformuliert über 684 x 0.828 = 566 als gleichwertige Einstrahlung, clear sky analog.

```
Für Ebene I´ bis II´  R´ = 6378 km+600 km                    cloudy sky
I´      +152            -566                        +414                    = 0
II´     +76  +76  -76   -490           +101  +19 +20 +243 +31              = 0
```

Mit 152 / 566 = **0.269** = Albedo Modell 5 bleibt die von ERBS gemessene Albedo erhalten

Ab Ebene III R = 6378 km weiter, wie zuvor:

```
III     +92            -568   -24      +86      +24 +77    +19 +20 +243 +31    = 0
```

Damit gehen Sensible Heat (17) und Latent Heat (69) zusammen 86 W/m² in die Messwerte von ERBS über und werden nicht eigens erfasst.

Anhang 8   Bezugsniveau R´ für Ebene I´ - übertragen auf Tag und Nacht am Hemisphären-Modell

Aus der Erdkrümmung folgt eine Strahlungsabschwächung auf knapp 600 km Höhe in Ebene I´(Anhang 7) 500 W/m² x 0.828 = 414 W/m² oder = Summe der Messwerte in W/m² = Σ 101 +19 +20 +243 +31 = 414 W/m². **(500 W/m²)** werden vom Tag in die Nacht hinein gespeichert. 62 % durchschnittliche Wolkenbedeckung für die Erde folgen KT97, S.206, 87 W/m² (Kap 4.1.8). ERBS-Werte nach CEDA, Kap. 2.2 und im Modell nach Kap. 5.3.

GLOBAL MEAN OF nach CEDA	1985	1986	1987	1988	1989	Mittelwert
SHORTWAVE RADIATION in W/m²:	101.4	100.6	100.8	101.3	100.3	100.9
LONGWAVE RADIATION in W/m²:	242.4	242.3	243.1	243.2	243.5	242.9
NET RADIATION in W/m²	21.3	21.0	19.9	18.3	19.1	19.9
ALBEDO in %:	26.9	26.8	26.9	27.1	26.8	26.9
CLEAR-SKY SHORTWAVE RAD. in W/m²:	50.2	50.4	50.5	50.5	49.7	50.3
CLEAR-SKY LONGWAVE RAD. in W/m²:	276.6	275.4	276.5	276.5	276.5	276.3
LONGWAVE CLOUD FORCING in W/m²:	31.0	30.9	30.9	30.8	30.3	30.8
CLEAR-SKY NET RADIATION in W/m².	44.1	43.4	41.1	41.3	39.5	41.9
CLEAR-SKY ALBEDO in %:	13.4	13.5	13.6	13.5	13.4	13.5
SHORTWAVE CLOUD FORCING in W/m²:	-48.0	-47.7	-48.2	-48.2	-48.2	-48.1
NET CLOUD FORCING in W/m²:	-17.8	-17.6	-18.3	-18.4	-18.5	-18.1

Einstrahlung auf R² π | **Abstrahlung auf 4 R² π**

äquatorparallel **un**geschwächt   Abstrahlung in I **ab**geschwächt ´ auf 82.8 %

in 600 km 368/1368 = **0.269**   **von ERBS gemessene Werte**   **100.9 19.9 18.1 242.9 30.8**

62% cloudy sky **Tag**

```
I´    +368              -1368       |                        +101   +19 +20  +243    +31
I     +368              -1368       |                               +500
II    +183 +185  -185   -1183            +86                 +101   +19 +20  +243    +31
III   +183              -1159  -24       +86        +24 +77  +19 + 20  +243   +31
IV    +183              -1159       |    +86            +116        +243    +31
V     +183              -1159            +86                               +87    +303
VI    +183              -1159       |    +69 +17                           +87    +303
VII         +183  -183  - 976 (-500)     +69 +17                  +390  (=14.8 °C)
```

(Speicherung vom Tag in die Nacht)

62% cloudy sky **Nacht**

```
I´     0                0           |                        +101   +19 +20 +243    +31
I     +0                -0          |    +86                        +414
II    +0                -0          |    +86                 +101   +19 +20 +243    +31
III   +0                -0          |    +86        +24 +15  +101        +243    +31
IV    +0                -0               +93 +17    +116         +243    +31
V     +0                -0          |    +93 +17                           +87    +303
VI    +0                -0               +93 +17                           +87    +303
VII         0   0                   |    +93 +17                  +390  (=14.8 °C)
```

Atmosphärenebene I bis VII aus Tag + Nacht erfüllen in 24 h <u>gemeinsam</u> das horizontale Gleichgewicht der Leistungsbilanzierung. 1368 W/m²/2 projiziert die Einstrahlung im Modell 5 mit 684 W/m² auf die beleuchtete Hemisphäre. **Damit existiert kein Treibhauseffekt von 33 K zur Bildung einer globalen mittleren Oberflächentemperatur von rund 15 °C**. Er entstand nur durch die falsche Strahlungsverteilung von ¼. Die gefunkten Daten von ERBS beweisen dies.

II Σ +183 +0 +185 -185 -0 -1183 + 86 +86 +2 [Tag- und Nachtmessung] **x (+101 +19 +20 +243 +31) = 0   q.e.d.**

11. Nachwort

Lange Zeit sah ich, wie so viele andere auch, die Studie KT97 und damit die „settled theory" als richtig an. Denn von außen betrachtet ist in KT97 das Bilanzgleichgewicht erfüllt. Es traten aber immer mehr Zweifel auf, wie das Verschmieren des vektoriellen Kraft- mit dem des Strahlungsbegriffes. Über die Zeit schälten sich immer stärker auch die weiteren Kritikpunkte heraus. Eine Mehrheitskohorte kann sich auch in der Wissenschaft irren. Dies kann insbesondere dann eintreten, wenn „97%" der Klimawissenschaftler die identische „Hypothese der Temperaturbildung" für ihre Modelle verwenden. Dieser Nachweis formuliert eine abweichende Sichtweise zur „settled theory", Punkt für Punkt a priori begründet und belegt. Ich bin niemandem verpflichtet.

Man erlebt nicht nur in Deutschland in der Umwelt-/Klima-/CO$_2$-Debatte einen aufgeheizten politischen Diskurs. Demokratie beruht auf Gewaltenteilung. Medien stellen die vierte Gewalt dar. Die Vorsitzende der Grünen, Frau Annalena Baerbock, ist Mitglied des Bundestages und damit Teil der Legislative. „Beim Kongress des Verbandes der deutschen Zeitschriftenverleger in Berlin [VDZ Publishers Summit November 2019] machte sie sich Teilnehmern zufolge stark, dass die Redaktionen „Klimaskeptiker" konsequent ins Abseits stellen. […] Einmal mehr wird deutlich, dass es den Grünen zur Durchsetzung ihrer Ideologie darum geht, den Meinungspluralismus abzuschaffen" [Quelle 74]. Es wird ebenfalls auf die Äußerungen von Herrn Michael Cramer (Grüne), Interview mit Jörg Münchenberg vom 28.1.2019 im DLF verwiesen. Er setzte hierin inhaltlich Klima- und Holocaust-Leugner gleich. Er war gezwungen, die Aussage zwischenzeitlich zu widerrufen. Die Diffamierung bleibt. Es werden gezielt Lebensläufe/Karrieren von Personen, die der IPCC-Doktrin nicht entsprechen (Prominente Beispiele wurden im letzten Kapitel genannt.), eingeschränkt, behindert, zur Zerstörung aufgerufen (siehe Vorwort) oder einfach ruiniert. Da ich mich und meine Familie vor Anfeindungen schützen möchte, veröffentliche ich meinen Namen nicht.

Es geht bei Modell 5 um den naturwissenschaftlichen Inhalt. Argumente ad hominem, Anfeindungen und Denkverbote führen in einer wissenschaftlichen Diskussion nicht weiter. Fehler können wir alle machen, müssen wir sogar machen. Nur durch Versuch und Irrtum kommt die Wissenschaft weiter. Um wirtschaftlich und politisch nachhaltige Entscheidungen treffen zu können, brauchen wir eine vorurteilsfreie wissenschaftliche Diskussion, Fakten und belastbare Studien. Es muss in der Demokratie, in der Wissenschaft, wie vor Gericht, der Grundsatz gelten: **Audiatur et altera pars.** Gilt dies nicht mehr, ist nicht nur die Wissenschaft in Gefahr, sondern auch unsere Demokratie.

A. Agerius, 14. Februar 2021

„Jede Wahrheit durchläuft drei Stufen: Erst erscheint sie lächerlich, dann wird sie bekämpft, schließlich ist sie selbstverständlich."

(Arthur Schopenhauer, 1788–1860, deutscher Philosoph)

12. Quellen/Literaturverzeichnis

1   Prof. W. Roedel, Prof. Th. Wagner, 2011, Physik unserer Umwelt: Die Atmosphäre, 4 Auflage, 1. korrigierter Nachdruck, Springer Verlag, ISBN 978-3-642-15728-8, Kapitel 1 Strahlung und Energie in dem System Atmosphäre/ Erdoberfläche, S.48.

2   Kuchling, Taschenbuch der Physik, 12. Auflage, Frankfurt am Main, Verlag Harri Deutsch.

3   Kiehl J. T. and Trenberth Kevin E, 1997, Earth's Annual Global Mean Energy Budget, Bulletin of the American Meteorological Society, Vol. 78 No. 2, S. 197-208.

4   Weber Uli, 2016, Short Note about the Natural Greenhouse Effect, Mitteilungen der Deutschen Geophysikalischen Gesellschaft Nr. 3/2016A. (nicht zitiert, aber als Ergänzung erwähnt:
        Weber Uli, 2017, Klima-Revolution, Ein atmosphärischer Treibhauseffekt ist nicht erkennbar, Norderstedt, BoD Verlag, ISBN:978-3-74483-562-6)

5   Prof. Gerlich Gerhard und Dr. Tscheuschner Ralf D., 2015, Falsifizierung der atmosphärischen CO_2 – Treibhauseffekte im Rahmen der Physik, deutsche   Übersetzung Version 4.00 de11-A4, 11.Juni 2015, der englischen Version 4.00 (January 6, 2009). und DOI No:10.1142/S021797920904984X.

6   Dobrinski, Krakau, Vogel., Physik für Ingenieure, 7. überarbeitete Auflage, Stuttgart, Teubner Verlag, ISBN 3-519-16501-5.

7   Rademacher Horst, 2017, Eiszeit um 1430, Auch im Mittelalter spielte das Klima verrückt, Frankfurter Allgemeine Zeitung 08.01.2017.

8   Umweltbundesamt, Atmosphärische Treibhaus Konzentrationen, Kohlendioxid.

**9   CEDA, Centre for Environmental Data Analysis, United Kingdom, Oxford.
        data.ceda.ac.uk/badc/CDs/erbe. und data.ceda.ac.uk/badc/CDs/erbe/erbedata/erbs.**

10   IPCC. Climate Change 2007 (Cambridge University Press, Cambridge, 2007).

11   Rutgers, 1998, Earth Radiation Budget/Environmental Science, University of New Jersey, https://marine.rutgers.edu/cool/education/class/yuri/erb.html#resh, Stand vom 28.03.2019.

12   Ackermann S. A., Chang F.-L. and Li Z., 1998, Relationship Between TOA Albedo and Cloud Optical Depth as Deduced from Models and Collocated AVHRR and ERBE Satellite Observations.Centre for Remote Sensing Ottawa, Ontario Canada und, Department of Atmospheric and Oceanic Sciences,Canada, University of Wisconsin-Madison,

13   Rahmstorf S. und Schellnhuber H. J.,2018, Der Klimawandel, 8. Auflage, München, C. H. Beck Verlag, ISBN 978 3 406 72672 9.

14   Rahmstorf S. und Schellnhuber H. J., 2012, Der Klimawandel; 7. Auflage, München, C. H. Beck Verlag, ISBN 978 3 406 63385 0.

15   Reinhart F. K.,2017, Infrared absorption of atmospheric carbon dioxide. Swiss Federal Institute of Technology, Lausanne.

16   NASA https://science.nasa.gov/missions/erbs.

17   Wikipedia http://de.m.wikipedia.org/wiki/Albedo#Albedoarten, Stand vom 13.02.2019.
        http://wiki/.bildungsserver.de/Klimawandel/index.php/Albedo_(einfach), Stand vom 03.12.2013.

18   Umweltbundesamt, Wörlitzer Platz 1, 06844 Dessau-Roßlau, Fachbereich Presse Öffentlichkeitsarbeit, Atmosphärische Treibhaus Konzentrationen, Kohlendioxid, bzw. hierzu der Link zum zitierten Diagramm:https//www.umweltbundesamt.de/daten/klima/atmosphaerische-treibhausgas-konzentrationen#textpart-1.

19   Babbage Charles, 1830, Reflections on the Decline of Science in England.

20   Ovid, Epistulae Heroidum.

21   Barkstorm, Harrison, Lee Iii, Smith and Cooper, 1996, Mission to Planet Earth: Role of Clouds and Radiation in Climate, Bulletin of American Meteorological Society. 77, p. 853-868.

22   NASA, CERES_SSF1deg-Hour/Day/Month_Ed4A Data Quality Summary (3/13/2018), CERES Science Team.

23   Barkstorm, Ramanathan and Harrison, 1989, CLIMATE AND THE EARTH'S RADIATION BUDGET, in PHYSICS TODAY, American Institute of Physics.

24   Trenberth, Fasullo and Kiehl, 2009, EARTH's GLOBAL ENERGY BUDGET, American Meteorological Society, BAMS S. 1-13, DOI:10.1175/2008BAMS2634.I.

25   Latif Mojib, 2009, Klimawandel und Klimadynamik, Eugen Ulmer Verlag, ISBN 978-3-8252-3178-1.

26   Svensmark, Enghoff, Shaviv, 2017, Increased ionization supports growth of aerosols into cloud condensation nuclei, Nature Communications, Springer, veröffentlicht online 19.12.2017, DOI:10.1038/s41467-017-02082-2.

27   Mojib Latif, 2012, Globale Erwärmung, Stuttgart, Eugen Ulmer Verlag.

28   Mojib Latif, 2009, Klimawandel und Klimadynamik, Stuttgart, Eugen Ulmer Verlag, Abschnitt 1, Physikalische Grundlagen, Abbildung 6, S. 18. ISBN 978-3-8252-3178-1.

29   W. Oschmann, 2003, DWD Klimastatusbericht 2003, Vier Milliarden Jahre Klimageschichte im Überblick, S.7 -S.24.

30   Peixoto, Jose P. and Abraham H. Oort, 1992, Physics of Climate, Springer Verlag, ISBN 0883187124.

31   PVS/RS:/UHU,2020, nach Frotzel-PK, Bild, gedruckte Ausgabe, Samstag 2. Mai 2020, Seite 2 unten.

32   Christopher BXooker, 2009, University of East Anglia emails: the most contentious quotes, The Telegraph online, vom 23 November 2009.

33   Axel Bojanowski, 2010, Heißer Krieg ums Klima, SPIEGEL ONLINE vom 3.5.2010.

34   Franz Embacher, 2009, Ein astronomischer Schmetterlingseffekt – Chaos im Sonnensystem, Text für die Ausstellung CHAOS im Rahmen der G.A.S.-station Berlin, Fakultät für Physik der Universität Wien, S1-7. XXXV Rieland, M. and E. Raschke, 1991: Diurnal variability of the earth radiation budget, Theor. Appl. Climatol., 44, 9-24.

35   Howard W. Barker and John A. Davis, final from 2 November 1988, Surface Albedo Estimates Nimbus-7 ERB Data and a Two-Stream Approximation of the Radiative Transfer Equation, Journal of Climate Volume 2 Mai 1989.

36   Kauppinen Jyrki/Malmi Pekka, 2019, No experimental evidence for the significant anthropogenic climate chance, 2019/06/29, S.1-6.

37   Kauppinen Jyrki, Malmi Pekka, 2018, Major feedback factors and effects of the cloud cover and the relative humidity on the climate. arXiv e-prints, page arXiv:1812.11547, Dez. 2018.

38   Kauppinen Jyrki, Heinonen J., Malmi Pekka, 2011, Major portions in climate change; physical approach. International Review of Physics, 5(5): S.260-270.

39   Kauppinen Jyrki, Heinonen J., Malmi Pekka, 2014, Influence of relative humidity and clouds on the global mean surface temperature. Energy & Enviriment, 25 (2):389-399.

40   Dr. Rainer Link, 2011, Warum die Klimamodelle des IPCC fundamental falsch sind. https://rlrational.files.wordpress.com/2011/03/25/warum-die-Klimamodelle-des-IPCC-fundamental-falsch-sind!.pdf S.1-S.13.

41   Dr. Christoph Pöllmann, 2009, Sonnenaktivität, Seminarunterlagen „Meteorologie und Klimatologie" der Universität Regensburg, S.1- S.15.

42   Prof. Heinz Warner, o.J., Ist die Sonne schuld am Klimawandel, Oeschger-Zentrum für Klimaforschung der Universität Bern, S.1-S.10.

43   Loeb, Dutton, Wild et altera, 2012, The global energy balance from a surface perspective, Clim Dyn (2013) 40:3107-3134, Springer-Verlag, Doi 10.1007/s00382-012-1569-8.

44   Prof. Mann et altera.,1999, Inferences, uncertainties, and limitations, https://doi.org/10.1029/1999GL900070.

45   Dr. Craig, Loehle, 2007, A 2000-Year Globaltemperature Reconstruction Based on Non-Treering Proxis, Multi-Science Publishing CO.LTD, Essex CM15 97B, United Kingdom, and Reprint, Energy & Environment, Volume 18 No 7+8, S.1049-1058, doi.org/10.1260/095830507782616797.

46   Dr. Willie Soon, Dr. Salli Baliunas, 2003, Solar Variability and Global Climate Change, Fraserinstitute https//:www.fraserinstitute.org/sites/default/files/GlobalWarmingSolarVariability.pdf,S.77-S.90.

47   Kipp & Zonen B.V. Delft, Niederlande, 2003, Bedienungsanleitung Precision Pyranometer CM 22, Version 0803, S.1bis S. 64.

48   Dr. W. Soon W, Dr. S. Baliunas, 2003, Proxy climatic and environmental changes of the 1000 years. Clim Res 23:89-110. https://doi.org/10.3354/cr023089.

49   Rossow, W.B. und Y.-C. Zhang, 1995, Calculation of surface and top-of-atmosphere radiative fluxes from physical quantities based on ISCCP datasets 2. Validation and first result, Journal of Geophysical Research, Vol 100, NO. D1, Pages 1167–1197, January 20, 1995, paper number 94JD02746.

50   Dr. F.M. Miskolczi, 2007, Greenhouse effect in semi-transparent planetary atmospheres,IDÖJARAS, Quaterently Journal of the Hungarian Meteorological Service Vol. 111, No. 1; Jan-March, 2007, pp. 1-40.

51   S. Bakan, E. Raschke, 2002, Der natürliche Treibhauseffekt, promet. Jahrg. 28. Nr. 3/4, S.85-94.

52   Prof. David Archer, 2005, Global Warming: Understanding the Forecast, The University of Chicago, Geopysical Sciences.

53   Prof. Möllner, Detlev, 2003, Luft, Chemie Physik Biologie Reinhaltung Recht, Walter de Gruyter, New York, ISBN 3-11-016431-0

54   Rothman, Gordon, Babikv et al., 2012, The HITRAN2012 molekular spectroscopic database, Journal of,Quantitative Spectroscopy & Radiative Transfer 130 (2013) 4-50, Fig.10. S.36.

55   Yusuke Ueno, Masayuki Hyodo, Tianshui Yang, Shigehiro Katoh, 2019, Intensified East Asian winter monsoon during the last geomagnetic revesal transition. Scientific Reports;9 (1) DOI: 10.1038/s41598-019-45466-8. In Verbindung mit: Prof. Hyodo et alt, 2019, Winter monsoons became stronger during geomagnetic reversal, Science News, published online July 2019, source Kobe University, https://www.sciencedaily.com/releases/2019/07/190703121407.htm

56   IPCC 2014, Klimaänderung 2013 Naturwissenschaftliche Grundlagen, Häufig gestellte Fragen und Antworten FAQ 5.1 S.22, linke Spalte 2.Absatz, ISBN 978-3-00-056795-7.

57   Prof. Hyodo et alt, 2019, Winter monsoons became stronger during geomagnetic reversal, Science News,published online July 2019, source Kobe University. https://www.sciencedaily.com/releases/2019/07/190703121407.html vom 22 Mai 2020.

58   Abigail Tabor, 2019, NASA, https://www.nasa.gov/feature/ames/solar-activity-forcast-for-next-decade-favorable-for-exploration, Last Update:June 12, 2019. Stand vom 3.6.2020.

59   Clilverd, Clark, Ulrich et alt., 2006, Predicting Solar Cycle 24 and beyond, Space Weather, Vol. 4, S09005, S.1- S.7, doi:10.1029/2005SW000207.

60   IPCC, 2013/2014, Beiträge der Arbeitsgruppen I, II und III zum fünften Sachstandsbericht des zwischenstaatlichen Ausschusses für Klimaänderungen IPCC, Zusammenfassung für politische Entscheidungsträger, WGIII-8.

61   Prof. Christoph. Schär, 2005, Institut für Atmosphäre und Klima, ETH Zürich Die Fieberkurve des Planeten, 10.St. Galler Infekttag 21.April 2005, S.1 – S.35.

62   James.H.Butler and Stephen.A. Montzka, 2020, THE NOAA ANNUAL GREENHOUSE GAS INDEX (AGGI), update spring 2020, Boulder Colorado, https://www.esrl.noaa.gov/gmd/aggi/aggi.html.

63   Tanaka, Yukimoto, Hosaka et altera., 2012, A New Global Climat Model of the Meteorolocal Research Institute: MRI-CGCM3 – Model Description and Basic Performance - in Journal of the Meteorological Society of Japan, Vol.90A, pp.23-64, 2012. Doi:10.2151/jmsj.2012-A02.

64   Prof. Nicola Scafetta, 2010, Climate change and its causes, A Discussion About Some Key Issues, Cornell UniversityarXiv:1003.1554v1 [physics.geo-ph].

65   Zeke Hausfather, 2019, CMIP: the next generation of climate models explained, in CarbonBrief Clear on climate, vom 2.10.2019, http://www.carbonbrief.org/cmip6-the-next-generation-of-climate-models- explained. Stand vom 17.06.2020.

66   Hansen, James Lebedeff, Sergej, 1987, Global Trends of Measured Surface Air Temperature. JOURNAL OF GEOPHYSICAL RESEARCH 92:13345 13373.

67   Dr. Heinz Hug, 2012, Der anthropogene Treibhauseffekt – eine spektroskopische Geringfügigkeit, Veröffentlichung vom 10. August 2012, Hug-pdf-12-Sept-2012.pdf, S.1 – S 26.

68   David Archibald, 2007, Failure to Warm, AGM Lavoisier Group 22 Oktober 2007, S1-12.

69   Prof. Hermann Harde, 2014, Advanced Two-Layer Climate Model for the Assessment of Global Warming by CO_2, DOI: 10.15764/ACC.2014.03001.

70   Müller Fred F., 2013, Unbequeme Wahrheiten: Die biologisch-geologische CO_2-Sackgasse, veröffentlicht auf Science Sceptical Blog, Stand vom 22.05.2013.

71   Prof. Guus Berkhout an Prof. Sluiter, 2020, Präsident KNAW, Amsterdam https://clintel.nl/open-brief-aan-knaw-sluit-geen-wetenschappers-met-een-andere-visie-uit/ Stand vom 4.7.2020

72   K.Y.Kondratyev und N.I. Moskalenko, 1984, The role of carbon dioxide and other minor gaseous components and aerosols in the radiation budget. S.225 – 233.

73   Steffen Kothe, Bodo Ahrens, 2008, Begutachtung des wissenschaftlichen Feinkonzeptes und des gegenwärtigen Standes des Programms SAT-Klim, Abschlussnericht 2008, Institut für Atmosphäre und Umwelt Goethe-Universität Frankfurt am Main. S.1 – S-80.

74   https://peymani.de/gruen-ist-die-wahrheit-baerbock-empfiehlt-presseboykott-fuer-klimaskeptiker

75   Prof. Rahmstorf in Antworten auf Leserzuschriften: „Die Sonne wirkt auch indirekt auf das Klima, etwa durch die Wolkenbildung" https://www.pik-potsdamm.de/~stefan/leser_antworten.html. Stand vom 28.06.20.

76   National Geographic (German), Verlag NG Media GmbH & Co. KG, München, Lizenznehmer von NATIONAL GEOGRAPHIC PARTNERS, LLC, Ausgabe Juli 2020, Impressum S.148.

77   Bernhard Pötter, 2010, Klimaschutz als Entwicklungshilfe, Ottmar Edenhofer im Interview, Stuttgarter Zeitung online Ausgabe vom 17.09.2010. Stand vom 02.07.2020.

78   Prof. H.J. Lüdecke, 2011, Temperaturmessungen vs. Klima-Alarmismus, S.1 – S.26, S.24.

79   Prof. Schellnhuber et altera, 2003, Power-law persistence and trends in the atmosphere, a detailed study of long temperature records, Phy. Rev. E 68.

80   Dr. Morice, C., J.J. Kennedy, N.A. Rayner, and P.D., 2012, Quantifying uncertainties in global and regional temperature change using an ensemble of observational estimates: The HadCRUT4 data set, J. Geophys. Res., 117, D08101, S.1-22, doi:10.1029/2011JD017187.

81   Prof. F. Ch. Ljungqvist, 2010, A new reconstruction of temperature variability in the extra-tropical northern hemisphere during the last two millennia in Geografiska Annaler: Swedish Society for Antropolopgy and Geography, Series 92 A (3): 339-351.

82   Ernst-Peter Ruewald, 2020, Das Klima-Paradigma, tredition, ISBN 987-3-347-11900-0.

83   Max-Planck-Institut für Sonnensystemforschung, 2004, Sonne seit über 8.000 Jahren nicht mehr so aktiv wie heute. https://www.mpg.de/forschung/sonnenaktivitaet.

84   Prof.W. Happer Department of Physics, Princeton University, USA and Prof. W. A. van Wijngaarden (Department of Physics and Astronomy, York University, Canada), June 8, 2020, Dependence of Earth's Thermal Radiation on Five Most Abundant Greenhouse Gases. Diese Veröffentlichung hat das peer reviewed Verfahren mit Stand 8.11.20 noch nicht durchlaufen, aber zu Informationzwecken wird hierauf hingewiesen.

85   Wilde, S.P.R. and Mulholland, P., 2020a. An Analysis of the Earth's Energy Budget. International Journal of Atmospheric and Oceanic Sciences. Vol. 4, No. 2, 2020, pp. 54-64. doi: 10.11648/j.ijaos.20200402.12.
       https://www.researchgate.net/publication/344539740_An_Analysis_of_the_Earth's_Energy_Budget.
       Wilde, S.P.R. and Mulholland, P., 2020b. Return to Earth: A New Mathematical Model of the Earth's Climate. International Journal of Atmospheric and Oceanic Sciences. Vol. 4, No. 2, 2020, pp. 36-53. doi: 10.11648/j.ijaos.20200402.11,
       https://www.researchgate.net/publication/342109625_Return_to_Earth_A_New_Mathematical _of_the_Earth's_Climate.

86   Prof. Vahrenholt, Dr. habil. Lüning , 2020, Unerwünschte Wahrheiten, LMV, ISBN 978-3-7844-3553-4.

87   Prof. Zharkova V.V, Shepherd S.J., Zharkov,S.I.et al., 2019, Retracted Article: Oscillations of the baseline of solar magnetic field and solar irradiance on a millennial timescale. Sci Rep 9,9117 (2019), https://doi.org/10.1038/s41598-019-45584-3. Anmerkung zu oben Sci Rep 9,9117 (2019): Received 11 January 2019 Accepted 04 June 2019 Published 24 June 2019.

88   Prof. Popper Karl, 1989, Logik der Forschung, 9. Auflage, Tübingen, J. C. B. Mohr, S.41 Axiom, S.59 Falsifizierbarkeit, S.65 Sicherung der Beweiskette und S.73 Kapitel 30 Theorie und Experiment.

13 Verzeichnis der Tabellen und Grafiken, erstellt von A. Agerius 2019 und 2020

14   Verzeichnis von weiterem Bildmaterial aus externen Quellen

Eigene Bilder und Messung

15 Danksagung

Mein Dank gilt insbesondere dem Centre for Environmental Data Analysis (CEDA), Harwell, Oxford, United Kingdom. Die früher nicht allgemein zugänglichen Satellitendaten der Satelliten ERBS, NOAA9 und NOAA10 des ERBE-Programms der NASA sind nun auf dem CEDA Katalog (http://data.ceda.ac.uk/badc/CDs/erbe) im „open access" allen Interessierten zugänglich. Im Unterverzeichnis „/erbedata" sind sie einzeln aufgelistet. Auf „erbedata" aus dem Kapitel „description" des jeweiligen Satelliten ERBS, NOAA9 und NOAA10 zitiere ich aus „abstract" den nachfolgenden datenschutzrechtlichen Hinweis: „[...] This dataset is public, though NASA noted that is intended for research purposes and the data has no commercial value.[...]", Stand vom 16. Juni 2019.

Für diese drei genannten Satelliten gilt andererseits in England, Oxford, die „Open Government Licence 3 for public sector information, delivered by The National Archives", Stand vom 16. Juni 2019. Ich zitiere auszugsweise: „[...] You are free to: copy, publish, distribute and transmit the information; adapt the information; exploit the information commercially and non-commercially for example, by combining it with other information, or by including it in your own product or application[...]"

Danken möchte ich dem Verlag, der Leserbriefe an mich weiterleitet hat, den Personen, mit denen fachlicher Austausch stattgefunden hat, und denjenigen, die diese Arbeit durchgesehen und kritisch begleitet haben.

„Alles ist schwierig, bevor es leicht wird."

(Saadi Moscharref, 1210 –1292, persischer Dichter)